産業用車両の潤滑

―エンジン・油圧機器・パワートレイン・潤滑剤―

社団法人 日本トライボロジー学会編

養賢堂

「産業用車両の潤滑」，監修者，編集委員，執筆者名

監修
似内　昭夫　博士（工学）　トライボロジーアドバイザー

編集委員長
大川　聰　　元コマツ，元日本建設機械化協会油脂技術委員

執筆と編集
伊東　明美　　博士（工学），東京都市大学
岩片　敬策　　日本濾過器株式会社　研究所
○小田　庸介　コマツ　調達本部　小山調達部
小山　成　　　JX日鉱日石エネルギー株式会社　中央研究所　潤滑油研究所
柏谷　智　　　博士（工学）　住鉱潤滑剤株式会社　技術部
斎藤　秀明　　株式会社都筑製作所　品質保証部
佐藤　芳樹　　株式会社クボタ　車両技術統括部
佐藤　吉治　　コマツ　建機第二開発センター
篠田　実男　　出光興産株式会社　営業研究所
○妹尾　常次良　株式会社クボタ　車両技術統括部
土橋　敬市　　日野自動車株式会社　パワートレーン実験部
○戸田　昌利　出光興産株式会社　営業研究所
永井　聰　　　株式会社ダイナックス　開発本部
長富　悦史　　博士（化学），昭和シェル石油株式会社　中央研究所
○橋本　隆　　日野自動車株式会社　技術研究所
馬場　淑隆　　コマツ　パワートレイン開発センター
○浜口　仁　　博士（工学），エボニック・デグサ・ジャパン株式会社
広沢　敦彦　　コマツ　材料技術センター
三原　健治　　KSグライトラガー
向　一仁　　　株式会社ダイナックス　開発本部
吉崎　正敏　　博士（工学），日野自動車株式会社　パワートレーン実験部
脇園　哲郎　　昭和シェル石油株式会社　中央研究所

（所属は執筆時の所属，あいうえお順，○印は編集委員）

序

　本書は産業用車両のトライボロジーについての解説をするものである．本書を企画するに当たり先ず検討されたのが産業用車両の範囲である，産業用車両という言葉はあまりにも広範囲な内容を含み，トライボロジーの点から見て決して同列に扱い得るものばかりではない．対象の絞り込みが必要であったが，かなりの難題であった．今回は産業用車両として，バス・トラック，建設用車両，農業車両に絞ってみた．今回絞り込んだ対象にしてもその内容はかなり多岐にわたっているが，比較的共通部分が多く，技術的に一貫した流れで解説できるものと考えている．

　このような対象に対するトライボロジーを解説した類書は，筆者の知るところ1970年代後半に本書に近いものがみられるが，ほとんど皆無に近い．それは，この関係の技術が常に日進月歩で進化しており，区切りをつけてまとめる機会が得られなかったことによるのではないかと愚考する．

　トライボロジーの観点から見ると，この領域における技術的な問題はかなり複雑で難しい要因が数多く存在する．先ず，この領域における技術的な要因の最も大きな特徴は，高圧化であろう．パワーデンシティを上げるために油圧機器はどんどん高圧化，小型化されている．それに伴い，油膜構成などの点で，トライボロジー的な課題がどんどん難しさを増しているといえる．

　次に，産業用車両は当然ながら環境対策が要求される．排ガスの問題，土壌や水質汚染などの汚染の問題など，潤滑油にも耐環境性が求められる．耐環境性と潤滑油に本来求められる各種特性値とのトレードオフの問題をいかにクリヤするかが問われる．

　そして，省エネルギー・省資源などの本質的な問題にいかに対応してゆくか．低燃費，低摩擦及びロングドレン化がトライボロジー上の大きな課題としてのしかかってくる．

　もう一つ忘れてならないのは，産業用車両の多くが使用される環境は，決して清浄環境ではなく，まさに粉塵環境で使われることを前提にしていることであろう．例えば転がり軸受の寿命を制するのは潤滑油の清浄度であることが知られているように，トライボロジーにとって粉塵環境は最も苦手とする環境の一つである．

　このように，トライボロジーにとって産業用車両は，過酷環境におけるトライボロジーの代表的な領域であり，この領域のトライボロジー技術が確立されるということは，トライボロジーの発展に大きな進歩が得られることを意味する．このような意味で，本書に述べられたトライボロジーの技術は，単に産業用車両におけるトライボロジーの問題を解説するのみではなく，トライボロジー全般の課題を解説することになるはずである．

　本書の執筆者は，それぞれの分野において経験豊富な技術者であり，時代の要求に対応してきた実績を持つ技術者達である．潤滑油等の規格化の歴史的な流れや，技術開発の過程における豊富なデータの提示から，技術の流れに対する考え方を理解しやすい記述で解説している．トライボロジー技術についても，産業用車両という領域におけるトライボロジー技術の考え方が解説されているが，このような解説はトライボロジーの実践的なデータとして非常に有用なものである．

　本書は，産業用車両に興味を持つ読者ばかりではなく，多くのトライボロジー技術者にとって貴重な実践報告でもあり，本書がトライボロジーの発展に少なからず貢献できるものであると信ずる．

2012年3月吉日
トライボロジーアドバイザー
似内　昭夫

まえがき

　バス・トラック，建設車両（以下建設機械），農業用車両（以下農業機械）などの産業用車両はあらゆる産業に無くてはならない存在である．第2次大戦後，日本は欧米先進国の産業用車両の技術水準に追いつくため，トライボロジー分野の研究と開発に多くの人材と費用が投じて成功を収めてきた．しかし，近年は欧米の産業用車両メーカは企業統合などで日本メーカをはるかに上回る規模になっており，一方の新興国メーカでも日本を上回る生産台数により技術力向上も著しい．これに比較して日本では産業用車両分野を目指す若い人達が減り，技術力の陰りに危機感を持つ技術者も多い．さらに近年産業用車両のトライボロジーに関する専門書が極めて少なくなったことも，今後の日本の技術力に深刻な影響を及ぼしかねない危惧もある．

　産業用車両の国内普及台数は合計で1100万台もあり，乗用車の5800万台に比べても決して少ない訳ではない．また，産業用車両の国内生産台数の半数以上が海外に輸出され，国内を上回る台数が海外で製造されたりしている．いずれの産業用車両でも近年はエンジン排出ガス規制の対応やCO_2排出量の低減などの環境対策を追求する必要があり，使用条件が乗用車に比べて過酷なため再びトライボロジー技術が重要になっている．このために欧米先進国や新興国ではこの分野のトライボロジー研究が重要課題と位置づけられ，産学共同研究が活発に行われ日本以上に多くの先進技術が投入されている．一方，日本では過去には耐久性に関するトライボロジーが盛んに研究されていたが，環境対応の本格的なトライボロジー研究はまだこれからと思われる．

　このような状況を鑑みて，海外でも高い評価を得ている経験豊富な技術者の方々に執筆や編集をお願いして本書を取り纏めることにした．本書では産業用車両に使われるエンジン・油圧機器・エンジン以外のパワートレインについて，若い人だけでなく専門の技術者にも役立つ内容を盛り込んでいる．また，潤滑油については絶版になった図書にも代わりうる内容とし，近年の排出ガス規制などで大きく変貌を遂げている規格や品質も詳細に解説している．

　1章では産業用車両とその使われ方の概要を紹介し，2章では産業用車両の共通コンポーネントであるエンジンについて使用条件，負荷，設計，各部品のトライボロジーとエンジン油を解説する．3章では建設機械と農業機械の共通コンポーネントである油圧機器と油圧システム，油圧ポンプのトライボロジーならびに各種作動油を解説する．4章ではパワートレインの構造，クラッチや歯車のトライボロジー，各種潤滑油について解説する．5章は産業用車両のグリースについて，6章は産業用車両の潤滑管理について実例を上げて解説する．

　本書は部品製造や車両メンテナンスに関わる技術者，あるいは自動車，フォークリフトや鉄道車両などに携わる技術者にも参考になると考えている．このため用語についてはトライボロジー辞典を基準として，各専門分野特有の用語はあえて一般的あるいは共通の用語に置換えている．

　これから一層のトライボロジー技術の進歩が求められている．本書を幅広い産業界や学界の方々に読んで頂いて産業用車両のトライボロジーを理解して頂き，産業用車両の一層の発展に役立つことを願っている．

2012年3月吉日
編集委員長
大川　聰

目　次

1. 産業用車両の概要 ··· 1
   1.1　バス・トラック ·· 1
   1.2　建設機械 ·· 2
   1.3　農業機械 ·· 5
2. 産業用車両に用いられるディーゼルエンジン ·· 7
   2.1　用途ごとの特徴と使用条件 ·· 7
     2.1.1　バス・トラック用エンジン ·· 7
     2.1.2　建設機械用エンジン ·· 8
     2.1.3　農業機械用エンジン ·· 9
   2.2　排出ガス規制とエンジン構造 ·· 9
     2.2.1　排出ガス規制の動向 ·· 10
     2.2.2　各種排出ガス規制に対するエンジン構造の推移 ································ 11
   2.3　排出ガス規制と燃料の動向 ·· 13
     2.3.1　排出ガス規制に対応する軽油 ·· 13
     2.3.2　バイオ軽油または脂肪酸メチルエステル（FAME） ······························ 15
   2.4　エンジン潤滑系統 ·· 17
     2.4.1　オイルパン，オイルストレーナ ·· 18
     2.4.2　オイルポンプ ·· 19
     2.4.3　オイルクーラ ·· 20
     2.4.4　オイルフィルタ ·· 20
       （a）異物の捕捉メカニズムとオイルフィルタのろ材 ······························· 21
       （b）ろ材ろ過 ··· 21
       （c）遠心分離 ··· 22
       （d）オイルフィルタのろ過方式 ··· 23
       （e）オイルフィルタの構造 ··· 24
       （f）オイルフィルタ交換 ··· 25
       （g）オイルフィルタの性能と評価試験法 ··· 25
     2.4.5　オイルシール ·· 27
     2.4.6　潤滑系統のバルブ，メインギャラリ油圧 ······································ 28
     2.4.7　エンジン部品の材料 ·· 29
   2.5　主要潤滑部品 ·· 31
     2.5.1　ピストンおよびピストンリングの潤滑 ·· 31
       （a）ピストンの材料 ··· 32
       （b）ピストンピンボス軸受/ピストンピン ·· 32
       （c）ピストンスカート/シリンダ ·· 33
       （d）トップリング溝/トップリング ·· 34
       （e）トップリングしゅう動面 ··· 35
       （f）セカンドリングおよびサードリング ··· 35
       （g）オイルリング ··· 35
       （h）ピストンおよびピストンリングへのエンジン油の供給 ························· 36
     2.5.2　軸受の潤滑 ·· 37
       （a）産業用車両のディーゼルエンジン軸受の構造と特徴 ··························· 37
       （b）軸受の潤滑条件 ··· 37
       （c）長時間使用軸受の調査結果 ··· 39

目 次

  （d）信頼性・耐久性向上の考え方と対応 ･･････････････････････････････････ 40
  （e）鉛フリー化への取組み ･･ 41
 2.5.3 動弁系の潤滑 ･･･ 41
  （a）動弁系の構造 ･･ 41
  （b）カム/カムフォロワ ･･･ 42
  （c）動弁系へのエンジン油の供給 ･･････････････････････････････････････ 43
 2.5.4 ギヤトレーンとアイドルギヤ軸受部の潤滑 ･････････････････････････････ 43
2.6 ピストンおよびピストンリングのトライボロジー的課題 ･･････････････････････ 44
 2.6.1 熱的および力学的負荷の増加 ･･･ 44
 2.6.2 摩擦損失の低減 ･･･ 46
 2.6.3 オイル消費の低減 ･･･ 46
2.7 エンジン油規格 ･･･ 48
 2.7.1 SAE 粘度番号 ･･ 48
 2.7.2 API サービス分類 ･･ 49
  （a）CE 分類 ･･ 51
  （b）CF-4 分類 ･･ 52
  （c）CG-4 分類 ･･ 52
  （d）CH-4 分類 ･･ 53
  （e）CI-4 分類 ･･･ 54
  （f）CJ-4 分類 ･･･ 55
 2.7.3 JASO 品質規格 ･･ 55
  （a）JASO DH-1 規格 ･･ 56
  （b）JASO DH-2 規格 ･･ 57
  （c）JASO 規格の運用システム ･･･ 57
 2.7.4 ACEA 品質規格 ･･ 57
2.8 潤滑油基油と添加剤 ･･･ 59
 2.8.1 潤滑油基油 ･･･ 59
  （a）パラフィン系基油 ･･･ 60
  （b）ナフテン系基油 ･･･ 61
  （c）合成油系基油 ･･･ 62
 2.8.2 潤滑油添加剤 ･･･ 63
  （a）清浄分散剤 ･･･ 63
  （b）酸化防止剤 ･･･ 66
  （c）耐荷重添加剤 ･･･ 66
  （d）摩擦調整剤 ･･･ 67
  （e）さび止め剤 ･･･ 67
  （f）金属不活性化剤 ･･･ 67
  （g）粘度指数向上剤 ･･･ 68
  （h）流動点降下剤 ･･･ 68
  （i）消泡剤 ･･･ 68
  （j）抗乳化剤 ･･ 69
2.9 エンジン油品質各論 ･･･ 69
 2.9.1 清浄・分散性 ･･･ 69
 2.9.2 油中スーツと分散性 ･･･ 71
 2.9.3 摩耗防止性 ･･･ 72
  （a）動弁機構の潤滑と摩耗 ･･･ 72
  （b）ピストンリングの潤滑と摩耗 ･･･････････････････････････････････････ 72
  （c）軸受の摩耗と潤滑 ･･･ 73
 2.9.4 排出ガス後処理装置へのエンジン油組成の影響 ･････････････････････････ 74
  （a）金属系清浄剤の減量 ･･･ 74

（b）ZnDTPの減量・・ 75
　　　（c）硫黄を含まない基油や添加剤の使用・・・・・・・・・・・・・・・・・・・・・・・・・・・・・・・・・・・・・・・ 75
　2.9.5　酸化安定性・・ 75
　2.9.6　省燃費（低摩擦化と低粘度化）・・・ 75
　　　（a）低粘度化の効果・・ 75
　　　（b）摩擦調整剤の効果・・・ 76

3. 油圧機器・・・ 79
3.1　建設機械の代表機種の油圧回路・・ 79
3.1.1　油圧ショベルの油圧回路・・ 79
3.1.2　ブルドーザの作業機油圧回路・・・ 80
3.1.3　ホイールローダの作業機油圧回路・・・・・・・・・・・・・・・・・・・・・・・・・・・・・・・・・・・・・・ 81
3.1.4　ラジエータ冷却ファンの油圧駆動・・・・・・・・・・・・・・・・・・・・・・・・・・・・・・・・・・・・・・ 81
3.1.5　各コンポーネントの特徴と材料・・ 81
3.2　農業用トラクタの油圧回路とコンポーネントの特徴・・・・・・・・・・・・・・・・・・・・・・・・・・ 87
3.3　建設機械と農業機械の静圧式無段変速機HST・・・・・・・・・・・・・・・・・・・・・・・・・・・・・・・・ 88
3.3.1　ホイールローダのHST・・ 90
3.3.2　ブルドーザのHST・・ 91
3.3.3　農業機械のHST・・ 92
　　　（a）トラクタ・・ 92
　　　（b）コンバイン・・ 92
　　　（c）その他の農業機械・・・ 92
3.3.4　フォークリフトのHST・・ 92
3.4　主要部品の潤滑面での特徴・・ 93
3.5　油圧ポンプのトライボロジー・・・ 94
3.5.1　油圧ポンプ高圧化の歴史と今後の動向・・・・・・・・・・・・・・・・・・・・・・・・・・・・・・・・・ 94
　　　（a）建設機械の油圧の推移・・・ 94
　　　（b）高圧化の効果・・ 95
3.5.2　高圧ポンプ部品の潤滑メカニズム・・・・・・・・・・・・・・・・・・・・・・・・・・・・・・・・・・・・・ 95
　　　（a）ピストン・・ 96
　　　（b）シリンダブロック・・ 97
　　　（c）クレードル・・・ 99
　　　（d）キャビテーション・エロージョン抑制の設計・・・・・・・・・・・・・・・・・・・・・・・・・ 99
3.5.3　油圧ポンプの課題・・ 100
　　　（a）環境と安全への対応・・ 100
　　　（b）ダイヤモンドライクカーボン（DLC）被膜の適用・・・・・・・・・・・・・・・・・・・・ 100
3.6　作動油の品質とその動向・・ 101
3.6.1　作動油の種類・・・ 101
3.6.2　油圧作動油の変遷・・ 102
3.6.3　油圧作動油の規格・・ 104
3.6.4　油圧作動油用添加剤・・ 107
3.6.5　建設機械用作動油・・ 108
3.7　作動油品質の各論・・・ 109
3.7.1　焼付き防止性・・・ 109
3.7.2　摩耗防止性・・・ 110
3.7.3　熱・酸化安定性・スラッジ防止性・・・・・・・・・・・・・・・・・・・・・・・・・・・・・・・・・・・・・ 111
3.7.4　省燃費性・・・ 112
　　　（a）ポンプ部の損失低減・・ 112
　　　（b）配管部の圧力損失低減・・・ 112
　　　（c）機器の粘性抵抗低減方法・・・ 113

（d）油圧作動油の種類とポンプ効率の関係 ･･･ 113
　　　（e）油圧作動油による省燃費化のアプローチ方法まとめ ････････････････････････････････ 115
　　　（f）建設機械の省燃費化事例 ･･･ 115
　　3.7.5　生分解性作動油の品質 ･･ 116
　　3.7.6　難燃性作動油の品質 ･･ 117

4．パワートレイン ･･ 119
　4.1　産業用車両のパワートレインの概要 ･･ 119
　4.2　バス・トラックのパワートレイン ･･ 119
　　4.2.1　概要 ･･ 119
　　4.2.2　トランスミッション ･･ 119
　　　（a）マニュアルトランスミッション（MT） ･･ 119
　　　（b）自動制御式マニュアルトランスミッション（AMT） ････････････････････････････････ 121
　　　（c）自動変速機（AT） ･･･ 121
　　　（d）将来展望 ･･･ 121
　　4.2.3　差動歯車装置 ･･ 121
　4.3　建設機械のパワートレイン ･･ 122
　　4.3.1　ブルドーザのパワートレイン ･･ 123
　　　（a）概要 ･･･ 123
　　　（b）トルクコンバータ ･･･ 123
　　　（c）トランスミッション ･･･ 124
　　　（d）ステアリング装置 ･･･ 124
　　　（e）終減速機 ･･･ 125
　　4.3.2　オフロード・ダンプトラックとホイールローダのパワートレイン ･･････････････････････ 125
　　　（a）概要 ･･･ 125
　　　（b）ダンパ，プロペラシャフト ･･･ 125
　　　（c）アクスル ･･･ 126
　　4.3.3　建設機械用トランスミッションの主要部品 ･･ 127
　　　（a）歯車 ･･･ 127
　　　（b）摩擦材 ･･･ 127
　　　（c）転がり軸受 ･･･ 128
　　　（d）トランスミッションクラッチの油圧制御 ･･･ 128
　4.4　農業機械のパワートレイン ･･ 128
　　4.4.1　主要な農業機械とパワートレイン ･･ 128
　　　（a）農業用トラクタ ･･･ 128
　　　（b）コンバイン ･･･ 129
　　　（c）田植機 ･･･ 130
　　　（d）乗用芝刈り機（ゼロターンモア） ･･ 130
　　4.4.2　パワートレイン主要部潤滑部品 ･･ 131
　　4.4.3　農業機械のパワートレイン動向 ･･ 132
　4.5　湿式摩擦材のトライボロジー ･･ 132
　　4.5.1　弾性率と摩擦特性 ･･ 132
　　4.5.2　摩擦材の耐熱限界 ･･ 134
　　4.5.3　弾性率の耐熱限界と摩耗に及ぼす影響ならびにその他の限界 ･･････････････････････････ 135
　　4.5.4　摩擦材の Striebeck 曲線 ･･･ 136
　　4.5.5　産業用車両の摩擦材 ･･ 137
　　　（a）平行軸歯車式トランスミッション ･･ 137
　　　（b）遊星歯車式パワーシフトトランスミッション ･･････････････････････････････････････ 138
　　　（c）リターダブレーキ ･･･ 139
　　　（d）駐車ブレーキ ･･･ 139

　　　　（e）差動制限式（LSD）差動歯車装置・・・ 139
　　　　（f）今後の湿式摩擦材の適用動向・・ 140
　4.6　歯車のトライボロジー・・ 141
　　4.6.1　歯元の折損・・・ 142
　　4.6.2　歯面の焼付き・・ 142
　　4.6.3　歯面のはく離・・ 143
　　　　（a）歯面強度に及ぼす潤滑条件の影響とその設計評価・・・・・・・・・・・・・・・・・・・・・・・・・・・ 144
　　　　（b）歯面強度向上策を講ずる際の歯面のなじみ性の重要性・・・・・・・・・・・・・・・・・・・・・・ 147
　4.7　パワートレイン潤滑油の種類・・・ 149
　　4.7.1　バス・トラック用パワートレイン潤滑油の種類・・・・・・・・・・・・・・・・・・・・・・・・・・・・・・・ 149
　　　　（a）マニュアルトランスミッション（MT）油・・・・・・・・・・・・・・・・・・・・・・・・・・・・・・・・・・・・ 149
　　　　（b）差動歯車装置油（ハイポイドギヤ油）・・・・・・・・・・・・・・・・・・・・・・・・・・・・・・・・・・・・・・ 150
　　　　（c）LSD付き差動歯車装置油・・ 151
　　　　（d）自動変速機油（ATF）・・・ 151
　　4.7.2　建設機械用パワートレイン油の種類・・・ 151
　　4.7.3　農業機械用パワートレイン油の種類・・・ 151
　　　　（a）トラクタオイルユニバーサル（Tractor Oil Universal：TOU）・・・・・・・・・・・・・・・ 151
　　　　（b）ギヤ油・・ 152
　　　　（c）スーパートラクタオイルユニバーサル（Super Tractor Oil Universal：STOU）・・・・・・ 152
　4.8　パワートレイン潤滑油の規格・・・ 152
　　4.8.1　ギヤ油の粘度番号・・・ 152
　　4.8.2　バス・トラックのパワートレイン潤滑油の品質規格・・・・・・・・・・・・・・・・・・・・・・・・・・ 153
　　　　（a）パワートレイン潤滑油・・ 153
　　　　（b）ATFの品質規格・・ 156
　　4.8.3　建設機械用パワートレイン潤滑油の品質規格・・・・・・・・・・・・・・・・・・・・・・・・・・・・・・・・ 157
　　　　（a）パワートレイン油・・ 157
　　　　（b）ATF・・・ 158
　　　　（c）ギヤ油・・・ 158
　　　　（d）アクスル油・・ 158
　　　　（e）HST用エンジン油・・ 158
　　4.8.4　農業機械用パワートレイン潤滑油の規格・・・・・・・・・・・・・・・・・・・・・・・・・・・・・・・・・・・・ 158
　4.9　パワートレイン潤滑油の品質・・ 159
　　4.9.1　バス・トラック用パワートレイン潤滑油の基本性能・・・・・・・・・・・・・・・・・・・・・・・・・・ 159
　　　　（a）焼付き防止性・・ 159
　　　　（b）摩耗防止性・・ 159
　　　　（c）金属疲労防止性・・ 159
　　　　（d）省燃費性・・ 160
　　　　（e）シフトフィーリング性・・・ 160
　　　　（f）シンクロメッシュ機構の同期特性・・・ 160
　　　　（g）フレッチング防止性・・・ 160
　　　　（h）ロングドレイン性・・・ 160
　　　　（i）熱・酸化安定性・・ 160
　　　　（j）流動性・・ 160
　　　　（k）ガラ音防止・・ 161
　　　　（l）錆・腐食防止性・・ 161
　　　　（m）シール適合性・・ 161
　　　　（n）泡立ち防止性・消泡性・・ 161
　　　　（o）乳化性・・ 161
　　4.9.2　バス・トラック用パワートレイン潤滑油の品質と対応技術・・・・・・・・・・・・・・・・・・・ 161
　　4.9.3　建設機械用パワートレイン油の品質と対応技術・・・・・・・・・・・・・・・・・・・・・・・・・・・・・ 162

（a）クラッチ性能‥‥‥‥‥‥‥‥‥‥‥‥‥‥‥‥‥‥‥‥‥‥‥‥‥‥‥‥‥ 162
　　　（b）歯車潤滑性能‥‥‥‥‥‥‥‥‥‥‥‥‥‥‥‥‥‥‥‥‥‥‥‥‥‥‥‥ 165
　4.9.4　建設機械用アクスル油の品質と対応技術‥‥‥‥‥‥‥‥‥‥‥‥‥‥‥‥‥ 166
　4.9.5　建設機械用パワートレイン潤滑油のトラブル事例‥‥‥‥‥‥‥‥‥‥‥‥‥ 168
　4.9.6　農業機械用パワートレイン潤滑油の品質と対応技術‥‥‥‥‥‥‥‥‥‥‥‥ 168
　　　（a）TOUの要求性能‥‥‥‥‥‥‥‥‥‥‥‥‥‥‥‥‥‥‥‥‥‥‥‥‥‥‥ 168
　　　（b）TOUの動向‥‥‥‥‥‥‥‥‥‥‥‥‥‥‥‥‥‥‥‥‥‥‥‥‥‥‥‥‥ 169
　4.9.7　潤滑に関するパワートレインのトラブル事例‥‥‥‥‥‥‥‥‥‥‥‥‥‥‥ 170
　　　（a）湿式ブレーキ・クラッチの鳴き‥‥‥‥‥‥‥‥‥‥‥‥‥‥‥‥‥‥‥‥ 170
　　　（b）湿式ブレーキのさび‥‥‥‥‥‥‥‥‥‥‥‥‥‥‥‥‥‥‥‥‥‥‥‥‥ 170
　　　（c）フィルタ目詰まり‥‥‥‥‥‥‥‥‥‥‥‥‥‥‥‥‥‥‥‥‥‥‥‥‥‥ 170
4.10　パワートレイン潤滑油の基油と添加剤‥‥‥‥‥‥‥‥‥‥‥‥‥‥‥‥‥‥‥ 171
　4.10.1　パワートレイン潤滑油の基油‥‥‥‥‥‥‥‥‥‥‥‥‥‥‥‥‥‥‥‥‥ 171
　4.10.2　パワートレイン潤滑油の添加剤‥‥‥‥‥‥‥‥‥‥‥‥‥‥‥‥‥‥‥‥ 172
　　　（a）摩耗防止剤と極圧剤‥‥‥‥‥‥‥‥‥‥‥‥‥‥‥‥‥‥‥‥‥‥‥‥‥ 172
　　　（b）摩擦調整剤‥‥‥‥‥‥‥‥‥‥‥‥‥‥‥‥‥‥‥‥‥‥‥‥‥‥‥‥‥ 176
　　　（c）粘度指数向上剤‥‥‥‥‥‥‥‥‥‥‥‥‥‥‥‥‥‥‥‥‥‥‥‥‥‥‥ 177

5. 産業用車両のグリース‥‥‥‥‥‥‥‥‥‥‥‥‥‥‥‥‥‥‥‥‥‥‥‥‥‥‥ 179
5.1　グリースとは‥‥‥‥‥‥‥‥‥‥‥‥‥‥‥‥‥‥‥‥‥‥‥‥‥‥‥‥‥‥‥ 179
5.2　グリースの潤滑機構‥‥‥‥‥‥‥‥‥‥‥‥‥‥‥‥‥‥‥‥‥‥‥‥‥‥‥‥ 180
5.3　グリース性能と添加剤成分‥‥‥‥‥‥‥‥‥‥‥‥‥‥‥‥‥‥‥‥‥‥‥‥‥ 181
5.4　産業用車両グリースの規格‥‥‥‥‥‥‥‥‥‥‥‥‥‥‥‥‥‥‥‥‥‥‥‥‥ 183
5.5　産業用車両グリースの最近の動向‥‥‥‥‥‥‥‥‥‥‥‥‥‥‥‥‥‥‥‥‥‥ 186

6. 潤滑管理‥‥‥‥‥‥‥‥‥‥‥‥‥‥‥‥‥‥‥‥‥‥‥‥‥‥‥‥‥‥‥‥‥ 189
6.1　産業車両の潤滑管理の動向‥‥‥‥‥‥‥‥‥‥‥‥‥‥‥‥‥‥‥‥‥‥‥‥‥ 189
6.2　潤滑油の劣化に対する管理‥‥‥‥‥‥‥‥‥‥‥‥‥‥‥‥‥‥‥‥‥‥‥‥‥ 189
6.3　オイル分析サービス‥‥‥‥‥‥‥‥‥‥‥‥‥‥‥‥‥‥‥‥‥‥‥‥‥‥‥‥ 190
　6.3.1　分析システムの概要‥‥‥‥‥‥‥‥‥‥‥‥‥‥‥‥‥‥‥‥‥‥‥‥‥‥ 190
　6.3.2　オイル分析項目と方法‥‥‥‥‥‥‥‥‥‥‥‥‥‥‥‥‥‥‥‥‥‥‥‥‥ 191
　6.3.3　油中金属分析の判定とその例‥‥‥‥‥‥‥‥‥‥‥‥‥‥‥‥‥‥‥‥‥‥ 192
6.4　車載オイル劣化センサ‥‥‥‥‥‥‥‥‥‥‥‥‥‥‥‥‥‥‥‥‥‥‥‥‥‥‥ 195

参考・引用文献‥‥‥‥‥‥‥‥‥‥‥‥‥‥‥‥‥‥‥‥‥‥‥‥‥‥‥‥‥‥‥‥‥ 197
索　　引‥‥‥‥‥‥‥‥‥‥‥‥‥‥‥‥‥‥‥‥‥‥‥‥‥‥‥‥‥‥‥‥‥‥‥‥ 207

略語表

略語	原語	日本語訳
ACC	American Chemistry Council	米国化学品評議会
ACEA	Association des Constructeurs Europeens d'Automobile (European Automobile Manufacturers Association)	欧州自動車工業会
ACM	ISO 1629; "Rubber and latices-Nomenclature"による材料記号	アクリルゴム
AEM	ISO 1629; "Rubber and latices-Nomenclature"による材料記号	エチレンアクリルゴム
AMT	Automated Manual Transmission	自動制御式マニュアルトランスミッション
API	American Petroleum Institute	米国石油協会
ASTM	American Society for Testing and Materials	米国材料試験協会
AT	Automatic Transmission	自動変速機
ATF	Automatic Transmission Fluid	自動変速機油
AU	ISO 1629; "Rubber and latices-Nomenclature"による材料記号	ウレタンゴム
CAT	Caterpillar	キャタピラー社
BDC	Bottom Dead Centre	下死点
CB	Carbon Black	カーボン・ブラック
CBT	Corrosion Bench Test	机上腐食試験
CCMC	Comite des Constructeurs d'Automobiles du Marche Commun (Committee of Common Market Automobile Constructors)	ACEAが設立される前の欧州自動車委員会
CCS	Cold Cranking Simulator	コールド・クランキング・シュミレータ
CR-DPF	Continuously Regenerating Diesel Particulate Filter	連続再生式ディーゼル・パティキュレート・フィルタ
CA	Content of Aromatic Ring Structures	環分析における芳香族炭素数
CEC	Coordinating European Council	欧州の燃料潤滑油の性能試験開発機構
CETOP	Comite Europeen des Transmissions Oleohydrauliques et Pheumatiques	欧州フルードパワー委員会
CN	Content of Naphthene Ring Structures	環分析におけるナフテン炭素数
CP	Content of Paraffin Chains	環分析におけるパラフィン鎖炭素数
Cp値	Value of Cp	速度係数
CRC	Coordinating Research Council	米国共同研究評議会
CVT	Continuously Variable Transmission	無段変速機
DIN	Deutches Industrie Normen	ドイツ工業規格
DLC	Diamond Like Carbon	ダイアモンド・ライク・カーボン
DPF	Diesel Particulate Filter	ディーゼル・パティキュレート・フィルタ
EC	European Commission	欧州委員会
EDTA	Ethylenediaminetetaacetic acid	エチレンジアミン四酢酸
EELQMS	European Engine Lubricants Quality Management System	欧州のエンジン油品質管理システム
EGR	Exhaust Gas Recirculation	排気ガス再循環装置
EHD	Elasto-Hydrodynamic	弾性流体（潤滑）
EHL	Elasto-Hydrodynamic Lubrication	弾性流体潤滑
ELV	End of Life Vehicles Directive	欧州の廃自動車指令
EMA	Engine Manufacturers Association	米国エンジン製造者協会
EN	European Norm	欧州規格
EOAT	Engine Oil Aeration Test	エンジン油エアレーション試験
EOLCS	Engine Oil Licensing and Certification System	米国のエンジン油認証システム
EPA	Environmental Protection Agency	米国環境保護局
EU	European Union	欧州連合
FAME	Fatty Acid Methyl Ester	脂肪酸メチルエステル

続き 1

FEM	Finite Element Method	有限要素法
FCD	JIS G5502：2001「球状黒鉛鋳鉄品」による材料記号，Ferrum Casting Ductileの略	球状黒鉛鋳鉄（ダクタイル鋳鉄とも言う）
FKM	ISO 1629；"Rubber and latices-Nomenclature"によるゴム略号材料記号	フッ素ゴム
FT-IR	Fourier-Transform Infrared Spectroscopy	フーリエ変換赤外分光法
FZG	Forschungsstelle fur Zahnrader und Getriebebau	（ミュンヘン工科大学）歯車とギヤボックス研究センタ
GM	General Motors	ゼネラル・モータース社
GTL	Gas to Liquid	ガス液化
HBD	Hydrogenated Bio Diesel	水素化バイオ軽油
HC	Hydro Carbon	炭化水素
H/C	Hydrogen Carbon Ratio	水素炭素比
HEUI	Hydraulically actuated, Electronically controlled, Unit Injector	油圧式電子制御ユニット・インジェクタ
HFRR	High Frequency Reciprocating Rig	軽油－潤滑性試験
HMT	Hydraulic Mechanical Transmission	ハイドロメカニカル・トランスミッション
HNBR	ISO 1629；"Rubber and latices-Nomenclature"による材料記号	水素化ニトリルゴム
HSS	Hydrostatic Steering System	ハイドロスタチック・ステアリングシステム
HST	Hydro-Static Transmission	静油圧式無段変速機
HTCBT	High Temperature Corrosion Bench Test	高温腐食試験
HTHS	High Temperature High Shear	高温高せん断
IAE	Institute of Automobile Engineers	英国自動車技術協会
ICP	Inductively Coupled Plasma Spectroscopy	高周波誘導結合プラズマ発光分光分析
IR	Infrared Absorption Spectrometry	赤外吸収分析
ISO	International Standardization Organization	国際標準化機構
JAMA	Japanese Automobile Manufacturers Association	日本自動車工業会
JASO	Japanese Automobile Standardization Organization	日本自動車規格
JCMA	Japan Construction Mechanization Association	日本建設機械化協会
JCMAS	Japan Construction Mechanization Association Standard	日本建設機械化協会規格
JSAE	Society of Automotive Engineers, Japan	日本自動車技術会
KRL	Kegelrollenlager	テーパころ軸受
Lc$_{50}$	Lethal Concentration 50	半数致死濃度
LRC	Lubricants Review Committee	潤滑油レビュー委員会
LRI	Lubricants Review Institute	潤滑油レビュー協会
LSD	Limited Slip Differential	差動制限式差動歯車装置
MIL	US Military Specification	米軍規格
MoDTC	Molybdenum Dialkyl Dithio Carbamate	モリブデン・ジチオ・カーバメイト
MoDTP	Molybdenum Dialkyl Dithio Phosphate	モリブデン・ジチオ・ホスフェート
MRV	Mini Rotary Viscometer	ミニ・ロータリ粘度計
MT	Manual Transmission	マニュアル・トランスミッション
NAS	National Aerospace Standard	全米航空宇宙工業会規格
NBR	ISO 1629；"Rubber and latices-Nomenclature"による材料記号	ニトリルゴム
NMHC	Non-Methane Hydrocarbon	非メタン系炭化水素
No$_x$	Nitrogen Oxides	窒素酸化物

続き2

OCP	Olefin Copolymer	オレフィンコポリマー
OECD	Organization for Economic Co-operation and Developmnet	経済協力開発機構
OHC	Over Head Camshaft	頭上カム式
OHV	Over Head Valve	頭上バルブ式
PA	Polyamide Resin	ポリアミド樹脂
PAO	Poly Alpha Olefin	ポリアルファオレフィン
PDSC	Pressurized Differential Scanning Calorimeter	加圧式示差走査熱分析
PIB	Polyisobutene	ポリイソブテン
PM	Particulate Matter	粒子状物質
PMA	Poly Alkyl Methacrylate	ポリアルキルメタクリレート
PME	Palm oil Methyl Ester	やし油メチルエステル
PTFE	Polytetrafluoroethylene	ポリテトラフルオロエチレン
PTO	Power Take Off	パワーテイクオフ，動力取出し
PVD	Physical Vapor Deposition	物理蒸着
PV値	Pressure-Velocity Value	PV値
R&O	Rust & Oxidation（Inhibitor）	アールアンドオー作動油
REO	Reference Oil	標準油
RME	Rapeseed oil Methyl Ester	菜種油メチルエステル
SAE	Society of Automotive Engineers	米国自動車技術者協会
SCR	Selective Catalytic Reduction	選択触媒還元
SEM	Scanning Electron Microscope	走査型電子顕微鏡
SME	Soybean oil Methyl Ester	大豆油メチルエステル
SS	Swedish Standard	スウェーデン規格
STOU	Super Tractor Oil Universal	スーパー・トラクタオイル・ユニバーサル
TBN	Total Base Number	全塩基価
TDC	Top Dead Centre	上死点
TOST	Turbine Oil Oxidatiion Stability Test	タービン油酸化安定度試験装置
TOU	Tractor Oil Universal	トラクタオイル・ユニバーサル
UTTO	Universal Tractor Transimission Oil	ユニバーサル・トラクタ・トランスミション油
VG	Variable Geometry Turbochatger	可変容量ターボチャージャ
VI	Viscosity Index	粘度指数
VII	Viscosity Index Improver	粘度指数向上剤
VMQ	ISO 1629；"Rubber and latices-Nomenclature"による材料記号	シリコーンゴム
ZnDTP	Zinc Dialkyl Dithio Phosphate	ジチオリン酸亜鉛
ZP	Zinc Phosphate	ジアルキルリン酸亜鉛

1. 産業用車両の概要

1.1 バス・トラック

〔編集委員〕

　トラックとバスの外観を図 1.1 および図 1.2 に示す．トラックは積載量 2〜3 トンを小型，4 トン前後を中型，5 トン以上を大型と区分けされ，大型トラックは車両総重量で 25 トンまでの運行が道路交通法で認められている．高速道路でコンテナなどを連結した場合は車両総重量 36 トンまで運行可能である．近年の日本の車両総重量の規制緩和により，日米欧のトラックエンジンの総排気量や最大出力の差は少なくなっており，むしろ燃費規制対応のため世界的にエンジンは小型化の方向にある．日本での重量車の燃費規制はいわゆる「改正省エネ法」として 2006 年からスタートしており，2015 年までに 2002 年比で平均 12.2 ％向上の目標燃費基準を達成することが義務づけられている．

　バス・トラックの主なコンポーネントは図 1.3 のようにエンジン，マニュアルトランスミッションまたは自動変速機ならびに差動歯車装置である．ダンプトラックやコンクリートミキサなど特殊車両では油圧装置も加わるが，建設機械の油圧装置が参考となるので本書では省略する．エンジン負荷に関しては，トラックの高速道路走行が最も厳しく，負荷率（全負荷走行距離／全走行距離）は 80 ％に達する．ダンプトラックの場合は低速であるが高負荷（高トルク）運転であり，宅配便トラックなどは低速・低負荷運転である．なお，小型トラックなどで走行風による冷却が不足する場合には，エンジンオイルパン油温が 140 ℃に達することがある．年間の走行距離は国内の大型トラックの場合には 200 000 km 程度，ダンプトラックでは 100 000 km 程度であり，海外の大型トラックでは 100 000〜200 000 km である．

図 1.1　大型カーゴトラック（車両総重量 25 トン，エンジン出力：302 kW）〔出典：日野自動車提供写真〕

図 1.2　大型スーパーハイデッカーバス（エンジン出力：206 kW）〔出典：日野自動車提供写真〕

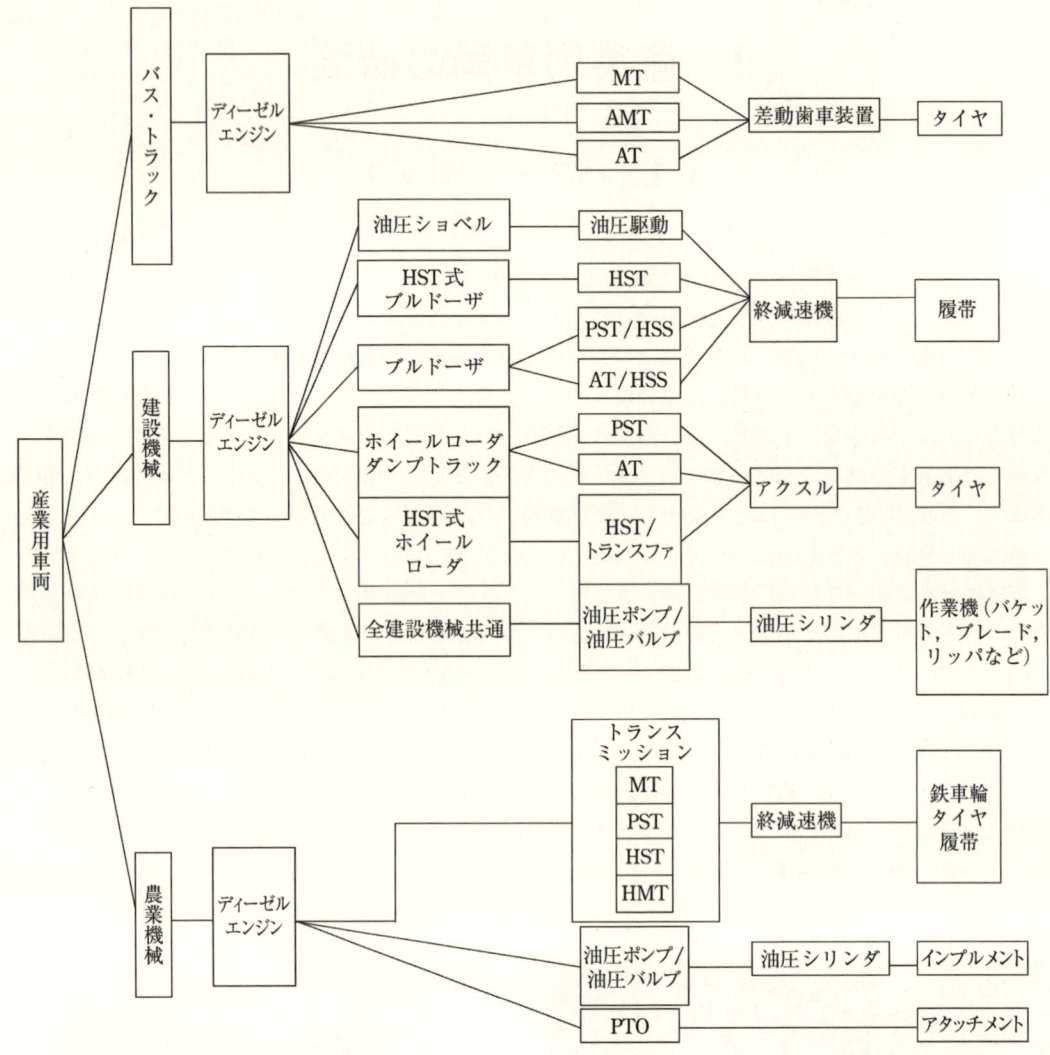

MT：マニュアルトランスミッション　　　　　　HSS：ハイドロスタティック・ステアリングシステム
AMT：自動制御式マニュアルトランスミッション　PST：パワーシフトトランスミッション
AT：自動トランスミッション（自動変速機）　　　HMT：ハイドロメカニカルトランスミッション
HST：ハイドロスタティックトランスミッション　PTO：動力取り出し装置

図1.3　産業用車両のパワートレインの概要

1.2　建設機械

（編集委員，佐藤吉治）

　図1.4から図1.7に代表的な建設機械を示す．国内では油圧ショベル（ミニショベル含む）が最も多く使用され全建設機械の60％の台数を占める．ついでホイールローダ，ブルドーザの順に多い．その他にダンプトラック，クレーン車両やモータグレーダなど多くの種類がある．油圧ショベルは小型で運転重量0.4トンから最大で811トンと製品レンジが最も広い．ホイールローダは1～220トン，ブルドーザは3.6～150トンの製品レンジである．一般のダンプトラックは道路交通法により11トン積みが最大であるが，オフロード・ダンプトラックは国内では積載量25～100トンが使われ，海外鉱

山向けには積載量が最大360トンまである.

建設機械の構造は図1.3のように履帯式とタイヤ式で異なる.パワートレインについては油圧駆動式またはハイドロスタティックトランスミッション(Hydrostatic Transmission : HST)とパワーシフトトランスミッションなどメカニカル・パワートレインの2種類がある.建設機械特有の作業機を動かす油圧機器は,油圧ポンプからの高圧作動油をメインバルブで制御分配してそれぞれの油圧シリンダに送っている.油圧駆動やHSTは油圧ポンプや油圧モータなど類似の油圧機器が使われ,作動油も作業機と共通に使われる.図1.8に油圧ショベルの油圧機器の配置例を示す.

図1.4 中型油圧ショベル(運転重量20トン,エンジン出力:110 kW)〔出典:コマツ提供写真〕

図1.5 中型ホイールローダ(運転重量18トン,エンジ出力:140 kW)〔出典:コマツ提供写真〕

図1.6 大型ブルドーザ(運転重量108トン,エンジン出力:265 kW)〔出典:コマツ提供写真〕

図1.7 オフロード・ダンプトラック(積載量91トン,エンジン出力879 kW)〔出典:コマツ提供写真〕

建設機械に対する排出ガス規制はバス・トラック同様の規制が後述するようにある.また,世界初の建設機械の燃料消費量試験方法が日本建設機械化協会で規格化(JCMAS H020;2010,H021;2010,H022;2010)されており,この試験方法による燃費規制が検討されている.

建設機械の使われ方の特徴としては,ほとんどの機種で負荷率が高いことと不整地にて低速高負荷条件で動くことである.油圧ショベルの場合には車両を停止した状態でエンジン全負荷の掘削作業を行い,上部旋回体を頻繁に左右に振って掘削した土をトラックなどに積載するのが主な用途である.このため走行する頻度は少ない.また,掘削作業の内容としては柔らかい土砂をすくって積み込む場合もあれば,堅い地面を掘削する場合もあり,ときにはバケットの歯先で岩盤を打撃するような使い

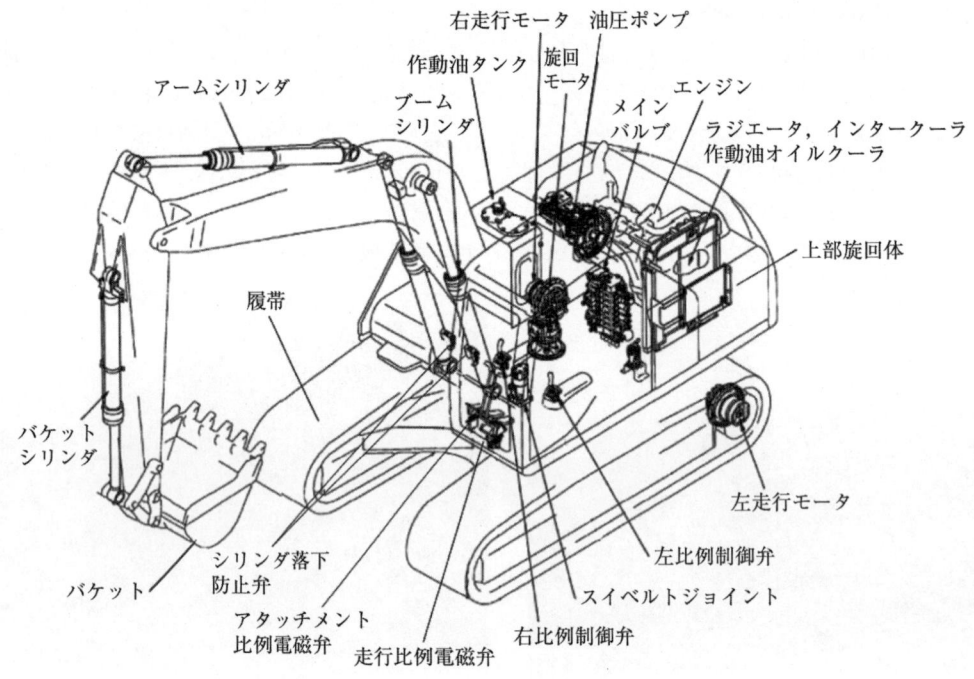

図 1.8 中型油圧ショベルの油圧機器とその配置

方もされる．掘削用バケットを外して油圧ブレーカに換え岩盤掘削をすることもある．一方，圃場の整備や土手などの法面仕上げのようにバケット歯先で地表面を平面に仕上げる精度の高い作業もある．ブルドーザの場合はブレードで凹凸路面を均す整地作業や土を押して移動する作業はもちろんのこと，リッパによる岩盤掘削作業等の自重を超える大きな牽引力も要求される．このためブルドーザの負荷率は通常 80 % 近くになる．ブレードによる整地作業は熟練を要する操作のため，変速操作を自動化して運転者の負担を軽減するようになっている．ホイールローダの主な役割は掘削と積込みである．最も多い運転パターンは堆積した土砂や石材等にバケットを突っ込ませてすくい込み，いったん後進して，待機するダンプトラック等に積み込む繰返し作業である．

　油圧ショベルはほとんど走行せず，ブルドーザやホイールローダも 10～30 km/h の低速で作業するため走行風による冷却は期待できない．このためエンジンだけでなく油圧機器やパワートレインにもそれぞれにオイルクーラが装着されており，エンジン回転数と無関係に油圧モータ駆動の冷却ファンを制御してラジエータ，オイルクーラやインタークーラを冷やすようになっている．これら強制潤滑されるコンポーネントの油温は負荷によらず 80～120 ℃ に保たれている．ダンプトラックは土砂満載の状態で降坂することが多いので，湿式多板ディスクブレーキにより連続的に減速する機構（リターダ）がある．全ての機種において傾斜面の作業，頻繁な旋回や発進停止により，全てのオイルパン油面は常に水平ではない．激しい前後進の繰返しにより各コンポーネントには慣性による負荷があり，著しい場合は取付けボルトの折損まで生じる．また，エンジン下部まで水没する水中作業や粉塵が舞う稼働現場もあるため，水やダストがエンジンなど各コンポーネント内部に侵入することもある．年間の稼働時間は通常 1 000～3 000 時間（オンロード車の 100 000～300 000 km に相当[*1]）程度であるが，鉱山では 5 000 時間を超える場合もある．

[*1] 目安として時速 100km/h で換算した値

1.3 農業機械

(編集委員,佐藤芳樹)

主な農業機械を図1.9から図1.12に示す.図1.9は農業用トラクタの代表的な作業機であるロータリを使った耕耘作業の状況を示す.農業用トラクタの主な役目はこのように作業機のけん引と駆動である.農業用トラクタ後部に備えられたヒッチと呼ばれる連結装置に各種作業機が装着でき,動力取出し(Power Take-Off ; PTO)軸の回転動力や油圧を作業機の駆動に利用できることから,稲作,畑作,牧畜をはじめ,あらゆる農作業に利用される.コンバインは作物の刈取りと脱穀,排わらの処理,穀粒の貯蔵や排出を同時に行う収穫用の作業機であり,刈取り方式によって自脱形と汎用形に大別される.田植機は運転者が気候や苗の品種,生育状況などを考慮して希望する密度で水田に苗を移植させる作業機であり,歩行形と乗用形がある.散布機を搭載すれば,肥料,除草剤,殺虫殺菌剤を移植と同時に散布できるものがある.乗用芝刈り機(ゼロターンモア Zero-Turn Mower やガーデントラクタなど)はゴルフ場や公園,競技場等,比較的広範囲の芝生において,芝を短く刈り揃えるために用いられる.

農業機械はその種類によって建設機械以上に多様な足回りやパワートレインがある(図1.3).作業機は油圧だけでなく前述のようにPTO軸により駆動される場合も多い.

図1.9 農業用トラクタ(エンジン出力:41 kW)
〔出典:クボタ提供写真〕

図1.10 コンバイン(エンジン出力:33 kW)
〔出典:クボタ提供写真〕

図1.11 田植機〔出典:クボタ提供写真〕

図1.12 ゼロターンモアの芝刈り作業
〔出典:クボタ提供写真〕

なお，農業機械にも後述のように建設機械と共通の世界的な排出ガス規制がある．

農業用トラクタ，コンバイン，耕運機などは負荷率が 60～100 % に達する場合がある．ゼロターンモア，ガーデントラクタの負荷率は 50～70 % と高い．年間稼働時間は国内では 100～300 時間程度の使用であるが，海外では 500～2 000 時間も稼働する．使用環境としては高温，多湿，乾燥，作業によっては耕運による粉塵も多く，また車両が横に傾いたまま連続で耕す作業も多い．ゼロターンモアなどは刈り取った芝や草によるラジエータ目詰まりが起こりやすいので，その工夫が講じられている．

2. 産業用車両に用いられるディーゼルエンジン

2.1 用途ごとの特徴と使用条件

(編集委員, 土橋敬市)

　産業用車両のエンジンとしては, 燃費や耐久性の点からディーゼルエンジンが主に用いられる. 過去にはバス・トラックのいわゆるオンロード用エンジンと, 建設機械用や農業用車両などのいわゆるオフロード用エンジンとは, それぞれ用途ごとの特徴や使用条件が異なるため設計思想も異なるものであった. しかし, 排出ガスなどの規制が厳しくなるにつれてオンロードとオフロードの垣根はなくなりつつあり, また過去には総排気量や馬力などに大きな違いがあった国内外のエンジンの差も少なくなっている. 本節ではそれぞれの車両のエンジンの特徴と使用条件について解説する.

2.1.1 バス・トラック用エンジン

　トラックは総排気量 2.0～15.0 L のエンジンを登載しており, 定格回転数 2 200～3 200 rpm で最大出力 140～500 kW の仕様である. バスは総排気量 3.5～22.0 L のエンジンを登載しており, 最大出力 260～380 kW の仕様である. エンジン回転数は 2 200～3 200 rpm である.

　図 2.1 はトラック用大型エンジン断面図の一例を示す[1]. エンジン動弁系の構造は OHV (Over Head Valve) と OHC (Over Head Cam) の 2 種類がある. 従来のディーゼルエンジンでは OHV で 2 弁式が広く使用されていたが, 近年のエンジンでは OHC が主流となっており, 同時に吸排気バルブは 4 弁化の傾向にある. この 4 弁化は新技術の高性能ターボチャージャとの組合せにおいて, 新気の吸入や排気の排出をさらに効率良く行うことで, 高出力, 低燃費, 軽量・コンパクト化などを実現する方法の一つとして用いられている. この図の例の場合 OHC, 4 弁, ローラフォロワタイプのロッカアームが使用されている. これらの動弁系部品に加えて可変バルブ機構が組み付けられており, パ

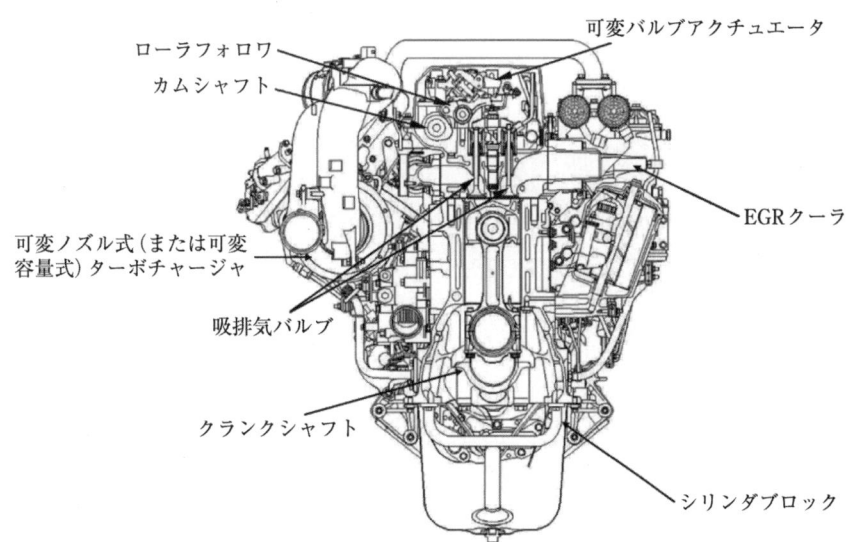

図 2.1　トラック用大型ディーゼルエンジン断面図 (直列 6 気筒ターボインタクーラ付き, 12.9 L, 382 kW)　〔出典：文献 1)〕

ルス EGR と呼ばれる排出ガス再循環システム（Exhaust Gas Recirculation：EGR）や車両減速時のエンジンフリクション増加を目的としたエンジンリターダ機能が付加されている．なお，ピストンには4本リングの鋳鉄ピストンあるいは3本リングのアルミニウム合金ピストンが採用されている．

推奨されるエンジン油の品質は JASO DH-2 が基本であるが，排出ガス規制が緩い国でかつ軽油の硫黄分が高い（0.5％レベル）地域では JASO DH-1 または同等の API サービス分類（例えば CF-4 など）が使用される．オイル交換距離は小型で 20 000 km，中型で 25 000 km，大型で 45 000 km 走行が通常であり，オイルフィルタ交換も同時に行う．エンジンの耐久寿命またはオーバホールは 1 500 000～2 000 000 km である．これらバス・トラック用エンジンは建設機械にも採用されている．

2.1.2 建設機械用エンジン

建設機械は総排気量 0.3～106 L の1気筒から24気筒までの多種類のスペースエンジンが搭載されており，馬力もいわゆるミニ建機の 3.5～30 kW から標準的な建設機械の 60～1 200 kW，そして鉱山機械に代表される超大型建設機械の 1 000～3 000 kW と幅広い範囲のエンジンが搭載されている．エンジンの定格回転数は 1 750～2 200 rpm の範囲である．

最近の中型以上の建設機械用エンジンにはコモンレール式またはユニットインジェクタ式燃料噴射システムを装着した直接噴射式ディーゼルエンジンが主に用いられている．図 2.2 は 270～440 kW の出力で使われる6気筒 15.2 L の大型エンジンの基本構造例である[2]．建設機械用の本エンジンでは，3本ピストンリングの球状黒鉛鋳鉄製ピストン[3]を採用している．吸排気バルブは4弁式であり，オーバホールを前提として1気筒ごと独立したシリンダヘッドとなっている．バルブの開閉は OHV 方式が主であり，カムフォロワを採用している．シリンダについてはウェットライナ式で鋳鉄ライナを挿入している．一般にシリンダには塩浴軟窒化処理やリン酸被膜処理が施される．エンジン軸受メタルはオーバレイ付き鉛青銅系が主流であるが，アルミメタルにオーバレイめっきを施したエンジンもある．また，建設機械エンジンの一部には鍛造スチールピストンを採用し，OHC 方式も採用している機種もある．

推奨されるエンジン油の品質は国内外で JASO DH-1 または同等の API サービス分類（例えば CF-4 クラス）が主であるが，2011 年からのオフロード排出ガス規制対応エンジンでは JASO DH-2 また

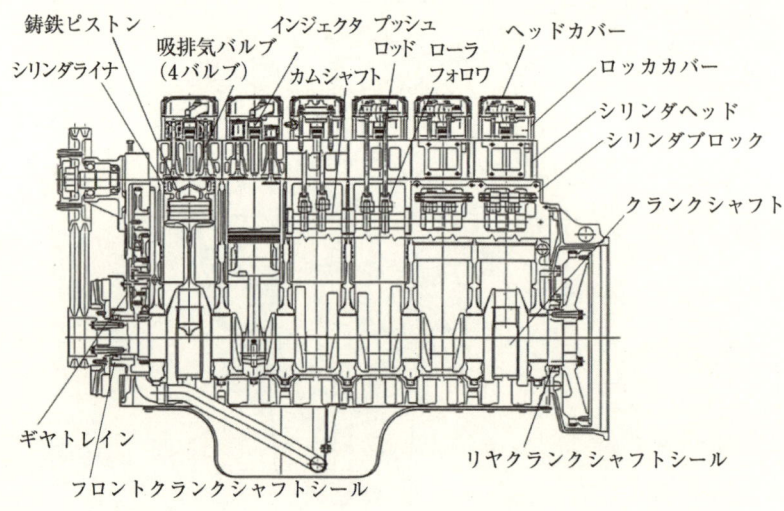

図 2.2　建設機械用大型ディーゼルエンジンの基本構造（直噴6気筒ディーゼルエンジン，15.2 L，440 kW）　〔出典：文献 2)〕

は灰分が同等の API サービス分類（例えば CJ-4）などが推奨される．オイル交換時間は各社ともほとんど 500 時間毎でフィルタ交換も同時に行う．エンジンのオーバホール寿命は小型で 6 000 時間，中大型で 10 000 時間以上であり，大型では 3 オーバホールくらいまで使われる．

なお，建設機械用エンジンは大型フォークリフト，鉄道のディーゼルカーあるいは航空機牽引用トーイングトラクタ用などにも採用されている．

2.1.3 農業機械用エンジン

農業機械では総排気量 0.4～10 L の小型エンジンが使われ，馬力は芝刈り用のトラクタで 7.5～45 kW，農業機械で 7.5～220 kW である．エンジン回転数は 2 000～3 400 rpm である．なお，欧米では 400 kW 級のトラクタもある．

図 2.3 は農業機械用中型エンジンの一例である．コモンレール式燃料噴射システムが採用された OHV 式エンジンで 4 弁式である．このエンジンの特徴として図示していないが燃焼室内にグロープラグが標準で付けられており，年間稼動時間の少ない農業機械のためエンジン始動性が改良されている．ピストンはアルミニウム合金製で 3 本ピストンリングである．シリンダはライナレスであり，軸受メタルに鉛フリーの 2 層合金を採用している．ギヤトレインは騒音と振動を低減するためエンジン後部に装着されている．

推奨されるエンジン油の品質は API サービス分類の CF クラス以上が多いが国内の小型エンジンでは CD クラスも使用されている．オイル交換時間は 200～500 時間とメーカーごとに異なる．エンジン耐久寿命は 3 000～8 000 時間が通常で，大型では建設機械同様 10 000 時間以上となる．農業機械用エンジンは建設機械にも使用されている．

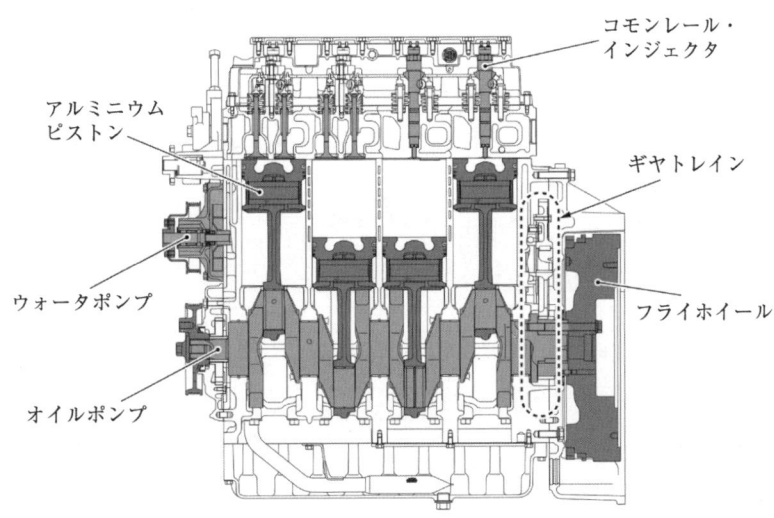

図 2.3　農業機械用ディーゼルエンジン（出力：99.3 kW）

2.2　排出ガス規制とエンジン構造

（大川聡）

近年，ディーゼルエンジン（以下エンジン）は数年ごとに更新される排出ガス規制に対応するために絶えず設計変更がなされており，これらの規制によるエンジン耐久性やエンジン油品質への影響も大きくなっている．そこで，本節では排出ガス規制の推移とこれに対応するエンジン設計の変更について述べる．世界の主要な排出ガス規制は日本の環境省，米環境保護庁（EPA）と欧州連合（EU）

の EC 指令により出されているものであり，これらは相互にある程度歩調を合わせて規制値が決められている．バス・トラックなどのオンロード車両に対してはオンロード排出ガス規制，建設機械・農業機械・フォークリフトなどに対してはオフロード排出ガス規制がそれぞれ決められている．なお，ディーゼルエンジン搭載の鉄道車両に対する排出ガス規制は日本ではないため，エンジンメーカー側でオフロードの第 2 次排出ガス規制相当の対応をしている．一方，米国の鉄道車両では数年遅れでオフロード規制が実施されている．

2.2.1 排出ガス規制の動向

日米欧の産業用車両における排出ガス規制の推移を図 2.4 に示す[4〜7]．なお，図では中小型自動車や 37 kW 以下の小型オフロードエンジンの規制は省略している．

オンロードとオフロードの規制はそれぞれ排出ガスの測定方法が異なり，また国ごとに規制値も異なっているため，厳密ではないがオフロード規制はオンロード規制のおおよそ 4 年遅れで実施されているといえる．

排出ガス中の規制物質は窒素酸化物（NO_x），粒子状物質（Paticulate Matter：PM），炭化水素（HC），非メタン炭化水素（NMHC），一酸化炭素（CO）とスモークなどである．この中で特に NO_x と PM の低減は規制が厳しく，すすなどを主成分とする PM を減らすために燃焼温度を上げると逆に NO_x は増えるトレードオフの関係にある．このため後処理装置の装着が必要となっている．1991 年の米国オンロード規制（US91）が，日本のオフロード第 1 次規制や米国の Tier 1 規制に相当するが，それぞれの規制値はかなり異なるものであった．しかし，日本のオンロード新長期規制や米国のオフロード Tier 3 規制以降は，ある程度規制値と規制時期は収斂してきている．日米欧以外の

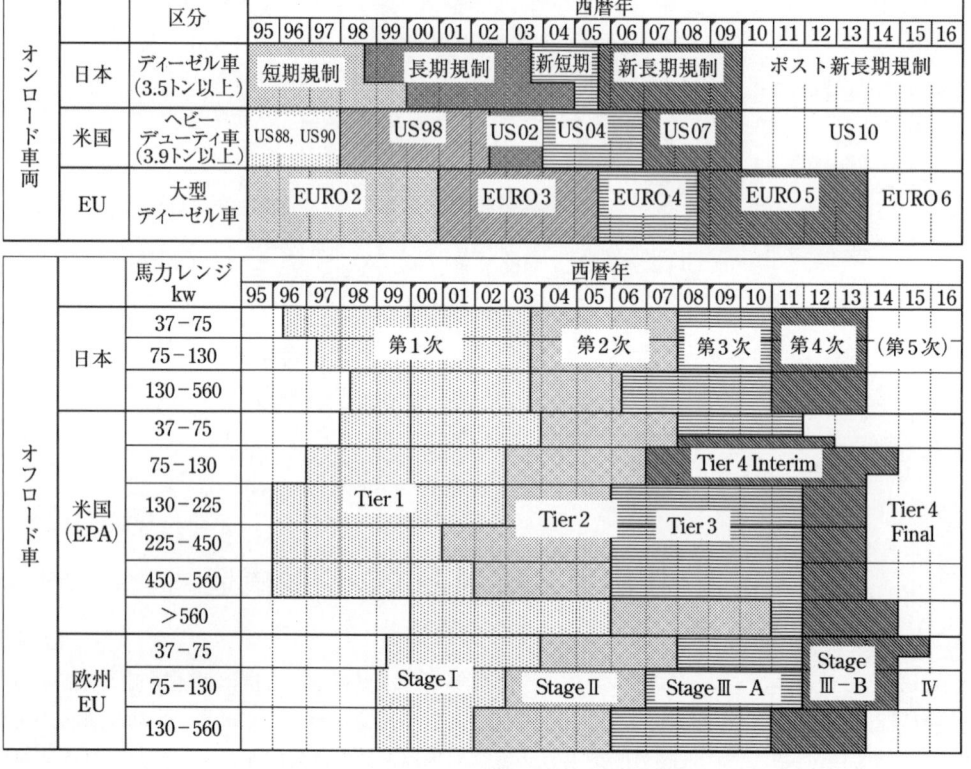

図 2.4　産業用車両の排出ガス規制の推移〔出典：文献 4〜7〕

地域では，2009年以降，豪州，中国，東南アジア，南アフリカ，南米の一部でオンロードの欧州Euro 2〜4規制が導入されている[6,8]．Euro規制がこれらの地域で普及している理由は，欧州製トラックの普及もあるが，欧州からの各国政府へのEU規制採用の働き掛けによる影響がある．オフロードでは，インドが建設機械に対して欧州のEU Stage 1と農機に対して米国のTier 3規制を行い，中米の一部では米国のTier 3規制，中国では欧州のEU Stage 2規制を行っているが，これ以外の国では規制は決っていない[9]．

図2.5は国内のオンロード新長期規制とオフロード第3次規制における排出ガス測定モードの比較[5,10]である．いずれも実際の負荷条件に合わせた測定条件になっており，オンロードは低回転中負荷が中心で，オフロードは高回転高負荷中心の違いがある．オフロードエンジンの負荷が高いことが，排出ガス規制レベルをオンロードよりも少し下げていた理由の一つである．しかし，2000年時点での調査[11]によると，オンロード車の台数のわずか2％のオフロード車両が自動車全体のNO$_x$排出量の25％も排出していることがわかり，オンロード車なみの規制に強化されている．なおこの図によりオンロードとオフロードのエンジン部品への負荷の違いもわかる．なお，オンロードのポスト新長期規制やオフロード第4次規制では過渡的な負荷で測定するトランジェントモードが採用されている．

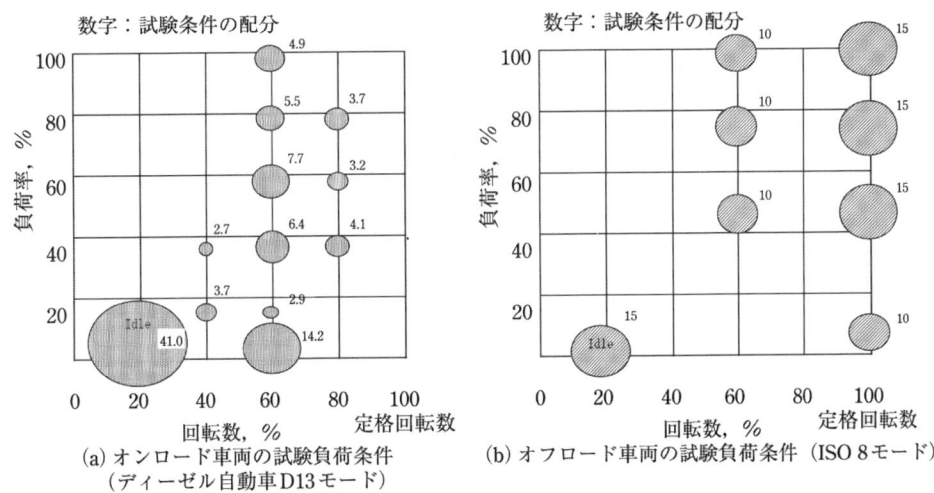

図2.5 オンロードとオフロード車両の排出ガス測定モードの違い〔出典：文献5,10〕

2.2.2 各種排出ガス規制に対するエンジン構造の推移

このような排出ガス規制対応のためにエンジンではピストンや吸排気バルブの改良，燃料噴射システムや吸気系の改良，排気ガス後処理装置の追加ならびに電子制御化がなされている．表2.1はオンロード用とオフロード用エンジンの排出ガス規制対応システムの推移と比較である[11〜19]．

ピストンの設計については，(1)鋳鉄やスチール製ピストンあるいは2分割（ツーピース）ピストンを採用してトップリング位置を上げて（ハイトップリング化），燃焼し難いトップリングとシリンダライナ間のすきまを減らしてPM発生を抑制すること，(2)燃焼室形状をリエントラント型などスワールが起きやすくして燃焼が低温でも起きやすくすることがある．これらピストンの改良はオンロード短期規制やオフロード第1次規制から採用されているが，ハイトップリング化はエンジン油側への油中スーツ侵入を増やすために，オンロード長期規制やオフロード第3次規制まではエンジン潤滑に大きな影響があった．また，鋳鉄やスチール製ピストンは熱伝導率が低いためエンジン油の清浄分散性や熱安定性が低いと，ピストン裏面（アンダサイド）に炭化物が付着して冷却が不十分となり

表 2.1 オンロードとオフロードエンジンの排出ガス規制への対応システム比較〔出典：文献 11～19）〕

		日	短期	長期	新短期	新長期	ポスト新長期
		米	US88-94	US98/US02	US04	US07	US10
		欧	Euro 2	Euro 3	Euro 4	Euro 5	Euro 6
オンロード	ハイトップリング・ピストン*		○	○	○	○	○
	コモンレール噴射システムまたはユニットインジェクタ			○	○	○	○
	インタクーラ			○	○	○	○
	クールドEGR				○	○	○
	可変ターボ				○	○	○
	ディーゼルパティキュレートフィルタ（DPF）				○	○	○
	尿素選択的還元触媒（尿素SCR）					△	○
		日	第1次	第2次	第3次	第4次	（第5次）
		米	Tier 1	Tier 2	Tier 3	Tier 4Interim	Tier 4Final
		欧	Stage I	Stage II	Stage III-A	Stage III-B	Stage IV
オフロード	ハイトップリング・ピストン*		○	○	○	○	(○)
	コモンレール噴射システム			△	○	○	(○)
	インタクーラ		○	○	○	○	(○)
	クールドEGR				○	○	(○)
	可変ターボ					○	(○)
	DPF					○	(○)
	尿素SCR					△	(○)

注）*球状黒鉛鋳鉄（FCD）ピストン，スチールピストンや2分割ピストンなど
{○：多く採用，△：一部採用，（○）は予測}

ピストンが割れるおそれもある．

　吸気系統には NO_x を低減するためインタクーラが多くの産業用車両で採用されている．これはターボチャージャで圧縮加熱された吸気を外気で冷やして燃焼温度を下げる目的である．また，吸排気バルブは 2 バルブ式から 4 バルブ式に変更され燃焼が改良されている．燃焼温度を下げ NO_x を減らす目的で排出ガスの一部をエンジン冷却水で冷して吸気に還流するクールド EGR がオンロード長期規制・オフロード第3次規制から導入されている．燃料中の硫黄分が多い場合は低負荷運転で凝結した濃硫酸が EGR 装置そのものの腐食を起こすが，燃焼室に入るとエンジン油劣化を加速する場合も考えられる．このため，燃料中の硫黄分は規制対応の進み度合いに応じて下げる必要があり，例えば，オンロード新長期規制やオフロード第4次規制対応のエンジンでは，非規制地域の高硫黄燃料が使用されると耐久性は確保できない．また，排出ガス中の高濃度 NO_x が燃焼室や排気バルブを通ってクランクケース内に侵入すると，エンジン油のニトロ酸化[20]という激しいオイル劣化が起るので注意が必要である．

　燃料噴射システムは規制以前では列型燃料ポンプが主に使われ燃料噴射圧は 60～70 MPa くらいであったが，2010 年ではコモンレール式燃料噴射システムに変わり 160～200 MPa の高圧噴射となっている．燃料噴射時期は燃焼温度を下げるため遅らせているが，電子制御により燃料を 3～5 回に分けて噴射する（マルチ噴射）ことで NO_x と PM の低減を同時に行えるようになっている．最近の改良されたコモンレール式燃料噴射システムでは燃焼すす発生が減ったため油中スーツ混入も減り，また始動性も改良されている．ただし，燃料噴射ポンプやインジェクタなどは高圧化により燃料の潤滑性不足や燃料中のダストによる異常摩耗の問題も多くなっている．G. B. Bessee ら [21,22]は燃料中の 6～7 μm のダスト粒子がコモンレール式燃料噴射ポンプに顕著な摩耗を起こすことを明らかにしており，

日米欧の自動車・エンジンの製造者協会は燃料中の摩耗粒子数の規格化を要求している[23]. 筆者らの経験では，産業用車両においては石油メーカー側の問題よりも，ユーザー側の燃料取扱いの方法によりダスト混入が生じている場合が多い. 例えば，ユーザーが管理する燃料貯蔵タンクへの土砂や鉄さびの混入などである. また，海外の軽油以外の燃料中にはダストが多く，噴射ポンプや噴射ノズルの異常摩耗が発生する場合も多い. このため，建設機械メーカーでは従来の 10〜15 μm の燃料フィルタから 2〜4 μm の燃料フィルタに変更し，さらにプレフィルタ装着などの対応がなされている[17, 24].

電子制御式可変ノズルターボチャージャ（VG ターボ）がオンロード新短期規制とオフロード第 4 次規制から採用されているが，これはエンジン回転に関わりなく所定の加給圧を保ち，低回転や過渡的な使用条件でも PM を増やさないためである.

オンロード新短期規制やオフロード第 4 次規制の対応にはさらに次の後処理装置が付加されている. ディーゼルパティキュレートフィルタ（Diesel Particulate Filter：DPF）は PM をセラミックフィルタで捕捉するものである. 捕捉した PM 中のすすを稼動中に燃料で燃やすため酸化触媒が付いている連続再生 DPF（Continuously Regenerating DPF：CR-DPF）が多く採用される. この DPF にはエンジン油添加剤の燃焼生成物（PM の一部）である酸化亜鉛（ZnO）や硫酸カルシウム（$CaSO_4$）などが付着して DPF 寿命を短縮するため，エンジン油の金属成分の制限が必要になっている. また，触媒被毒を起こすリン系添加剤の制限も必要になり，エンジン油の潤滑性能への影響も考えられる状況になっている. オンロードのポスト新長期規制やオフロードの第 5 次規制では尿素水を使用した窒素酸化物分解の尿素選択還元装置（尿素 SCR）が必要である. これは尿素を分解してアンモニアにし，NO_x と反応させて窒素と水にするシステムであるが，エンジン潤滑への直接の影響はないことと，燃費への悪影響が少ないことから採用が拡大している.

なお，米国 EPA では排出ガス規制の中で，オンロードエンジンには 10 年間または 70 万 km（22 000 時間）の耐久寿命を要求しており，排出ガス規制の合格保証の期間も 5 年間または 16 万 km を要求している. オフロードエンジンについてはエンジン寿命と排出ガスの保証期間は 10 年または 8 000 時間としている[9]. これらのエンジン寿命要求は世界的に拡がっている. 従来はエンジンメーカーがユーザーに対してエンジンの耐久性を保証していたが，排出ガス規制により耐久性が決められることになった.

2.3 排出ガス規制と燃料の動向

2.3.1 排出ガス規制に対応する軽油

（大川聰）

図 2.6 は日米欧の燃料中の硫黄分の規制動向である[25〜27]. 過去には世界中の軽油が脱硫されておらず硫黄分が原油次第で異なっていた. 日本でも 1975 年以前には硫黄分の上限規定が 12 000ppm の時代があった. 雨が少なく酸性雨の被害を経験していない中近東などでは，現在でも軽油中の硫黄分は下げられておらず高いレベルにある. しかし，高濃度の硫黄分は燃焼によって亜硫酸ガスや硫酸ミストとなり環境汚染とエンジン腐食を起こすために，先進国を中心に硫黄分は低減されてきた. さらに，排出ガス規制が厳しくなると硫黄分は(1)PM 増加の原因となる，(2)クールド EGR に対しては EGR バルブなどの腐食を起こす，(3)エンジン油劣化を加速する，(4)NO_x 還元触媒を被毒する，(5)DPF 寿命延長のためエンジン油の酸中和性をもつ金属系清浄分散剤の量を低減する必要があるなどの理由で燃料中の硫黄分を大幅に下げることが必要となっている[23].

2009 年現在，日米欧の軽油中の硫黄分はオンロード排出ガス規制に合わせて段階的に減らされ，

2. 産業用車両に用いられるディーゼルエンジン

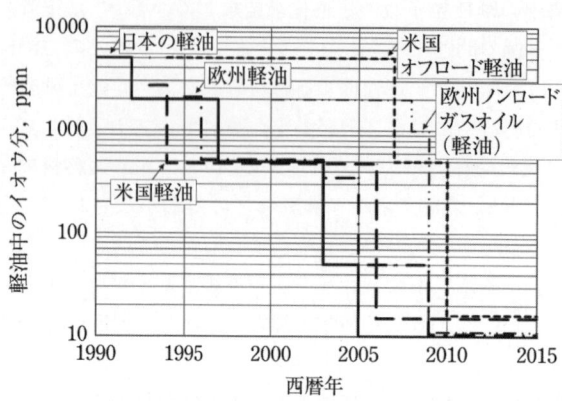

図 2.6 日米欧軽油の硫黄分の変遷〔出典：文献 25〜27)他〕

10〜15 ppm 以下になっている．一方，米国のオフロード用軽油の硫黄分は，オフロード排出ガス規制に少し遅れて硫黄分 500 ppm と 5 000 ppm の 2 種類のオフロード軽油が Tier 3 規制対応エンジンに使用されている．2010 年以降は鉄道用の 500 ppm を除いては 15 ppm 以下となっている．

欧州では 2000 年からノンロードガスオイル（オフロード用軽油）と暖房用燃料を分離して，ノンロードガスオイル用には硫黄分の規定 2 000 ppm を設けた．2011 年以降にノンロードガスオイルの硫黄分は 10 ppm 以下に引き下げられているが，実際にどの地域まで規制が普及するかは明らかでない．

日本国内では以前は道路を走行しない建設機械・農業機械・産業用車両には灯油・A 重油を使用することは違法でなかったため，道路税が掛からないこれらの燃料が一部で使われていた．しかし，2006 年のオフロード第 3 次規制実施以降は，排出ガス悪化を生じるためと，コモンレール式燃料噴射システムのポンプやインジェクタの損傷を起こすため環境省・国土交通省が指導して全て軽油に切り替えている．なお，建設機械・農業機械・フォークリフトなどでは，使用現場で申請すれば軽油の免税は可能となっている．日本の鉄道では軽油が使用されている．

東南アジアの主要国では軽油中の硫黄分は 500 ppm 以下を目指しているが，5 000 ppm の地域もまだ多く残っている[28]．中近東，アフリカ，中南米では軽油中の硫黄分が 1 000〜12 000 ppm の地域が多く[9,29]，2012 年以降に低硫黄軽油（50 ppm 以下）の導入を計画しているサウジアラビア，ヨルダン，カタールなど一部の国を除いて低硫黄化は遅れている[30,31]．これら高硫黄軽油地域に対しては高度な排出ガス規制対応エンジンをそのまま出すことはできず，地域別にディーゼルエンジン仕様を変更することになる．

表 2.2 に日米欧の軽油規格の概要を示す．欧米の規格は日本とは精製方法が異なるため，排出ガス

表 2.2　2009 年日米欧の 2 号軽油相当規格の概要〔出典：文献 32〜34)〕

No.	基本の品質性状	日本 JIS規格 K2204:2007 2号	アメリカ ASTM規格 D975-06			ヨーロッパ EN規格　590
			No.2-D S15	No.2-D S500	No.2-D S5000	
		−	−	染料着色（オフロード用）	−	−
1	密度（15℃），g/cm³	0.86以下	−			0.82–0.845
2	蒸留温度　90%点，℃	350以下	282〜338			360以下@95%
2	硫黄分, ppm	10以下	15以下	500以下	5000以下	10以下
3	セタン指数	50以上	40以上			46以上
4	芳香族分（多環芳香族分），%	−	35以下		−	(11以下)
5	10%残油残炭分，%	0.1以下	0.35以下			0.30以下
6	潤滑性　HFRR，μm	−	520以下			460以下

規制に対応して芳香族または多環芳香族分と軽油の潤滑性が規定されている．芳香族または多環芳香族成分が多いと PM が増えやすくなり，また燃焼温度も高くなるため NO_x も増える[23]．なお，多環芳香族分は発がん性のために規制されている面が強い．潤滑性についてはコモンレール式燃料噴射システムで必要になった項目であり，軽油-潤滑性試験（High Frequency Reciprocating Rig：HFRR）による摩耗量で示される．低粘度の寒冷地用軽油の潤滑性は低い傾向があるので潤滑性向上剤が添加される場合がある．筆者らの調査結果では，海外では JIS 2 号軽油相当であっても HFRR による摩耗量が規定を越える軽油もあるのでこの規格は重要である．詳細についてはそれぞれの規格[32〜34]を参照のこと．

2.3.2 バイオ軽油または脂肪酸メチルエステル（FAME）

(大川聡，土橋敬市)

1990 年から欧州（特にドイツ，フランス）で休耕田の活用と環境保護の両面から菜種油（Rapeseed Oil）をメチルエステル化した菜種油メチルエステル（Rape Seed Methyl Ester：RME）を量産し始めている[35,36]．欧州で主張されているバイオ軽油の生産プロセスと環境保護の考え[36〜40]をまとめると図 2.7 のようになる．菜種畑 1 ha から 3 トンの菜種油を収穫して RME を 1 300 L 製造する．この間のメタノール製造，農業トラクタ使用，トラック輸送，RME 製造時などに石油系燃料を使用して発生する CO_2 を差し引いても，軽油の 50 ％ 近く CO_2 を削減できる試算である．筆者がドイツ現地調査した 1997 年時点では，休耕田に対する農業補助金と石油税の免除で RME は軽油相当の価格になっていたが，2013 年からは石油税が掛かる[41]．ドイツでは農業関係者向けに 100 ％ の RME（B100）をそのまま販売しており，農業用トラクタ，農業に使われる建設機械やトラックは B100 の使用を求められている．また，建設機械や農業機械では，B100 はこぼれても環境汚染を起こさない生分解性燃料と位置づけられている．B100 は燃料としてエンジン性能に大きな影響を及ぼさないが，冬季に燃料フィルタが詰まることと，排出ガスの（フライドポテトのような）臭気が強いこと，ゴム部品が膨潤するなどの問題があった．このためドイツのゴム部品メーカーや自動車・建設機械・農業機械メーカーから各エンジンに対応した B100 用ゴム部品キット（ホース・オイルシール・O リングなど）が販売され[38]，これに交換することで実用化している．なお，欧州の農業機械メーカーは B100 仕様車を販売している．

これに対してフランスや他の EU 諸国は，ドイツとは異なり軽油に 5 ％ の RME を添加した B5 軽油を基本としていた．筆者らの B5 を使った 2 年間，2 000 時間に亘る建設機械の実車試験では，エンジンや燃料噴射ポンプの耐久性にも一切問題がないことが確認されている．なお，2009 年に EU は EN 規格を見直してバイオ軽油含量を B7 に増やしている．

アメリカでは 1995 年頃から大豆油メチルエステル（Soybean Oil Methyl Ester：SME）が製造され，最初は坑内用建設機械の排

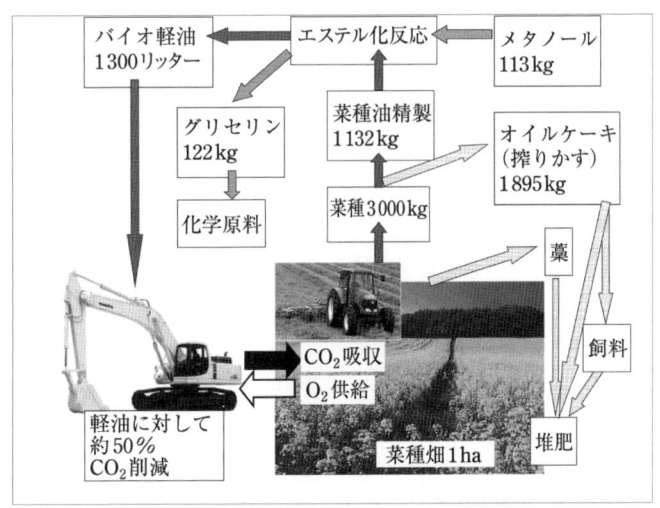

図 2.7　菜種油メチルエステル（RME）の環境への影響と物質収支

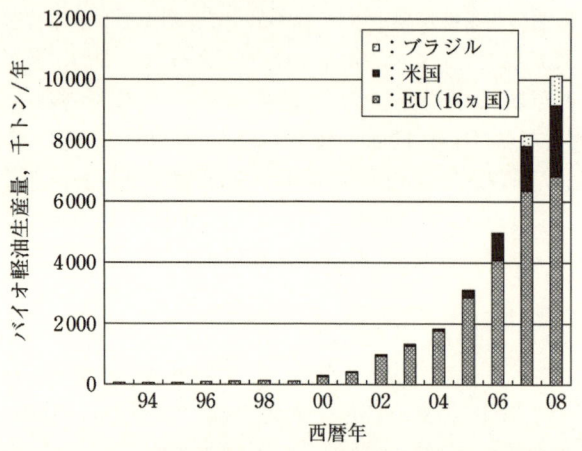

図 2.8 主なバイオ軽油生産国の生産量推移〔出典：文献 36,47〕

出ガス（黒煙）改善のため B20 が建設機械用に使用されるようになり，その後 B5 が主流となりバス・トラックに普及し始めている [42]．現在は ASTM D7467 規格により B6～B20 の品質規格が制定されている．なお，EU では EN 規格 14124，アメリカでは ASTM 規格 D6751，日本では JIS 規格 K 2390：2008 によりそれぞれの 100％バイオ軽油（B100）の品質規格が制定されており，これを軽油で希釈して販売することになっている．

2004 年以降の石油価格高騰に伴い東南アジア各国，インド，中国で 2006 年以降に B5 の生産・導入が始まり，B20 までの導入が計画されている [43～46]．これらの地域ではパーム油，ジャトロファ（西洋油桐），ココナツなどがメチルエステル化されバイオ軽油として使用される．日本では廃食油がバイオ軽油として一部で生産されているが生産量はきわめて少ない．一部地域ではひまわり油や動物油もメチルエステル化してバイオ軽油として使用される場合があり，原料の多様化に伴って総称として脂肪酸メチルエステル（Fatty Acid Methyl Ester：FAME）という．

すでにバイオ軽油を多量に生産している EU，米国とブラジルのバイオ軽油の生産量推移を 図 2.8 に示す [36,47]．EU では 2010 年までにバイオ燃料（バイオエタノールとバイオ軽油）を全自動車燃料の 5.75％（バイオ軽油は 1 400 万 kL）導入する目標が出されているおり [47]，この目標を達成する見込みである．

バイオ軽油は CO_2 削減が目的のため，原料生産地の近くで製造して消費する地産地消が一般的である．このため小規模な工場でのバイオ軽油製造の品質管理には欧州でも課題があり，筆者らの調査でも不純物残留による燃料フィルタ詰まりなどが頻発しており，ユーザー一側で燃料フィルタ交換や洗浄をして対応している．燃料噴射系に対しては高濃度のバイオ軽油は燃料タンク発錆，インジェクタのデポジット付着，ゴム部品の膨潤などの問題がある [6,48]．エンジン本体の耐久性に関しては，バイオ軽油は表 2.2 に示した軽油の各規格に対して，沸点が高く（RME で 350℃）密度も高い（RME で 0.88）ためにエンジン油の燃料希釈を起こしやすい問題が指摘されている [49]．エンジン油に燃料，特に FAME が混入した場合，エンジン油に FAME が蓄積されて動粘度低下が相対的に大きくなることが知られている [50,51]．また，燃料希釈が起きるとバイオ軽油は酸化劣化しやすいため，エンジン油フィルタやストレーナのデポジット付着による閉塞とこれに伴うエンジンメタル焼付き，あるいはエンジン油劣化が促進する可能性も指摘されている [6,49]．土橋ら [52,53] はコモンレール式燃料噴射システムとクールド EGR を装着したエンジンにより耐久試験を行って，RME は B20 までは性能低下がないこと，SME は B5 でもインジェクタノズルにデポジット生成すること，パーム油メチルエステル（Palm Oil Methyl Ester：PME）は RME と異なり酸化安定性が良いので燃料希釈が起きてもエンジン油の交換時期を短縮・適正化すれば B20 まで使用可能と結論づけている．

図 2.9 はオイル交換時における 100℃動粘度とトップリング平均摩耗との関係を示す．図中の凡例，例えば，08Base は 2008 年調達の軽油，08RM10 は 2008 年調達の RME を 10％混合した燃料，09HBD10 は 2009 年調達の HBD（Hydrogenated Bio Diesel，水素化バイオ軽油）を 10％混合した燃料を示す．これらの燃料を用いて，エンジン油に燃料が混入する運転条件で耐久試験を行った場合の

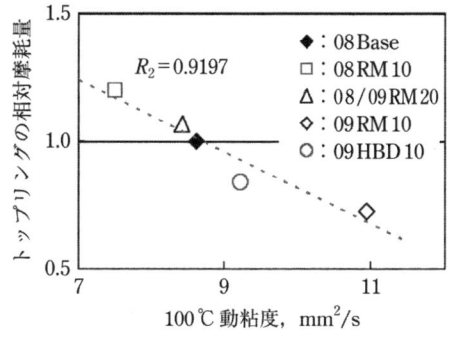

図 2.9 オイル交換時の 100 ℃動粘度とトップリング平均摩耗との関係 〔出典：文献 51〕

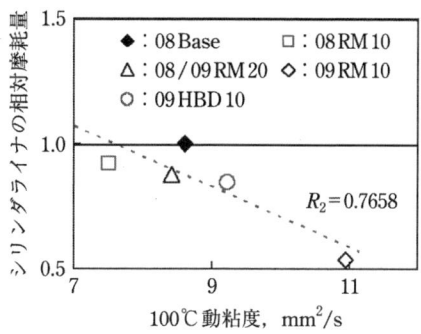

図 2.10 オイル交換時の 100 ℃動粘度とライナ平均摩耗との関係 〔出典：文献 51〕

試験結果を示している．横軸はエンジン油交換時の 100 ℃動粘度である．縦軸は軽油試験におけるトップリングしゅう動面の平均摩耗量を基準とした相対値であるが，RME による燃料希釈で 100 ℃動粘度が低下すると摩耗が増える．同様に，図 2.10 はオイル交換時における 100 ℃動粘度とライナ平均摩耗との関係を示す．縦軸はピストン上死点でのトップリング部におけるライナ摩耗であるが，軽油試験における平均摩耗量を基準とした相対値である．トップリング摩耗と同様に，100 ℃動粘度が低下すると摩耗が増える傾向が示されている．このようにエンジン油の RME による動粘度低下は，境界潤滑領域での潤滑条件を悪化させ，摩耗増加の原因となる点に注意が必要である．

欧州以外の自動車・建設機械・農業機械メーカーの多くは B5〜B20 の範囲内で推奨している．

2.4　エンジン潤滑系統

(土橋敬市)

産業用車両に搭載されているディーゼルエンジンの多くは，商用車に搭載されているディーゼルエンジンをベースとして，新技術などを盛り込みつつ応用開発されている．

産業用，自動車用に関わらず近年のディーゼルエンジンは，厳しい排出ガス規制に適合すること，出力性能や燃費性能に優れていること，高い信頼性を保持することなどが要求されている．

これに合わせてエンジン油の品質・性能も大幅に向上していることは第 2 章 2.7 節〜2.9 節で詳述するが，エンジン潤滑系統の各部品との適合性などを考慮する際には，エンジン油の性能変化の有無などを考慮することも必要であると考えられている．その理由として，エンジン潤滑系統は閉鎖回路であることから，エンジン油品質に起因したオイル劣化や摩耗防止性能の低下などがある場合，エンジン潤滑系統を構成する部品の性能や耐久性などに影響が及ぶ可能性があることが考えられるからである．この意味ではエンジン油はエンジン潤滑系統を構成する重要な部品の一つともいえる．

エンジン潤滑系統の一例として，小型トラック用ディーゼルエンジンの潤滑系統図を図 2.11 に示す．エンジンの潤滑系統は二つの部品群に大別できる．一つは，適切な温度，圧力などのエンジン油を安定供給するための部品群（エンジン油供給系部品，潤滑系部品ともいわれる）である．二つめは供給されたエンジン油を利用することで所定の性能，機能，耐久性が保持される部品群（エンジン油利用系部品）である．

なお，図 2.11 に示した潤滑系統図の場合，エンジン油の供給系部品と利用系部品は，次のような部品群によって構成されている．

・エンジン油供給系部品
オイルパン，オイルストレーナ，オイルポンプ，オイルクーラ，オイルフィルタなど

・エンジン油利用系部品

主軸受，コンロッド軸受，アイドルギヤブシュなどの軸受部品，ロッカアーム，カムシャフトなどの動弁系部品，クーリングジェットによって冷却されるピストンやターボチャージャ，バキュームポンプなど

本項では，最初にエンジン油供給系の各部品に求められている役割や留意するべき点，使用条件などについて述べる．その後，エンジン油を利用している主要部品の使用条件などについて次項で述べる．

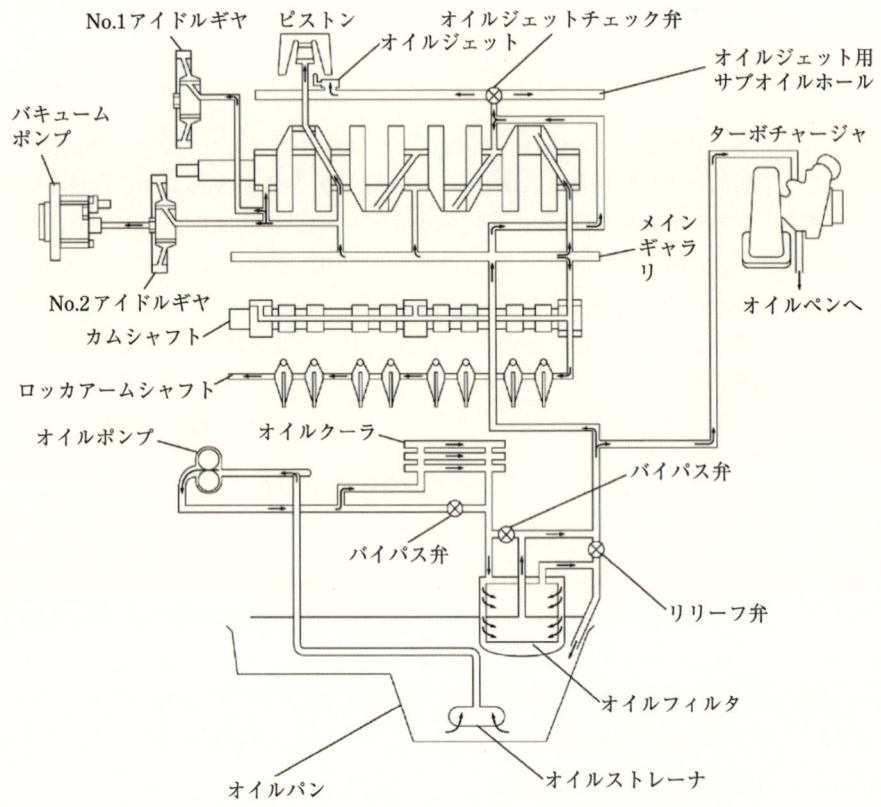

図2.11　潤滑系統図（直列4気筒ターボインタクーラ付きエンジンの例）

2.4.1　オイルパン，オイルストレーナ

(土橋敬市)

オイルパンの主な役割はエンジン油を適切に保持することである．オイルストレーナの主な役割は比較的大きな異物の除去と気泡を含まないエンジン油をオイルポンプに送り届けることにある．これらの役割は単純にみえるが，エンジン油の油面挙動が関与することから，設計段階においてオイルストレーナのオイル吸い口設置場所は，十分な配慮が必要な項目として知られている．

図2.12はオイルパン内の油面とオイルストレーナ吸い口との関係を示す．オイルパンに充填されたエンジン油の油面は，エンジン停止時と運転時とでは異なる．エンジン運転時の油面は，潤滑系統構成部品にエンジン油が供給されることなどで，エンジン停止時の油面よりも低くなる．この油面低下に相当するエンジン油の油量はオイル持ち去り量とも呼ばれており，エンジン潤滑系の各部品仕様などによって固有の値となる．

さらには，車両が前後左右に傾斜した場合，エンジン油の油面も傾斜することになり，油面の挙動予測も重要となる．エンジン油の油面挙動によっては，オイルパン形状の最適化などが必要となる場合もある．

また，エンジン潤滑系統の各部品からエンジン油飛沫などがオイルパンに戻ってくることにより，オイルパン油面の表層部ではエンジン油の泡立ち現象が起きることが知られている．

このようにオイルパン油面は車両の運転状況によっても変化し，表層部には気泡を含むエンジン油が存在することになる．

気泡を含むエンジン油がオイルポンプに吸い込まれた場合，オイルポンプ内の高圧部にキャビテーションエロージョンが起きる場合やオイルポンプの吐出性能が低下する場合がある．この結果として，エンジン油利用系部品に供給される油圧，油量が低下し，軸受部などの潤滑，冷却不足といった弊害が起きることが懸念されている．このような弊害を未然に防止するため，オイルストレーナ吸い口は図 2.12 に示すような領域（図中の網掛け部）に設置されている．

また，オイルストレーナの通路抵抗が大きい場合，エンジン油中に溶存している空気が気泡化することがある．この現象はキャビテーション（Cavitation）と呼ばれているが，油面から気泡を吸い込んだ場合と同じ弊害が起きることになる．したがって，オイルストレーナの通路抵抗が適切な値になるように設計段階で配慮することも必要である．

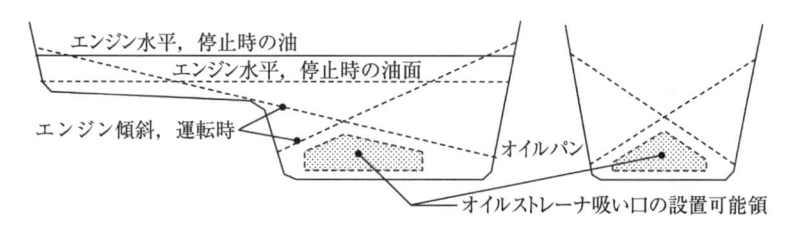

図 2.12　オイルパン内の油面とオイルストレーナ吸い口との関係

2.4.2　オイルポンプ

（土橋敬市）

オイルポンプの主な役割はエンジン油利用系部品が必要とする油量，油圧を安定供給することにある．

図 2.13 はオイルポンプ構造の一例を示す．オイルポンプ構造としては次の 2 種類が使用されている．一つは，オイルポンプケースに相当する形状をシリンダブロックなどに加工し，ギヤ類を取り付けたオイルポンプカバーと組み合わせることで，オイルポンプとして機能させるタイプである．二つ目はこの例に示すようなタイプである．この例の場合，ギヤ類はオイルポンプケースに組み付けられており，カバーにはセーフティバルブが組み込まれている．このタイプは吐出量が相対的に大きいオイルポンプに適用されており，シリンダブロックの下端面に取り付けられるのが一般的である．この例では，オイルポンプの内ギヤはインボリュート歯車が使用されているが，トロコイド歯車などが使用される場合もある[54]．

図 2.14 はエンジン総排気量とオイルポンプ吐出量との関係を示す．エンジン総排気量が大きくなるとオイルポンプ吐出量も大きくなる傾向にあることがわかる．しかし，エンジン総排気量に対するオイルポンプ吐出量の振れ幅は大きい．近年のディーゼルエンジンでは，部品共通化によってコストダウンを図る傾向があること，エンジン油利用系部品の使用条件などによって要求油量も異なることなどが影響していると考えられる．

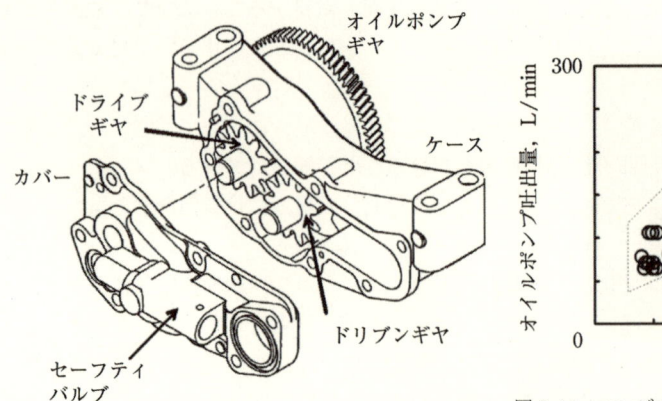

図2.13 オイルポンプ構造の一例〔出典：文献54)〕

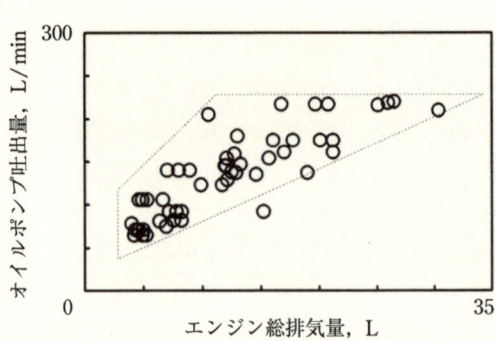

図2.14 エンジン排気量とオイルポンプ吐出量との関係

2.4.3 オイルクーラ

(土橋敬市)

オイルクーラの主な役割は，冷却水との熱交換によってエンジン油を所定の温度に冷却することにある．図2.15はオイルクーラ構造の一例を示す．オイルクーラには多管式と多板式の2種類があるが，近年のディーゼルエンジンの場合，多板式オイルクーラの使用が一般的である．

多板式オイルクーラエレメント1枚の厚さは10 mm前後であるが，その内部には熱交換を効率的に行うためのフィンがろう付けされている．また，段数などを変えることで必要な熱交換容量が選択できる構造に設計されている．

エンジンの高出力化やエンジン油利用系部品の高性能化などにともない，オイルクーラに要求される熱交換容量も増える傾向にある．エンジン出力の大小などに関わらず，エンジン油の温度を適切な範囲に保持することが求められていることから，エンジン出力が大きいほどオイルクーラの熱交換容量も大きくなる傾向にある．

オイルクーラ熱交換容量の代用特性としてオイルクーラの伝熱面積が使用される場合があるが，エンジン出力の増加とともにオイルクーラの伝熱面積が増加することが知られている[54]．

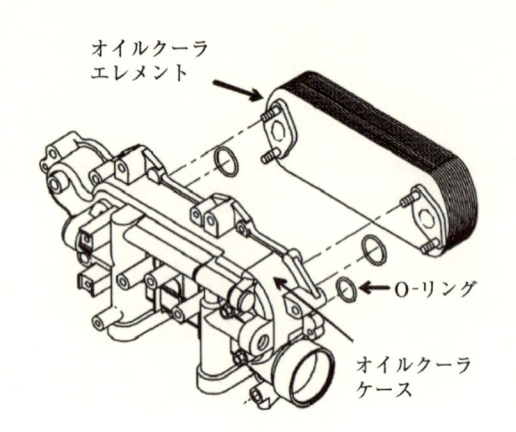

図2.15 オイルクーラ構造例〔出典：文献54)〕

2.4.4 オイルフィルタ

(岩片敬策)

エンジン油は運転中に発生する燃焼生成物（主にカーボンスーツ）や油自身の酸化劣化によって生ずるレジン分，スラッジのような非流体，および固形微粒子，また吸気中のダストや摩耗金属粉などの混入によって次第に汚損が進む．時にはエンジン製造時の加工金属粉や鋳物砂などが混入している場合もある．これらのエンジン油の汚損が，潤滑部の摩耗を促進し，オイル消費や燃料消費を増加させ，エンジン性能低下の原因となったり，最悪の場合にはメタル焼付きなどのエンジン破損の原因となったりする．

同様に，パワートレインの潤滑油および油圧装置の作動油もシステム内部で発生する摩耗金属粉や

さび，外部から侵入するダストなどで使用中に汚損が進み，摩耗による性能低下や，焼付きなどによるシステム破損の原因となる．

オイルフィルタに要求される重要な機能は，このような異物を除去して油とシステムを常に清浄に保つことで，要素部品の破損を防止し，システムと油の寿命を最大限に延長することである．

キャタピラー社の R. Douglas はガーナ金鉱山のプロジェクトで，全車両のパワートレインと油圧システムに，従来の 25～35 μm の標準フィルタに換えて 6 μm の超高効率フィルタを組み込み，システムと油の清浄度をより高いレベルで維持することで，パワートレイン部品の寿命を 28.4～61.8％延長し，油の交換間隔を 1.5～3 倍に延長できたと報告している [55]．ライフサイクルコストを削減し，同時に廃棄物を減らすことは，省資源や地球環境保護の観点からもオイルフィルタに課せられた重要な役割といえる．

(a) 異物の捕捉メカニズムとオイルフィルタのろ材

油中の異物を捕捉し除去するには，ろ材を使用するろ材ろ過と遠心力による遠心分離がある．ろ材ろ過は(1) 表面ろ過と(2) デプスろ過（深層ろ過，内部ろ過）の二つの基本的メカニズムの一方か，または両方によって達成される．これらのメカニズムは，さらに二つの物理現象によって成り立っている．一つはダイレクト捕捉で，異物粒子がフィルタの開口すきまより大きいことによる純粋に物理的な粒子の捕捉と，もう一つは吸着で粒子とろ材の間の静電気力や分子間引力による粒子の引付けによる捕捉である．

(b) ろ材ろ過

(1) 表面ろ過

表面ろ過は主にダイレクト捕捉による．図 2.16 に例示するように，ろ材の開口すきまより大きい粒子はろ材の上流の表面で止められる．吸着力は存在しているが効果は小さい．表面の捕捉粒子が部分的に穴を塞ぐことによって有効開口すきまは次第に小さくなり，またろ材表面に粒子が堆積していくことによって（ケーキ層という），より微細な粒子の捕捉が可能になる．図 2.17 にケーキろ過のイメージを示す．

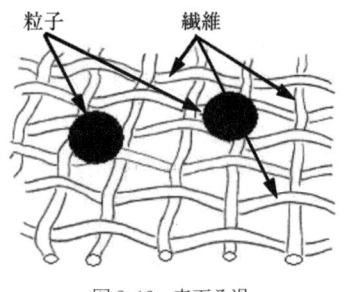

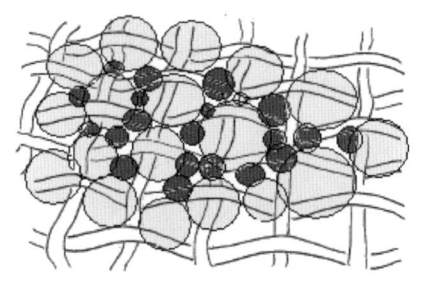

図 2.16 表面ろ過　　　　　　　　　　図 2.17 ケーキろ過

(2) デプスろ過

デプスろ過は表面ろ過よりかなり複雑であるが，今日では一般的なタイプである．多くの場合ダイレクト捕捉と吸着の両方で成り立っている．図 2.18 に例示するように，粒子はろ材の中でその移動を遮るほど小さなすきまに遭遇した時に捕捉される．デプスろ過の支配的な捕捉メカニズムはランダムな吸着であるが，かなりの量のダイレクト捕捉もろ材要素の構成によって起こる．慣性による衝突で，粒子が直接ろ材繊維に当たり表面吸着力または流体の流れの力によって保持される．一般にブラウン運動は 1 μm 未満のサイズの粒子に起こるが，非常に小さな粒子は流量の如何にかかわらずろ材中をこの不規則運動で拡散し，あるものは吸着力によって捕捉される．吸着力とブラウン運動の組合

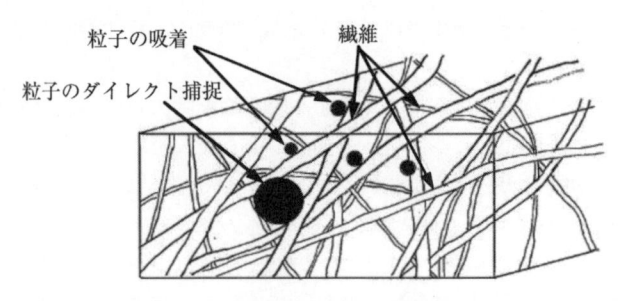

図2.18 デプスろ過

図2.19 セルロースろ材〔出典：文献57〕

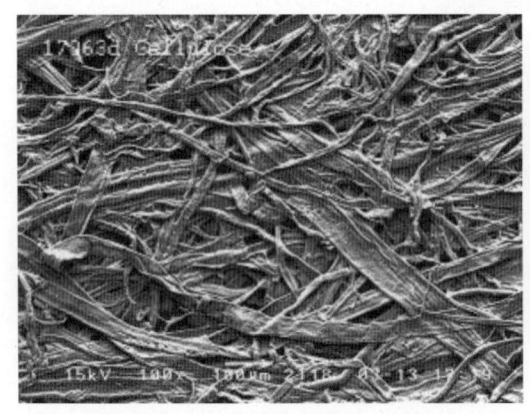

図2.20 マイクログラスろ材〔出典：文献57〕

せは，デプスタイプのろ材がその最少開口すきまより十分に小さい粒子を捕捉することを可能にしている．

デプスタイプろ過ろ材は繊維タイプと多孔タイプとケーキタイプの三つの一般的なタイプに分類できる．オイルフィルタで通常使用される繊維タイプのろ材は，直径 0.5〜30 μm の多数の非常に細い繊維の層かマットで構成される．これらの繊維がお互いにランダムな方向で，混ざり合い，絡み合うので，多数の曲がりくねった流路や細孔を作り出し，先に説明したメカニズムで粒子が捕捉され，保持される．一般的に使用される繊維材料は，①セルロース，②マイクログラス，③化学繊維（例えばレーヨン，ポリプロピレン）などで，単独であるいは混抄して使用される．これらのろ材の電子顕微鏡写真をそれぞれ図2.19〜図2.21に示す[56]．これらのろ材のろ過効率は，繊維径と相関がある．繊維が細ければ細いほど高密度に密集させることができ，より狭い入り組んだ流路が形成される．マイクログラス繊維はセルロースよりも線径が細く，したがってより高いろ過効率が得られる．

(c) 遠心分離

油を回転させて遠心力が増大すると，回転速度の二乗，回転半径の一乗に比例する重力加速度 G が生ずる．この遠心力により質量の大きな異物粒子を油から分離する方式である．粒子の沈降速度は粒子を球体とみなして

図2.21 化学繊維ろ材〔出典：文献57〕

式(2.1)に示すストークの法則で予測することができる．

$$Sv = 2/9\{(D_{sphere} - D_{fluid})(R_{sphere})^2 G\}/V_{fluid} \tag{2.1}$$

ここに，Sv：沈降速度，D_{sphere}：粒子密度，D_{fluid}：油密度，R_{sphere}：粒子半径，G：重力加速度，V_{fluid}：油粘度，である．

遠心力を得る方法としてサイクロン方式，油圧リアクション方式，メカニカル方式の3種類があり，ディーゼルエンジン用としては通常油圧リアクション方式で，後述するバイパスフィルタとして使用されている．

(d) オイルフィルタのろ過方式

エンジン潤滑系統のオイルフィルタのろ過方式を図 2.22 に示す．フルフロー方式(a)とバイパス方式(b)，および両方を組み合わせたコンビネーション方式(c)，(d)，(e)がある．

フルフロー方式(a)は，オイルポンプとエンジンしゅう動部を結ぶメインギャラリとの間にオイルフィルタを装着して，オイルポンプから吐出されるエンジン油の全流量をろ過する方式のことで，理想的なオイルフィルタは油中の固形分を全て捕捉し，圧力損失は限りなくゼロに近く，しかも捕捉容量は無限大のフィルタである[58]．しかし，現実的にはろ材の捕捉粒径を小さくすると大容量の油を流すには大きな抵抗となり，閉塞までの寿命も短くなる．このためフルフローフィルタは 25～30 μm 以上の固形分を 90 % 以上ろ過する性能となっている．また低温時に油の粘度が高くてろ材を流れにくい場合や，エレメントが目詰まりした時にもエンジンしゅう動部の潤滑に必要な油を確保するため，オイルフィルタ本体あるいはオイルフィルタ直前にリリーフ弁（バイパス回路）を設けている．リリーフ弁の開弁圧力はフィルタエレメントの前後の差圧が 6.0～20.0 kPa に達すると開き始めるように設定されている．

バイパス方式(b)は，潤滑系統のメイン回路と並列にオイルフィルタを配置し，オイルポンプからの供給油量の 10～15 % 程度を分流させ，ろ過して直接オイルパンに戻す．残りの 85～90 % はろ過せずそのままエンジンしゅう動部に送る方式であるため，現在では単独では使用されていない．オイル

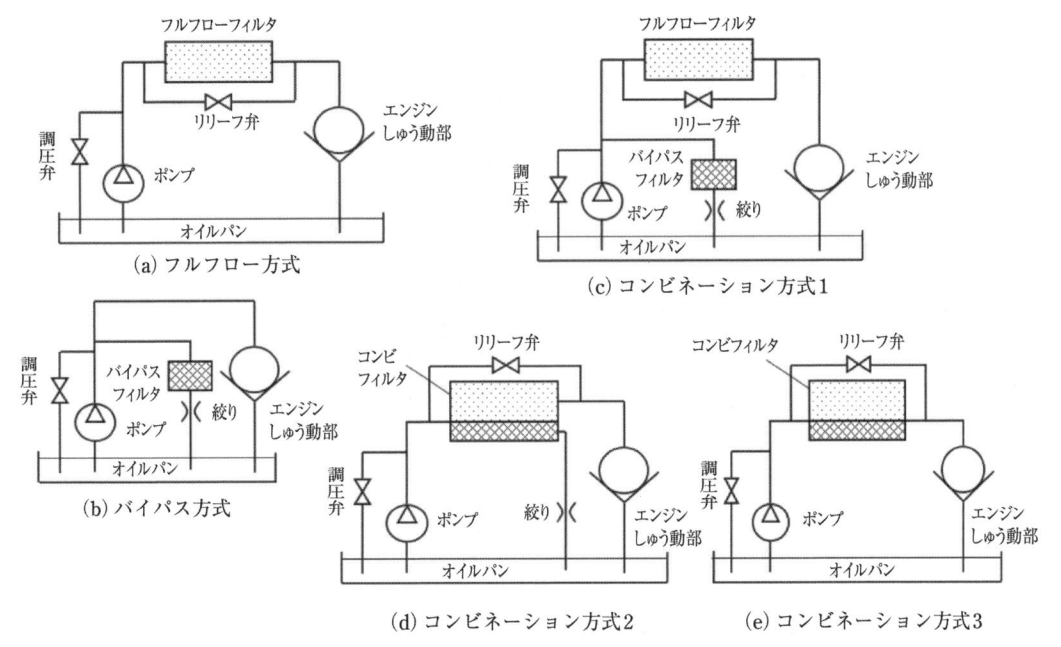

図 2.22 エンジン潤滑システムのオイルフィルタのろ過方式

パン内のエンジン油を浄化することが狙いで，粒径の小さなスーツや不溶解分をろ過する．バイパス油量を調整するためにオイルフィルタの前または後にオリフィス（絞り）を設けている．

コンビネーション方式は，フルフロー方式とバイパス方式を組み合わせたものである．オイルポンプとエンジンしゅう動部のメイン回路にフルフローフィルタを置き，オイルポンプとオイルパンの間にバイパスフィルタを配する構造で，独立した 2 本のカートリッジをもつケース(c)と，1 本のカートリッジにフルフロー用とバイパス用のエレメントを一体に組み合わせたケース(d)がある．さらにバイパス回路をオイルパンに戻さずに，メイン回路に合流させたケース(e)も増えてきている．

総排気量 10 L 未満の小型ディーゼルエンジンではフルフロー方式が，10 L 以上のディーゼルエンジンではコンビネーション方式が主流で，一般に使用されている．

(e) オイルフィルタの構造

（岩片敬策，土橋敬市）

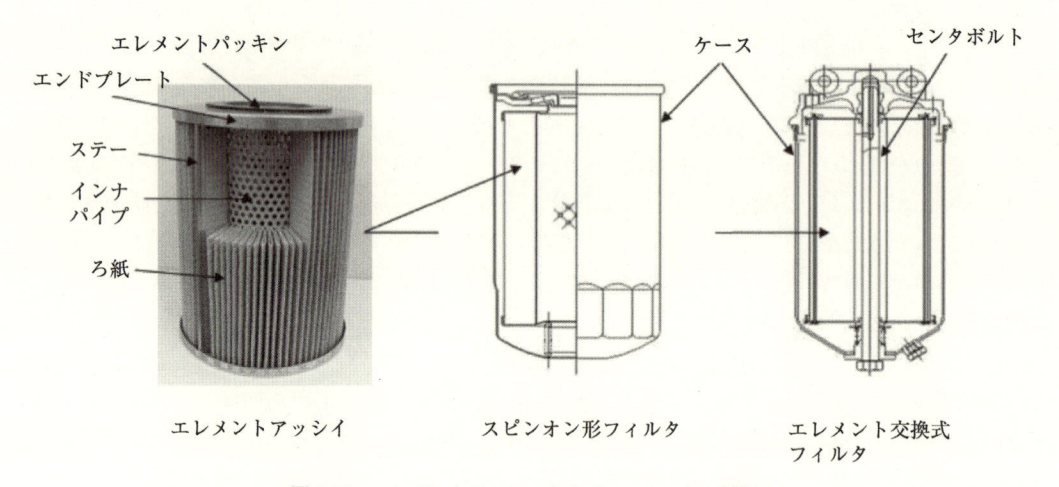

図 2.23 エレメントアッシィとオイルフィルタの種類

オイルフィルタで通常使用される繊維タイプのろ材は，抵抗を少なくしてできるだけろ過面積を大きくとるため，プリーツに折り円筒状にして下流側を金属かプラスチックのインナパイプで支持し，耐圧仕様としている．一般的なエレメントアッシィの構成を図 2.23 に示す．エレメントの取付け構造としてはケースとろ紙エレメントを一体にして交換時にはケースごと交換するスピンオン形フィルタと，エレメントのみ交換するエレメント交換式フィルタがある．

スピンオン形フィルタの構造例を図 2.24 に示す．この例の場合，フルフローエレメントとバイパスエレメントが上下に積み重ねられて，フィルタボディに組み込まれている．図 2.25 にエレメント交換式フィルタの構造例を示す．この例の場合，フルフローエレメントおよびバイパスエレメントはそれぞれのオイルフィルタケースに収納されている．現在は交換時の煩雑な作業と汚損油による周囲

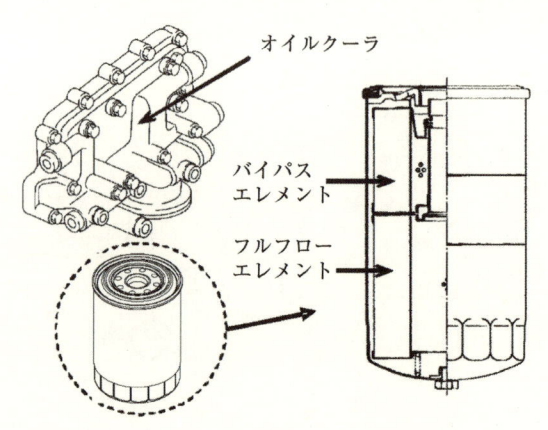

図 2.24 スピンオン形オイルフィルタ構造例（バイパス，フルフローエレメント内臓型）

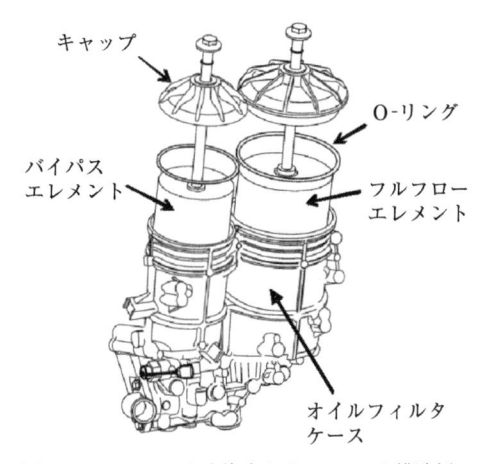

図 2.25 エレメント交換式オイルフィルタ構造例

の汚れが少なく,また内部の清浄度が確保できるスピンオンタイプが多く普及している.

(f) オイルフィルタ交換

(土橋敬市)

　オイルフィルタはエンジン油と同様に定期交換される部品である.オイルフィルタの交換作業時における利便性や整備コストなどに対する判断によって,オイルフィルタのタイプ選定が行われてきた経緯がある.しかし,近年ではオイルフィルタのタイプ選定の判断条件も変わってきている.使用済みオイルフィルタの廃棄処分の容易化や製造工程の自動化などを目的として,エコフィルタと呼ばれる可燃タイプのオイルフィルタエレメントが使用され始めている.このエコフィルタの採用やろ過面積の大型化を目的として,エレメント交換式のオイルフィルタが選択される例もある.

　前述のように,オイルフィルタの役割はエンジン油に含まれる不溶解分の捕捉にあるが,フィルタエレメント用ろ紙の選定によってろ過性能やオイルフィルタの交換時期が変わることになる.近年のディーゼルエンジンでは,フルフロー方式オイルフィルタとバイパス方式オイルフィルタの両者を併用するのが主流となっている.この背景には,エンジン油の性能,特に分散性能を向上して,エンジン油に含まれる不溶解分を悪影響がでないように微粒子化し,フルフロー方式オイルフィルタが目詰まりしないようにしていることがある.この対応策の一つとして,微細な不溶解分を効率良く捕捉できるバイパス方式オイルフィルタの装着が行われている.

　このように,エンジン油の品質規格の改定などに起因するエンジン油性能の変化は,オイルフィルタのろ過性能や仕様選定などにも影響する点に留意する必要がある.

(g) オイルフィルタの性能と評価試験法

(岩片敬策)

　オイルフィルタの評価試験には,本来の機能であるろ過効率,圧力損失といったろ過性能やその持続性を評価する試験と,耐圧試験,振動試験,インパルス試験といった機械的な強度や耐久性を評価する試験がある.試験方法の詳細は JIS D1611-1,2 : 2003 "自動車部品－内燃機関用オイルフィルタ[58]" や JIS B8356-1～9 : 2000～2011 "油圧用フィルタ性能評価方法[59]" などに規定されている.ここではその中でオイルフィルタの重要な機能であるろ過性能についてマルチパスろ過性能試験と性能表示の概要を紹介する.

　試験装置を図 2.26 に示す.エンジンや油圧装置の潤滑系をシミュレートするように,試験フィルタエレメントに未ろ過の試験油を繰返し循環（マルチパス）させるメインのフィルタ試験回路と,連

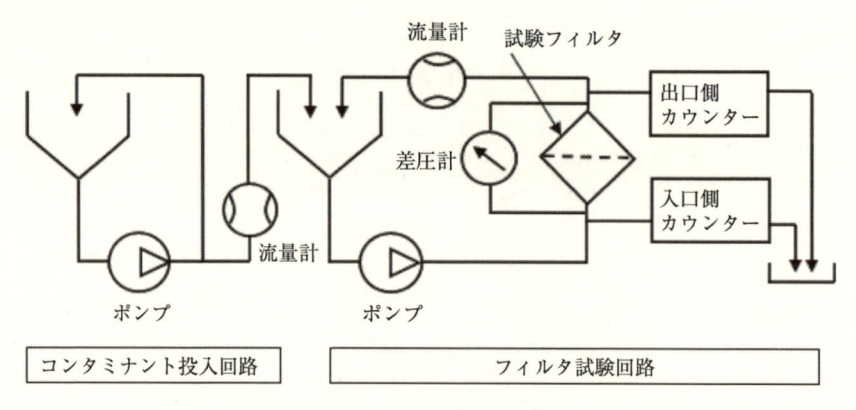

図 2.26 マルチパス試験装置

続的に一定濃度のコンタミナントをフィルタ試験回路に投入するコンタミナント投入回路で構成される．試験フィルタの上流と下流で，一定時間ごとにそれぞれの試験油中のコンタミナントの粒子径と粒子個数を計測し，同時に圧力損失も測定する．試験フィルタ前後でのコンタミナントの特定粒子径ごとの粒子捕捉性能を計算し，エンジン用オイルフィルタではろ過効率(E%)[58]，油圧装置用フィルタではろ過比（β値）[59] として表示し評価する．

特定の粒子径 $X\,\mu\mathrm{m(c)}$ [*1] 以上のろ過効率 E_x，およびろ過比 $\beta_x\mathrm{(c)}$ [*1] の計算は次式で求める．

$$E_x(\%) = (N_{ux} - N_{dx}) / N_{ux} \times 100$$
$$\beta_x(\mathrm{c}) = N_{ux} / N_{dx} \tag{2.2}$$

ここに，N_{ux}：上流側での単位体積あたりの $X\,\mu\mathrm{m(c)}$ より大きい粒子の個数，N_{dx}：下流側での単位体積あたりの $X\,\mu\mathrm{m(c)}$ より大きい粒子の個数，例：$10\,\mu\mathrm{m(c)}$ より大きい粒子について，$N_{u10}=4850$，$N_{d10}=50$ のとき，

$$E_{10} = (4850 - 50) / 4850 \times 100 = 98.97\,\%$$
$$\beta_{10}(\mathrm{c}) = 4850/50 = 97 \tag{2.3}$$

以下の式で β_x 値をろ過効率 E_x に変換できる

$$E_x = 100 - 100 / \beta_x \quad \text{か} \quad (\beta_x - 1) / \beta_x \times 100 \tag{2.4}$$

ちなみに，エンジン用フルフローフィルタのろ過効率はおおむね $E_{21}=90\,\%$，パワートレイン用フィルタのろ過比は $\beta_{14}(\mathrm{c})=10$ であり，最近のコモンレール用燃料フィルタでは $\beta_6(\mathrm{c})=100$ 以上が一般的である．建設機械の油圧用フィルタには $\beta_5(\mathrm{c})=2$ から $\beta_8(\mathrm{c})=2$ の微小なダストを補足できるフィルタが使用されている．

最近の評価試験の動向としては，より実機に近い状態での評価を重視しており，例えば油圧のろ過性能評価では，定常状態ではなくサイクリックな条件下での試験を導入したり [60]，ディーゼルエン

[*1] 油圧用フィルタの規格 JIS B8356-8 :2002(ISO 16889) では，旧規格 ISO 4572 と使用するテストダストおよびダストの大きさの定義が変わったことを区別するために，certified の頭文字 (c) を付ける．エンジン用オイルフィルタ JIS D 1611-2 :2000 では特に指定はない．

ジンのバイパスフィルタの性能評価のために実際のカーボンスーツの特性に近い人工コンタミナントを開発し導入を検討している[61, 62]．

2.4.5 オイルシール

(大川聰)

大型エンジンではクランク軸径が大きくなるために，エンジン後部側のオイルシール（クランクシャフトシール）の周速は 30 m/s を越える場合がある．このような場合クランクシャフトシールのリップ先端にオイル起因のスラッジが付着して油膜が切れ，ブリスタといわれるゴムの膨れやゴムのクラックなどの損傷が発生してオイル漏れに至る．この付着物の原因にはエンジン油の清浄分散性も影響している[63]．また，エンジン後部に直接別の油種を使用する装置が装着されている場合は，エンジン油とそれ以外の潤滑油を一つのクランクシャフトシールで仕切るデュアルリップ型（またはダブルリップ型）クランクシャフトシールが使用される．この場合は二つのメインリップ間に負圧が発生するため 15 m/s 程度の周速でもリップ損傷が発生してオイル漏れに至る．様々なクランクシャフトシールの漏れ発生限界を次の式から PV 値としてまとめたのが 図 2.27 [64] である．

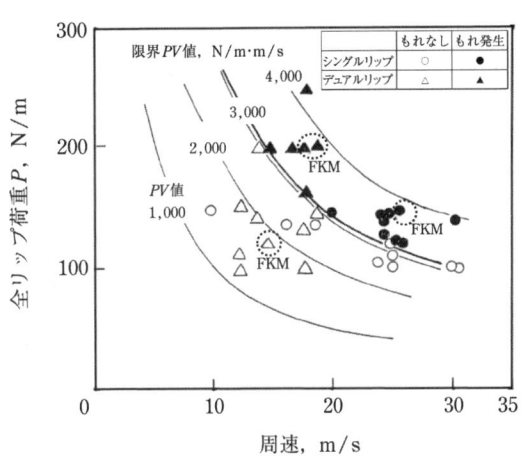

図 2.27 エンジン試験によって求めたクランクシャフトシールの限界 PV 値（FKM 以外はすべて VMQ 製） 〔出典：文献 64〕

$$P = \alpha P_r + \beta P_n + \gamma P_g \tag{2.5}$$

ここで，P：リップ周長さあたりの全リップ荷重 (N/m)，P_r：クランクシャフトシールの初期リップ締付力，α：使用中のリップ締付力の低下率，P_n：リップ間の負圧によるリップ荷重，P_g：ブローバイガス圧によるリップ荷重で，β，γ：係数，である．なお，本式には摩擦トルクの影響を含んでいないので，リップ温度測定も行って限界温度を把握しておく必要がある[64]．

図中のクランクシャフトシールはシリコーンゴム（VMQ）とフッ素ゴム（FKM）のラジアルリップシールである．シングルリップ型とデュアルリップ型のクランクシャフトシールの限界 PV 値はいずれの形式でも 3 000 である．ここで使用された VMQ と FKM に関しては材料により限界 PV 値に違いはないが，アクリルゴム（ACM）のラジアルリップでは限界 PV 値はおおよそ半分の 1 500 となる．

高周速に耐えるクランクシャフトシールを設計するには，リップ締付力を低くすること，リップ間負圧を抜く[64]ことが重要である．さらに，リップにヘリックスを付けることもリップ温度を下げるので有効である[64]．また，ラジアルリップ型ではなく，図 2.28 のような低リップ荷重のアキシアルリップ型を採用するバス・トラック用エンジンも多い[65]．一方，建設機械用エンジンでは図 2.29 に示すようなポリテトラフルオロエチレン（PTFE）製のレイダウンシール（Lay-Down Seal）[*2]が主流である[66]．レイダウンシールの初期リップ締付力はラジアルリップの 3〜4 倍高いがリップ幅も 5〜10 倍広く，さらに PTFE の耐熱性が高いこともあり限界 PV 値は高い．また，軸や取付けの偏心に対する追従性が高く，−60 ℃ 以下まで使用可能なことや，潤滑油の基油や添加剤による劣化が生じない

[*2] シャフトの回転に対して油を押し戻す方向にらせん溝を付けた PTFE 製リップのオイルシール．欧米で普及している．

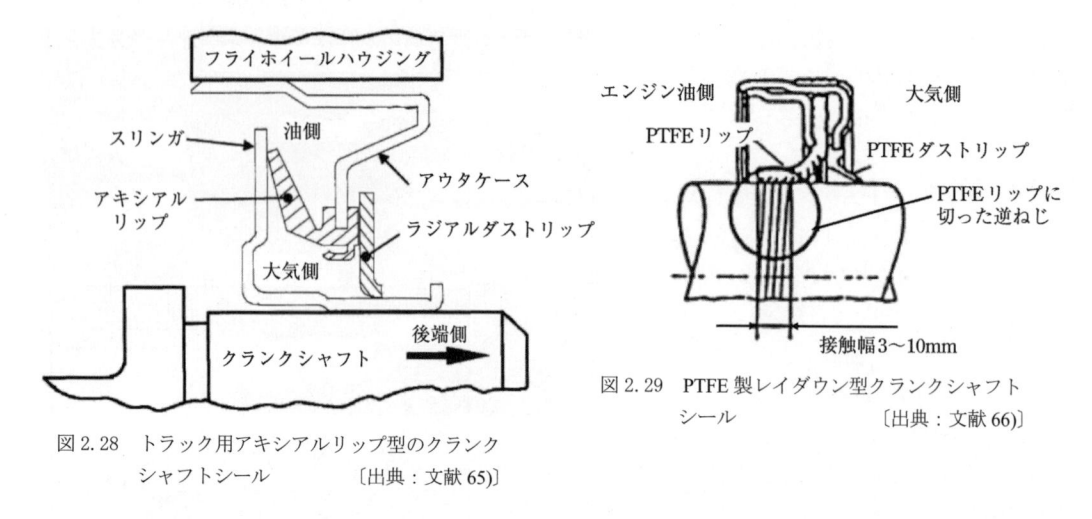

図 2.28　トラック用アキシアルリップ型のクランクシャフトシール　〔出典：文献 65〕

図 2.29　PTFE 製レイダウン型クランクシャフトシール　〔出典：文献 66〕

利点もある．レイダウン型シールの PV 値の限界はリップねじ溝へのスラッジ堆積であり，潤滑油の清浄分散性も影響がある．

2.4.6　潤滑系統のバルブ，メインギャラリ油圧

(土橋敬市)

　潤滑系統に設置されたバルブ類の主な役割は，メインギャラリ油圧や部品に作用する圧力を所定の範囲に保持することにある．図 2.30 は油温 100 ℃において緩やかな加速運転を行い，エンジン回転数とメインギャラリ油圧との関係を計測した例を示す．この例の場合，メインギャラリ油圧は 600 kPa を超えた時点で，油圧の上昇が緩やかになっている．この油圧変化は，リリーフ弁の開弁によって余剰エンジン油がオイルパンに戻されたことに起因する．

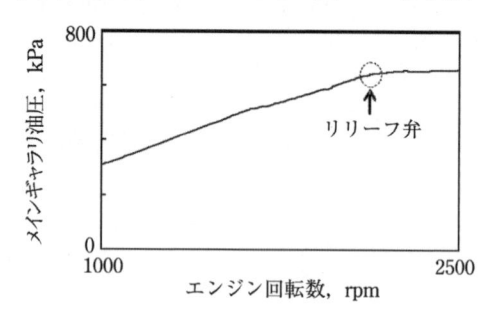

　エンジンの軸受部，例えば，主軸受やコンロッド軸受などは，運転時間（または，走行距離）の増加に伴い摩耗が進み，オイルクリアランス{(軸受内径)－(シャフト外径)}が増加することになる．オイルクリアランスが増加すると，軸受部からのオイルリーク量が増える．この結果として，オイルポンプからの供給油量とエンジン油利用系部品の消費油量とのバランスが変化して，メインギャラリ油圧の低下が起きることになる．しかし，リリーフ弁によって制御されている余剰オイルがある場合，余剰オイルによって油量の不足分が補われることから，リリーフ弁作動領域での油圧低下が抑制できることになる．メインギャラリ油圧を適正な範囲に保持することは，軸受部などのしゅう動面摩耗の抑制やターボチャージャの耐久性維持などに有効であると考えられている．

　また，前述の図 2.11 の潤滑系統図に示したオイルクーラ，オイルフィルタのバイパス弁やオイルポンプのセーフティバルブ（図 2.13）は，冬季におけるエンジン始動時などで発生する潤滑回路油圧の高圧に対して各部品を保護する役割をもっている．

　図 2.31 はエンジン油の 100 ℃動粘度とエンジン油圧との関係を示す[50]．この例の場合，エンジン油圧はメインギャラリ直近で計測されていることから，メインギャラリ油圧と同等である．エンジン油の 100 ℃動粘度が低下するとメインギャラリ油圧が低下することになる．一方，エンジン油の使

図 2.30　エンジン回転数によるメインギャラリ油圧の変化例

用過程において，オイル劣化などによって100℃動粘度が増加するとメインギャラリ油圧は増加に転じることになる．この図の例での動粘度低下はエンジン油に混入した燃料が主原因である．一方，動粘度低下はエンジン油温の上昇やエンジン油に使用されている粘度指数向上剤（ポリマー）のせん断劣化によっても起きることになる．エンジン油の動粘度変化はメインギャラリ油圧，各部品の潤滑，冷却条件などの変化に直結する点に留意する必要がある．

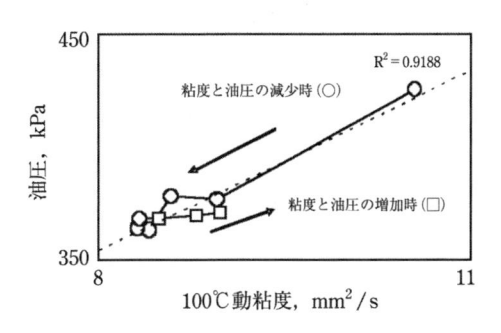

図 2.31 エンジンオイルの 100℃動粘度とエンジン油圧との関係　　〔出典：文献 50）〕

2.4.7 エンジン部品の材料
（土橋敬市，大川聰）

　表 2.3 は潤滑系統の主要部品に使用されている主な材料[67~70]を示す．主要部品の潤滑上の問題については各論で詳述するので，ここではそれ以外の材料について解説する．

　ディーゼルエンジンの吸気バルブと排気バルブ（図 2.49 参照）はバルブガイドから垂れて飛散する微量のエンジン油，あるいは排気バルブの場合には燃焼生成物により潤滑されるが，無潤滑に近い状態もある．特に過酷な状態で使用されるのは排気バルブであり，接触する排気ガス温度は 650℃を越える．このため排気バルブには 600℃以上で高温強度が高いオーステナイト系ステンレス鋼が使用されている[67]．吸気バルブは吸気によって冷却されるため，600℃以下での強度が高く高温強度は低いマルテンサイト系ステンレス鋼が使用される[67]．しかし，吸気バルブは燃焼生成物による潤滑がないため摩耗が多い傾向がある．これらの鋼種の詳細については JIS G4311：2011 "耐熱鋼棒および線材"を参照されたい．バルブシートと接触するバルブフェース部には Co 基耐熱合金の商品名ステライト（Stellite）が盛り金されている．バルブとバルブガイド間の摩耗を防止するためにバルブのステム部は塩浴軟窒化などが施され，バルブガイドの材料には耐摩耗性を考慮した特殊鋳鉄あるいは Ni，Co，W や固体潤滑剤として Cu，Pb などを含む鉄系焼結合金が使われる．

　なお，低負荷運転や長時間アイドリング運転では，排気バルブのバルブフェースに清浄分散剤燃焼生成物を含むデポジットが付着して圧痕を生じたり[71]，排気バルブとバルブガイドのすきまに未燃焼の燃料酸化物が付着して固着して排気バルブとピストンが干渉する問題が起こる[72]．また，高硫黄軽油を使用した場合にはバルブガイドの腐食摩耗が問題となる[71]．燃料やエンジン油の吸排気バルブに対する影響についてはこれら文献を参照されたい．

　オイルパン材料に自動車用エンジンでは主に鋼板（制振鋼板を含む）が使用されているが，産業用車両のディーゼルエンジンにおいてはアルミニウム鋳物や鋳鉄製のオイルパンも使用されている．オイルストレーナの材料は，主に鋼管と鋼板（スクリーン用のパンチングメタルを含む）との組合せで使用されているが，オイルポンプ，オイルパンとの位置関係によっては，鋼管の替わりにアルミニウム鋳物が使用されている例もある．オイルポンプケースやカバーの材料は，アルミニウム鋳物や鋳鉄が主に使用されている．オイルポンプギヤの材料は，一般に炭素鋼が使用されているが，ドライブギヤやドリブンギヤは炭素鋼や焼結合金が使用されている．生産台数が多く，耐久性面などでの制約が緩やかな場合，焼結合金が選択されることがある．ドライブシャフトの軸受や炭素鋼製ドリブンギヤの軸受用として，銅鉛合金製のブシュが使用されている．しかし，欧州の鉛規制によって軸受材の鉛フリー化が進むものと考えられている．

　オイルクーラケースの材料は，アルミニウム鋳物やダイカスト用アルミニウム合金が使用されている．アルミニウム鋳物は少量生産の場合に使用されるのが一般的である．エレメント，フィンはステ

表2.3 エンジン主要トライボロジー

No.	区分	部品名		材料
1	主運動系部品	ピストン	一体型	アルミニウム合金(Al-Si-Cu-Mg-Ni系，Al-Si-Cu系など)
				球状黒鉛鋳鉄（FCD）
				スチール
			二分割型	球状黒鉛鋳鉄クラウン/スチールスカート
				球状黒鉛鋳鉄クラウン/アルミニウムスカート
2		ピストンリング	トップ	鋳鉄（FCまたはFCD），ステンレス鋼
			セカンド	
			オイルリング	鋳鉄またはスチール
3		ピストンピン		クロム鋼，クロムモリブデン鋼
4		コンロッド		炭素鋼，鋳鉄（または合金鋼）
5		シリンダライナ		特殊鋳鉄
6		クランクシャフト		中炭素鋼，低炭素鋼，球状黒鉛鋳鉄
7	動弁系部品	カムシャフト		鋳鉄
8		カムフォロワ	ローラ	炭素鋼または鋳鉄
9			ローラピン	リン青銅
10		カムタペット		鋳鉄または炭素鋼
11		プッシュロッド		炭素鋼
12		ロッカアーム		低合金鋼
13		クロスヘッド		中炭素鋼
14		バルブ	吸気	ステンレス鋼
			排気	ステンレス鋼
15		バルブシート		焼結合金，耐熱鋼，コバルト基合金，ニッケル基合金
16		バルブガイド		合金鋳鉄または焼結合金
17		ステムシール		FKM，PTFE
18	メタル	メタル	メインメタル	鉛青銅
				アルミシリコン
19			コンロッドメタル	鉛青銅またはアルミ合金
20			コンロッドブシュ	鉛青銅
21			スラストワッシャ	鉛青銅
22	シール	クランクシャフトシール（フロント，リヤ）		PTFE
				FKM
				VMQ，FKM
23	その他	ギヤ		炭素鋼
24		オイルポンプ	ギヤ	炭素鋼
			ブシュ	鉛青銅
25		オイルクーラ		ステンレス（純銅ろう付け）または黄銅
26		オイルフィルタ	フルフローまたはコンビネーションタイプ	ろ材：セルロース，合成繊維，ガラス繊維 接着剤：フェノール樹脂またはエポキシ樹脂
			バイパス	

ンレス鋼の薄板が使用されており，銅ろう材での接着（ろう付）やかしめによって強度や気密性が確保されている．

　オイルフィルタのケース，キャップの材料は，アルミニウム鋳物やダイカスト用アルミニウム合金が使用されているが，材料選択の条件はオイルクーラケースと同じである．オイルフィルタエレメントのカートリッジタイプでは，用途に応じた特殊加工ろ紙と樹脂または鋼板とが使用されている．

部品の材料

熱処理など	表面処理・めっき・被覆・表面仕上げなど	備考
リングトレガ（ニレジスト鋳鉄）鋳込み	クラウン部：硬質アルマイト処理，スカート部：スズめっき，黒鉛コーティング	
		鍛造スチールのクラウンとスカートを摩擦溶接などで接合する製造方法もある
	スカート部：スズめっき，黒鉛コーティング	
クロムめっき，窒化，窒化クロムPVDコーティング，リン酸被膜処理，四三酸化鉄被膜処理，バレル研磨		クロムめっきはめっき工程でシアン化合物が使用されるため，環境対策でPVDコーティングなどに変更される
軟窒化処理（タフトライド），一部高周波焼入れまたはレーザ焼入れ	プラトーホーニング仕上げ	中小型エンジンでは鋳鉄シリンダブロックをシリンダライナとして使用する場合が多い
メタルしゅう動部のみ高周波焼入れ		
カム部チル化		
高周波焼入れ		
チル化，窒化，セラミック貼付けなど		
高周波焼入れ		
チル化，高周波焼入れ		
高周波焼入れ	硬質合金溶射	
窒化		
窒化	クロムめっき，フェース部ステライト盛り金	
		リップシールまたはレイダウンシール
	鉛スズ系オーバーレイ	
	Pb-Sn-(In)オーバーレイ付き	環境対策のため非鉛系オーバーレイや非鉛系軸受メタルが開発されている
		レイダウンタイプ
		サイドリップタイプ
		ラジアルリップタイプ
高周波焼入れ		
高周波焼入れ		

2.5 主要潤滑部品

本節ではエンジン油によって潤滑される主要部品の使用条件などについて述べる．

2.5.1 ピストンおよびピストンリングの潤滑

(伊東明美，土橋敬市)

ピストンおよびピストンリングの構造および作用する力とピストンの挙動測定例を図 2.32 に

(a) ピストンおよびピストンピン
　　に作用する力

(b) ピストン挙動測定例
　　（TDC：上死点，BDC：下死点，
　　○印：トップランドとシリンダライナ接触位置）

図 2.32　ピストンに作用する力とピストン挙動〔図(b)の出典：文献 73）〕

示す[73]．ピストンに要求される機能は，燃焼ガスの圧力をコンロッドを介してクランク軸に伝えることである．このときピストンリングには，燃焼ガスのシール機能が要求される．またピストンリングには，ピストン周りに供給されたエンジン油が燃焼室に入り込まないようにするエンジン油のコントロール機能も要求される．ピストンリングは圧縮リングとオイルリングから構成され，現在のエンジンでは圧縮リングは 2 ないし 3 本，オイルリングは 1 本が一般的である．圧縮リングは主に燃焼ガスのシールを行い，オイルリングは潤滑油供給量のコントロール機能を受け持つ．圧縮リングのうち，最も燃焼室寄りで使われるものをトップリングという．燃焼ガスの大部分は，このトップリングによりシールされている．

　商用車用ディーゼルエンジンでは，乗用車用ガソリンエンジンと比較して，筒内圧が高く，回転数が低い傾向がある．また圧縮比が高く，熱負荷も高い．さらに燃焼により発生するスーツがエンジン油中に混入する．このような使用条件に対応するため，ピストンおよびピストンリングのしゅう動面ではどのような設計がなされているかを以下に述べる．

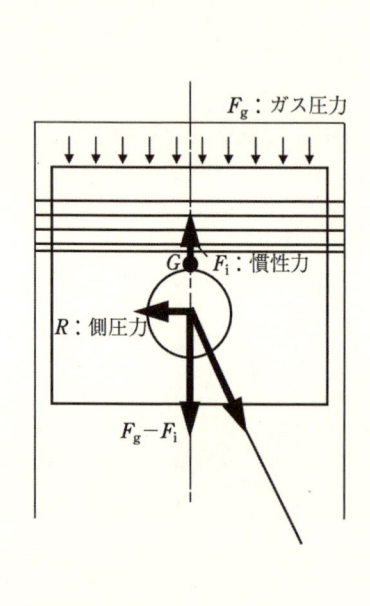

(a) ピストンの材料

　高い熱負荷に耐えるため，ピストンの材料にはアルミニウム合金のほか球状黒鉛鋳鉄[3]，鋳鋼などが使用される（表 2.3 参照）．ピストンは，クラウン部とスカート部が分割されているものもあるが，一体構造のものが多い．したがってピストンの材料はすなわちしゅう動面の材料となる場合が多い．

(b) ピストンピンボス軸受／ピストンピン

　ディーゼルエンジンの高い筒内圧は，ピストンピンボス軸受上面の面圧を増加させる．一方，低い回転数により，ピストンに作用する慣性力は小さくなるため，ピストンピンボス軸受下面に作用する荷重は比較的小さい．そのためディーゼルエンジンのピストンピンボス軸受はガソリンエンジンと比

較して図 2.33 に示すように，下面に対し上面の面積が大きくなるような設計になっている場合が多い．

　負荷の高いエンジンでは，ピストンピンボス軸受にブシュが挿入される．ブシュの材料には鉛青銅やりん青銅などが使用される．ピストンピンはピストンピンボス軸受に対しては通常すきまばめになっている．一方，コンロッド小端軸受に対しては圧入される場合と，すきまばめにされる場合がある．前者をプレスフィット，後者をフルフロートと呼び，一般的にフルフロートのほうがより高負荷に耐えるとされている．

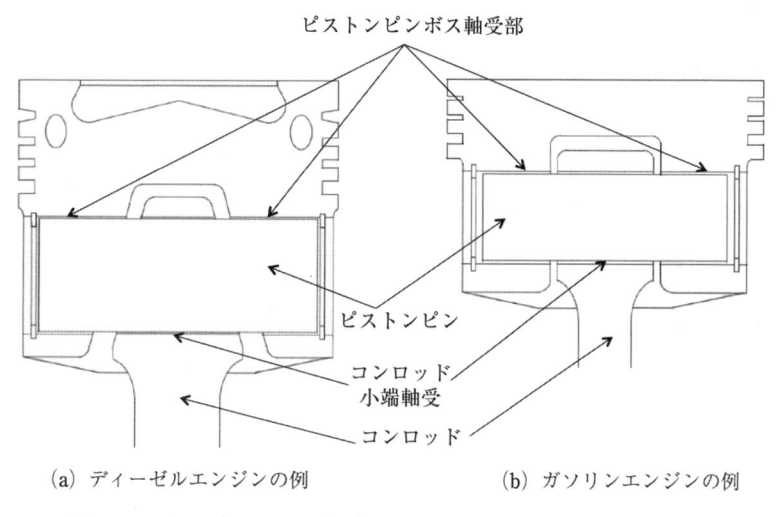

図 2.33　ディーゼルエンジンとガソリンエンジンのピストンピンボス軸受

(c) ピストンスカート／シリンダ

(伊東明美，大川聰)

　ディーゼルエンジンでは筒内圧が高く，回転数が低いことから，ピストンに作用する側圧がガソリンエンジンと比較して大きい．そのためディーゼルエンジンのピストンではガソリンエンジンと比較して図 2.34 に示すように，ピストン全体に占めるピストンスカートの割合が大きくなっている．

　ピストンスカートは，スカート中央部に対して上部および下部の径がわずかに小さくなっている．これはエンジン実働中にピストンが熱膨張しても，スカート部を焼き付かせないためである．この形状は，経験により決められるところが大きい．またスカート横断面は，同じ理由によりだ円になっている．

　ピストンのスカート部には，通常，故意に旋盤の加工目を残す．これは条痕加工と呼ばれる．スカート部の表面粗さを小さくすると，スカッフィングを起こしやすいことが知られている．

　一方，スカートと対向するシリンダの内面は，ホーニングにより仕上げられるが，そのクロスハッチといわれる加工目も故意に残され，オイル溜まり（オイルポケット）としての作用をもたせる．シリンダの表面粗さはピストンスカートのそれよりも大幅に小さくするが，鏡面にするとスカッフィングを起こしやすい．また，表面粗さはオイル消費とも関係があるので，ホーニング角度や表面粗さなどは各エンジンメーカーの基準に基づいて管理されている．中小型エンジンで多いドライライナ式ではシリンダブロックがそのままシリンダとして使われるが，耐摩耗性を確保するためクロムやモリブデンなどを含む特殊鋳鉄のシリンダブロックが使われる．大型エンジンではシリンダライナをブロックに挿入するウェットライナ式が主であり，この場合も特殊鋳鉄が使われる．さらに耐摩耗性や耐ス

カッフィング性を向上させるための塩浴軟窒化処理などが施されることが多いが，一部にはなじみ性を上げるためリン酸マンガン化成処理が行われる場合がある．また，図 2.34 のように初期なじみ性を改良するため，あるいは摩擦損失を減らすために MoS_2 などを配合した結合固体被膜潤滑剤をピストンスカートにコーティングする場合もある．

(a) ディーゼルエンジンの例　　　(b) ガソリンエンジンの例

図 2.34　ディーゼルエンジンとガソリンエンジンのピストンスカート長さ比較

(d) トップリング溝／トップリング

(伊東明美，土橋敬市)

トップリングは筒内圧，慣性力およびしゅう動面に作用する摩擦力の和に従い，トップリング溝内を上下に運動する．トップリング溝付近は非常に温度が上がること，燃焼生成物で汚れることから，摩耗しやすい．そのためアルミニウム合金製ピストンでは，鋳鉄性の耐摩耗環を鋳込むことが多い．

またディーゼルエンジンでは，トップリングのこう着が発生することがある．そのためトップリング溝部の温度が上がりがちなエンジンでは，こう着を起こしにくいフルキーストンリングやハーフキーストンリングを用いることが多い．図 2.35 に代表的な圧縮リングの形状をまとめて示す．

フルキーストン　　ハーフキーストン　　レクタンギュラ

厚さ a_1　幅 h_1

(a) 圧縮リング断面形状

バレルフェース　　偏心バレルフェース　　テーパフェース

(b) 圧縮リングしゅう動面形状

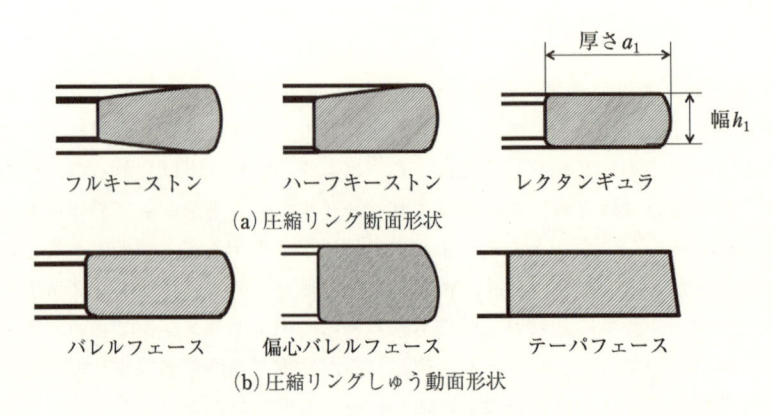

図 2.35　代表的な圧縮リング形状と寸法表示方法〔出典：リケン提供図〕

(e) トップリングしゅう動面

(伊東明美)

筒内圧は主にトップリングによりシールされるため，トップリングの背面には高い筒内圧が作用する．トップリングのしゅう動面は，この筒内圧とトップリング自体がもつシリンダに張り付く力（張力）により，シリンダに押し付けられる．トップリングしゅう動面はバレル形状が一般的であり，その油膜厚さは図2.36のようになる[74]．油膜厚さ（図中h_2）は荷重としゅう動速度の影響を受け，圧縮上死点（TDC）直後に最も薄くなることがわかる．そのため圧縮上死点付近で摩耗が発生しやすい．圧縮上死点付近では筒内圧により，トップリングは下向きに倒れているため，しゅう動面の摩耗はバレル中央より上方に寄ることが多い．これを防ぐためバレル中央を下方にオフセットさせた偏心バレル形状も実用化されている．

ディーゼルエンジンはガソリンエンジンと比較して長寿命であることが要求される．そのため日本国内では，トップリングしゅう動面には物理蒸着（Physical Vapor Deposition：PVD）により耐摩耗性の高いクロムナイトライドなどの硬質被膜が施されることが多い．欧州ではPVDによるコスト増加をきらい，クロムめっき内に硬質粒子を分布させることで耐摩耗性を向上させる場合が多い．

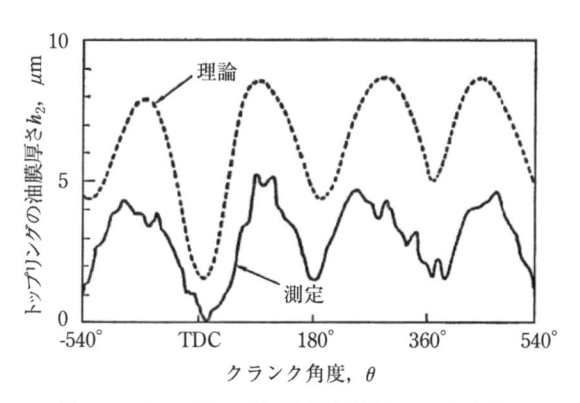

図2.36 トップリング油膜厚さ計算例および測定例
〔出典：文献74)〕

(f) セカンドリングおよびサードリング

(伊東明美)

燃焼室側から2番目に位置するものをセカンドリングという．圧縮リングを3本用いる場合には，セカンドリングの下にサードリングを使用する．セカンドリングおよびサードリングの主な機能はガスシールであるが，しゅう動面をテーパ形状にし，エンジン油の掻き下げ効果を持たせる場合が多い．しゅう動面形状をテーパとすることで，上昇行程では厚い油膜が形成され，当該リングより上にあるエンジン油をより多くリングより下方に残し，一方，下降行程では油膜が薄くなるため，リングより下にあるエンジン油を上方に上げないようにしている．

ここでガソリンエンジンの筒内圧は高いものでも13 MPa程度であるのに対し，ディーゼルエンジンでは20 MPa前後と高いことから，トップリングとセカンドリングの間のセカンドランドの圧力が上がりがちである．特に過給を行うとこの現象は顕著である．ピストンの下降に伴い筒内圧は低下するため，エンジンによっては膨張行程後半でトップランドよりもセカンドランドの圧力が高くなる場合がある．この場合，オイル消費が悪くなることが知られている．これはトップリング合口よりガスの流れと共にエンジン油が吹き上げられること，トップリングがセカンドランド圧によりトップリング溝内で浮き上り，サイドシールができなくなることによると考えられている．これを防ぐため，セカンドリングの合口すきまはトップリングのそれよりも大きめに設計される．

(g) オイルリング

(伊東明美)

ピストンリングの最も下方にオイルリングが取り付けられる．オイルリングは古い時代にはピストンスカートの下端に取り付けられたこともあったが，現在のエンジンでは，ピストンスカートの上に

3片式オイルリング　　　2片式オイルリング

図 2.37　オイルリング形状

取り付けられている．オイルリングには図 2.37 に示す 3 片式（スリーピースタイプともいう）と 2 片式（ツーピースタイプあるいは DVM リングともいう）があるが，ディーゼルエンジンには 2 片式が用いられる．2 片式のオイルリングはリング背面のエキスパンダによりシリンダに押し付けられている．この張力はエンジン運転初期に熱により若干減少する．

(h) ピストンおよびピストンリングへのエンジン油の供給

（伊東明美）

　クランク軸の主軸受やコンロッド大端部軸受の潤滑に使われたエンジン油は，はねかけにより，シリンダに供給される．このエンジン油がピストンおよびピストンリングの潤滑に使用される．また高負荷ディーゼルエンジンの場合は，ピストンの冷却のためオイルジェットによりピストン裏面およびクーリングチャンネルにエンジン油を供給している．このエンジン油も一部シリンダライナに供給され，ピストン周りの潤滑に使用される．

　シリンダ上に供給されたエンジン油はピストンスカート部を経由してピストンリング部に供給されるが，その際，過剰に供給されぬようオイルリングによりコントロールされる．過剰に供給されたエンジン油が圧縮リングの潤滑に使われた後，燃焼室に入り込み未燃・既燃の形で排気とともにエンジン外部に排出される現象をオイル上がりというが，これを低減させるためである．オイル消費の増加は顧客の経済的負担を増加させるのみならず，排気中の粒子状物質を増加させ，さらにディーゼルパティキュレートフィルタ DPF の目詰まりの要因となるため，低減の必要がある．

　オイルリング付近のエンジン油は，図 2.38 に示すようにオイルリングのしゅう動面，側背面および合口すきまを経由して上がる．しゅう動面経由のオイル上がりを低減するため，オイルリングの張

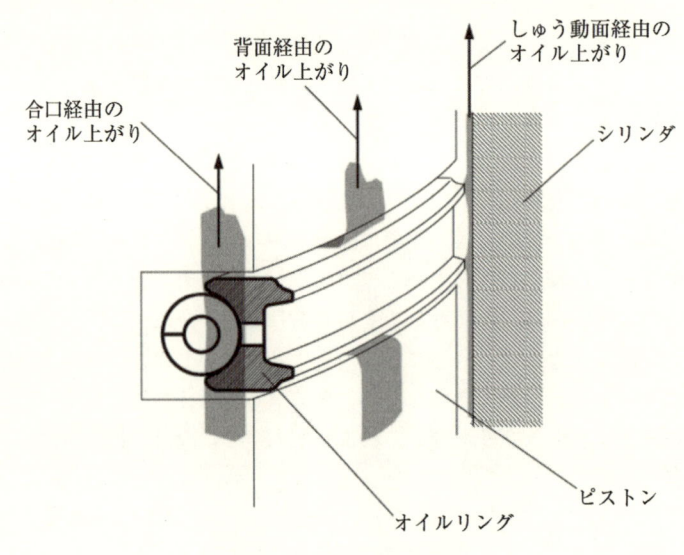

図 2.38　オイル上がり経路

力は圧縮リングと比較して高くなっている．また回転数の低いディーゼルエンジンの場合，おおむね
ピストンが下降行程にあるときにはオイルリングは溝上面に，上昇行程にあるときは溝下面に着座し，
オイルが上がることを防いでいる．オイルリングにより掻き落とされた余剰のエンジン油は，ピスト
ンスカート上部に設けられた油の逃がし穴より，オイルパンに戻される．

2.5.2 軸受の潤滑

（三原健治）

　エンジンのクランク軸主軸受およびコンロッド軸受の潤滑条件は，流体潤滑の代表例の一つである
ことが知られている．しかしながら，これは通常の運転時における潤滑条件であり，起動・停止時や
高負荷・高油温の運転条件下では十分な油膜厚さが維持できない場合もあることや，エンジン油中へ
の硬質異物，腐食性挟雑物，水分などの混入により，必ずしも理想的な潤滑状態が継続しているとは
言えない．本項では，軸受の構造と潤滑条件，損傷形態，信頼性・耐久性などにつき解説する．

(a) 産業用車両のディーゼルエンジン軸受の構造と特徴

　エンジンのクランク軸のジャーナルおよびピン軸受には半割の平軸受が用いられている．軸受合金
に要求される特性は下記のように多い．

① 耐疲労強度，② 耐摩耗性，③ 耐焼付き性，④ 耐キャビテーションエロージョン，⑤ 異物埋
収性，⑥ 軸へのなじみ性，⑦ 耐食性，

　また，強度（①，②，および④）と順応性（⑤および⑥）という相反する特性が要求されている[75]．
　現在，国内の自動車および産業用車両のエンジンで主として用いられている軸受は，① アルミニ
ウム合金と裏金の2層構造，② オーバレイ，銅合金，裏金の3層構造，の2種類である．

　産業用車両のエンジンの軸受としては耐面圧，耐焼付き性，および異物埋収性に優れる3層構造銅
合金軸受が多く用いられ，アルミニウム
合金軸受は一部で用いられているのみな
ので，以下3層構造銅合金軸受を中心に
述べる．図 2.39 にその構造を示す．鋼
板の上に銅鉛合金を焼結または鋳造で設
け，この上にオーバレイと呼ばれる鉛を
ベースとするめっきが施されている．
オーバレイ層と銅鉛合金層との間には 2
μm ほどのニッケルめっき層を設けるこ
とが多い．

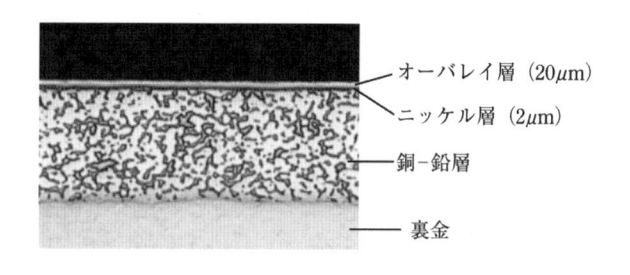

図 2.39　3層銅鉛合金軸受の構造

(b) 軸受の潤滑条件

（土橋敬市，三原健治）

　近年のディーゼルエンジンでは最高燃焼筒内圧力の上昇により，コンロッド軸受の面圧はエンジン
最高出力点で最大 100 MPa になるものもある．一方，ガソリンエンジンの場合は 60 MPa 程度である．
また最高出力点での周速は 7〜12 m/s でガソリンエンジンの 10〜18 m/s に比較して低い．しかし，
産業用車両のディーゼルエンジンは乗用車用エンジンに比較して負荷率が高く，また要求寿命が格段
に長い．

　コンロッド軸受と主軸受とを比較するとエンジンの定格点および負荷領域では一般にコンロッド軸
受のほうが面圧は高く，油膜も薄い．一方，ハイアイドルおよび無負荷領域では一般に主軸受の方が
油膜は薄い．図 2.40 は大型ディーゼルエンジンのコンロッド軸受の定格点での軸心軌跡の一例を示
す[77]．クランク角度 270°付近で最小油膜厚さを示す．この位置は，図 2.41 に示すようにコンロッ

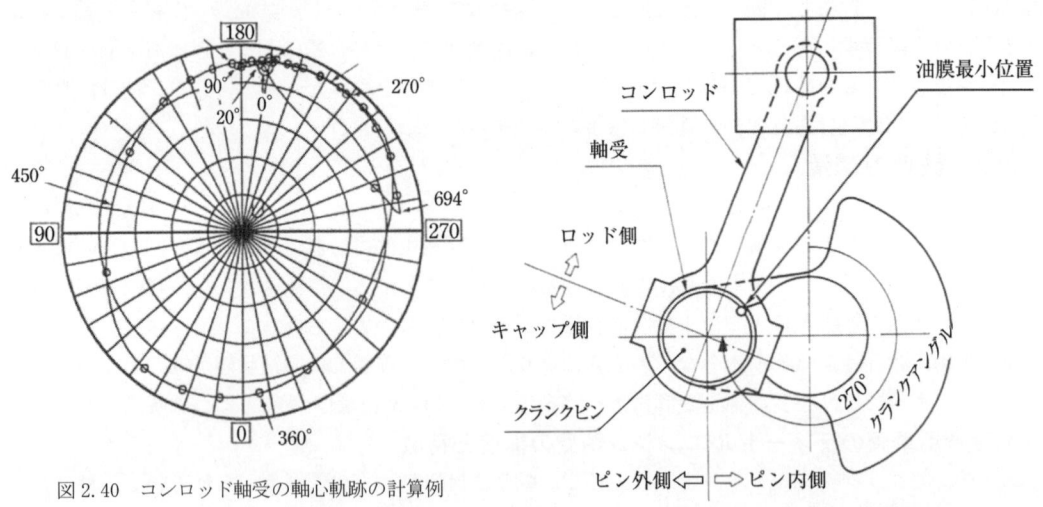

図2.40 コンロッド軸受の軸心軌跡の計算例
〔出典：文献76)〕

図2.41 コンロッド軸受の油膜厚さ最小の位置
〔出典：文献77)〕

ド軸受上側，クランクピン軸下側（メイン軸側）に相当する．また最小油膜厚さの発生する位置と最大油膜圧力の発生する位置とは異なる．この理由はコンロッド軸受の場合，軸心軌跡（図2.40）からわかるように，最大油膜圧力の発生する位置では油膜が主として絞り膜作用で荷重を保持するのに対して，最小油膜厚さとなる位置ではくさび膜作用で荷重を保持するのでこの時の油膜厚さが薄くなることによる．

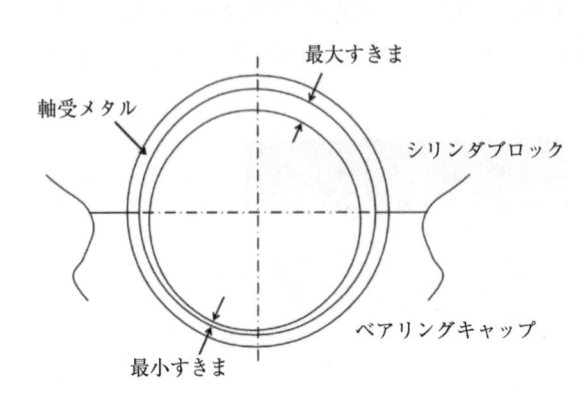

図2.42はクランク軸主軸受部の最大，最小すきまのイメージ図を示す．クランク軸に作用する変動荷重によって，クランク軸の軸芯はオイルクリアランス内で変動するが，最大荷重が発生するクランク角において最小すきま（最小油膜厚さ）が形成される．

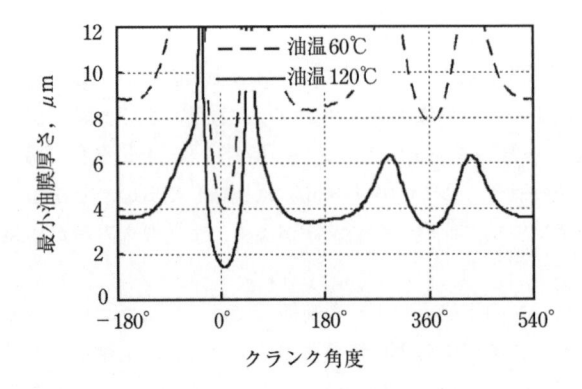

図2.42 クランクシャフト軸受部の最大，最小すきま

図2.43はクランク軸主軸受部における最小油膜厚さの計算例を示す．この例の場合，計算にはSAE粘度番号10W-30油の動粘度が使用されている．油温60℃における最小油膜厚さは，クランク角8度において約4μmである．油温が120℃に上昇した場合，最小油膜厚さは約1.4μmまで低下し，60℃対比で約36％の油膜厚さになっている．一方，120℃における動粘度は60℃対比で約22％に低下している．このような条件下でエンジン油の温度上昇が

図2.43 クランク軸主軸受部における最小油膜厚さの計算例

大きい場合，本来は流体潤滑条件下にある軸受部にあっても最小油膜厚さがさらに低下し，クランク軸の加工精度などとの関連により境界潤滑条件に近づくことが懸念される．したがって，エンジン油の動粘度，部品の加工精度にも注意が必要である．

（c）長時間使用軸受の調査結果 [78~81)]

（三原健治）

長時間稼動後の軸受表面状況は使用条件および稼動時間により大きく異なる．長時間運転（オーバホールまで使用）したコンロッド軸受の外観写真の一例を図 2.44 に示す．場所により摩耗量が異なる．軸受中央部（領域 C）においてはオーバレイが消失し，ニッケル層が露出している．領域 C の中央部ではさらに摩耗が進行し，部分的にライニング層の銅鉛合金の露出に至っている．軸受の両端部（領域 A）はダークグレイに変色したオーバレイが残存している．

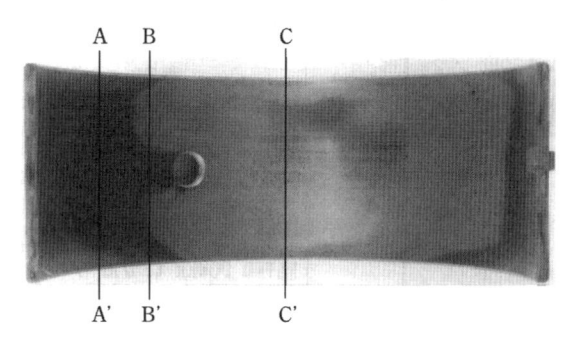

図 2.44　建設機械用ディーゼルエンジンで長時間稼働後のコンロッド軸受の外観　〔出典：文献 81）〕

中間の領域 B はオーバレイ層とニッケル層が混在している部分である．領域 C の X 線回折結果によれば，ニッケル層と呼ばれている部分は Ni-Sn の化合物となっている．領域 C の SEM 観察と主要な元素の分布状況を 図 2.45 に示す．直径数 μm のマイクロピットが多数発生し，ニッケルはく離部の下にはライニングの露出が認められ，ライニング中の鉛粒子は腐食により溶け出している．

この観察から軸受の摩耗の進行により，初期と長時間稼動後とでは軸と接する軸受表面の組成は異

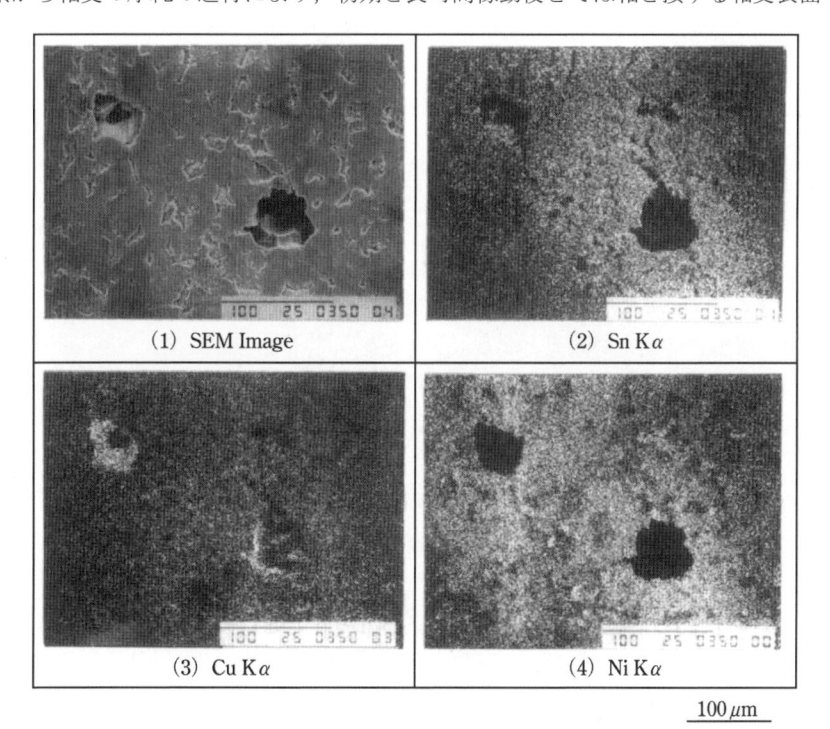

(1) SEM Image
(2) Sn Kα
(3) Cu Kα
(4) Ni Kα

100 μm

図 2.45　軸受表面の SEM 観察および元素分析結果（図 2.44 の領域 C-C'部）
〔出典：文献 80）〕

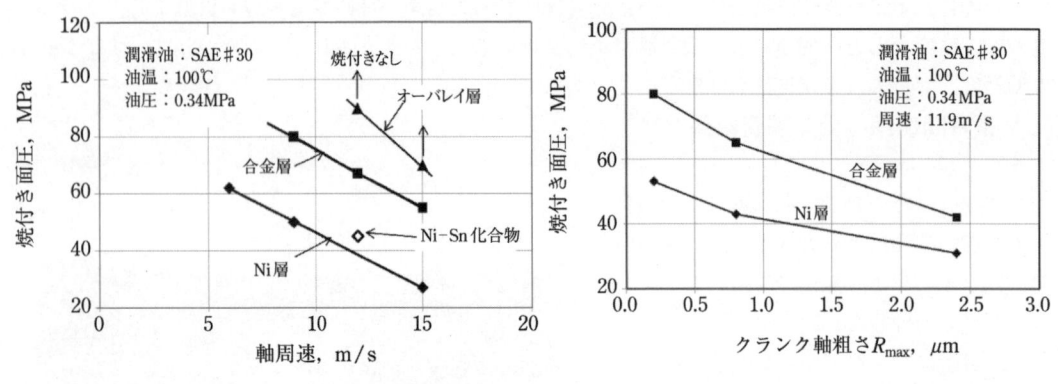

図2.46 焼付き限界に及ぼす軸受材料の影響
〔出典：文献76)〕

図2.47 焼付き限界に及ぼすクランク軸粗さの影響
〔出典：文献76)〕

なることがわかる．もちろん，軸受が流体潤滑状態にあり，充分な油膜が形成されている場合には耐焼付き性に軸受材料の影響はない．しかし，エンジン停止時，異物の混入等により境界潤滑状態となった場合には，軸受表面組成は耐焼付き性に影響を及ぼす．

自動車用エンジンではオーバレイ層が摩耗消失した時点が軸受の寿命と考えられている．産業用車両のエンジンではオーバホールまでオーバレイ層を維持することは困難で，オーバレイ摩耗後も使用される．軸受の信頼性・耐久性を評価する場合，初期のみでなく，オーバレイ摩耗消失後の状態での評価も重要である．図2.46に耐焼付き性と表面組成との関係を示す．銅鉛合金層のみの軸受（図中の合金層），銅鉛合金層にニッケルめっきをした軸受（Ni層），オーバレイ付きの軸受（オーバレイ層）および長時間稼動後のNi-Sn化合物が露出した軸受の耐焼付き性を評価した．ニッケルめっきが最も耐焼付き性が低く，Ni-Sn化合物はNi層と同等の低い耐焼付き性を示す．銅鉛合金層はニッケルめっきに比較し，高い耐焼付き性をもつ．オーバレイ付きではこの試験条件では焼付き発生を再現できなかった．

(d) 信頼性・耐久性向上の考え方と対応

オーバレイが残存していれば，その耐焼付き性は非常に優れている．したがって耐焼付き性と異物埋収性の点から，オーバレイの耐摩耗性（耐損傷性）を向上し，長時間にわたって残存させることが軸受の信頼性向上のために重要である．同時に産業用車両のエンジンにおいてはオーバレイ消失後の耐焼付き性および耐食性の向上が必要となる．

(1) オーバレイの耐摩耗性向上[81]

オーバレイ摩耗・損傷低減のためにはそのメカニズムを理解して対策する必要がある．オーバレイの広い意味での摩耗形態（損傷原因）を分類すると次のようになる[82]．

①凝着摩耗：軸／軸受間の境界潤滑条件下での金属接触に伴う摩耗
②疲労摩耗：油膜圧力の繰返しによる疲労損傷
③腐食摩耗：燃焼生成物，エンジン油の酸化生成物などによる腐食摩耗
④アブレシブ摩耗：エンジン油中の摩耗粉，ダスト，スラッジなどの異物による摩耗

図2.44に示した軸受の場合，エンジン定格点でのコンロッド軸受の油膜計算結果と実際の摩耗状態とを比較すると，油膜厚さが薄く，軸が停留かつ油膜圧力が高い位置で摩耗が多い．これはこの軸受では凝着摩耗と疲労摩耗が損傷の主因になっていることを示す．

次にオーバレイの耐摩耗性に及ぼす要因について述べる．オーバレイ摩耗に及ぼすクランク軸粗さ

の影響は図 2.48 に示したように，クランク軸粗さの低減がオーバレイ摩耗の低減をもたらす．オーバレイ組成も耐摩耗性に大きな影響を及ぼす．鉛ベースでインジウム，銅などの合金添加による三元合金化，四元合金化および硬質粒子の分散により耐摩耗，耐疲労強度の向上がなされている．

(2) オーバレイ摩耗後の耐焼付き性および耐食性向上

図 2.46 に示した結果から考えると，Ni 層は焼付きに対して極めて有害であり，焼付き防止のためその廃止が有効である．これまで Ni 層は Sn の合金層への拡散防止とオーバレイ摩耗後の耐食性向上のため設けられていた．しかしオーバレイおよび合金組成の見直しにより，ニッケル層の廃止は可能である．すなわち，オーバレイにインジウムを添加することによりスズの低減を補うことができる．合金層の鉛中に拡散したインジウムは合金層の耐食性を向上させる．

また，図 2.47 に示したように，クランク軸粗さの低減は摩耗低減ばかりでなく，合金層の耐焼付き性向上の点からも有利である．

(e) 鉛フリー化への取組み

乗用車においては欧州の End of Life Vehicle (ELV) 指令が 2011 年 7 月から適用され，軸受での鉛の使用が規制された．産業用車両のエンジンではまだ具体的な規制はない．しかし，乗用車の鉛規制対応により，産業用車両のエンジンにおいても次第に鉛フリー化せざるを得ない状況にある．

軸受合金で鉛を使用しているのはオーバレイ，銅合金およびアルミニウム合金である．合金中の鉛含有量はオーバレイで 80～90 %，銅鉛合金で 20～30 %，アルミニウム合金で 1～2 % である．これからわかるように，オーバレイは現在鉛を基本とする組成となっており，鉛フリー化への対応のためには技術的な課題が最も多い．鉛は優れた自己潤滑性をもつ材料なのでその代替材料の検討は難かしい．

対応方法として金属めっきでは純ビスマス[83]とスズ[84]が開発されている．純ビスマスの場合，鉛に較べて脆性が高く，厚い被膜のめっきが困難であ

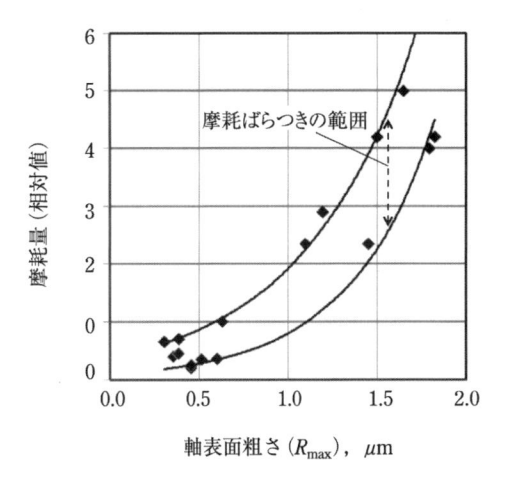

図 2.48 オーバレイの摩耗に及ぼすクランク軸粗さの影響〔出典：文献 81)〕（摩耗量相対値：基準シャフト粗さのオーバレイ摩耗量を 1 とした値）

り，銀めっきを銅合金との間に設けている．スズおよびスズ合金の場合は，鉛に較べて融点が低く耐熱性が問題となる．オーバレイとして Al-Sn 合金をスパッタリング（蒸着）で 20 μm ほど合金表面に設けるスパッタ軸受は，欧州の高負荷ディーゼルエンジンの一部で使用されている．また樹脂ベースのオーバレイが自動車エンジン用軸受で使用されている[85,86]．

これらの開発された鉛フリーオーバレイの，産業用車両のエンジン軸受としての評価は今後の検討に待ちたい．

2.5.3 動弁系の潤滑

(土橋敬市，伊東明美)

(a) 動弁系の構造

動弁系はエンジンの吸気弁や排気弁を開閉させる機能をもつ．現在使用されている代表的な方式の例を図 2.49 に示す．OHV 式では，カムシャフトはシリンダブロックの側方にあり，カムフォロワ（平タペットまたはローラタペット）のリフトをプッシュロッドおよびロッカアームを介してバルブ

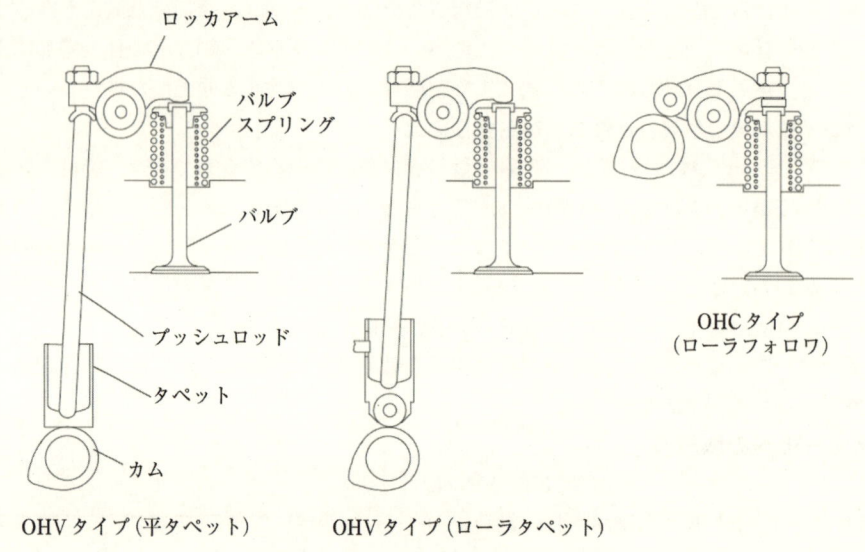

図2.49 動弁系の代表的な方式例

に伝える仕組みが多い．部品点数は増えるがエンジンの高さを低くできる利点をもつため，産業用車両エンジンでは多用されている．なお，建設機械用大型ディーゼルエンジンではOHV式でもローラフォロワが採用されている．OHC式は，ヘッド上にカムシャフトを配置し，系全体の剛性を高くできること，プッシュロッドなどのための構造が不要になるため軽量化ができること，などの利点をもつ．ガソリンエンジンと比較してエンジンの回転数が低いディーゼルエンジンでは主に軽量化のためにOHC式を採用することが多い．

動弁系でトライボロジー的問題が発生しやすいのはカム／フォロワ間である．以下に，カム／フォロワ間の潤滑上の特徴について述べる．

(b) カム／カムフォロワ

カムフォロワはカムとの接触状態により二つに大別される．カム／フォロワ間がすべり-転がり接触であるスライディングフォロワと，転がり接触であるローラタペットとローラフォロワである．スライディングフォロワの代表的なものは，OHV式で用いられる平タペットである．平タペットはバルブリフト設計の自由度が大きい利点をもつ反面，平タペットとカムは線接触であり油膜が薄くなるため摩耗が多い欠点をもつ．この部分の油膜厚さは，エンジンの各しゅう動面中，最も薄いとされている．摩耗部位はカムでは図2.50のように，面圧が高いノーズ部ではなく，油膜が最も薄くなるショルダ部が摩耗することが多い．またこの摩耗はエンジン油中に混入するスーツにより著しく加速される．そのためカムの材料は，ガソリンエンジンや大型ディーゼルエンジンではチル鋳鉄が多いが，中小型ディーゼルエンジンでは炭素鋼や工具鋼を用い，高周波焼入れなどにより表面を硬化させ摩耗を防ぐようにしている．一方タペット

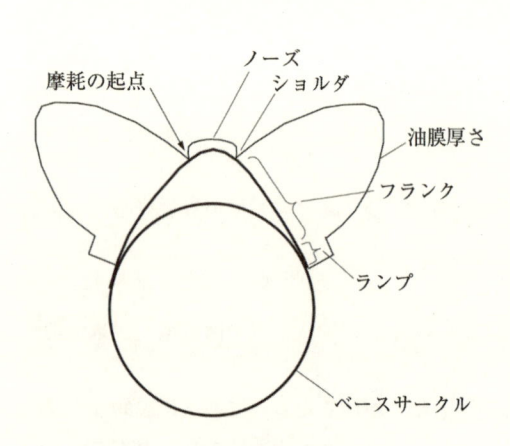

図2.50 カム油膜厚さの計算例

は中心をカム中心からオフセットさせる，あるいはカムをテーパ形状にする等により回転を促して偏摩耗を防いでいる．フォロワについては OHV 式ではローラタペットまたはローラフォロワ，OHC 式ではローラフォロワが用いられる．この場合の摩耗が発生しやすい部位はカムリフトが始まる位置およびカムリフトが終わる位置である．ローラがカムのベースサークル上にあるときは荷重が作用せずローラが回転していないことがある．カムリフト開始と共に荷重が作用し，ローラを回転させるためのトラクションが発生するが，ローラには慣性力が作用するため，すぐにはカムに追従して回転せず，すべりが発生するためである．カムリフト終了時にはこれと逆の現象により，やはりすべりが発生する．ただし，ローラフォロワでは平タペットと比較して油膜が厚くなるため一般的に摩耗量は少ない．

またローラタペットでは，ローラが真直ぐに転動せず左右に首を振るスキューが発生することがある．スキューが発生するとカム／ローラ間ですべりが発生するため，摩耗が増加する．そのためローラタペットには回り止めの処置がとられることが多い．スキューの発生はクランク角に対し周期的であるため，回り止めとタペットは常に同じ位置で接触する．そのため，その部位の摩耗対策が必要である．なおこのスキューにはローラのクラウニング形状が大きく影響する．

(c) 動弁系へのエンジン油の供給

OHV 式の場合はカムシャフトへは，はねかけによりエンジン油が供給される．カムシャフト内に設けたオイルギャラリを経由し，カム面にあけた孔からエンジン油が供給される事例もある．この場合は供給油量が増加するためにオイルポンプ負荷が増大する．フォロワ側からもエンジン油が供給されることが多く，平タペットの場合はロッカアームからプッシュロッドを伝ってタペットまで供給される．ローラタペットの場合はロッカアームから中空のプッシュロッド内を経由しローラピンまで強制給油される場合が多い．OHC 式の場合は，ロッカアームから直接ローラピンやローラ転動面など，必要な箇所にエンジン油が供給される．

2.5.4 ギヤトレーンとアイドルギヤ軸受部の潤滑

（土橋敬市，伊東明美）

エンジン油利用系部品の一例として，ギヤトレーンにおけるアイドルギヤ軸受部の潤滑条件などについて例示する．近年のディーゼルエンジンにおいては，高出力化，燃料の高圧噴射化に伴うサプライポンプの駆動トルク増加，オイルポンプやエアコンプレッサの容量アップに伴う駆動トルクの増加などがある．一方，エンジンの軽量化やコンパクト化の影響を受け，ギヤ幅が据え置かれることもある．この結果として，ギヤ歯面の面圧は増加することになり，歯面の摩耗抑制のために焼入れや浸炭などの表面処理が行われる例もある．また，これらのギヤは，かみあい騒音を緩和することなどを目的としてはすば歯車を使用するのが一般的である．

図 2.51 は小型トラック用デ

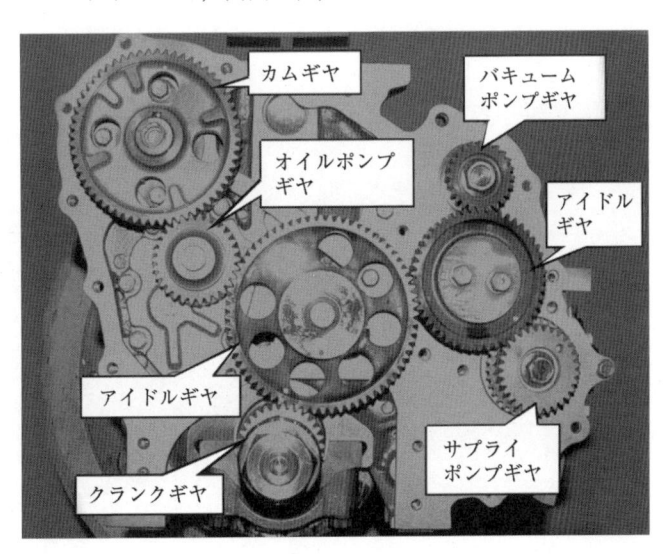

図 2.51 ギヤトレーンの一例

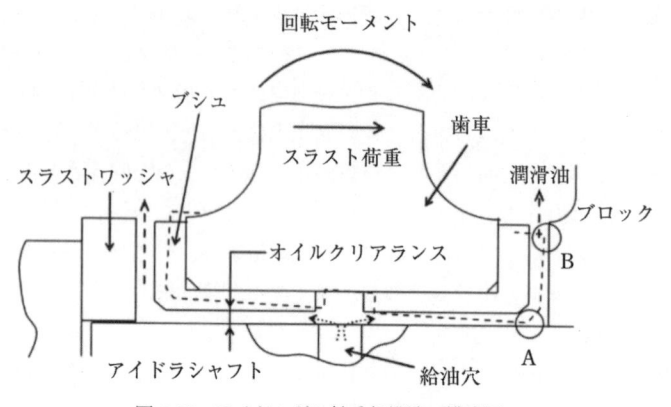

図 2.52 アイドルギヤ軸受部構造の模式図

ィーゼルエンジンにおけるギヤトレーンの一例を示す．この例の場合，カムギヤ，サプライポンプギヤ，バキュームポンプギヤ，オイルポンプギヤ，アイドルギヤ，クランクギヤがシリンダブロック前端面に配置されてギヤトレーンを形成している．

図 2.52 はアイドルギヤ軸受部構造のイメージ図を示す．メインギャラリに供給されたエンジン油の一部は，シリンダブロックに加工されたオイル通路を介してアイドルシャフトの給油穴に供給されて，しゅう動面の潤滑に利用される．この例の場合，はすば歯車の駆動トルクに起因するスラスト荷重が右方向に作用していることから，ギヤとブシュはブロック側に押し付けられることになる．また，このスラスト荷重とアイドルシャフト軸芯からギヤ歯面までの距離との積に相当する回転モーメントが作用する．この回転モーメントによって軸受部はオイルクリアランスの範囲内で，図中の破線で示したように傾くことになる．この結果として，ブロック側のブシュ端面（図中の A, B 点）において片当たりが発生し，境界潤滑条件下で使用されることになる．このような使用条件を緩和するためには，構成部品の加工精度向上によるオイルクリアランス低減などの工夫が必要と考えられている．

2.6 ピストンおよびピストンリングのトライボロジー的課題

(伊東明美)

本節では，近年のピストンおよびピストンリングが抱えるトライボロジー的課題について概観する．

2.6.1 熱的および力学的負荷の増加

CO_2 排出量削減のため，エンジンは小型化かつ高出力化の傾向にある．そのため高過給および燃料の高圧噴射が行われ，筒内圧および図示平均圧力は増加の一途をたどっている．これらの変化は，ピストンおよびピストンリングに対する熱的および力学的負荷を増加させる．

負荷の増加に伴い，ピストンの材料はアルミニウム合金から鋳鉄へ，さらにはスチールへ変化して

(a) アルミニウム合金製ピストン　　(b) 鋳鉄製ピストン　　(b) スチール製ピストン

図 2.53 材料が異なるピストンの例

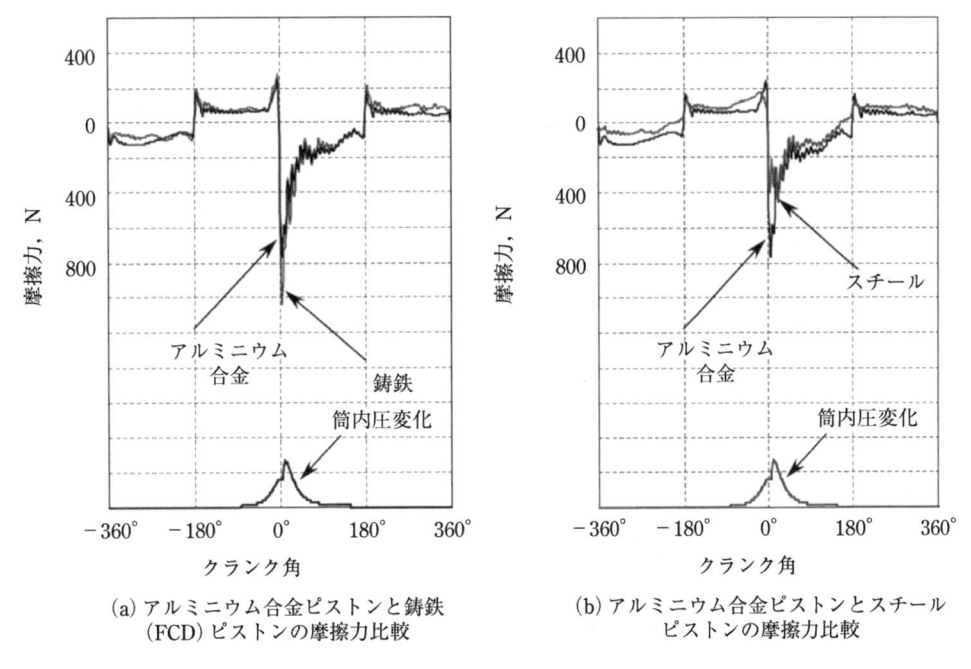

図2.54 材料が異なるピストンによる摩擦力測定の例（1000 rpm，無過給）

(a) アルミニウム合金ピストンと鋳鉄（FCD）ピストンの摩擦力比較

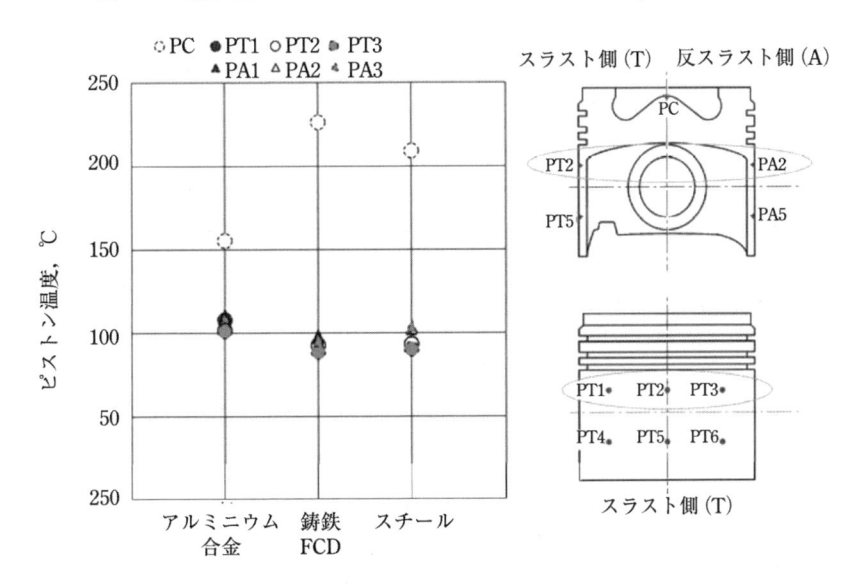

(b) アルミニウム合金ピストンとスチールピストンの摩擦力比較

図2.55 材料が異なるピストンの温度測定結果（1000 rpm，過給圧100kPa）〔出典：文献87〕

いる．図2.53にそれぞれの材料を使用したピストンの例を示す．また図2.54は図2.53に示す各ピストンの摩擦力測定結果を示す．これより鋳鉄製ピストンでは圧縮上死点付近の摩擦力がアルミニウム合金製ピストンと比較して非常に大きいことがわかる．圧縮上死点ではピストンをシリンダに押し付ける力は小さいため，この摩擦力にはピストンリングの寄与するところが大きいと思われる．図2.55に各ピストンの運転中の温度を示す[87]．アルミニウム合金と鋳鉄の熱伝導率の差により，鋳鉄製ピストンではクラウン部の温度がアルミニウム合金製ピストンより高くなっていることがわかる．これによりトップリング周辺の温度が高くなり圧縮上死点の摩擦力が増加したものと思われる．一方

スチール製ピストンでは，上下死点の摩擦力が他のピストンと比較して非常に小さいことがわかる．スチール製ピストンも鋳鉄製と同様，クラウン部の温度は高いが，図 2.53 に見られるようにクラウン部とスカート部の間に大きな間隙があるのでピストンリング部へのエンジン油供給量が多く，ピストンリングの潤滑状態を改善しているものと推測される．以上のように耐久性確保のための材料の変化に伴い，工法の違いからピストンの形状が変化し，さらにピストンの潤滑状態も大きく変化することがわかる．これらのことを踏まえ，材料ごとに工法の都合のみならず潤滑状態も考慮に入れたピストンの設計がなされるべきである．

また負荷の増加は，ピストンリングとリング溝間の摩耗およびトップリングしゅう動面の摩耗を増加させる．トップリングしゅう動面については，表面被膜の改善やしゅう動面形状の最適化により摩耗が低減できるが，リング溝摩耗については今後対策を検討する必要がある．

2.6.2 摩擦損失の低減

比較的，高負荷域を多用する産業用車両のディーゼルエンジンでは，エンジンの全損失中，ピストンおよびピストンリングの摩擦損失が占める割合は，ガソリンエンジンほど高くないと考えられる．また産業用車両のディーゼルエンジンでは信頼性および耐久性に対する要求が優先されることもあり，ピストンおよびピストンリングの摩擦損失低減は，乗用車用ガソリンエンジンほど熱心に取り組まれてこなかった．しかし産業用車両の使われ方は多様であり，例えば長時間アイドリング運転を行う場合など，ピストン周りの摩擦損失低減が燃費低減に有効な場合も多々あると思われる．CO_2 排出量の更なる低減要求もあり，近年，産業用車両のディーゼルエンジンにおいてもピストン周りの摩擦損失低減は注目されるようになってきた．

ピストンおよびピストンリングの摩擦損失低減のための方策は，基本的にはガソリンエンジンと同様である．すなわちピストンリングの低張力化およびピストンスカートの面積低減である．このときピストンリングについては後述するオイル消費が，ピストンスカートについては耐焼付き性の確保が課題である．特にピストンスカートについては，エンジン実働中の熱や圧力による複雑な変形やスラップ挙動の取扱いが難しいことから，当該部の油膜解析には課題が残っており，耐焼付き性の評価は実験に頼っているのが現状である．

2.6.3 オイル消費の低減

オイル消費とはピストン周り，バルブステムシール，ターボチャージャなどを経由して燃焼室に入り込んだエンジン油が，既燃，未燃の形で排気とともにエンジン外部に排出される現象である．特にピストン周りの潤滑に使われたエンジン油が燃焼室に入り込む現象をオイル上がりという．このオイルは，クランク軸によるはねかけや，ピストン冷却のためのオイルジェットによりシリンダライナに供給され，ピストンスカートを経由してピストンリング部にもたらされる．そしてピストンリングしゅう動面，背面および合口を経由して燃焼室に入り込む．

前述のように摩擦損失低減のため，ピストンリングの張力は減少する傾向にある．ピストンリング張力の減少はしゅう動面の油膜厚さを増加させるのみならず，シリンダボアの変形がある場合に追従性が低下するため，オイル消費を増加させる．オイル消費の増加は DPF の目詰まりや，長距離輸送用トラックでは輸送途中のオイル補給が必要になるなどの不都合を招くため，低減される必要がある．

図 2.56 にディーゼルエンジン実働中のシリンダボア変形の測定例を示す[88]．ヘッドボルト締結，熱変形および筒内圧の影響により，エンジン実働時のシリンダボアは複雑な形状をしていることがわかる．ピストンリングの張力が低い場合はこの複雑なボア形状に追従できず，オイル消費が増加するといわれている．この対策のためピストンリングではリング厚さ a_1 寸法（図 2.35 参照）の低減による追従性の向上などが検討されている．

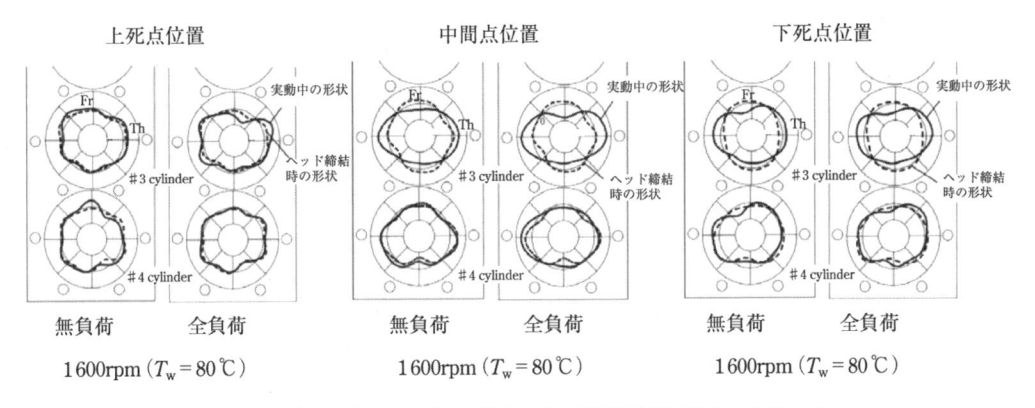

図 2.56 ディーゼルエンジン実働時のボア形状測定例〔出典：文献 88)〕

しかしオイル消費低減のためには，しゅう動面経由のオイル上がり低減のみに頼らず，ピストンリング背面や合口経由のオイル上がりにも注目すべきである．リング背面経由のオイル上がりについてはピストンリング挙動が影響することがわかっている．また合口経由のオイル上がりについては，合口すきまの大きさやリングランド圧が影響することがわかっている．さらにオイルリング合口については，図 2.57 に示すようにピストン挙動に応じてオイルリング下面では油圧が発生しており，合口経由のオイル上がりはこの影響を受けることなどがわかってきた [89]．

ここで，オイル消費に影響を及ぼす要因は交互作用を示すことが多い．例えばピストンリングの合口隙間を変化させれば，その合口部における油の通路面積は増加するが，一方でリングランド圧も変

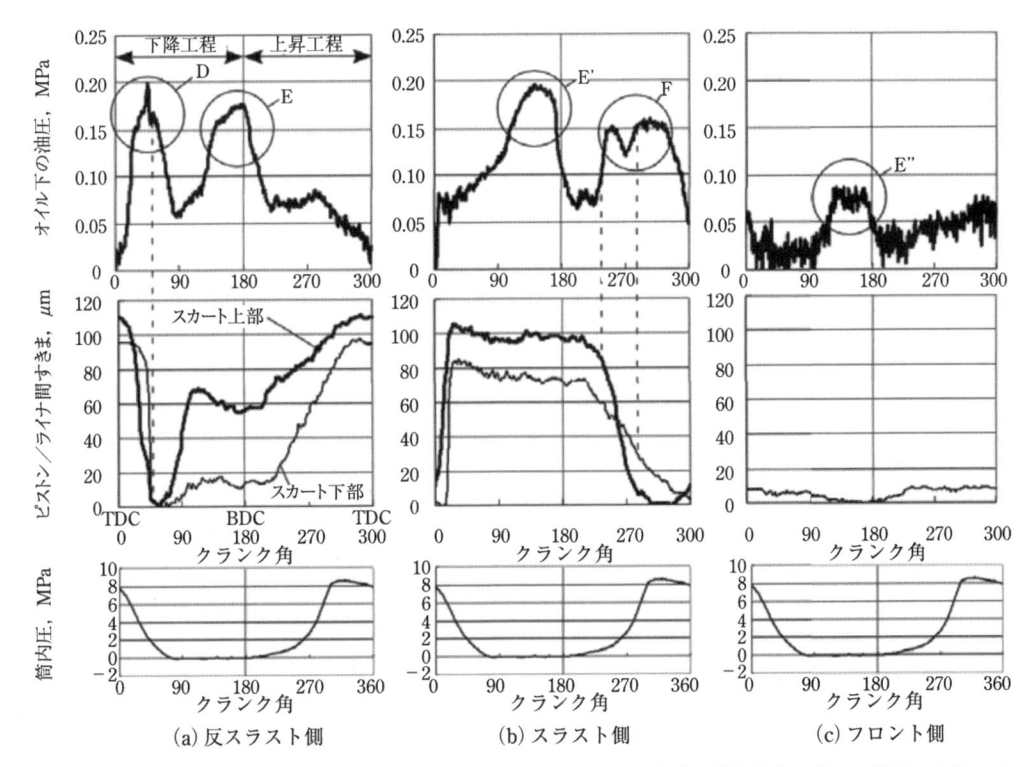

図 2.57 オイルリング下に発生する油圧測定例（ピストン A，500 rpm，負荷，給油温度 30℃）〔出典：文献 89)〕

化させてしまう．このように要因を単独で変化させて影響を調べることの難しさが，オイル消費メカニズム解析を困難にしてきた．そのためオイル消費の評価は現在も実験に頼っているのが実情である．しかもオイル消費はエンジン各部形状および燃焼が定まらなければ評価できないため，エンジン開発の最終段階で評価されることが多い．したがってオイル消費に問題が生じた際も，大幅な設計変更は望めない．これらのことから実用上十分な精度を有するオイル消費の机上評価手法の確立が待たれるところである．

上述したように，ピストン周りのエンジン油が燃焼室に入り込むいわゆるオイル上がりがオイル消費の主要因であるが，バルブステムシールやターボチャージャのフルフロート軸受などを経由してエンジン油が吸入空気とともに燃焼室に入り込むいわゆるオイル下がりや，クランク軸のオイルシールなどを経由してエンジン油がエンジン外部に漏れ出すいわゆるオイルリークなどもオイル消費の一因である．オイル下がりやオイルリークを低減するためには，エンジン設計段階での各部位のクリアランス設定やシール締付力の最適化が重要であるが，部品の摩耗やシールの損傷によるオイル消費増加を防ぐためのメンテナンスも必要である．

また，オイル下がりやオイルリークはエンジン油の粘度が低くなるほど増加する傾向にあるので，適切な粘度選定が必要であると同時に，エンジン油の使用に伴い燃料希釈による粘度の低下や，特にマルチグレード油の場合は粘度指数向上剤（ポリマー）のせん断による粘度低下が発生することがあるので，定期的な潤滑管理と適切な油種選定もオイル消費の抑制にとって肝要である．

2.7 エンジン油規格

（小山成）

エンジン油に限らず，潤滑油の品質・性能を外観から判断するのは難しい．そこで，エンジン油に必要な物性や性能を用途ごとに分類しまとめたものがエンジン油規格である．

潤滑油の最も基本的な物性である粘度特性を分類するために，世界的に広く用いられているのが米国自動車技術者協会（Society of Automotive Engineers : SAE）が定める SAE 粘度番号である．一方，ディーゼルエンジン油の性能を規定するものとしては，米国石油協会（American Petroleum Institute : API）が定める API サービス分類が古くから国際的に利用されてきたが，地域ごとに排出ガス規制や車両の運行条件が異なることから，ディーゼルエンジンの設計も地域ごとの特徴が顕著となったため，1970 年代の中盤に欧州自動車工業会（Comité des Constructeurs d'Automobiles du Europeen Marché Commun : CCMC）が API サービス分類に欧州の要求項目を加味した CCMC 規格を制定した．その後 CCMC は改組され，代わって欧州自動車製造者協会（Association des Constructeurs Europeens d'Automobilies : ACEA）が CCMC 規格を踏襲した ACEA 規格を運用している．日本においては，その後も API サービス分類が用いられてきたが，1990 年代後半に一部のディーゼルエンジンで不具合が発生する事例が報告され，日本自動車工業会（JAMA），石油連盟（PAJ）と自動車技術会（JSAE）が協力して日本独自の JASO 規格を 2000 年に制定し今日に至っている．

本節では，ディーゼルエンジン油に関し，各規格のもつ意味合いと主要な規格試験法について解説する．

2.7.1 SAE 粘度番号

SAE 粘度分類は表 2.4 に示すとおり 0 W から 60 までの 11 段階に分けられ，それぞれの番号で表示される．SAE 番号が大きくなるほど粘度が高いことを意味する．番号の後に W（Winter の頭文字）が付く冬季用粘度番号では，エンジンの低温始動性を表すクランキング粘度（通称 CCS 粘度）

表 2.4 エンジン油の SAE 粘度分類（SAE J300 Jan. 2009）

粘度番号	低温クランキング粘度の上限値, mPa·s	低温ポンピング粘度の上限値, mPa·s (せん断応力なきこと)	100℃動粘度の下限値, mm²/s	100℃動粘度の上限値, mm²/s	高温高せん断粘度（150℃）の下限値, mPa·s
0W	6 200 @ -35℃	60 000 @ -40℃	3.8	–	–
5W	6 600 @ -30℃	60 000 @ -35℃	3.8	–	–
10W	7 000 @ -25℃	60 000 @ -30℃	4.1	–	–
15W	7 000 @ -20℃	60 000 @ -25℃	5.6	–	–
20W	9 500 @ -15℃	60 000 @ -20℃	5.6	–	–
25W	13 000 @ -10℃	60 000 @ -15℃	9.3	–	–
20	–	–	5.6	< 9.3	2.6
30	–	–	9.3	< 12.5	2.9
40	–	–	12.5	< 16.3	3.5 (0W-40, 5W-40, 10W-40に適用)
40	–	–	12.5	< 16.3	3.7 (15W-40, 20W-40, 25W-40, 40に適用)
50	–	–	16.3	< 21.9	3.7
60	–	–	21.9	< 26.1	3.7

と，低温時のオイルパン油面の流動性を表すポンピング粘度（通称 MRV 粘度）の 2 種類の低温粘度の上限値と，100 ℃における高温動粘度の下限値が規定されている．一方，W の付かない粘度番号は夏季用粘度番号とも呼ばれ，100 ℃動粘度の下限値・上限値と，150 ℃における高温高せん断粘度（通称 HTHS 粘度）の下限値が規定されている．

エンジン油の場合には SAE 20，SAE 30，SAE 40 などのシングルグレード油と，SAE 5W-30，SAE 10W-30，SAE 10W-40 などのようなマルチグレード油がある．なお，SAE 40 の高温高せん断粘度の規定が低温粘度番号に応じて 2 種類あるのは，欧州で乗用車用のガソリンエンジン・ディーゼルエンジン兼用油として多用されている 0W-40，5W-40，10W-40 については，ACEA 規格との整合性を重視したためである．

2.7.2 API サービス分類

API によるエンジン油品質のサービス分類が初めて制定されたのは 1946〜1947 年のことである．当時は基油のみのレギュラー，酸化防止剤のみ添加したプレミアム，酸化防止剤と清浄分散剤を配合したヘビーデューティの 3 グレードのみであり，現在のような品質管理システムもなく，ガソリンエンジン油と，ディーゼルエンジン油が用途分類されたのは後年のことである．1948 年にキャタピラー社（以下 CAT 社）が自社規格として制定し認証制度を導入したディーゼルエンジン油のシリーズ 2 規格では，軸受腐食摩耗を評価する台上エンジン試験法として CAT 1-D 試験が採用された．しかし，CAT 社は 1931 年に世界初の建設機械用ディーゼルエンジンを開発し，その 3 年後にエンジン出力を一段と高めたエンジンでピストンリングこう着を起こしている．この対策としてシェル石油と共同研究して清浄分散剤を発明している．このことは今なお API サービス分類の CAT エンジン試験に反映されていることを示している．また，ほとんどの規格試験が多気筒エンジンを用いるのに対し，CAT 試験は元々単筒エンジンを用いていたが，近年は多気筒エンジンも採用している．

1955 年に CAT 社はシリーズ 2 よりも高い清浄性を要求する CAT 1-G エンジン試験を追加したシリーズ 3 規格を制定し，同年，API のディーゼルエンジン油分類は DG，DM，DS の 3 グレードに分かれた．1970 年には API，SAE および米国材料試験協会（American Society for Testing and Materials：ASTM）の 3 団体が役割分担して API サービス分類の運用を進めるようになり，ガソリンエンジン油の"S"分類，ディーゼルエンジン油の"C"分類への名称変更が実施され，ディーゼルエンジン油のサービス分類として，CA，CB，CC，CD の各グレードが制定された．なお，1992 年以降は上

2. 産業用車両に用いられるディーゼルエンジン

表2.5　ディーゼルエンジン油のAPIサービス分類と評価試験項目の推移

分類	内容
CD	1955年制定．無過給，過給エンジン用
CD-II	1987年制定．2ストロークエンジン用
CE	1984年制定．高速4ストローク無過給，過給エンジン用
CF	1994年制定．オフロードIDIエンジン用，高硫黄軽油（≧0.5%S）対応
CF-2	1994年制定．高負荷2ストロークエンジン用
CF-4	1990年制定．1991年米国排出ガス規制適合エンジン用
CG-4	1994年制定．1994年米国排出ガス規制適合エンジン用，硫黄分0.5%以下の軽油に対応
CH-4	1998年制定．1998年米国排出ガス規制適合エンジン用，硫黄分0.5%以下の軽油に対応
CI-4	2002年制定．2004年米国排出ガス規制適合エンジン（EGR装着エンジン）用，硫黄分0.5%以下の軽油に対応
CI-4+	2004年制定．CI-4で市場不具合の発生したスーツ分散性，せん断安定性を強化した
CJ-4	2007年制定．2007年および2010年米国排出ガス規制適合エンジン用．硫黄分0.05%以下の軽油に対応

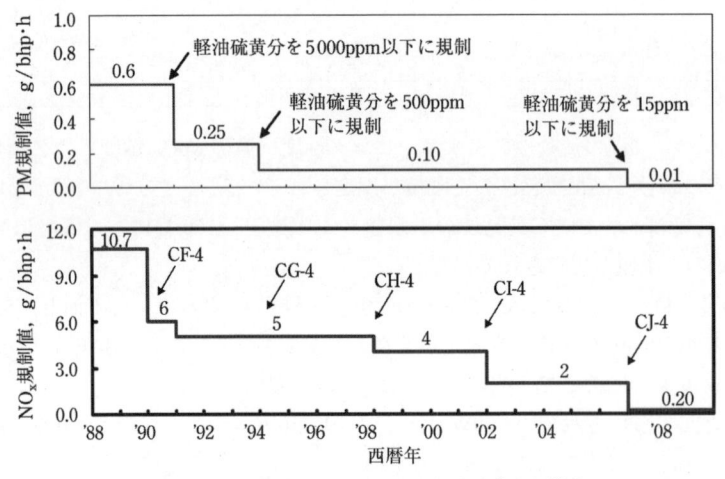

図2.58　米国排出ガス規制値と軽油硫黄分の推移

記3団体に加えて米国エンジン製造者協会（Engine Manufacturers Association：EMA）と米国化学品評議会（American Chemistry Council：ACC）が参画するEOLCS（Engine Oil Licensing and Certification System）を制度化して，APIがこれを運用している[90]．

　表2.5にはCD分類以降に発効されたサービス分類の概要を示す．デトロイトディーゼル社の2ストロークディーゼルエンジンを対称とした分類であるCD-IIやCF-2，高硫黄軽油や予燃焼室式エンジンを対象とするCFを除けば，いずれの分類も当時の排出ガス規制に対応しており，図2.58に示すように，米国におけるNO_xやPMの規制強化時期と分類の発効時期はほぼ一致している．ちなみに，CF-4以降の分類表記に用いられている"-4"は4ストロークディーゼルエンジンを対象としていることを表している．表2.6にAPIサービス分類における性能評価試験法とその評価項目をまとめた．従来からスーツの分散性評価にはマックトラック社（以下Mack）のエンジン試験が，ピストン清浄性・オイル消費の評価にはCATエンジン試験が採用されており，動弁系摩耗試験にはそれぞれ動弁系機構が異なるGM社およびカミンズ社（以下Cummins）のエンジン試験が採用されているのが特徴といえる．現在では，CG-4以前の分類は廃止されている．ここでは，CE以降のAPIサービス分類の変遷について解説する．

表 2.6 ディーゼルエンジン油の API サービス分類と評価試験項目の推移

評価項目	試験法	APIサービス分類									
		CD	CD-II	CE	CF-4	CF	CF-2	CG-4	CH-4	CI-4	CI-4+	CJ-4
軸受腐食	CRC L-38 (Gasoline Engine)	●	●	●	●	●	●	●				
Al製ピストン清浄性	Caterpillar 1G-2 (IDI)	●	●	●								
Al製ピストン清浄性/オイル消費	Caterpillar 1K (1990 model DI)				●				●	◆(3)		
	Caterpillar 1M-PC (IDI)					●	●					
	Caterpillar 1N (1990 model DI)							●		◆(3)	●	●
Fe製ピストン清浄性/オイル消費	Caterpillar 1P (1994 model)								●			
	Caterpillar 1R									●	●	
	Caterpillar C-13											●
リングライナ摩耗/吸気ポート閉塞	Detroit Diesel 6V53T			●								
	Detroit Diesel 6V92TA							●				
ピストン清浄性/オイル消費	Cummins NTC400 (1990 model)			●								
	Mack T-6 (DI)			●	◆(1)							
スーツ分散性	Mack T-7 (DI)			●	◆(2)							
	Mack T-8A (1991 model DI)				◆(2)							
	Mack T-8 (1991 model DI)							●				
	Mack T-8E (1991 model DI)								●	●	●	
	Mack T-11 (DI)									●	●	
リングライナ/軸受摩耗	Mack T-9 (1994 12L VMAC)				◆(1)				●			
リングライナ, 軸受摩耗/オイル消費	Mack T-10 EGR									●		
	Mack T-12										●	●
ローラ動弁摩耗	GM 6.2L RFWT							●				
	GM 6.5L RFWT								●	●	●	
スリッパ動弁摩耗	Cummins M11								●			
	Cummins M11 (1994 model)								●			
	Cummins ISB											●
スリッパ動弁摩耗, リング摩耗, 清浄性	Cummins ISM									●	●	
高温酸化安定性	Sequence IIIE (Gasoline Engine)							●	●			
	Sequence IIIF (Gasoline Engine)								●			
	Sequence IIIG (Gasoline Engine)									●	●	●
空気巻込み性	Navistar HEUI 7.3L EOAT								●	●	●	●
腐食防止性	CBT: ASTM D 5968				●							
	HTCBT: ASTM D 6594								●	●	●	●
泡立ち防止性	ASTM D 892							●	●	●	●	●
せん断安定性	ASTM D 6278								●	●	●	●
蒸発性	ASTM D 5800/D 6417								●	●	●	●
シール適合性	ASTM D 7216									●	●	●
使用油低温ポンプ吐出性	Mack T-10+ASTM D 4684									●		
	Mack T-11+ASTM D 4684											●
高温高せん断粘度	ASTM D 6424/D 4683									●	●	●

(数字):同じ数字のものはいずれかの試験受験で可

(a) CE 分類

1988 年に排出ガス中の PM が排出ガス規制の対象物質に加えられると,エンジン油にはオイル消費抑制性が求められるようになった.このため,それまでの CD 分類の評価項目にオイル消費の評価エンジン試験である Cummins NTC400,および Mack T-6 試験を追加した CE 分類が制定された.この CE 分類のエンジン試験の登場によって,それまでシングルグレード油が主体であった北米のディーゼルエンジン油市場はマルチグレード油が主流となった.

(b) CF-4 分類

1990 年に制定された CF-4 分類は，燃費改善を目的とする直噴化や PM 規制強化に対応するために開発された規格である．CF-4 分類では，予燃焼室式単筒エンジンの CAT 1G-2 試験に替わり，直接噴射式単筒エンジンである CAT 1K 試験が清浄性およびオイル消費性能評価法として採用された．CAT 1K のピストンは燃焼改善を目的にトップランド部の容積を減少した大幅なハイトップリング化が施されており，エンジン油にはより高い熱安定性，清浄性とオイル消費抑制性能が求められた．このハイトップリング化はトップリング溝温度の上昇をもたらし，従来の高灰分油では，トップリング溝・トップランド堆積物が増加することが明らかとなった．これにより，米国のディーゼルエンジン油は，低灰分化の方向に進むことになった．

(c) CG-4 分類

1994 年の排出ガス規制で PM 規制値がさらに厳しくなると，PM の構成成分の一つであるサルフェート（硫黄酸化物）低減のために軽油中の硫黄分は 0.5％以下から 0.05％以下に引き下げられた．1994 年に制定された CG-4 分類では低硫黄軽油への適合性のほか，NO_x 低減策となる燃料噴射遅延による油中スーツ増加に対応するため，高い分散性能，動弁系摩耗防止性能が要求されている．CG-4 分類は，CAT 1K 試験の標準試験燃料の硫黄分を 0.4％から 0.05％に低減した CAT 1N 試験，ローラフォロワシャフトのスーツによるアブレシブ摩耗を評価する GM6.5L エンジン（当時は 6.2L）動弁系摩耗試験が採用された．CAT 1N エンジンのピストン断面と温度分布の測定例を 図 2.59 に示す[91]．GM 6.5L エンジンは 図 2.60 に示すようなローラタペット構造を有しており，ローラタ

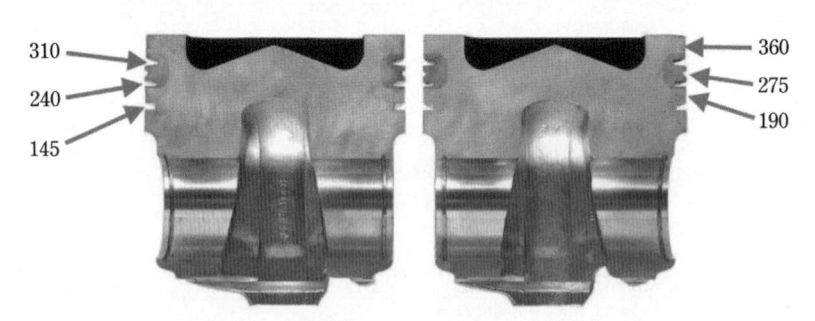

図 2.59 CAT 1N 試験ピストンの断面と各部の温度（℃）測定例〔出典：文献 91)〕

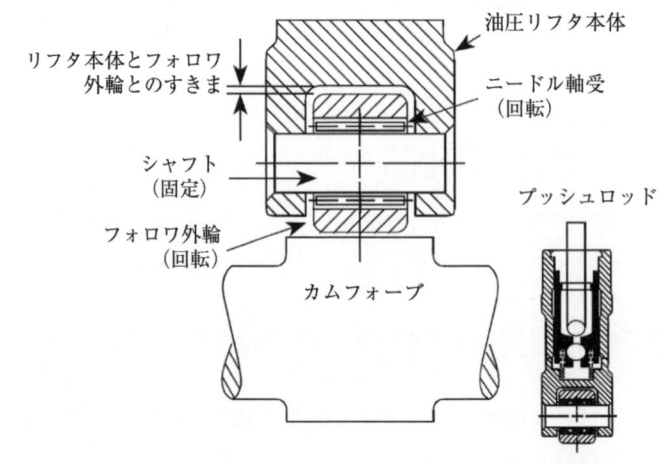

図 2.60 GM 6.5L エンジンのローラタペット構造〔出典：文献 91)〕

ペットシャフトのアブレシブ摩耗はシャフトとニードル軸受のすきまにスーツが混入し，不均一な荷重や片当たりによって起こるとされる．なお，同試験の試験時間は 50 時間と短いが試験終了時の油中スーツ量は 5 ％に達する．

すべり動弁機構（平タペット）を有したGM 6.5 L エンジン試験は，フィールド試験と高い相関性を有するので CG-4 分類に採用された．CG-4 ではスーツ分散性能の評価に Mack T-7 試験に代わり Mack T-8 試験が採用されている．これは，油中スーツ量を規定しないが故に試験精度に問題のあった T-7 試験に対し，
T-8 試験は合格基準を油中スーツ量が 3.8 ％の時の 100 ℃動粘度増加量で規定しており，T-7 試験に比べると試験法の管理が厳格になっている．

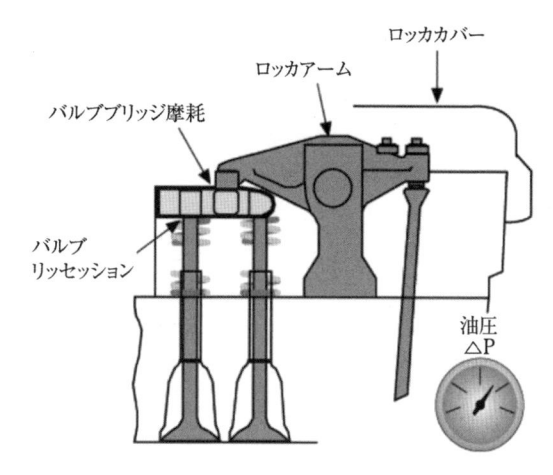

図 2.61 Cummins M11 のバルブブリッジ構造〔出典：文献 91）〕

エンジン油への空気巻込み性を評価する試験法である Engine Oil Aeration Test（EOAT）は，油圧式電子制御噴射（Hydraulically Actuated, Electronically Controlled Unit Injector : HEUI）システム搭載エンジンで多発したオイルの泡立ち問題を解決するため，ナビスタ社が開発した試験法である．

この他，CG-4 分類には高温酸化安定性試験としてガソリンエンジン油の規格試験である ASTM Seq. ⅢE 試験が採用された他，机上評価試験に Cummins 腐食試験（Cummins Corrosion Bench Test : CBT）が採用されている．同社が CBT 試験を開発した背景には，L-38 エンジン試験合格油による Cummins 製エンジンの腐食摩耗トラブルの発生がある．CBT 試験は銅，鉛，スズ，りん青銅を 121 ℃で 168 時間浸漬した後の油中金属量と銅板表面の変色度合を評価するものである．

（d）CH-4 分類

1998 年に制定された CH-4 分類は 1998 年の米国排出ガス規制（US98）に対応したものであり，Cummins M11，Mack T-9，CAT 1P の各試験が新たなエンジン試験として追加された．いずれのエンジンも筒内燃焼圧力が高く，スチール製ピストンヘッドとアルミニウム製スカートからなるツーピースピストンが使用されている．新たに動弁系摩耗評価法として加わった Cummins M11 試験は GM 6.5 L 試験とは異なり，CG-4 分類開発時に採用が検討された Cummins L10 と同じ平タペットを有し，図 2.61 に示すようにロッカアームとすべり接触するバルブブリッジの摩耗を評価対象としている．

Cummins M11 試験は燃料噴射時期を遅延させてすすを発生させ油中スーツを増やすスーツ混入モードと，トルクピーク運転による摩耗促進モードの二つのモードを 50 時間ごとに交互に繰り返す試験で，200 時間の試験終了時で油中スーツは約 5 ％に達する．なお，バルブブリッジ摩耗量は油中スーツ量が 4.5 ％の時の補正摩耗量として定義されており，補正計算式は式(2.6)に従う．

$$補正摩耗量 = \exp\{\ln(実測摩耗量) \times 4.5/油中すす量\} \quad (2.6)$$

Mack T-9 試験は，筒内圧の増加によって悪化が懸念されるピストンリング，シリンダライナ，軸受の摩耗を評価するものである．試験開始後の 75 時間は燃料噴射時期を遅延させたスーツ混入運転を行い，油中スーツ量を 1.5〜2.0 ％に到達させた後，試験終了時までトルクピーク運転を行い，ピストンリング・シリンダライナ摩耗を促進する試験である．なお，シリンダライナ摩耗量は

Cummins M11 試験と同様，式(2.7)の補正式に従いスーツ量が 1.75％の時の摩耗量として定義されている．また，軸受摩耗については油中鉛量と高い相関性が認められたことから，試験後の油中鉛量で規定されている．

$$\text{補正摩耗量} = \text{実測摩耗量} + 10.46 \times (1.75 - \text{油中スーツ量}) \tag{2.7}$$

スーツ分散性を評価する Mack T-8E 試験は，Mack T8 試験を 250 時間から 300 時間に延長した試験である．試験時間の延長によって油中スーツ量は Mack T-8 試験よりも増加しており，試験の合格基準は油中スーツ量が 4.8％での 10℃粘度比を規定している．なお，Mack T-8 試験ではせん断安定性の悪いエンジン油ほど合格しやすい傾向にあったため，Mack T-8E 試験ではボッシュ・インジェクタ法によるせん断安定性試験（ASTM D 6278-98）後のせん断粘度を適用した式(2.8)で粘度比を定義している．

$$\begin{aligned}\text{粘度比} = &\; 100\text{℃動粘度}(@\text{油中スーツ量}4.8\%) \,/\, 0.5 \\ &\times (\text{新油動粘度} + \text{ボッシュ後}\,100\text{℃動粘度})\end{aligned} \tag{2.8}$$

または，

$$\begin{aligned}\text{粘度比} = &\; 100\text{℃動粘度}(@\text{油中スーツ量}4.8\%) \,/\, 0.5 \\ &\times (\text{新油動粘度} - 0.5 \times \text{ボッシュ後}\,100\text{℃動粘度})\end{aligned} \tag{2.8'}$$

その他，CG-4 分類からの変更点として前述の CBT の試験油温を 121℃から 135℃に上げた HTCBT（High Temperature Corrosion Bench Test）とボッシュ・インジェクタ試験が採用されたこと，GM 6.5 L 試験や前述の EOAT の合格基準が厳しくなったことなどが挙げられる．

(e) CI-4 分類

2002 年に制定された CI-4 分類は，クールド EGR への適合性を重視した分類であり，EGR エンジン試験が初めて採用された．EGR は NO_x 発生量の低減をもたらす反面，出力低下や燃費悪化をもたらす．このため，高過給システムの併用が不可欠となるが，これにより筒内圧，燃料噴射圧は上昇する傾向にあり，エンジン内のしゅう動部位はより過酷な条件にさらされる．また，冷却された EGR ガスは，スーツによるアブレシブ摩耗のほかに腐食摩耗をもたらすことが懸念される．これらクールド EGR が抱える諸問題に対応しうる性能が CI-4 分類では要求される．

CI-4 分類におけるクールド EGR エンジン試験は Cummins M11 EGR と Mack T-10 であるが，Mack T-10 は Mack T-9 の後継試験である．試験開始後の 75 時間は燃料噴射時期の遅延と EGR により油中へのスーツ混入を図るほか，冷却水温を下げることで腐食摩耗条件を生み出しており，75 時間以降はトルクピーク運転によってピストンリングとシリンダライナ摩耗を促進させる．Mack T-9 試験に比べて試験時間は短縮されたが，試験エンジンの最大出力が 260 kW から 343 kW に引き上げられたほか，スーツ量も Mack T-9 試験の 1.5～2.0％から 5％へと増加しており，試験の過酷度は増している．

Cummins M11 EGR 試験は同 M11 試験と同様に 2 モード試験であるが，M11 に比べて試験時間が 100 時間長くなったことと，噴射時期の遅延や EGR の使用によって試験終了時の油中スーツ量も M11 試験の 4.5％から 8％へとほぼ倍増しており，スーツによる負荷は増加している．

CI-4 分類では，CAT 1R 試験がピストン清浄性，オイル消費評価法として採用されているまた，CI-4 分類では，スーツ分散性評価に CH-4 分類の Mack T-8E 試験が採用された．しかしながら，粘度比の合格基準は CH-4 分類よりも引き下げられたうえ，粘度比の定義も式(2.9)に変更されたことにより要求性能は厳しくなっている．

$$\text{粘度比} = 100\text{℃動粘度}(@\text{油中すす量}4.8\%) \,/\, \text{ボッシュ後}\,100\text{℃動粘度} \tag{2.9}$$

または

$$\text{粘度比} = 100\,\text{℃動粘度}(@\text{油中すす量}\,4.8\,\%) / (\text{新油動粘度} - \text{ボッシュ後}\,100\,\text{℃動粘度}) \tag{2.9'}$$

粘度に関していえば，CI-4 分類ではスーツ混入油の低温始動性評価として Mack T-10 試験使用油（油中スーツ量 5％）の MRV 粘度が規定されている．この規格は EGR による多量の油中スーツによる低温始動性の悪化を危惧して設けられたものである．その他，酸化安定性評価にはシークエンス（Sequence）ⅢE 試験よりも厳しい SequenceⅢF 試験が採用されており，ガソリンエンジン油の API SL 分類と同じ合格基準が規定されている．

なお，CI-4 分類が市場導入されて以降，米国市場で油中スーツの増加によるエンジン油の粘度増加，粘度指数向上剤の機械的せん断による粘度低下などのトラブルが散発したため，これらの性能を強化した CI-4 プラス分類が 2004 年に追加制定されている．

（f）CJ-4 分類

CJ-4 分類は，米国排出ガス規制 US07 に対応した硫黄分 15 ppm 以下のオンロード用超低硫黄燃料を前提とした DPF 付きエンジンの耐久性，DPF のサービスライフ確保などのため，米国規格として初めてエンジン油中の硫酸灰分，リン，硫黄濃度のケミカルリミットを規定した規格となった．表 2.6 に示すように 9 種類のエンジン試験と 6 種類の机上評価試験を有し，CI-4 分類に対してオイル開発費も大幅にかかる規格となっている．新たに開発・採用されたエンジン試験としては，鍛造スチール製ピストンの清浄性とオイル消費を評価する CAT C13 試験，スーツ分散性を評価する Mack T-11 試験，ピストンリング・シリンダライナ・軸受の摩耗およびオイル消費と酸化安定性を評価する EGR 付きエンジンの Mack T-12 試験，Cummins M11 の後継試験としてすべり型動弁系摩耗を評価する Cummins ISB 試験，さらには動弁系摩耗防止性に加えてピストンリング摩耗，オイルフィルタへの目詰まり，スラッジ防止性などを評価する Cummins ISM 試験などが導入されている．この CJ-4 分類は 2010 年排出ガス規制 US10 に対応している．

2.7.3　JASO 品質規格

API サービス分類は日本のディーゼルエンジン油市場においても永年利用されてきたが，実際に日本国内で販売されるエンジン油の多くは，CD プラスと称する日本独自の添加剤処方を採用したものであった．このような状況となったのは日米間における排出ガス規制やエンジン設計思想の違いがある．米国製エンジンのピストンは PM 低減のために思い切ったハイトップリング化が施されたが，ピストンの冷却システムは従来のままであったためピストン温度が高いのが特徴である．このため，エンジン油については高温デポジットを抑制するために低灰分化が図られてきた．一方の日本製エンジンはピストンの冷却にも工夫が施されているためハイトップリングピストンであってもピストン温度は比較的低く抑えられている．また排出ガス規制も NO_x 重視であったことにより，エンジン油は EGR 適合性やオイル劣化防止の観点から金属系清浄剤を多く配合した高灰分油が主流であった．また，米国では GM 6.5 L エンジンのようなローラフォロワやローラタペット型の動弁機構が主流であるのに対し，日本の中小型エンジンはしゅう動条件の厳しい平タペットが主流であったため，要求される動弁系摩耗防止性能も両国で異なる傾向にあった．このため米国の API CD や CF-4 油を基にジチオリン酸亜鉛（ZnDTP）のタイプ変更や金属系清浄剤の増量などが施された．

近年の API サービス分類の要求性能はますます日本のエンジンメーカーの要求から乖離する傾向にある．GM 6.5 L 試験合格油である CG-4 標準油（REO：TMC1004）が日本製エンジンで動弁系摩耗を引き起こすことが示されると，日本自動車工業会，石油連盟と自動車技術会は 2000 年に JASO DH-1 規格（JASO M355；自動車用ディーゼル機関潤滑油規格）を制定している．

表 2.7 JASO DH-1 エンジン油品質規格の内容

評価性能	試験法	合格基準
ピストン清浄性	日産ディーゼルTD25清浄性試験（JASO M 336）	TGF≦60 vol % リングこう着なし
動弁系摩耗防止性	三菱4D34T動弁系摩耗防止性試験（JASO M 354）	カム摩耗量≦95 m
スーツ分散性	Mack T-8A	100℃粘度上昇速度≦0.20 mm^2/s
高温酸化安定性	Seq. IIIE または Seq. IIIF	40℃粘度増加率（64 h）≦200 % 40℃粘度増加率（60 h）≦295 %
高温デポジット防止性	JPI-5S-55-99	ラッカー評点（280℃）≧7.0
腐食防止性	ASTM D 6594	API CI-4 と同じ
シール適合性	CEC-L39-T-96	ACEA E5 と同じ
せん断安定性	ASTM D 6278	粘度グレード維持
蒸発性	JPI-5S-41-93	18.0 vol % 以下
泡立ち防止性	JIS K2518-1991	Seq. I&III：10/0 以下 Seq. II：50/0 以下
塩基価	JIS K2501 6.-1992 / ASTM D 4739	10.0 mg KOH/g 以上

(a) JASO DH-1 規格

　JASO DH-1 規格の要求性能を表 2.7 に示す．本規格は①ピストンリング溝温度が 300 ℃以下のエンジンへの適用，②平タペット機構における摩耗防止性強化，③EGR 装着エンジンにおける腐食摩耗の防止に主眼を置いている．

　ピストン清浄性と動弁系摩耗防止性の評価には日産ディーゼル（以下日デ）TD25 清浄性試験（JASO M336 規格），三菱ふそう（以下三菱）4D34T 動弁系摩耗試験（JASO M354 規格）の JASO エンジン試験法が採用された．日デ TD25 は無過給予燃焼室式エンジン，三菱 4D34T は過給直噴燃焼エンジンであり，いずれの試験条件も一定速全負荷条件である．日デ TD25 および三菱 4D34T 試験は API サービス分類試験と同様に試験終了時の油中スーツ量（残留炭素分で定義）を規定しており，スーツ規定量は三菱 4D34T が 3.5～5.5 %，T 25 では 2.8 %以上である．また，三菱 4D34T 試験のカム摩耗合格基準は，実測値に対しスーツ量で補正を加えた値として定義されており，補正式は，式(a)の Cummins M11 試験の摩耗補正式に従う．

　このほか DH-1 規格は EGR や噴射時期遅延による油中スーツの増加を考慮して，スーツ分散性評価に Mack T-8A 試験を採用している．Mack T-8A と Mack T-8 はほぼ同じ試験内容であるが，T-8A では合格基準として 100～150 時間の粘度上昇速度を規定している．また，過給エンジンへの適合性を考慮して，API サービス分類における酸化安定性試験である Sequence IIIF 試験を採用している．机上評価試験には高温デポジット防止性を評価するホットチューブ試験（石油学会規格 JPI-5S-55-99）や前述の CH-4 規格と同じ HTCBT などの試験が採用されている．ホットチューブ試験はピストンリング溝の清浄性を評価するためにコマツが開発した試験であり，図 2.62 のような

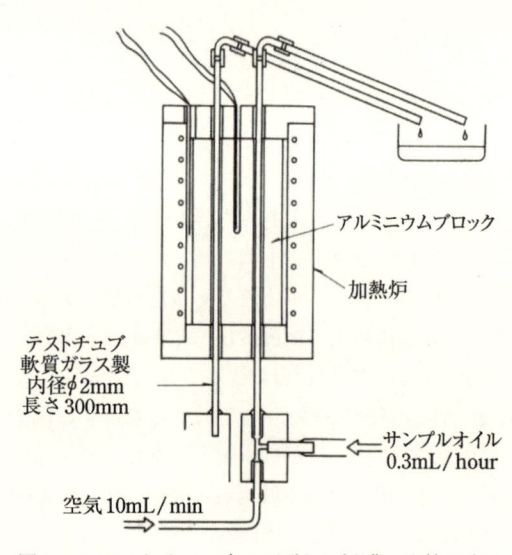

図 2.62 ホットチューブテスタ断面〔出典：文献 92〕

電気炉内で高温に保ったガラスチューブに試料油を空気とともに導入し，16時間経過後のガラスチューブのラッカー評点を評価するものである．

(b) JASO DH-2 規格

DPF 装着ディーゼルエンジン車両用として石油連盟・自動車工業会により 2005 年にバス・トラック用に「JASO DH-2-05 規格」と乗用車クラス用に「JASO DL-1-05 規格」が制定された．規格に先立つガイドラインからの変更点は動弁系摩耗防止性で，最大カム径減少量およびカム表面の摩耗状況が DH-1 を含めて規格項目に追加された．これらは，低リン（P：0.08％以下）ディーゼルエンジン油においてカムに部分的な異常摩耗が生じた例があったこと，カム表面にピッチングが認められた例があったことから規定された．HTCBT の鉛溶出量の規格値については石油連盟・自動車工業会で実施したクールド EGR 試験の結果を基に DH-1 規格より厳しい規格値に設定されている．また，シールゴム適合性にはエチレンアクリルゴム（AEM）が DH-1 規格を含め採用している．

(c) JASO 規格の運用システム

JASO ディーゼルエンジン油規格の運用は運用経費を抑えたオンファイル・システムを採用している．日本のオンファイル・システムは JASO 2 サイクルエンジン油規格の普及促進を主目的として 1993 年に導入されたシステムで，2000 年から JASO ディーゼルエンジン油規格の運用が開始された．ディーゼルエンジン油のオンファイル・システムでは，従来のモーターサイクル用エンジン油のシステムに加えて，届出油の販売量に応じたオンファイル維持費を徴収し，これを市場モニタリングの原資とする方法が導入されている[93]．

2.7.4 ACEA 品質規格

ACEA のディーゼルエンジン油規格の変遷と概要を表 2.8 と表 2.9 に示す．ACEA 規格では軽負荷乗用車用ディーゼルエンジン油は B カテゴリー，高負荷乗用車用ディーゼルエンジン油 E カテゴリーに変更されている．さらに，2004 年の改訂時に新たに排気後処理装置つき乗用車用エンジン油のための C カテゴリーが制定されている．API サービス分類と同様に ACEA 規格も排出ガス規制の

表 2.8 ACEA エンジン油規格の歴史

適用年	乗用車・軽負荷商用車のカテゴリー			高負荷商用車のカテゴリー
	ガソリン車	ディーゼル車	排気対策車*	
1996 1997	A1-96, A2-96, A3-96	B1-96, B2-96, B3-96		E1-96, E2-96, E3-96
1998				E1-96, E2-96, E3-96, E4-98
1999 2000 2001	A1-98, A2-96, A3-98	B1-98, B2-98, B3-98, B4-98		E2-96, E3-96, E4-99, E5-99
2002 2003	A1-02, A2-96, A3-02, A5-02	B1-02, B2-98, B3-98, B4-02, B5-02		E2-96, E3-96, E4-99, E5-02
2004 2005 2006	A1/B1-04, A3/B3-04, A3/B4-04, A5/B5-04		C1-04, C2-04, C3-04	E2-96, E4-99, E6-04, E7-04
2007			C1-04, C2-04, C3-07, C4-07	E2-96, E4-07, E6-04, E7-04
2008 2009	A1/B1-08, A3/B3-08, A3/B4-08, A5/B5-08		C1-08, C2-08, C3-08, C4-08	E4-08, E6-08, E7-08, E9-08
2010	A1/B1-10, A3/B3-10, A3/B4-10, A5/B5-10		C1-10, C2-10, C3-10, C4-10	

* パティキュレート・フィルタや三元触媒を装着した車両（ガソリン，ディーゼル共通）
注）各カテゴリーの右側ハイフン後の数字は制定・改定された西暦年の下2桁を表す

表 2.9 ACEA ディーゼルエンジン油規格の概要

カテゴリー	概要
A1/B1-10	軽負荷ガソリン・ディーゼル車用　低粘度, 低フリクションエンジン油
A3/B3-10	高性能ガソリン車または軽負荷ディーゼル車用　ロングドレイン性に優れるエンジン油
A3/B4-10	高性能ガソリン車または直噴ディーゼルエンジン車用　ロングドレイン性に優れるエンジン油
A5/B5-10	高性能ガソリン車または軽負荷ディーゼル車用　低粘度, 低フリクションエンジン油
C1-10	DPFと三元触媒を装着した軽負荷ディーゼル・ガソリン車用　低粘度, 低フリクション, 低SAPSエンジン油
C2-10	DPFと三元触媒を装着した軽負荷ディーゼル・ガソリン車用　低粘度, 低フリクションエンジン油
C3-10	DPFと三元触媒を装着した軽負荷ディーゼル・ガソリン車用　一部の車種には不適合なので注意を要する
C4-10	DPFと三元触媒を装着した軽負荷ディーゼル・ガソリン車用　低SAPSエンジン油, 一部の車種には不適合なので注意を要する
E4-08	DPFを装着していない高負荷ディーゼルエンジン用　ピストン清浄性, 摩耗防止性, スーツ分散性に優れるエンジン油
E6-08	DPFを装着している高負荷ディーゼルエンジン用 (低硫黄軽油のみ) ピストン清浄性, 摩耗防止性, スーツ分散性に優れるエンジン油
E7-08	DPFを装着していない高負荷ディーゼルエンジン用　ピストン清浄性, ボアポリッシング防止性, 摩耗防止性, スーツ分散性に優れるエンジン油
E9-08	DPFを装着している高負荷ディーゼルエンジン用 (低硫黄軽油のみ) ピストン清浄性, ボアポリッシング防止性, 摩耗防止性, スーツ分散性に優れるエンジン油

＊DPF：Diesel Paticutate Filter

強化タイミングに合わせて規格見直しが図られているが，その改訂は不規則である．

　高負荷ディーゼル車用の E カテゴリーには API の規格試験が盛り込まれている．表 2.10 に ACEA 規格の評価試験項目を示す．欧州 Euro 5 排出ガス規制への適合性とロングドレイン性を兼ね備えた E4-08, E6-08, E7-08 の各カテゴリーは，スーツ分散性を重視して Mack T-8E 試験を採用しているほか，E9-08 カテゴリーでは API の CJ-4 分類との互換性を図るため，Cummins ISM, Mack T-11, Mack T-12 の各試験を採用している．ACEA 規格の E カテゴリーにはピストン清浄性とボアポリッシュ評価を兼ねるダイムラーOM 501LA エンジン試験と，動弁系摩耗防止性を評価するダイムラーOM 646LA エンジン試験が存在する．ダイムラーOM 441LA エンジン試験では清浄性の他にターボチャージャのデポジットがブースト圧変化により評価される．その他の E カテゴリーには高温酸化安定性評価に加圧型示差走査熱量分析 (Pressurized Differential Scanning Calorimeter：PDSC) と前述の HTCBT が採用されている．

　欧州のエンジン油規格運用システムは EELQMS (European Engine Lubricant Quality Management System) と呼ばれその運用形態は米国の EOLCS に近いが，ロゴマークの表示や規格合格油の届出・登録制度は導入していないのが特徴である[94,95]．

表 2.10 ACEA ディーゼルエンジン規格と規格試験項目

	評価項目	試験法	A1/B1-10	A3/B3-10	A3/B4-10	A5/B5-10	C1-10	C2-10	C3-10	C4-10	E4-08	E6-08	E7-08	E9-08
エンジン試験	高温デポジット/リングこう着/オイルシックニング	CEC L-088-02 (TU5JP-L4)	●	●	●	●	●	●	●	●				
	低温スラッジ	ASTM D6593-00 (Seq. VG)	●	●	●	●	●	●	●	●				
	動弁系スカッフィング摩耗	CEC L-038-94 (TU3M)	●	●	●	●	●	●	●	●				
	ブラック・スラッジ	CEC L-053-95 (M111)	●	●	●	●	●	●	●	●				
	省燃費性	CEC L-054-96 (M111)	●			●								
	中温分散性	CEC L-093-04 (DV4TD)	●	●	●	●	●	●	●	●				
	エンジン各部の摩耗/清浄性	CEC L-099-08 (OM646LA)									●	●	●	
	直噴ディーゼルピストン清浄性/リングこう着	CEC L-078-99 (VW TDI)		●	●		●	●	●	●				
	スーツ分散性	ASTM D 5967 (Mack T-8E)											●	●
	スーツ分散性	Mack T11											●	●
	ボアポリッシング/ピストン清浄性	CEC L-101-08 (OM501LA)									●	●		
	スーツによる摩耗	Cummins ISM											●	●
	ライナ・リング・軸受摩耗	Mack T12											●	●
机上評価試験	せん断安定性	CEC L-014-93 or ASTM D 6278	●	●	●	●	●	●	●	●	●	●	●	●
	高温高せん断粘度	CEC L-036-90	●	●	●	●	●	●	●	●	●	●	●	●
	蒸発ロス	CEC L-040-93 (Noack)	●	●	●	●	●	●	●	●	●	●	●	●
	全塩基価	ASTM D 2896									●	●	●	●
	硫酸灰分	ASTM D 874	●	●	●	●	●	●	●	●	●	●	●	●
	硫黄分	ASTM D 5185					▲	▲	▲	▲		●		●
	リン分	ASTM D 5185					▲	▲	▲	▲		●		●
	塩素分	ASTM D 6443					▲	▲	▲	▲		●		●
	シール適合性	CEC L-039-96	●	●	●	●	●	●	●	●	●	●	●	●
	泡立ち防止性	ASTM D 892	●	●	●	●	●	●	●	●	●	●	●	●
	高温泡立ち防止性	ASTM D 6082	●	●	●	●	●	●	●	●	●	●	●	●
	酸化安定性	CEC L-085-99 (PDSC)	●	●	●	●	●	●	●	●				
	腐食防止性	ASTM D 6594									●	●	●	●

合格基準設定　▲ 報告のみ

2.8　潤滑油基油と添加剤

現代の潤滑油は基油と添加剤を構成要素としており，そのいずれもエンジン油の性能に重要な影響を及ぼす．本節では基油と添加剤の概要について解説する．

2.8.1　潤滑油基油

（小山成）

潤滑油の基油は大きく分けると，鉱油系，合成油系とに分類される．鉱油系とは石油の潤滑油留分を精製したものであり，潤滑油の大半（90 %以上）は鉱油が用いられており，その成分によりパラ

フィン系，ナフテン系に分かれる．基油の組成（分子構造）分析に多用される環分析方法（n-d-M法）ではパラフィン炭素数（CP），ナフテン炭素数（CN），芳香族炭素数（CA）をそれぞれ%CP，%CN，%CAとして全炭素数に対する割合で表示され，一般的には%CPが50以上で%CNが30以下の基油をパラフィン系，%CNが30～45の基油をナフテン系と呼んでいる．

(a) パラフィン系基油

パラフィン系基油は主に中東系の原油から生産され，最も汎用的に潤滑油基油として使用されている．パラフィン系基油の特徴についてナフテン系基油と簡単に比較したものを表2.11にまとめた．なお，数値はおよその値であり，この値が定義ではない．パラフィン系基油の性能を示す一つの指標としてAPIによるエンジン油基油分類が良く用いられる．この分類を表2.12に示した．これらの分類は元々エンジン油のために策定されたものであったが，最近ではエンジン油以外の分野でもグループⅠ基油，グループⅡ基油，グループⅢ基油といった名称は一般化している．また，最近はグループⅢプラスと呼ばれる粘度指数140以上の基油も増加している．

パラフィン系基油の精製工程の代表例を図2.63に示す．原油を常圧蒸留して得られる重油留分を原材料として減圧蒸留によりいくつかの粘度留分に分離した後，グループⅠ基油の場合は溶剤精製，水素化処理，溶剤脱ろうの各工程を経て基油が製造される．グループⅡ基油の場合は，水素化精製・水素化脱ろうの工程が用いられる場合が多い．グループⅢ基油は水素化分解・水素化脱ろうの工程で製造する場合と，溶剤脱ろう工程の副産物であるスラックワックスと呼ばれる重質パラフィンを原料とし，触媒の存在下で水素と反応させることによって異性化（ノルマルパラフィンからイソパラフィンに化学変化させること）と分解によって得られるもので，もともと粘度指数が高い原料を用いているため，得られる基油の粘度指数も140～150と高くなる．

グループⅢ基油は副産物を原料にしているため生産量には制約がある．そのため，現在注目されているのがGTL（Gas To Liquids）基油である．GTLは天然ガス（主成分はメタン：CH_4）の以下の部分燃焼によって生成し，この後蒸留＋脱ろう（ワックス分除去）の工程を経てグループⅢプラスのGTL基油が得られる．

$$CH_4 + 1/2 O_2 \rightarrow 2H_2 + CO \qquad \text{により得たCOと}H_2\text{の合成反応}$$

$$(2n+1)H_2 + nCO \rightarrow C_nH_{2n+2} + nH_2O \quad \text{によるガス液化技術}$$

表2.11 パラフィン系基油とナフテン系基油の比較

		パラフィン系基油		ナフテン系基油
密度	小さい	0.80～0.90 g/cm³	大きい	0.90～0.94 g/cm³
粘度指数	高い	70～140	低い	0～70
引火点	高い	（VG46：約230℃）	低い	（VG46：約190℃）
流動点	高い	－10～－30℃	低い	－30～－60℃
アニリン点	高い	80～120℃	低い	60～90℃
屈折率	低い	1.45～1.50	高い	1.49～1.54

表2.12 APIによるエンジン油の基油分類

分類	硫黄分，%		飽和分，%	粘度指数	一般的な精製方法による分類
グループ Ⅰ	0.03以上	and/or	90未満	80～120	溶剤精製油
グループ Ⅱ	0.03以下	and	90以上	80～120	水素化処理油
グループ Ⅲ	0.03以下	and	90以上	120以上	水素化処理油
グループ Ⅳ			PAO		合成油
グループ Ⅴ		グループⅠ～Ⅳに属さないもの			

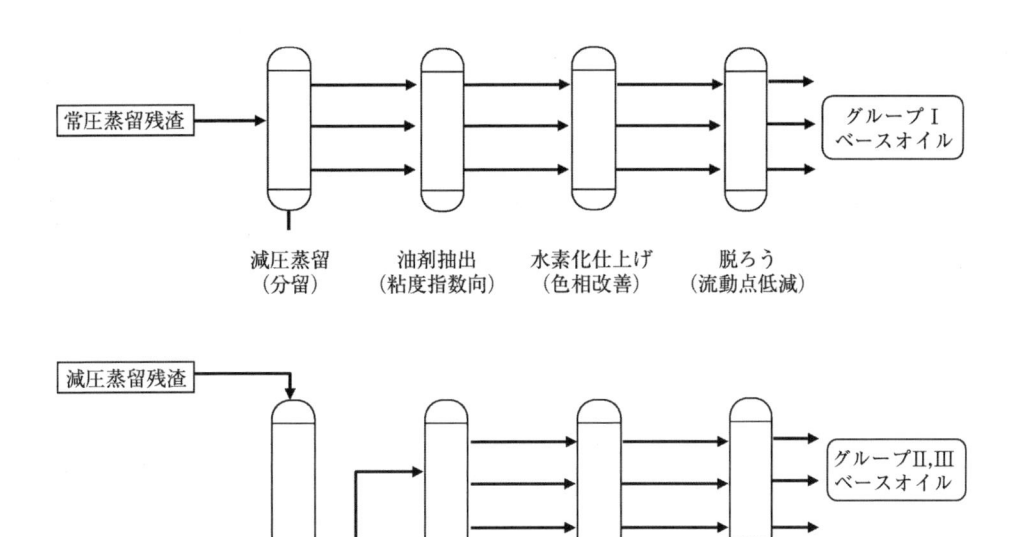

図2.63 パラフィン系基油の代表的な精製工程

なお，API基油分類はエンジン油用の基油を対象にしたものであるため，この分類により基油品質の判断をするのは適当ではない．グループⅠ基油だから劣っており，グループⅢ基油だから優れているというわけではない．例えば動粘度が低い油になると粘度指数が低下する傾向があり，前述のようなグループⅢ基油を生産する設備においても40℃の動粘度が$8\,mm^2/s$程度の低粘度基油はグループⅡ基油になり，グループⅠ基油製造設備で精製された低粘度基油は粘度指数80に満たないためグループⅠ基油にすら分類されない場合もある．

エンジン油においては省燃費性能の要求が高まっているため，基油の低粘度化が進んでいるが，一方では引火点の低下を招くことになっている．パラフィン系基油は粘度に比べ引火点が高いためナフテン系基油よりも低粘度化に適しているが，流動点が高くなる傾向があるため，この兼ね合いを考えて基油を開発していく必要がある．一方，ブライトストックと呼ばれる高粘度の基油は最新の水素化分解装置などでは製造することが困難である．このため従来のグループⅠ基油の生産装置の減少でブライトストックの生産量が少なくなった場合の対応が今後の課題であるので，代替品としてポリイソブテン（PIB）の添加や超重質ナフテンの利用などが検討されている．また，鉱油系基油全般の課題として原油の常圧蒸留により得られる潤滑油留分をさらに減圧蒸留して粘度の異なる基油が同時に生産されるが，需要の少ない粘度の基油の処理と需要の多い基油の増産方法が常に検討されている．

(b) ナフテン系基油

ナフテン系基油は，ベネズエラや米国，中国で産出するナフテン系炭化水素に富む原油から生産されている．ナフテン系基油の精製工程はナフテン系原油を常圧蒸留，減圧蒸留処理を行いその後おおむね次の3タイプの処理を行い精製される．なお，ナフテン系基油は，粘度指数は低いが低温流動性が優れているという特徴がある．硫酸洗浄-白土処理：硫酸処理によって不純物を硫酸ピッチとして除去（重力分離）し，さらに白土の吸着，脱色，（酸）中和能力を利用して残不純物を除去する方法である．硫酸ピッチや廃白土の処理に環境上の問題があるため，生産量の少ないナフテン系基油の精製に一部用いられている．

①溶剤精製：パラフィン系基油の精製工程にも用いられているが，潤滑油留分中の芳香族および不飽和炭化水素，有色物質，樹脂などを選択的に抽出除去することにより，酸化安定性の良い潤滑油留分を得る．これに使用する溶剤はフルフラール，フェノール，メチルピロリドンなどがあるが，わが国ではフルフラール抽出法が最も多く採用されている．

②水素化処理：パラフィン系基油の精製工程と同様，水素を利用して各種の石油留分を精製する．高温・高圧下で石油留分を水素とともに触媒上に通じることにより，硫黄，窒素，酸素，金属などの不純物を含む化合物を分解・除去したり，炭化水素を改質または分解する．

(c) 合成油系基油

　一般的に合成油系基油は，化学合成により製造された基油で鉱油系に比べ高価であるため，鉱油系基油では対応が難しい用途に用いられる．合成油の製造は石油原料をエチレン，イソブテン，プロピレン，ベンゼン，メタノールなどに分解し，必要な成分を使用目的に応じて合成する．ここでは表2.13 に代表的な合成油の種類と用途を示す [95]．極寒地用や省燃費エンジン油にはポリアルファオレフィン（PAO）やジエステルなどが使用される．なお，表 2.12 に示したように API の基油分類では PAO はグループⅣ基油に，ジエステルやポリオールエステルはグループⅤ基油に区分される．なお，合成潤滑油の歴史は第二次世界大戦中にドイツで初めてエステル化合物が使われたことから始まっている．これは当時良質の潤滑油が不足しており，航空機用の低温性に優れた潤滑油が必要とされたことがエステル化合物を潤滑油として使用した理由であった．

　合成潤滑油の分子量と粘度は比例するため，所定粘度の基油を得るためには分子量の大きいエステル化合物を選ぶことになる．このためエステル分子の両端に酸基（COOH）をもつ二塩基酸を原料とし，両端でエステル化反応を起こさせて大きな分子量として必要な粘度のエステル化合物を合成する．このとき相手となるアルコール成分は，$C_8 \sim C_{13}$ の高級アルコールが選ばれる．これらの二塩基酸エステルはジエステルとも呼ばれる．

　PAO は炭素数 6〜18 の直鎖状アルファ α-オレフィン（両末端の片方に二重結合をもつオレフィン）を数分子だけ限定的に重合させ，次に水素添加処理して得られる無色透明で無臭の液体である．α-デセン（炭素数10）あるいは α-ドデセン（炭素数12）の 3 量体あるいは 4 量体を中心に前後に幅

表 2.13　合成油系基油の種類と用途

ポリオレフィン	自動車エンジン油，ガス圧縮機油，電気絶縁油，2サイクルエンジン油，航空作動油，ガスタービン油，トラクションドライブ油，トランスミッション油
ポリアルキレングリコール	自動車用ブレーキ液，高温用ギヤ油，電気モータ油，アイスクリーム製造機油，2サイクルエンジン油，航空エンジン油，けん引トラックエンジン油，建設機械油，真空ポンプ油，金属加工油，難燃性作動油，ゴム製造工程用油，低温用自動車エンジン油
ジエステル ポリオールエステル	ジェットエンジン油，低温用グリース，ギヤ油，計器油，低温用自動車エンジン油，ブレーキ油，自動変速機油，極圧グリース，拡散ポンプ油，武器油，航空エンジン腐食防止油，繊維用油剤，陸航用ガスタービン油，トランスミッション油
リン酸エステル	航空作動油，圧縮機油，ブレーキ油，連続鋳造装置用油，ガスタービン油
ケイ酸エステル	航空作動油，武器油，熱媒体油，ミサイル用作動油
シリコーン	航空作動油，圧縮機油，拡散ポンプ油，電動機油，精密機械油，冷凍機油，ロケット用油，化学プラント用ポンプ油，ショックアブソーバ油，ブレーキ油，トランスミッション油
ポリフェニルエーテル	ジェットエンジン油，耐放射線潤滑油，高温用作動油，ロケット用潤滑油，電気絶縁油，高温用グリース
フルオロカーボン	酸素圧縮機油，化学プラント用潤滑油，ジャイロスコープ油，ロケットのターボポンプ油，ミサイル用潤滑油
シラン	変速機油，高温用グリース

のある化合物が PAO である．鉱油基油と比較して純度が高く，分子量分布は狭いイソパラフィンの分子構造である．前述のエステルに対して，PAO はその分子内に酸素がないため極性をもたず，純粋に炭素と水素からなる化合物である．同様の化合物として，ポリブテン（イソブテン，炭素数 4 の重合物）がある．ポリブテンは 2 サイクルガソリンエンジン油の基油の一部としてブライトストックに代替して使用されている．しかし，ポリブテンは合成油として低粘度のものを製造することが困難であり，物性も PAO に比べ利点が少ないので PAO のように多用されていない．表 2.14 に PAO の性状の代表値を示す．PAO は鉱油系基油と比較して高粘度指数，低流動点であり，引火点が高いので蒸発損失も低い．熱的，化学的にも安定で，腐食性，毒性もない．これらの優れた特徴から PAO は耐熱性や低温流動性が求められる潤滑油基油として用いられている．

表 2.14　PAO の一般性状

グレード		PAO 4	PAO 6	PAO 8	PAO 10	PAO 40
色相		<0.5	<0.5	<0.5	<0.5	—
動粘度，	@100℃	3.9	5.9	7.8	9.6	40
mm^2/s	@40℃	16.8	31	45.8	62.9	410
	@-40℃	2,460	7,890	18,160	32,650	—
引火点，℃		215	235	252	264	290
流動点，℃		-70	-68	-63	-53	-25
全酸価，mgKOH/g		<0.01	<0.01	<0.01	—	—

2.8.2　潤滑油添加剤

(小山成，浜口仁)

潤滑油には数多くの要求性能があり，その要求性能を満足するために多くの種類，量の添加剤を配合している．本章では，それらの添加剤の用途と機能について解説する．潤滑油に使用される添加剤の種類と機能を表 2.15 に，また添加剤の一般的用途を表 2.16 に示す[96]．単品の添加剤をコンポーネント添加剤と呼び，複数のコンポーネント添加剤を製品潤滑油の要求性能に合わせてあらかじめ配合した製品をパッケージ添加剤と呼ぶ．コンポーネント添加剤にはそれぞれ適正な添加量があり，多量にコンポーネント添加剤を添加しても量に比例して効果が大きくはならず，過剰な添加が逆効果になることもある．以下に各添加剤について詳細に述べる．

(a) 清浄分散剤

一般に清浄分散剤という用語が用いられるが，その作用機構に関する長年の研究の結果，清浄性と分散性の機能が異なっていることがかわっている．清浄剤は分子内に金属元素をもつ有機金属化合物（各種有機酸の金属塩）で金属系清浄剤とも呼ばれる．一方，分散剤は分子内に金属元素をもたず，燃焼による灰分を生じないため無灰分散剤と呼ばれる．

清浄分散剤は自動車，建設機械，農業機械，船舶などのエンジン油に広く使用されており，基油に対する配合量が多いので，添加剤需要量に対する比率は米国，日本それぞれ 50 ％前後に達すると言われる．清浄分散剤はスラッジの分散や，水，酸性物質，スラッジ・プリカーサ（スラッジ前駆体）などの可溶化，燃焼生成物や潤滑油劣化生成物に含まれる酸性物質の中和といった複数の機能をもつ．さらに後述するスルホネートは防錆作用，フェネートは酸化防止作用をもっている．

表2.15 潤滑油添加剤の種類と機能〔出典：文献97)〕

種類		使用目的と機能	代表的化合物	添加量%
清浄分散剤	清浄剤	エンジンなどの高温運転で生成する有害なスラッジを金属表面から取り除き，スラッジ，プリカーサを化学的に中和し，エンジン内部を清浄にする．	有機酸金属塩化合物 ・中性，過塩基性金属（Ba, Ca, Mg）スルホネート ・過塩基性金属（Ba, Ca, Mg）フェネート ・過塩基性金属（Ca, Mg）サリシレート	2～10
	分散剤	低温時でのスラッジ，すすを油中に分散させる．	コハク酸イミド コハク酸エステル ベンジルアミン（マンニッヒ化合物）	
酸化防止剤		遊離基，過酸化物と反応して安定な物質に変えることにより，油の酸化を防止し，油の酸化に起因するワニス，スラッジの生成を抑制する．	ジチオリン酸亜鉛，有機硫黄化合物 ヒンダードフェノール，芳香族アミン N, N'-ジサリシリデン-1, 2-ジアミノプロパン	0.1～1
耐荷重添加剤	油性向上剤	低荷重下における摩擦面に油膜を形成し，摩擦および摩耗を減少させる．	長鎖脂肪酸，脂肪酸エステル，高級アルコール，アルキルアミン	1～2.5
	摩耗防止剤	摩擦面で2次的化合物の保護膜を形成し，摩耗を防止する．	リン酸エステル，ジチオリン酸亜鉛	
	極圧剤 (EP剤)	極圧潤滑状態における焼付きや，スカッフィングを防止する．	有機硫黄，リン化合物，有機ハロゲン化合物	5～10
さび止め剤		金属表面に保護膜を形成する．あるいは，酸類を中和してさびの発生を防止する．	カルボン酸，スルホネート，リン酸塩，アルコール，エステル	0.1～1
腐食防止剤		潤滑油の劣化により生じた腐食性酸化生成物を中和する．また，金属表面に腐食防止皮膜を形成する．	含窒素化合物（ベンゾトリアゾールおよびその誘導体，2, 5-ジアルキルメルカプト-1, 3, 4-チアジアゾール），ジチオリン酸亜鉛	0.4～2
金属不活性化剤		金属表面が，油の酸化において触媒として作用しないよう，その表面を不活性にする．	含窒素化合物 ・ベンゾトリアゾール ・N, N'-ジサリシリデン-1, 2-ジアミノプロパン ・2, 5-ジアルキルメルカプト-1, 3, 4-チアジアゾール	～0.1
粘度指数向上剤		温度変化に伴う潤滑油の粘度変化を低減する．エンジン油では，省燃費性の向上，オイル消費の低減，低温始動性の向上が得られる．	ポリメタクリレート，オレフィンコポリマー，スチレンオレフィンコポリマー，ポリイソブチレン	2～20
流動点降下剤		低温における潤滑油中のワックス分の結晶化を防止し，流動点を降下させる．	ポリメタクリレート，アルキル化芳香族化合物，フマレート・酢ビ重合物，エチレン・酢ビ重合物	0.05～0.5
消泡剤		潤滑油の泡立ちを抑制し，生成した泡を破壊する．	ポリメチルシロキサン，シリケート 有機フッ素化合物，金属セッケン，脂肪酸エステル，リン酸エステル，高級アルコール，ポリアルキレングリコール	1～1000ppm
乳化剤		油を乳化し，生成したエマルションの安定性を保つ．	界面活性剤 エチレンオキサイド付加物，エチレンオキサイドとプロピレンオキサイドのブロックポリマー，エステル，カルボン酸塩，硫酸エステル，スルホン酸塩，リン酸エステル，アミン誘導体，第4級アンモニウム塩	～3
抗乳化剤		エマルションを破壊する．また，潤滑油の乳化を防止する．	エチレンオキサイド付加物，エチレンオキサイドとプロピレンオキサイドのブロックポリマー，エステル，カルボン酸塩，硫酸エステル，スルホン酸塩リン酸エステル，アミン誘導体，第4級アンモニウム塩	
かび防止剤		エマルション中に存在する細菌，かび，酵母などの微生物の増殖を防ぎ，それらに起因する障害を抑制する．	フェノール化合物 ホルムアルデヒド供与体化合物 サリチリアニリド化合物	～0.1
固体潤滑剤		耐荷重添加剤に分類されるが，油に不溶であるので，ここに別記する． ・境界，混合潤滑領域で摩擦を低減する． ・金属間接触の防止による摩耗を防止． ・金属面粗さ低減による油膜の維持．	二硫化モリブデン，二硫化タングステン，グラファイト，窒化ホウ素，四フッ化エチレンポリマー（PTFE），フッ化グラファイト，フラーレン（C_{60}, C_{70}）	

(1) 清浄剤

代表的な清浄剤はスルホネート，フェネート，サリシレートである．それらの多くは，酸中和機能を持たせるために高い塩基性（アルカリ性）が与えられている．その製造プロセスは Ca, Mg, Ba の非常に微細な炭酸塩（油に不溶）を中性の清浄剤によりコロイド状に分散させるという方法である．添加剤との相溶性の悪い基油（例えば芳香族分が少ない基油など）に過塩基性清浄剤を配合すると，経時的に Ca, Mg, Ba などの炭酸塩が分離・沈降することがある．溶剤精製法で得られたグループⅠ基油は添加剤との相溶性が良いが，グループⅡ基油，グループⅢ基油やグループⅣ基油の PAO などを使用する場合には炭酸塩などの分離沈降がないように潤滑油の貯蔵安定性の確認が必要である．清浄剤はディーゼルエンジン内で高温により発生するカーボンデポジットがエンジン内部に付着する

表 2.16 一般的な潤滑油添加剤の配合と用途

	清浄分散剤	酸化防止剤	油性向上剤	摩耗防止剤	極圧剤	さび止め剤	腐食防止剤	金属不活性化剤	粘度指数向上剤	流動点降下剤	消泡剤	乳化剤	かび止剤	抗乳化剤
ガソリンエンジン油	◎	◎	○	○		○	○		○	△	○			
ディーゼルエンジン油	◎	◎	○	○		○	○		○	△	○			
ギヤ油(車両用)	△	○	○	○	◎	○	○				○			
自動変速機油	○	○	○	○		○	○	△	○	○	○			
舶用エンジン油	○	○		△	△	○	○		△	△	○			
作動油														
R&O型		◎				◎	○				○			○
耐摩耗性	△	◎	△	◎		◎	○				○			○
高粘度指数系	△	◎	△	◎		◎	○		◎	◎	○			○
難燃性作動液														
水-グリコール系			○	○		○	○				○			
HWBP			○	◎		○	○					◎	△	
W/Oエマルション			○	○		○	○					◎		
リン酸エステル		△			○	○	○							
脂肪酸エステル		△			○	○	○							
ギヤ油(工業用)		○	○	○	◎	○	○				○			
冷凍機油		△			△									△
コンプレッサ油														
往復動型	○	○		○		○	○			△	△			
回転型		◎				○	○			△	△			○
真空ポンプ油		△					△							
軸受油		○		△	△	○	○				○			
絶縁油		△												
タービン油(添加)		◎		△		◎	○	○			○			
しゅう動面油		○	◎			○	○							
ロックドリル油		○			◎									
金属加工油(切削油剤)														
水溶性切削油			○		◎	○	○					◎	○	
非水溶性切削油			○	◎	◎	△	△							
塑性加工油		○	○		○	△	△				△			
熱処理油	◎													
グリース		○	○	○	○	○	○		△	△				

のを防止して清浄に保つ役割をする．Ca 系清浄剤の構造とエンジン性能比較を表 2.17 に示す．この中で Ca サリシレートはアルキルサリチル酸の Ca 塩であり，高温での清浄性，酸化安定性に特に優れている上，摩擦係数を下げる特性もあるので近年注目されて使用量が増加している．

(2) 分散剤

アルケニルコハク酸イミドが最も広く使用されている分散剤で，他にアルケニルコハク酸エステルやベンジルアミンがある．いずれも主原料は分子量 1 000～2 500 のポリブテンである．分散剤の主用途は清浄剤と同じくエンジン油である．過塩基性清浄剤は軽油燃焼で生じる硫酸を中和するが，燃焼して生じる灰分が酸化触媒や DPF などを被覆し閉塞させる．軽油の硫黄分が少なくなればディーゼルエンジン油に対する過塩基性清浄剤の配合量を減らして低灰分エンジン油を製造することができるが，分散剤の量を増やして清浄性の低下を補う必要がある．また，ディーゼルエンジン排出ガス中の有害物質を低減するために燃料噴射時期を遅延したり，あるいは EGR を採用すると，エンジン油へのスーツの混入が増加しスーツが凝集して二次粒径が大きくなる．これによりスラッジの生成が増加してエンジン油の粘度上昇を招く．また，スーツが油膜破断を起こして動弁系の摩耗を促進すると言われている．このようなスーツ増加による問題に対応するため，API CG-4，API CH-4，JASO DH-

表 2.17 金属系清浄剤の種類と性能比較

スルホネート　　　　フェネート　　　　サリシレート

$$\left[\begin{array}{c}R\\ \\R\end{array}\text{—}\bigcirc\text{—}SO_3\right]_2M \qquad \bigcirc\text{—}S_x\text{—}\bigcirc \qquad \left[\begin{array}{c}OH\\ \\R\text{—}\bigcirc\text{—}CO_2\end{array}\right]_2M$$

+MCO₃　　　　　　　+MCO₃　　　　　　　+MCO₃

(M = Ca, Mg　R = $C_8 \sim C_{30}$)

性能項目	試験方法	評価項目	Ca スルホネート	Ca フェネート	Ca サリシレート
高温清浄性	ホットチューブ試験	デポジット付着	△	○	◎
酸化安定性	ISOT	塩基価維持	△	○	◎
低温清浄性	エンジン清浄性試験	ロッカアームカバースラッジ	◎	△	○
耐水性	加水分解試験	塩基価維持	△	○	◎
低摩擦性	モータリング摩擦試験	摩擦トルク	○	△	◎
酸中和性	濃硫酸中和	炭酸ガス発生圧	◎	△	○
	濃硫酸中和	pH低下	△	◎	○
コスト	—		◎	○	△

1などの近年のエンジン油規格では分散剤の添加量を高める傾向にある．

なお，分散剤の主原料であるポリブテンは従来は触媒に由来する微量の塩素を含有していたので，焼却時にダイオキシンを生じる懸念があった．この問題を解消するハロゲンフリーで，しかも反応性の高いポリブテンの製造プロセスが開発されている．

(b) 酸化防止剤

潤滑油は使用中に空気中の酸素によって酸化するが，特にエンジンのような高温条件では酸化触媒の作用を持つ金属と接触すると潤滑油の酸化は著しく進行する．潤滑油は酸化するとヒドロペルオキシドを経てアルコール，ケトン類となり，さらに酸化が進行すると脂肪酸，アルデヒド，オキシ酸から最終的には油に不溶の重縮合物（スラッジ）を生じて，軸受の腐食摩耗の進行，ピストンリングのこう着をもたらす．このような酸化を抑えるのが酸化防止剤である．

酸化機構は 1920 年代頃から研究され，数多くの酸化防止剤が発明されている．実用化された潤滑油用の酸化防止剤は次の 3 種類に分類される．

・連鎖停止剤：フェノール系酸化防止剤，アミン系酸化防止剤
・過酸化物分解剤：ZnDTP，有機硫黄系酸化防止剤
・金属不活性化剤：ベンゾトリアゾールなどの含窒素化合物

エンジン油ではジチオリン酸亜鉛（ZnDTP）が酸化防止剤の主役であるが，同時に摩耗防止剤，腐食防止剤としても機能する有用な添加剤である．しかし，その構成元素であるリンが排出ガスの後処理装置に用いられる触媒を劣化させる（触媒毒）欠点がある．そこで，API CJ-4，ACEA E6 あるいは JASO DH-2 など近年のエンジン油規格ではリン濃度の規定が盛り込まれている．この規定のため ZnDTP 配合量を削減する必要があるが，これによる酸化防止性や摩耗防止性の低下を補うために他の酸化防止剤や摩耗防止剤との組合せの配合や新しい酸化防止剤の開発が必要である．

(c) 耐荷重添加剤

産業用車両のコンポーネントの過酷な使用条件では流体潤滑により金属摩擦面を油膜で隔てること

ができず，金属面が接触する境界潤滑が発生する．このような境界潤滑では次の油性向上剤，摩耗防止剤や極圧剤と言われる3種類の耐荷重添加剤が機能することになる．

(1) 油性向上剤

代表的な油性剤はオレイン酸やステアリン酸などの長鎖脂肪酸で図 2.64 に示すように金属表面に吸着し密な単分子膜を形成する．荷重が低い状態で摩擦および摩耗を減少する添加剤である[97]．高温の条件になると吸着力が低下して金属表面から脱着してしまうことや吸着膜の強度が低いので過酷な条件下では効果が得られない場合がある．

(2) 摩耗防止剤と極圧剤

摩耗防止剤と極圧剤は高荷重下あるいは低速度下の境界潤滑領域で油膜が切れたり，金属表面の酸化保護被膜が破れた時に金属表面と反応して被膜を形成し，摩擦面の直接の接触を防いで金属同士の溶着を防止する．摩耗防止剤は柔らかいリン酸被膜などを形成して摩耗を防ぐことができる．極圧剤は金属表面との反応が摩耗防止剤よりも早く，硬い硫化被膜を形成してより大きい荷重に耐えることができる．近年は塩素化パラフィン，塩素化油脂などの塩素系極圧剤はダイオキシン発生のおそれからエンジン油には使われない．

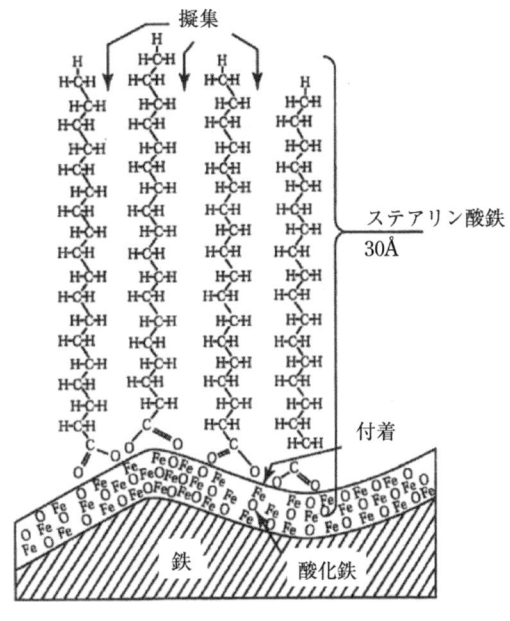

図 2.64 油性剤の吸着〔出典：文献 98〕〕

(d) 摩擦調整剤

省燃費型エンジン油やパワートレイン用潤滑油に使用される摩擦調整剤は油性剤，耐荷重添加剤と一部重複する分類となる．摩擦調整剤は，金属表面に吸着され混合潤滑領域における摩擦を低減する．摩擦調整剤には界面活性剤の一種である油溶性のエステル，アミンや有機金属化合物と非油溶性の固体潤滑剤がある．油溶性摩擦調整剤で最も摩擦低減効果が高い添加剤はモリブデンジチオカルバミン酸塩（MoDTC）で今後の使用拡大が期待される．

(e) さび止め剤

鉄および鉄合金のさびを防止するためにほとんどの潤滑油にはさび止め剤が配合されている．多くのさび止め剤は極性基の油溶性化合物で金属表面に極性基が吸着し，被膜を形成して水や，腐食性物質の金属表面への接触を妨げる．主なさび止め剤はスルホネート（Ba，Ca 塩），アルケニルコハク酸誘導体，多価アルコールの脂肪酸エステル，アミド，イミドなどで，使用される環境と用途によって油溶性，水溶性，気化性に分類される．

(f) 金属不活性化剤

潤滑油や石油系燃料にはその製造，貯蔵，輸送の間に微量の鉄，銅，クロムなどの金属が混入する．銅は石油製品の酸化を促進する触媒として強く作用して，酸化生成物のガム状物質やスラッジの発生原因となる．この問題を防ぐために潤滑油や燃料に添加されるのが金属不活性化剤である．金属不活性化剤には，酸化触媒作用を持つ微量の金属を捕捉して，その活性を封じる N,N'-ジサリチリデン-1,2-ジアミノプロパンに代表される含窒素系キレート化合物，窒素・硫黄化合物の 2,5-ジアルキルメルカプト-1,3,4-チアジアゾールなどがある．

（g）粘度指数向上剤

粘度指数向上剤（Viscosity Index Improver：VII）は，温度による潤滑油粘度の変化を少なくする油溶性高分子であり，その分子量は数千～数十万である．VII として初期に使用されたのはポリブテンとポリメタクリレート（Polymethacrylate：PMA）であるが，近年エンジン油用にはエチレンとプロピレンの共重合物オレフィンコポリマー（Olefin Copolymer：OCP），スチレンとオレフィンの共重合物などが価格の点で主流になっている．低温流動性が特に必要とされる自動変速機油（ATF）では PMA が主役の座を保っている．また，分散性を付与した分散型 PMA，分散型 OCP が商品化されており，分散剤を補う役割を担っていると同時に弾性流体潤滑（ElastoElasto-hydrodynamic Lubrication：EHL）油膜を厚くする効果も報告されている[99]．VII は図 2.65 に示すように低温では縮まっているため基油の粘度をあまり上げないが，高温では VII 分子が広がって高温で低下する基油粘度を高くする作用がある．一方，VII は機械的せん断や熱分解により分子が切断されて短くなり粘度指数向上性能が低下する欠点もある．低分子量の VII はせん断安定性では優れているが，粘度を上げる効果も少ないので添加量を増やす必要がある．VII と基油との相溶性は基油の精製方法や基油の種類によって異なるので注意が必要である．不適当な基油の選択や不適切な基油への混合条件（温度，時間，かくはん方法）下では，VII が溶解したように見えても経時的あるいは低温時の温度変動によって VII が基油から分離することがある．省燃費の要求から粘度指数の高いグループⅢやグループⅣ基油がエンジン油に使用されると VII の配合量は少なくて済む．また，VII はエンジン油中で劣化するとデポジットやスラッジとなるので，高粘度指数基油の使用により VII の配合量を減らすことがエンジン油の長寿命化にとっても有効である．

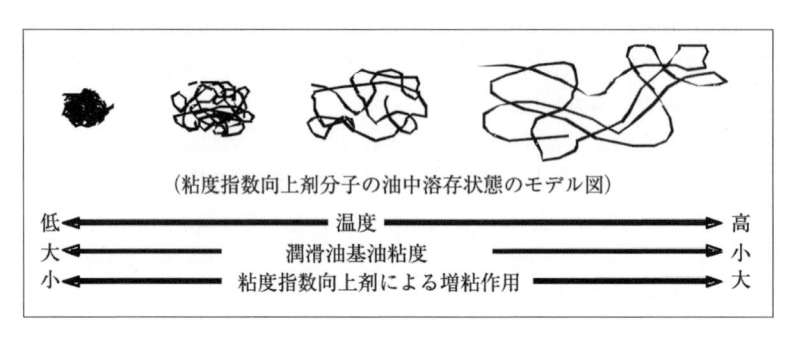

図 2.65　粘度指数向上剤の作用機構

（h）流動点降下剤

潤滑油の流動点を下げてその適用温度範囲を広げるのが流動点降下剤（Pour Point Depressant：PPD）である．主な PPD にはポリメタクリレート，アルキル化芳香族化合物があるが，ポリメタクリレート系 VII の中には流動点降下剤の機能ももつものもある．PPD は分子構造の一部にワックスに近い側鎖構造をもち，低温時に基油中のワックス分を共晶させることによりワックスが針状結晶に成長するのを抑制する働きがある．原油の種類や基油の精製方法によってワックス分の組成が異なるため PPD の効果も異なる．基油の化学構造と PPD の相性に関するデータの蓄積はあるが，最終的な PPD の選定は流動点降下試験による試行錯誤が必要である．

（i）消泡剤

潤滑油の中および表面に泡が発生するのを防止するのが消泡剤である．消泡剤として広く用いられるのは高分子の有機ケイ素化合物（シリコーン油）で，潤滑油に発生した泡の薄膜の連続性を阻害することによって泡を破断させる働きがある．消泡剤は基油に溶け難いので基油に分散させる特殊な方

法が適用される．したがって消泡剤を基油に必要以上に多く添加すると消泡剤が分離することや，逆に泡を発生させることもある．潤滑油中の分散剤は起泡性をもっているので潤滑油製造工程で消泡剤を添加するのが一般的である．分散剤中の消泡剤は基油の中で有効に働くので，他のコンポーネント添加剤を分散剤と併用した場合でも消泡剤をさらに添加する必要はほとんどない．

(j) 抗乳化剤

潤滑油中に水分が混入して乳化すると分離が困難となり水分が潤滑系統内を循環することが懸念される．そこで，潤滑油と水の間の界面張力を高めてエマルションの生成を抑えるのが抗乳化剤である．ノニオン系界面活性剤が使用されている．潤滑油にはタンニン酸が抗乳化剤として有効である．アニオン系界面活性剤が乳化剤として使用されている潤滑油には，カチオン系界面活性剤，カチオン型高分子凝集剤，硫酸バンド，などが抗乳化剤として，その逆でカチオン系界面活性剤，アニオン型高分子凝集剤が抗乳化剤として使用される．

一部の建設機械メーカーは作動油中の水分が分離沈降してオイルタンク底部にさびを発生させるのを防ぐなどの理由であえて抗乳化性をもたせず，高油温時に水分を蒸発させる方法をとる場合もある．

潤滑油添加剤の多くは極性基を分子内にもつ油溶性有機化合物である．それらのうち界面活性剤の機能を発揮する添加剤としては清浄分散剤，分散型 VII，油性向上剤，摩耗防止剤，極圧剤，さび止め剤，消泡剤，乳化剤，抗乳化剤などがある．多機能な添加剤として代表的なものは酸化防止剤，摩耗防止剤，極圧剤，腐食防止剤として働く ZnDTP である．また，分散型 VII も多機能型添加剤であり，粘度指数向上作用と分散性の二つの機能をもつものや流動点降下作用も加えた機能をもつ製品もある．今後は環境負荷のある添加剤量を低減する観点から，既存の添加剤に異なる分子構造を付け加え多機能型添加剤の開発が進められることに期待したい．

2.9 エンジン油品質各論

(小山成)

エンジン油は燃焼による高温にさらされる点や燃焼生成物やスーツの混入が避けられない点などの環境でエンジンを保護する機能が求められる．そこで本節では，産業車両用のディーゼルエンジン油に求められる品質について解説する．

2.9.1 清浄・分散性

ディーゼルエンジンでは，ピストン上部の温度は比較的高く，トップランドが 300 ℃以上に達する場合がある[96]．このような高温部分では油は熱劣化してカーボンスラッジやラッカーなどの堆積が起こる．最も温度が高いトップランド部へは硬質のカーボン状堆積物が見られるが，組成分析の一例ではこの堆積物は，25～37 %の灰分，39～54 %のレジン分，19～32 %のスーツ分からなっている．灰分は油中の金属系清浄剤や ZnDTP などによるもので，燃料中の硫黄分が燃焼して発生する硫酸が油中の塩基性清浄剤で中和されてできる $CaSO_4$ や $MgSO_4$ の結晶や酸化亜鉛などが主成分である．レジン分は燃料や潤滑油の酸化により生成するジオール，二塩基酸，ヒドロキシル酸やエポキシドなどが結合してできるポリエステルやポリエーテル化合物である．レジンはスーツの結合剤として働き，油中スーツ堆積がない場合でも直接ピストンリングこう着を起こす場合がある．レジンの前駆体となる上記のアルコールや酸，エポキシドなどは，エンジンの高温部で燃料や潤滑油・燃料双方の酸化生成物に起因するものであるが，潤滑油からの寄与率が大きく約 90 %を占めるといわれている．ピストン堆積物の抑制には次が有効であるため，清浄剤や分散剤の処方で対応する．

- 油中スーツの安定な分散と懸濁
- レジンの前駆体であるヒドロキシ酸の中和や可溶化

・燃料中の硫黄分による硫酸の中和

スーツの分散やレジン前駆体の可溶化には分散性の高い無灰分散剤や中性スルホネートが効果的である．潤滑油の酸化によって生じるヒドロキシ酸をアルカリで中和すると堆積物が生成しにくくなることが知られているが，過塩基性のフェネートやスルホネートはこの点で有効である．硫酸の中和にも過塩基性の清浄剤が用いられる．ピストン堆積物に対する効果は清浄剤や分散剤によりそれぞれ特徴がある．例えば無灰分散剤はカーボン堆積を抑えるがラッカーを生成する傾向があり，過塩基性スルホネートは中和力が高いが灰分による堆積物の増加を招く欠点がある．

一方，ZnDTP はピストン堆積物を生成する原因になっているので耐熱性の高い ZnDTP を使うのが一般的であるが，堆積物の原因となる硫酸を生成しない硫黄を含まないリン酸亜鉛化合物も開発されている．VII 高分子もその配合濃度に比例してピストン堆積物が多くなるの原因となるので，高分子濃度の小さい OCP が堆積物抑制の点で優れている．

ディーゼルエンジンの耐久性で最も重要な高温清浄性は，日デ TD25 や CAT 1G2〜CAT 1R などのエンジン試験によりピストンデポジットやリング溝詰まりとして評価される．しかし，このエンジン試験による評価が設計や材料が異なる他社エンジンのピストンやターボチャージャなどの高温清浄性まで適用できるかはわからない．大川らは S. M. Hsu と S. W. Harris [100]が発明したホットチューブテスト装置（図 2.62 参照）を利用して高温清浄性の評価方法を開発している [101]．この試験法ではガラス管（ホットチューブ）に微量供給される供試油がガラス管中で空気に押し上げられては下に落ちることを何回か繰り返して外に押し出されるようになっている [101]．所定温度で 16 時間保持した後，ガラス管を抜き出して n-ヘキサンで洗浄するとガラス管内にラッカーが残りガラス管が変色する．これを 0 点（ラッカーなし，透明）〜10 点（黒色）までの色見本と比較してエンジン油の高温清浄性を 0.5 点の位まで評価する．図 2.66 は API の CD エンジン試験（CAT 1G2）の標準となっている 3 種類のエンジン油（不合格油 REO191，合格油 REO203，余裕をもって合格する標準油 REO185）についてホットチューブテストで高温清浄性を評価した結果である．それぞれの標準油のラッカー評点 6.0 になる温度（限界温度）により 1G2 エンジン試験の合否判定基準と良好な相関関係が得られる．

さらに市場での大型ブルドーザのエンジンスカッフィング発生とオイル銘柄の関係についてホットチューブテストにより解析を行った [92]のが 表 2.18 である．全 48 台のブルドーザエンジンの分解調査結果を使用されたエンジン油銘柄のホットチューブテスト限界温度で整理して以下が判明している．①限界温度 280 ℃以上の銘柄 A〜J と U の 11 銘柄ではスカッフィング発生はない，②限界温度の最小値が 280 ℃以下になる銘柄（サンプルによりばらつきあり）K〜T の 10 銘柄では 22 台中 18 台（82 %）にスカッフィングが発生している，③スカッフィングを起こした 18 台のうち 10 台でセカンドリングスティックが確認された．このような解析結果から，本エンジンは限界温度 280 ℃以下の高温清浄性のエンジン油

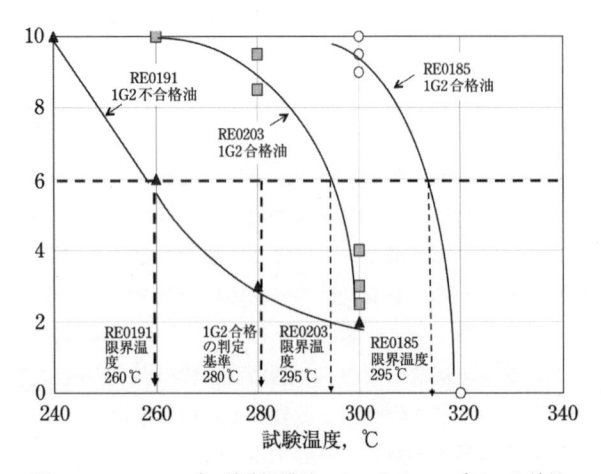

図 2.66 CD エンジン試験標準油のホットチューブテスト結果
〔出典：文献 92,101)〕

2.9 エンジン油品質各論

表 2.18 市場オイルのホットチューブテスト結果とエンジンスカッフィングの関係

オイル銘柄	API品質	ホットチューブテスト限界温度, ℃	エンジン号機	稼動時間, h	スカフィング	セカンドリング固着
A	CD	310	1059	2591	○	○
B	CD	306-295	1284	>3000	○	○
C	CD	300-295	1184	2258	○	○
			1126	2306	○	○
			1253	>3000	○	○
			1009	>3000	○	○
D	CD	292	1261	1431	○	○
E	CD	293-288	1246	1993	○	○
			1154	2897	○	○
			1007	2129	○	○
			1280	624	○	○
F	CD	290	1034	>3000	○	○
G	CD	285	1063	>3000	○	○
			1097	3041	○	○
H	CD	285	1131	2356	○	○
			1004	>3000	○	○
I	CD	287-283	1018	2009	○	○
			1239	1555	○	○
			1093	3445	○	○
			1124	3636	○	○
			1116	313	○	○
J	CD	280	1010	>3000	○	○
			1266	1947	○	○
U	CC	288	1291	>3000	○	○
K	CD	294-275	1076	>3000	○	○
			1090	2483	×	×
			1231	2490	×	×
			1145	2286	×	×
			1250	2026	×	×
			1263	3898	×	×
L	CD	278	1001	1351	×	×
			1040	>3000	○	○
M	CD	280-274	1105	818	×	×
			1105	2500	×	×
			1213	2526	○	×
N	CD	274	1074	1787	×	○
O	CD	292-272	1016	2128	×	○
			1030	3343	×	×
P	CD	269	1129	3634	○	○
Q	CD	282-273	1073	3310	×	○
			1153	1445	×	×
R	CD	273	1071	4204	×	○
			1132	1219	×	×
S	CD	269-263	1142	570	×	○
T	CC	245	1083	1909	×	×

(○:なし,×:発生)

はレクタンギュラ形のセカンドリングこう着とこれに起因するスカフィフィングを発生すると結論づけられる．なお，このエンジンのトップリングはフルキーストン形であるためこう着の発生はなかった．

2.9.2 油中スーツと分散性

ディーゼルエンジンではスーツによるエンジン油の汚染が大きな問題である．スーツの生成量は燃料の種類や運転条件によって変わり，燃料油中の芳香族炭化水素成分や高沸点留分が多いほどスーツ生成量は多くなる．ノズルチップの汚れによる噴霧の不良もスーツ増加の原因となる．噴霧燃料は温度が低いシリンダ壁面に付着するとスーツになり，ピストンリングによりクランク室へ掻き落とされて潤滑油へ混入するという経路を経る．ブローバイとして油中へ懸濁してくるものは数パーセントである．スーツは油種によらず約 1 μm 程度の単分散系となっており，電子顕微鏡の観察結果から 0.03〜0.05 μm 程度の微小一次粒子で構成されていると報告されている[102]．すなわち，生成直後のスー

ツは約 0.03 μm 程度の大きさであり，それが 1 μm 程度の凝集体となって油中に懸濁している．スーツ濃度が増えるとエンジン油粘度が上昇するが，エンジン油の分散能力が十分でないと粒子凝集がさらに進み油からの分離が起こる．スーツ量に対するエンジン油粘度増加の割合は分散性によって異なり，分散性の低い油ほどスーツが凝集し粘度増加が大きくなる．

油中スーツが増したり蓄積するとエンジン部品の摩耗を促進する．スーツの摩耗促進の機構については摩耗防止剤のスーツによる吸着あるいはスーツによるアブレシブ摩耗の促進などが考えられる．山本ら[102]は擬似スーツとしてカーボンブラック（CB）を用い，粒径と摩耗の関係について検討を行った．その結果，図 2.67 に示すように CB の一次粒径が油膜厚さ（約 30 nm）に近い時に摩耗痕径が最大になることを見出している．

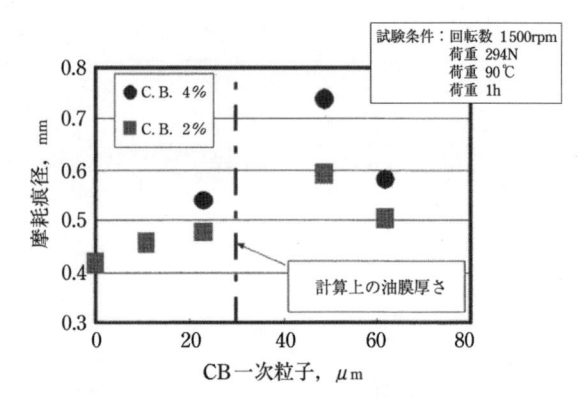

図 2.67 CB1 次粒子径とシェル四球試験摩耗痕径の関係
〔出典：文献 102〕

2.9.3 摩耗防止性

（a）動弁機構の潤滑と摩耗

動弁機構の摩耗は主としてカムと平タペットやローラフォロワとの接触部分で問題になる．カムと平タペットやローラフォロワの潤滑条件は弾性流体潤滑領域から境界潤滑領域にまたがっているため，弾性流体潤滑理論による解析が行われる．動弁機構の過度の摩擦によるカムと平タペットやローラフォロワの損傷には疲労によるピッチング損傷，摩擦面のスカッフィング，凝着摩耗と腐食摩耗が同時に起こるポリシング摩耗がある．動弁機構の摩耗に対するエンジン油組成の影響に関しては部品形状，寸法，材質，表面仕上げなどの影響も絡んでくるため，エンジン油の効果が明確にしにくい面がある．ここではエンジン油の効果に関しての一般的な傾向について述べる．潤滑油中に含まれる添加剤の効果の中で動弁機構の摩耗に最も影響が大きいのは ZnDTP である．ZnDTP の摩耗防止効果はその化学構造（図 2.68）によって異なり，2 級アルキル基をもったものが最も効果が高く，次いで 1 級アルキル基，アリール（Aryl）基をもったものの順に摩耗防止性は弱くなる．ZnDTP の熱安定性は摩耗防止効果と関連がある．金属系清浄剤や無灰分散剤なども摩耗に影響があり，例えば Mg スルホネートや Ca スルホネートに比較して Ba ホスホネートは摩耗防止性を悪くする傾向がある．また，無灰分散剤の中ではコハク酸イミドは摩耗に影響しないが，コハク酸エステルは摩耗を促進する．

（b）ピストンリングの潤滑と摩耗

ピストンリングとシリンダライナは油膜を介して接しており流体潤滑領域にあり，油膜厚さはエンジン油の粘度によって変わる．図 2.69 にエンジン油の粘度とリング摩耗の関係を示す．シングルグレード油の動粘度が高くなるほどピストンリング摩耗は減少するが，粘度指数向上剤を含むマルチグレード油では摩耗は動粘度との関係があまりない（左図）．ピストンリングとシリンダライナ間の油膜のせん断速度は非常に高く，マルチ

図 2.68 ZnDTP の構造

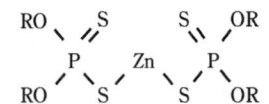

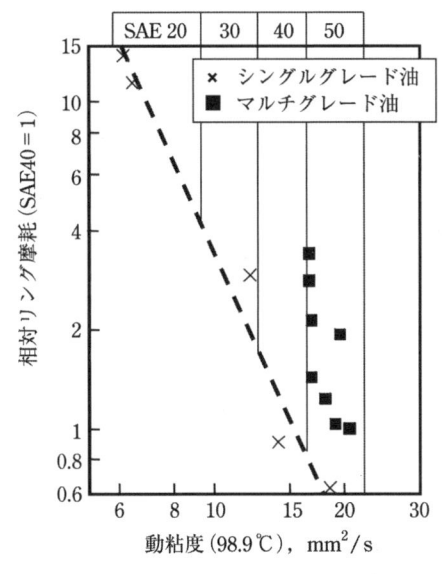

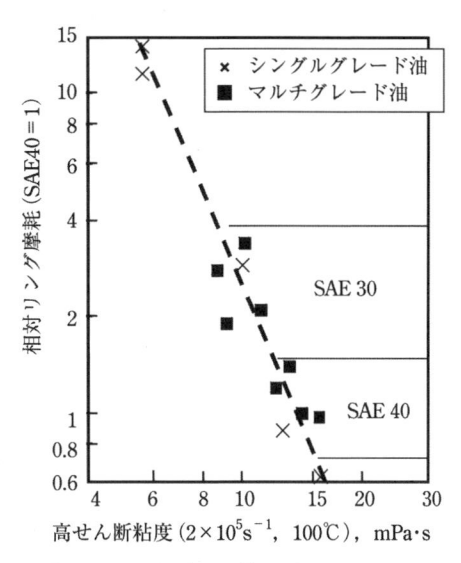

図 2.69 エンジン油の粘度とピストンリング摩耗の関係〔出典：文献 103)〕

グレード油の粘度指数向上剤はせん断によりポリマー分子の配向が起こり粘度の一時的な低下が起こる．したがって，高せん断速度下の粘度とピストンリング摩耗の関係を見ると右図に示すように同一直線状にほぼ乗ってくる[103]．このほかピストンリングに関する問題としてスカッフィング発生がある．ピストンリングのスカッフィングはなじみ運転時の潤滑不良やピストンリングこう着による潤滑不良が原因で発生するが，これは摩擦面の油膜が切れてしゅう動面が高温になり焼付きをを招くために起こる．ピストンリング摩耗やスカッフィングの防止には適正なエンジン油粘度の選択と ZnDTP などの適切な摩耗防止剤の使用が必要である．また，硫黄の高い燃料を使用すると燃焼で生じる硫酸によってピストンリングやシリンダの腐食摩耗が起こることがある．このような腐食摩耗を防ぐためには全塩基価を高くしてエンジン油の酸中和能力を上げる必要がある．

(c) 軸受の摩耗と潤滑

クランクシャフトやコンロッドの軸受は通常流体潤滑領域にある．しかし低粘度油の使用や極度の高温・高負荷運転の場合などには軸受部分の油膜切れが起こり，焼付きや過剰摩耗が起こる場合がある．軸受の油膜厚さはエンジン油の粘度，すべり速度および軸受荷重などによって決まるが，エンジン油粘度はエンジンの運転条件によって変わることに注意する必要がある．軸受部の油膜はしゅう動による摩擦熱のため粘度が低下するが，この油温上昇は高速になるほど大きく 50 ℃近くに達することがある．粘度指数向上剤を含むマルチグレード油は高いせん断によって粘度低下を起こす．一方では粘度-圧力係数の関係により油膜に働く高圧による油の粘度上昇も起こる．したがって，軸受油膜の粘度としては，油膜の温度，圧力および，せん断力の効果を総合したものを考える必要がある．図 2.70 にはエンジン油の粘度と軸受メ

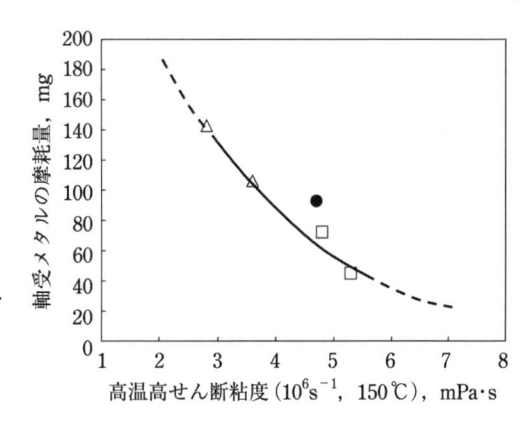

図 2.70 エンジン油粘度と軸受摩耗の関係
〔出典：文献 103)〕

タルの摩耗の関係を示すが，軸受メタルの摩耗量は高温高せん断粘度（HTHS 粘度，150 ℃，$10^6 s^{-1}$）と良い相関を示している．このほか軸受の摩耗が 110 ℃，$10^6 s^{-1}$ の粘度と関係があるという報告もある [103]．具体的な産業用車両のエンジンはオーバレイが消失するような長時間稼動でも使われるため油膜厚さの維持は重要である．

2.9.4 排出ガス後処理装置へのエンジン油組成の影響

ディーゼル排出ガス後処理装置の普及に伴い，燃料およびエンジン油が後処理装置に及ぼす影響について懸念されている．後処理装置への悪影響は燃料およびエンジン油中の硫黄，リンや灰分（金属分）である．硫黄やリンは後処理装置に使用されている酸化触媒や還元触媒の活性を失わせる（触媒被毒）と考えられている．硫黄は燃料とエンジン油に含まれるが，近年の軽油中の硫黄分は 10 ppm 以下であるため，エンジン油中の硫黄が無視できなくなっている．軽油中の硫黄分を 5 ppm，エンジン油の硫黄分を 0.5 ％としオイル消費量が燃料消費量の 0.1 ％として計算すると，燃料とエンジン油の硫黄分の影響は等しくなる．リンについてはエンジン油中の ZnDTP のみに含まれている．

エンジン油中の灰分は DPF に悪影響を与える．DPF は捕集した PM を燃焼させることにより再生を行っているが，すすや油分は燃焼するものの灰分についてはフィルタ内に蓄積してしまう．この灰分の蓄積が進むと 図 2.71 に示すように排圧の上昇を引き起こし，出力低下および燃費の悪化に繋がる [104]．

後処理装置に対応するエンジン油規格を満足するためにはエンジン油中の灰分，硫黄分，リン分を低減させる必要がある．エンジン油中の灰分は金属系清浄剤と ZnDTP，リン分は ZnDTP，硫黄分は基油と ZnDTP を含む様々な添加剤に由来するため関係する添加剤を減量する必要がある．単純に添加剤の減量を行うとエンジン油としての基本性能が損なわれてしまうことから，以下に示すような添加剤処方技術が必要になる．

(a) 金属系清浄剤の減量

多くの後処理装置対応のエンジン油では灰分を低減させるために金属系清浄剤を減量しているが，

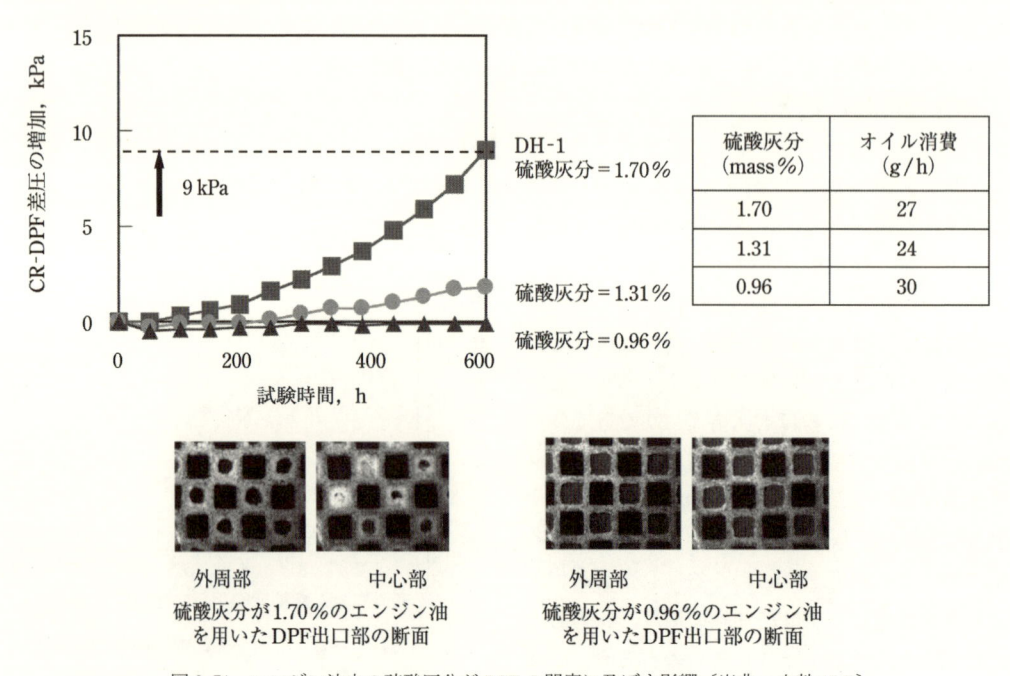

硫酸灰分 (mass%)	オイル消費 (g/h)
1.70	27
1.31	24
0.96	30

図 2.71　エンジン油中の硫酸灰分が DPF の閉塞に及ぼす影響〔出典：文献 104)〕

エンジンの清浄性およびスーツ分散性の低下を招くために無灰系分散剤の増量で補うことが必要となる．一方，金属系清浄剤の減量により塩基価も低下する問題があるが，近年の低硫黄燃料が使われる状況においては強酸価が発生しない限り異常摩耗は生じず，鉛腐食も見られない報告がある．

（b）ZnDTPの減量

ZnDTP減量によって灰分，硫黄分，リン分を低減させることができる．しかしZnDTPを減量することで摩耗防止性および酸化防止性の低下が起こるため，無灰系の酸化防止剤や摩耗防止剤で補う必要がある．

（c）硫黄を含まない基油や添加剤の使用

硫黄分低減のためにはZnDTP減量だけでなく，金属系清浄剤で硫黄を含むスルホネートやフェネートを外して硫黄を含まないサリシレートに変更すること，あるいはグループⅠ基油からグループⅡやグループⅢ基油などの低硫黄の基油に変更する方法がある．さらに近年ZnDTP代替品として，ZnDTPの硫黄原子を酸素原子に置き換えた新規添加剤ジアルキルリン酸亜鉛（ZP）（図2.72）が注目を浴びている．ZPは硫黄分を含まないためにエンジン油中の硫黄分を低減することが可能なだけでなく，分解による硫酸が生じないのでエンジン油の塩基価維持性能を向上できる[105]．

一方，エンジン油中のCa/P比が，DPFに堆積した灰分中の硫酸塩とリン酸塩の比率に影響し，DPFの圧力損失や酸化触媒の被毒にも影響を与えると考えられている．今後はエンジン油としての基本性能とと共に後処理装置への影響を考慮した添加剤処方技術が必要である．

図2.72　ZPの構造式

2.9.5　酸化安定性

近年のエンジン油の重要な要求品質として酸化安定性がある．エンジン油の劣化は大きく分けると酸化，汚損，添加剤の消耗の三つに分けられる．この中の酸化安定性で重要なことは走行距離が伸びても必要最小限の品質を保つことであり，基油の劣化による粘度上昇，スラッジによるオイルフィルタ詰まりや劣化に伴い生成する有機酸による軸受メタルなど銅鉛合金の腐食などを抑制することが必要である．これらの観点より，エンジン油の酸化安定性を向上する手法としては次の項目が挙げられる．

・基油の酸化安定性の向上
・適切な添加剤（金属系清浄剤，酸化防止剤，無灰分散剤等）の使用

2.9.6　省燃費（低摩擦化と低粘度化）

（a）低粘度化の効果

流体潤滑領域で摩擦を低減するために油の低粘度化は有効である．しかし，低粘度化の効果を十分に引き出すためには摩擦面での油膜の温度や受ける圧力，せん断速度を知り，それらが油の粘度にどのように影響するかを理解する必要がある．高負荷ディーゼルエンジンを用いてエンジン油粘度と燃料消費率の関係を測定した例を図2.73に示すが，100℃動粘度と燃料消費率の間には明確な相関関係が認められる[106]．エンジン内部のしゅう動部ではせん断速度は非常に高いので，マルチグレード油は一時的な粘度低下が起こし，低粘度油

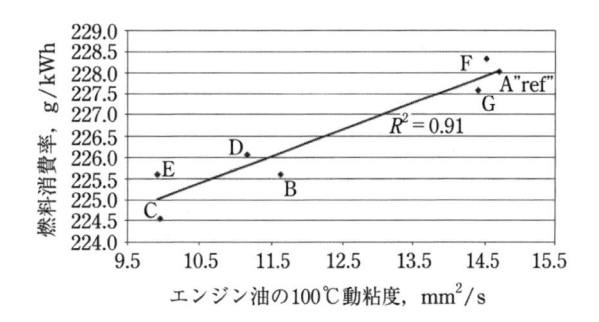

図2.73　ディーゼルエンジン油の100℃動粘度と燃料消費率の関係　〔出典：文献106)〕

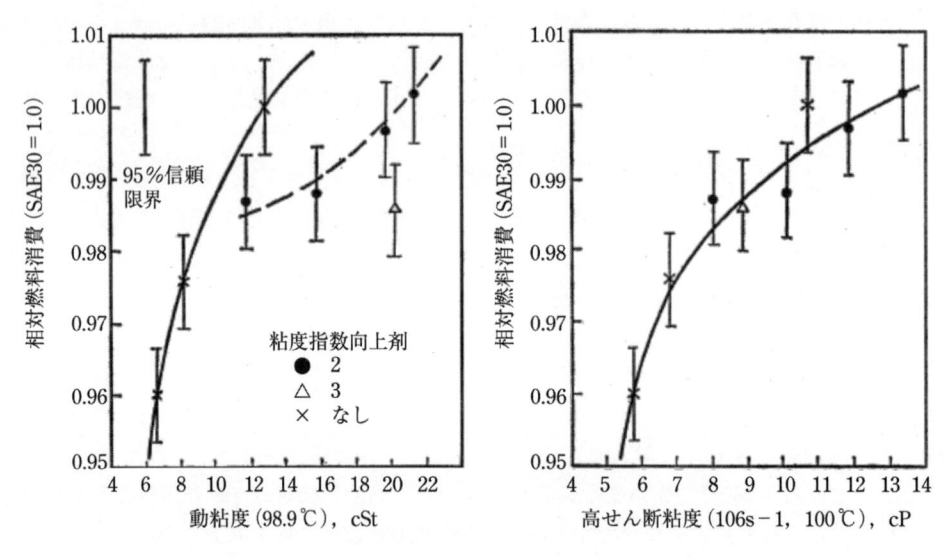

図 2.74 動粘度および高せん断粘度と燃費削減率の関係〔出典:文献 103)〕

を使用した場合と同様の省燃費効果が得られる．図 2.74 にマルチグレード油とシングルグレード油の燃料消費率に関する比較を示すが，マルチグレード油は同粘度のシングルグレード油より少ない燃料消費率を示している．動粘度で比較すると両者は同一線上には乗らないが，HTHS 粘度で整理すると両者は同一線上にまとまる [103]．このようにエンジン油の低粘度化は摩擦損失低減に効果があるが，過度に粘度を下げると油膜厚さが減少して，逆に摩擦が増大したり焼付きや異常摩耗の原因となる．また低粘度化のため軽質の基油を使用すると，高揮発性のため油消費量が増えるという弊害もある．このような観点から低粘度化には限界があるが，合成油は鉱油に比較して低粘度基油でも揮発性が低いので油消費量の点では有利である．

(b) 摩擦調整剤の効果

図 2.75 は境界潤滑および混合潤滑領域での摩擦調整剤の摩擦係数低下効果を示した Stribeck 曲線の概念図である．

摩擦調整剤の摩擦低減機構はその種類によって異なるが次の 3 種類に大別できる．

① 摩擦面に化学ないし物理吸着し，表面に保護膜を作るもの
  ・脂肪酸，エステル，アミド，二硫化モリブデン，グラファイトなど
② 摩擦面に吸着したものが分解し保護膜を作るもの
  ・スルホキシモリブデンのジチオリン酸塩（MoDTP）やジチオカルバミン酸塩（MoDTC）など
③ 摩擦面に吸着したのち表面と反応し低摩擦の表面層を作るもの

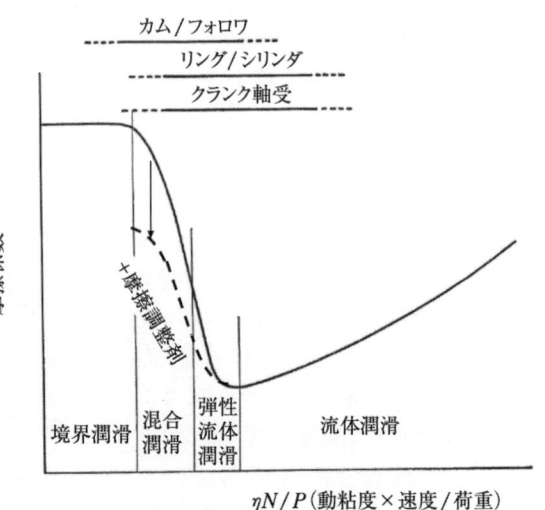

図 2.75 摩擦調整剤による摩擦係数の低下
〔出典:文献 103)を基に作成〕

・リン酸エステル，亜リン酸エステルなど

　摩擦調整剤の効果は表面との化学反応による場合が多いため表面との反応や表面平滑化に時間がかかり，摩擦係数低減効果を発揮するまで走込みが必要な場合がある（ブレークイン効果）．逆に，摩擦調整剤を含まない油に切り替えた後にもその効果が残る場合もある（キャリーオーバ効果）．

3. 油圧機器

3.1 建設機械の代表機種の油圧回路

(小田庸介)

　建設機械の種類は多く，対象とする土砂，岩石あるいは石材によってさまざまな作業機が工夫され，作業形態も多くの種類がある．例えて言えばつるはしやスコップ，斧，鋤，鍬などの作業具に色々なものがあるとの同様であろう．そして，その作業機を駆動する油圧回路もそれに適応した形態となり発展してきている．ここでは，油圧ショベル，ホイールローダ，ブルドーザ等の作業機の油圧回路について述べ，次に建設機械の代表として油圧ショベルについて，各コンポーネントの特徴と材料等について解説する．なお，駆動システムであるハイドロスタティックトランスミッション（Hydro-Static Transmission : HST）についてはホイールローダとブルドーザ，農業機械にフォークリフトも加えて3.3節で解説する．

3.1.1 油圧ショベルの油圧回路

(小田庸介)

　油圧ショベルの外観は図1.4，そこに使用される油圧機器の配置は図1.8を参照戴きたい．バケットやブレード（一部機種）などの作業機，車両上部の旋回装置と左右の履帯式の走行装置をもち，バケットと旋回・走行装置を動かして作業をする．バケットは3節のリンク構造で支持されており，各リンクが油圧シリンダ（ブーム用2本，アーム用1本，バケット用1本など）で動くように構成されている．各油圧シリンダと旋回，走行装置を同時に駆動することでバケットの作業機を自在に動かして作業を行う．油圧ショベルの作業機の油圧シリンダは連続的に高負荷で使われたり，外部から強い衝撃が加わる一方で数ミリ単位の精密な微操作が必要とされる．

　代表的な油圧ショベルの油圧回路を図3.1に示す．油圧回路の系統は作業機系と走行系に分けられるが，走行や旋回と同時にバケット操作も可能であり，かつ運転者の意のままに作業機のスピード配分，すなわち油圧回路の流量配分が操作できることが理想である．また，作業機の複合動作時も相互に動きの干渉がないように動くことが望ましい．すなわち一つのアクチュエータ（シリンダやモータ）の動きが他のアクチュエータの負荷や操作量の影響を受けないようにすることで，例えばブームを上げながら車両上部を旋回してもブーム上昇スピードの変化が少ないことが要求される．回路の基本構成はパラレル回路であるが，作業機の複合動作時の干渉を抑制するための各社各様の工夫がなされている．

　コンポーネントの構成は，多くの場合1または2基の油圧ポンプから油圧バルブ（操作弁）を介して作業機の油圧シリンダおよび旋回モータ，左右の走行モータに油圧を供給している．多くの油圧ショベルの場合，可変容量型油圧ポンプから吐出された作動油は，操作弁で切り替えられ作業機の油圧シリンダ，油圧モータに送られ，各作業機，旋回，走行装置を駆動させる．作業機の速度はバルブの開口量と可変ポンプの吐出量で決まり，また，作業機の駆動方向は操作弁の方向切替え機能で行われる．HSTの場合は切替えバルブなしに油圧モータと直結された可変容量型油圧ポンプの吐出し方向と流量によってモータの回転方向と回転数が決まり，車両の進行方向と速度を制御している．なお，油圧ポンプの作動と，油圧ポンプで油圧モータを回転させる原理についてはHSTの3.3節で述べる．

　近年の油圧ショベル回路の定格圧力はミニクラス（5トンクラス以下）では32MPa，それ以上の

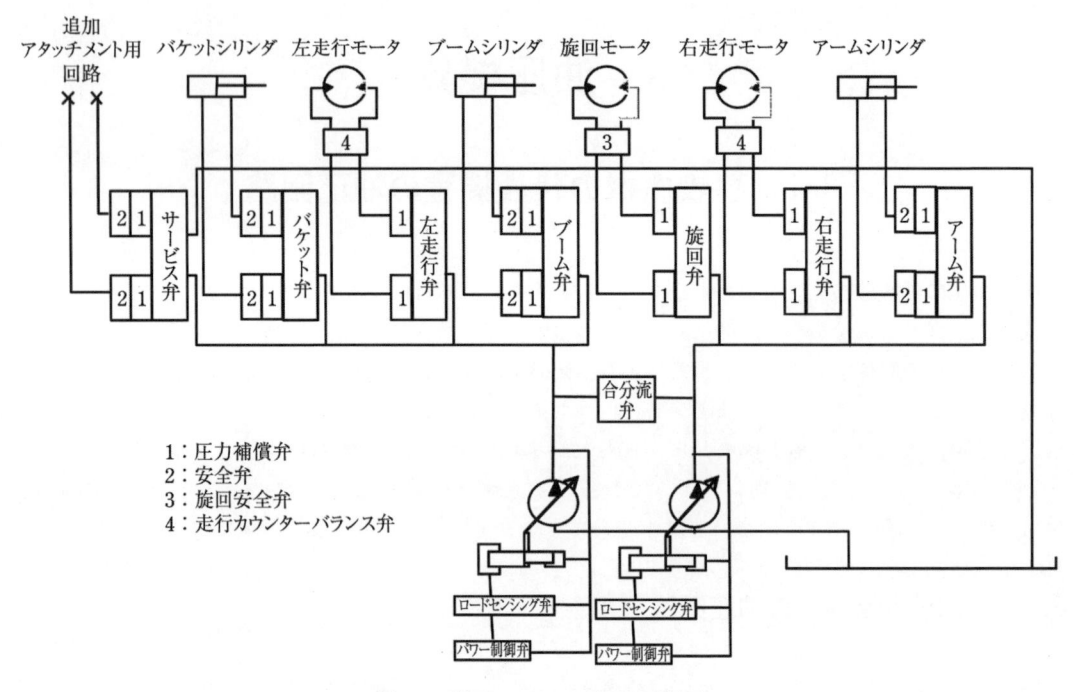

図 3.1 油圧ショベルの油圧回路概要

機種では 35〜38 MPa が主流である．また，一部の機種ではリリーフ弁の設定を使い分け，その中の特定のアクチュエータ回路だけ異なる設定圧力としている．油圧ポンプの種類は斜板式ピストンポンプ，油圧モータの種類は走行用が斜板式ピストンモータで，旋回用は斜軸式ピストンモータが主流である．これらは市販製品や入手性の良いものを選択しているのが実情であり，必ずしも上記の方式にこだわってはいないようである．作動油の使用温度限界は 100〜110℃に設定してオイルクーラなどの容量を決めている．

3.1.2 ブルドーザの作業機油圧回路

(小田庸介)

ブルドーザの作業機油圧回路は比較的単純であり，ブレードやリッパなどの作業機と走行や車両旋回が干渉する複合動作は少ない．このため従来はタンデム回路やシリーズ回路と称する優先順位のはっきりした油圧回路が採用されていた．近年，ブレードによる押し土作業時のステアリング性能の円滑さを改良するため後述のハイドロスタティックトランスミッション（Hydro-Static Transmission：HST）を採用した走行系とステアリング系の油圧化が中小型ブルドーザで進んでいる．

本節ではブルドーザ全般の作業機用油圧回路について紹介する．作業機については車両前方のブレードと車両後方に装着して岩盤を砕くリッパ装置がある．運転者の操作レバーの操作量とブレードやリッパの動きは比例する必要があり，またブレード上下操作は地面を高精度で平滑にすることを要求されるので応答性と微操作性が同時に要求される．

作業機系のコンポーネントとしては単独のポンプと一つの操作弁，各作業機毎の油圧シリンダで構成され，油圧は比較的低く応答性以外に難しい要素はない．ポンプはギヤポンプ，ベーンポンプなどの定容量形ポンプが使用されるが，近年は操作性と省燃費の観点から可変容量のピストンポンプが採用される例も多い．ポンプの定格圧力は 21〜32 MPa であり，潤滑にも難しさは少ない．しかし，ステアリング系と作業機系を共通の回路とする場合には圧力レベルが高くなり（38〜42 MPa），それ

に伴って潤滑面でも問題が生じ，特に応答性が要求されるポンプの容量可変部分での圧力バランスと作動油の潤滑性のバランスは大きな課題である．また，ブルドーザでは作動油タンクから油圧ポンプ，油圧アクチュエータ（ブレード上下，チルト，リッパ，ステアリングモータ）の配置の自由度が油圧ショベルに比べて少なく，長い油圧配管で連結している場合が多い．このために急激な操作による流量増大に起因する吸込み配管内の油柱切れが発生することがある．

3.1.3 ホイールローダの作業機油圧回路

（小田庸介）

通常ホイールローダは作業機系の油圧回路を有し，HST 駆動方式の場合には作業機系とは別に HST 油圧回路を備えている．作業機系油圧回路は優先順位が明確なタンデム回路が基本であるが，近年は流量配分に特徴をもたせたロードセンシング回路も採用されている．ポンプは従来ギヤポンプ，ベーンポンプが主流であったが，近年は操作性改善と低燃費化のため斜板ピストン式可変容量形ポンプが採用されている．油圧回路の定格圧力は定容量形ポンプの場合には 21 MPa 前後，可変容量形ポンプの場合には 32〜35 MPa である．ホイールローダは掘削や積込み作業時には走行しながらバケットを動かすことが多く，エンジン馬力の作業機と駆動系への配分が回路によって決められ，これによって油圧機器各部の負荷も決定される．

3.1.4 ラジエータ冷却ファンの油圧駆動

（小田庸介）

近年大型の油圧ショベル，ブルドーザあるいはホイールローダを中心にラジエータなどの冷却ファンは，従来のエンジン直結のベルト駆動方式から，斜板式油圧モータによる駆動に移行している．油圧モータ方式は配置の自由度が高く回転数制御が可能なことから，燃費低減，騒音低減に役立っており，また逆回転が可能であることを利用してラジエータの土砂目詰まりを清掃することにも利用されている．

3.1.5 各コンポーネントの特徴と材料

（小田庸介，大川聰）

表 3.1 に代表的な建設機械の使われ方と油圧回路および潤滑上の特徴について示す．建設機械の種類によって各々適した回路が採用され，使われ方に応じた回路，コンポーネントが採用されている状況がわかる．また，各コンポーネントにかかる負荷の特徴も機械の種類によって異なるため，同じコンポーネントでも搭載する機械によって使われ方が異なり，各部分の潤滑上の問題も異なっている．この他に，同一の機械でも現場の状況，地域性，運転者の意図によっては負荷が変わることがあり，潤滑の条件も変化するので様々な使われ方を想定して余裕をもった設計，機器等の選定が必要となる．本節では建設機械の代表としての油圧ショベルに使用されるコンポーネントについて，その特徴と材料，潤滑上の特色を述べる．図 3.2 は油圧ショベル用の代表的なタンデム式油圧ピストンポンプの外観であり，図 3.3 はその斜板式ポンプの断面構造である．油圧ポンプへの要求性能は広い範囲の流量変動が頻繁に可能であること，バケットや旋回・走行の機敏な動きが要求されるので応答性が重要である．中小型油圧ショベルではエンジン直結駆動が多いため油圧ポンプの回転数は 2000 rpm 前後に抑えられているので，油圧ポンプは高圧化や大容量化の傾向にある．このため潤滑面での特徴として高 PV 値でのしゅう動部が多く，さらに多様な作動油（エンジン油，パワートレイン油，耐摩耗性作動油，生分解性作動油，難燃性作動油）が使われるため，しゅう動材料やその表面処理や表面仕上げには様々な工夫がなされている．表 3.2 には高圧の高負荷部に使用される材料の概要を示す．斜板式の場合には油圧ポンプと油圧モータは類似した部品を使用しており，シリンダはしゅう動部分に銅合金を接合した鋼鉄製と，摩耗防止のために軟窒化処理を施した鋳鉄製がある．弁板には浸炭鋼が多

表 3.1 建設機械代表機種

機種	車の特徴, 使われ方	油圧回路	回路の特徴	主要コンポーネント
油圧ショベル	同時に複数の作業機, 走行装置を動かす. 岩盤を打撃するような使い方から, 圃場整備, 法面仕上げのように高い仕上げ精度も必要.	作業機系	すべての作業機が同時に駆動可能. レバーの操作量によって作業機の動きのスピードが調整でき, 複数同時作業時も相互に動きの干渉が問題ないように動くこと. 基本構成はパラレル回路で, 作業機同士の干渉を抑制するための工夫がなされている.	ポンプ
				バルブ
				旋回モータ（斜軸式）
				シリンダ
		走行系	作業機の一つと見做される. 走行しながら旋回, 作業機の操作は日常的.	走行モータ（斜板式）
ブルドーザ	地面の掘り起こし, 長い距離の均土作業（直線路, カーブ）が主. 作業現場は広大. ゆるやかな曲線路を均土するために, ステアリングがスムースに切れることが必要.	作業機系	作業機についてはブレードの上下, チルト, アングルおよび車体後方のリッパ装置を油圧で駆動している. 多数作業機の同時操作は少ないが, レバー操作量と作業機の動きは比例する必要がある.	ポンプ
				バルブ
				シリンダ
		走行系（HST）	大型機種は走行およびステアリング装置は機械式のトランスミッションとクラッチ＆ブレーキが主流. 中型機種はステアリング部分に油圧差動装置を用いたハイドロスタティックステアリングもある. 小型の機種では, 走行装置をHST化している例も多い. （3.3節に詳述）	ポンプ
				モータ
ホイールローダ	積み込み機といわれるほどで, 土砂類をすくってダンプトラックに積み込む作業が多い. 車の動きとしては前後進の切り替えの多い, V字型の往復走行となる. 車体の慣性を利用して作業機で岩盤を突き崩す, 突っ込み作業に使われることもある.	作業機系	走行時も作業機の力, 速度を確保する必要がある. すくい上げ, 廃土（ダンプ）時は作業機の上下運動とバケット角度の調整の同時操作が必要.	ポンプ
				バルブ
				シリンダ
		走行系（HST）	前後進作業が多いため, 切返し操作が多い.	ポンプ
				モータ

く使われ, シリンダとのしゅう動面には鉛青銅や黄銅系の合金が接合されるか, 逆にシリンダ側に鉛青銅等の銅合金が接合されている場合がある. ピストンは焼入鋼や浸炭鋼, 窒化鋼で作られている. ピストン頭部のロッカカムとのしゅう動部分に黄銅製のピストンシューが付いている. ロッカカムは浸炭鋼が多く使われ, このしゅう動平面の角度（傾転角）でピストンのストロークを変えてポンプ流量を調整する役目を担っている. ロッカカムのピストンシューしゅう動面の裏面は半円状の軸受（クレードル）構造をとることが多く, 鉛青銅や黄銅あるいは固体潤滑剤被膜[1]のすべり軸受, あるいは転がり軸受が使われるが, 構造上の工夫により鉄系の材料に熱処理を施しただけのすべり軸受もある.

の回路の特徴

コンポーネントの特徴	潤滑上の特徴	備考
応答性 流量変動が大きい 高圧化の傾向が著しい エンジン直結で使用が多い	P（押付け面圧）の高い部位，V（しゅう動速度）の高い部位それぞれ，構造，材料の工夫が必要	材料の組合せは多岐に及ぶ．
流量配分精度が重要 応答性 大流量（シリンダボトム戻り）	自動弁の自励振動の問題が多い．シリンダボトムからの大流量に対する対応（フローフォース）	
微操作性 軸ブレーキを内蔵	静動摩擦の差の極小化 スリップ特性の改善（漏れ，漏れの温度依存性小）	使用回転範囲大　微操作性，微操作時の摩擦力の安定が必要．
耐衝撃，耐土砂，耐熱		環境が最も過酷（外部にさらされるロッド部分をシールする）
頻度は小 激しい前後切替え 軸ブレーキコンパクト性(インシュー)	ポンプとほぼ同様 軸ブレーキについては旋回モータの場合と同様	使用回転範囲大
応答性	応答性のため各しゅう動部は油膜を十分に確保 急応答時の油柱切れによるキャビテーション発生あり	
応答性要 対衝撃性 一定連続負荷 2ポンプ-2モータ系では吐出し量の一定化（1対のポンプの相互の流量差） 回転計		
コンパクト性(履帯シュー幅内に収納) 軸ブレーキ		
流量変動大		
優先回路（バケット優先）		
衝撃，耐土砂，耐熱		
両方向吐出し 頻繁な吐出し方向の切替え	コンパクト化，高速化	
コンパクト性（高速化）	コンパクト化，高速化	

　ダンプトラックやホイールローダ，ブルドーザの一部の機種では作業機系の油圧ポンプにはギヤポンプが使われている．ギヤポンプのケースは鋳鉄鋳物やアルミニウム合金が使われ，歯車は浸炭鋼でその軸受にはオーバレイ付き鉛青銅や PTFE 入り鉛青銅などが使われている．なお，一部の機種ではベーンポンプが使われている．

　図 3.4 は油圧ショベル用メインバルブの外観例である．油圧バルブへの要求性能も広範囲の流量変動への対応と微操作性や応答性が必要である．また，ブーム降下の場合など油圧シリンダからの大流量の作動油流入に伴って，油圧バルブ内では流体の運動量により発生する力（フローフォース）の影

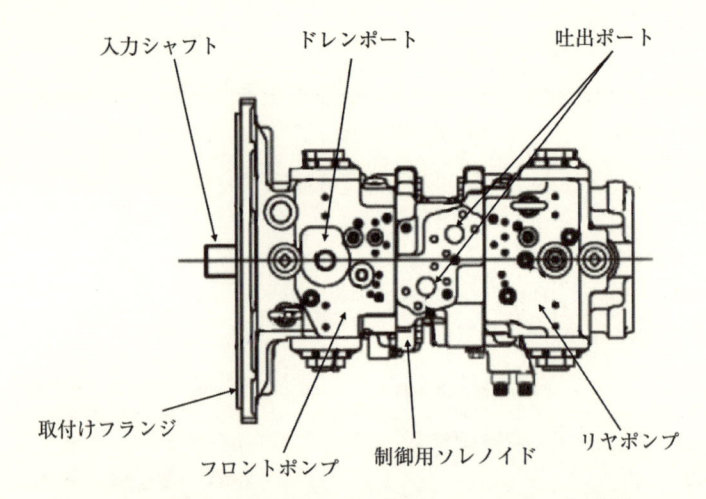

図3.2 油圧ショベル用タンデム式油圧ピストンポンプの外観

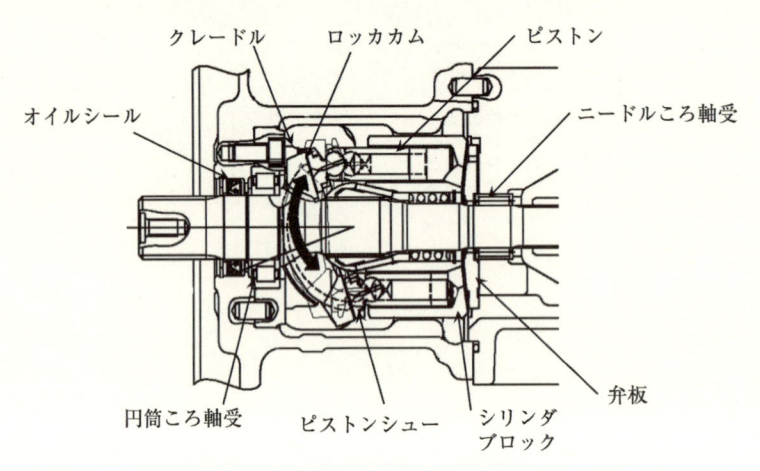

図3.3 斜板式ピストンポンプ断面図

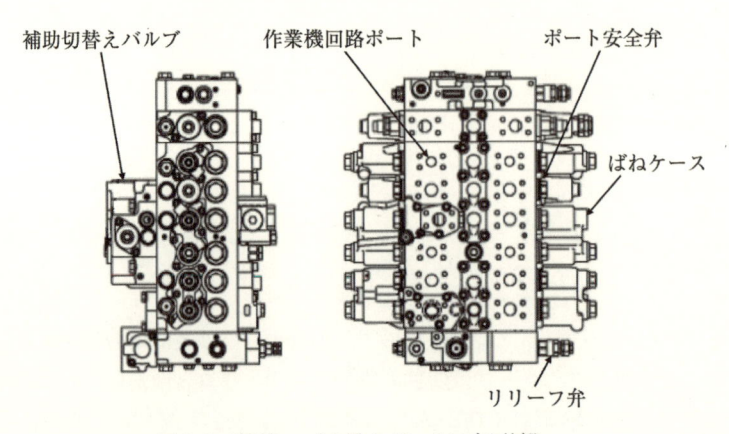

図3.4 油圧ショベル用メインバルブの外観

響によりスプールが高速微振動や高速回転を起こして油膜切れが発生し，摩耗や焼付きが発生する場合がある．さらに，流量配分と前述の複合動作時の作業機シリンダの動きの干渉を抑制するため自動弁が多用され，そこではスプールの自励振動やスプールストローク時の衝突による摩耗や，油圧がか

かった状態で長時間静止する場合に発生する一時的固着（シルティング現象）も問題になる．通常の油圧バルブではスプールとバルブブロック間との直径すきまは 10～30 μm であるが，内部リークが問題になる場合は数 μm のすきまに製作される．高圧下でのスプール弁，ポペット弁の開口時にはわずか数十 μm のすきまから噴出する．このときには 100 m/s を越える流速で作動油が流れるので，局部的にキャビテーションエロージョンによる損傷や作動油のせん断により機器の性能に影響する場合がある．バルブ本体は鋳鉄でスプールは浸炭鋼の採用が多い．

図 3.5 に油圧ショベル用の旋回モータと旋回マシナリの外観を示す．旋回する車両上部（上部旋回体）の慣性が大きいこと，また駆動部分にギヤのバックラッシなどの遊びがあるために旋回モータは特有の微操作性を要求される．すなわち旋回起動時がスムースになるように静動摩擦係数の差の影響を低減するための機器や潤滑上の工夫が必要となる．油圧モータは上部旋回体を機械的に固定するための軸ブレーキ機能を内蔵することが多いが，湿式多板ブレーキには様々な油圧作動油（生分解性作動油なども含めて）中で大きな摩擦係数を示す摩擦材が採用される（4.9.3 項の図 4.52 参照）．旋

表 3.2 建設機械用油圧機器　主要部分の材料と潤滑条件（高圧系）

機器	主要なしゅう動部位	しゅう動形態	面圧, MPa	PV値, MPa·m/s	ρ値	部品の材質 [部品A]	部品の材質 [部品B]	備考
斜板ポンプ	クレードル～ロッカカム	円筒面静圧軸受	10～20	2～5	比較的高い	[クレードル] 銅合金	[ロッカカム] スチール（浸炭）	高面圧である．力のバランスによってはロッカカムの振動（踊り）によって断続的なたたかれ摩耗を生じる．
						鋳鉄ベースに銅合金プレート乗せ	スチール（浸炭）	
						鋳鉄	スチール（浸炭）	
						鋳鉄ベースに樹脂コーティング	スチール（浸炭）または鋳鉄	
		円筒面ベアリング	—	—	—	[クレードル] 鋳鉄窒化，スチール焼入れに円筒ころベアリング乗せ	[ロッカカム] スチール（浸炭）	静圧軸受方式に比べてしゅう動抵抗小なので，応答性を要求される場合に採用されるが，一定位置での保持される場合，局部的な面圧で油膜切れ
	ロッカカム～ピストンシュー	平面静圧軸受	3～6	30～100	中位	[ロッカカム] スチール（浸炭）	[ピストンシュー] 銅合金	バランスが悪いとパッド面の異常摩耗，たたかれが発生．
						スチール（浸炭）	焼結銅合金	
						鋳鉄（＋軟窒化）	スチール（浸炭）	
	ピストンシュー頭部	球面静圧軸受	—	—	—	[ピストンシュー] スチール（焼入れ，浸炭）	[ピストン] スチール（窒化，浸炭）	球面の確保が必要．
	ピストン～シリンダブロック	円筒面しゅう動	0.5～1.2	0.8～1.5	—	[ピストン] スチール（浸炭または窒化）	[シリンダブロック] スチールに銅合金溶着または圧入	真円度の確保が必要．
						スチール（浸炭または窒化）	鋳鉄軟窒化	
						スチール（浸炭または窒化）	焼結	
	シリンダブロック～バルブプレート	静圧軸受	1～3.5	10～45	比較的低い	[シリンダブロック] スチールに銅合金溶着または圧入	[バルブプレート] スチール（浸炭）	CB圧力切替えに起因するみそすり運動を支える．場合によっては外周に沿って静圧パッドが有効．
						鋳鉄に銅合金溶着	スチール（浸炭）	
						焼結	銅合金焼結または溶着	
	容量制御ピストン～ケース	円筒面しゅう動	—	—	—	[ピストン] スチール（浸炭）	[ケース] 鋳鉄	ロッカカムの傾転力を支えるためモーメントが発生する
	容量制御弁スプール～ボディ	円筒面しゅう動	—	—	—	[ケース] 鋳鉄	[スプール，ピストン] スチール（浸炭）	自励振動が発生しやすい．一定位置で静止した場合に一時的な固着．
	シュー～シューホルダ	平面回転	2～5	1.5～2	—	[シュー] スチール，銅合金等	[シューホルダ] スチール（浸炭）	

表 3.2 続き

機器	主要な しゅう動部位	しゅう動形態	面圧, MPa	PV値, MPa·m/s	ρ値	部品の材質 [部品A]	部品の材質 [部品B]	備考
斜軸モータ	ドライブシャフト～ピストン	球面しゅう動	—	—	—	〔ドライブシャフト〕スチール窒化	〔ピストン〕スチール（窒化，浸炭）	みそすり運動
斜軸モータ	ピストン駆動部～シリンダブロック	円筒面しゅう動	300～1 000	500～2 000	—	〔シリンダブロック〕鋳鉄 / スチール（浸炭，窒化）/ スチールに銅合金溶着または圧入	〔ピストン〕スチール（浸炭，焼入れ）/ スチール（浸炭，焼入れ）/ スチール（浸炭，焼入れ）	回転力を伝える．てこの原理によるこじり力．
斜軸モータ	軸ブレーキプレート～ディスク					〔プレート〕スチール	〔ディスク〕ペーパ摩擦材	静止摩擦力の確保
ポンプ，モータ共通	シャフト～オイルシール	円筒面しゅう動	—	V=5～10m/s	—	〔シャフト〕スチール（浸炭）	〔オイルシール〕NBR系ゴム	締付け力とのバランス．油膜の確保．
ポンプ，モータ共通	シャフト入力スプライン部	歯面かみあい	30～200		—	〔シャフト〕スチール（浸炭）	〔カップリング〕スチール（浸炭）	はねかけ潤滑またはグリース潤滑．
コントロールバルブ	自動弁スプール，ピストン	円筒面しゅう動 高速回転	—	—	—	〔ボディ〕鋳鉄 / スチール（焼入れ）	〔スプール，ピストン〕スチール（浸炭）/ スチール（浸炭）	自励振動，静止固着
シリンダ	ピストン～チューブ	円筒面しゅう動				〔ピストン〕スチール（焼入れ焼戻し）	〔チューブ〕スチール（焼入れ焼戻し）	
シリンダ	ロッド～チューブ	円筒面しゅう動				〔ロッド〕スチール（浸炭，硬質めっき）/ スチール（浸炭，硬質めっき）	〔チューブ〕スチール（焼入れ焼戻し）/ 銅合金	

回モータが駆動する旋回歯車装置も左右回転が繰り返されるために，疲労損傷の問題もある．また，構造上強制潤滑しにくいため摩耗粉が溜まり損傷を加速していることが考えられる．

また，旋回体の中心部には油圧を車両下部の走行モータに導くスイベルジョイント（回転継手）という装置（図 1.8 参照）があるが，ここでは O リングを回転周方向にしゅう動させて使う特徴がある．ニトリルゴム（NBR）や水素化 NBR（HNBR）が使われる．

代表的な作業機用の油圧シリンダの断面図を 図 3.6 に示す．油圧シリンダのロッドシール部は土砂・粉塵（ダスト），泥水，海水など過酷な外部環境に直接曝される．このため高圧部からの油漏れやにじみを防ぐと同時に，外部からのダストや水分の侵入を防ぐ必要がある．単一パッキンでは高圧の作動油の漏れとダスト侵入を同時に止めることは難しいため，シリンダチューブ内の高圧を受けるバッファリングと油漏れを止めるロッドパッキン，そして外部からのダストの侵入を防ぐダストシールに機能を分けている．ピストンロッドには摩耗を防ぐためにクロムめっきが施されているが，クロムめっきはポーラスなため下地の鋼が錆びる可能性があるのでめっき処理に工夫がなされている．また，クロムめっきより耐摩耗性に優れた酸化クロムの物理蒸着（Physical Vapor Deposition : PVD）コーティングなども検討されている[2]．ロッドシールのバッファリングには充填剤配合ポリアミド樹脂（polyamide : PA）リングとウレタン（AU）パッキンの組合せが使われ，ロッドパッキンには充填剤配合 PA や四フッ化エチレン（polytetrafluoroenthylen : PTFE）の硬いリングと NBR や HNBR の U パッキンの組合せが使われている．ダストシールには耐摩耗性に優れた AU が使われている．ダストリップやバッファリングについては材料上の工夫が多くなされている[3]．また，ロッドパッキンやダストシールはピストンロッド表面に薄膜の油膜を形成するように設計されており，これによりロッドパッキンやダストシールの摩耗を防ぎ，スティックスリップによる鳴きを防止している．キャップ側のピストンシールは充填剤配合 PA と NBR の組合せパッキンと充填剤入り PTFE のウェアリングから構成されている．

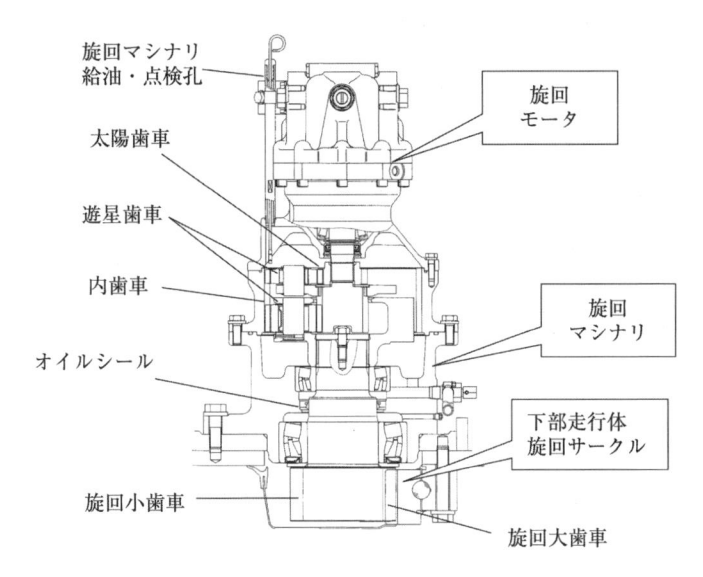

図 3.5 油圧ショベル用旋回モータ外観と旋回マシナリ断面

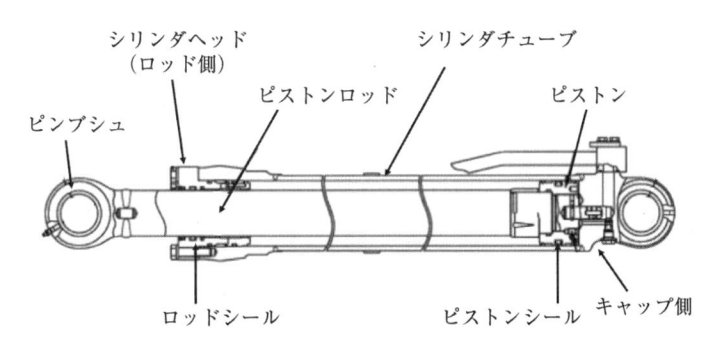

図 3.6 油圧シリンダの断面

　走行モータは油圧ショベルでは使用頻度は比較的少なく，使用条件は他の油圧機器と比べ軽負荷の場合が多い．油圧ショベルでは履板の幅内に走行モータを収める必要があるため，終減速機と組み合わせてコンパクトに設計されている．軟弱地での走行が多い場合には頻繁な前後進によって終減速機のバックラッシに起因する衝撃荷重が問題になることがある．また，走行モータも湿式多板式の駐車ブレーキを備えており，摩擦材には旋回モータの軸ブレーキと同様の配慮が必要である．

3.2　農業用トラクタの油圧回路とコンポーネントの特徴

（妹尾常次良）

　代表的な農業用トラクタの油圧回路を図 3.7 に示す．この例ではエンジンで駆動される 2 連のポンプから一方は作業機制御系統の油圧回路へ導かれ，もう一方はパワーステアリング制御部を経て前後輪の変速制御部および動力取出し軸（Power Take-Off：PTO）制御部に導かれる．一般にギヤポンプなど定容量形ポンプが採用され定格圧力は 15〜20 MPa である．

　農業用トラクタの場合，走行を制御しながら作物に合わせた精度の高い作業をすることが主になる．実際の作業としては耕運，整地，畦立て，また軽土木作業のような掘削，牽引，運搬などがあり，目

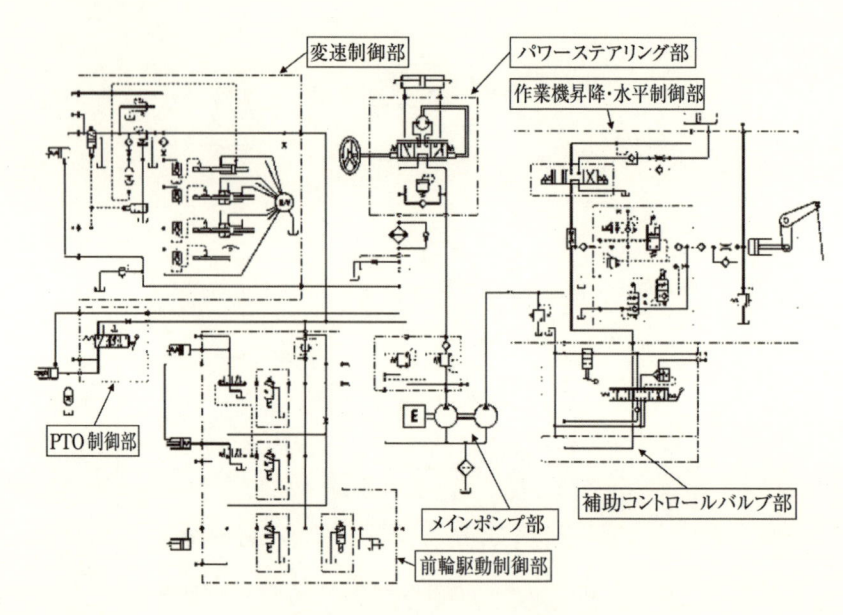

図3.7 農業用トラクタの油圧回路

的に応じた多様なインプルメント[*1]や，アタッチメント[*2]が装着される．そのため油圧回路各部にインプルメントやアタッチメント用の補助コントロールバルブなどが設置されている．油圧回路構成としては走行制御と作業機制御の2系統に分けて，相互に作動干渉がないようにされている．走行制御系については四輪駆動の切替え，変速制御部およびステアリング制御回路への均一な圧力制御を確保するとともに，PTOを介して作業機から伝わる衝撃的な負荷にも耐えられるように構成されている．

潤滑上の特徴として油圧回路の最高圧力は比較的低く作業現場も限定されるため，建設機械に比べて厳しい潤滑条件とはならない．建設機械と大きく異なることは，エンジンを除く全てのコンポーネントをトランスミッションと共用する1種類の潤滑油で制御している点である．このため歯車やクラッチ・ブレーキの摩耗粉，あるいは結露による水分の混入などから油圧システムを保護する装置が重要となる．しかも，小型の車両であるため各制御部の搭載スペースや製造コストの制約がある．油圧装置については操作性の向上を図ると同時に，簡素な構造と必要十分な機能をもつ必要があるので技術的な設計の難易度は建設機械と同等である．

3.3 建設機械と農業機械の静圧式無段変速機 HST

（妹尾常次良，小田庸介）

HSTは広い意味では容積型の油圧ポンプと油圧モータを使用した動力伝達装置であるが，閉回路を構成しているものが建設機械，農業機械，フォークリフトの走行装置に採用されている．図3.8は1対の油圧ポンプと油圧モータを組み合わせたHSTの基本構成である．可変容量型ポンプと固定容量型モータの組合せで，可変容量型ポンプの吐出し方向と吐出量によってモータの回転方向と回転数が決まり，車両の進行方向と車速がコントロールできる．なお，3.1.1項に述べたように油圧ショベ

[*1]インプルメント（Implement）：トラクタなどの車両に搭載されている原動機の動力を油圧などにより取り出して目的の作業をする作業機のことをいう．
[*2]アタッチメント（Attachment）：本体や作業機の作業効果を引き出すために取り付ける器具や付属品のことをいう．建設機械ではインプルメントに該当する作業機も含め全てアタッチメントと言う．

ルの駆動系は開回路であるので方向切替え
は操作弁による.

図3.9の農業用トラクタの例では1対の可変ポンプと固定モータの組合せで閉回路を構成しているが，モータを可変容量型とした機種もある．この例では前進側，後進側にそれぞれ高圧のリリーフ弁をもち，また常時トロコイドポンプ等から閉回路低圧側にチャージリリーフ弁で設定した圧力で油量不足を補うようにチェック弁を設置している．最も簡単な場合は，HSTには前後進切替えと変速機能だけをもたせ，前輪操舵や左右の駆動輪，履帯への動力の伝達の断続によるステアリング機能を実現している．一方，左右それぞれに1対のポンプとモータをもち，HSTでステアリング機能を兼用する機種がある．いずれも左右の駆動軸の逆回転が可能となるためその場旋回（以下スピンターン）ができる．

HSTの特長は，
　①無段階の変速ができる．
　②変速操作が容易かつスムーズである．
　③全域にわたって速度の微調整が容易．

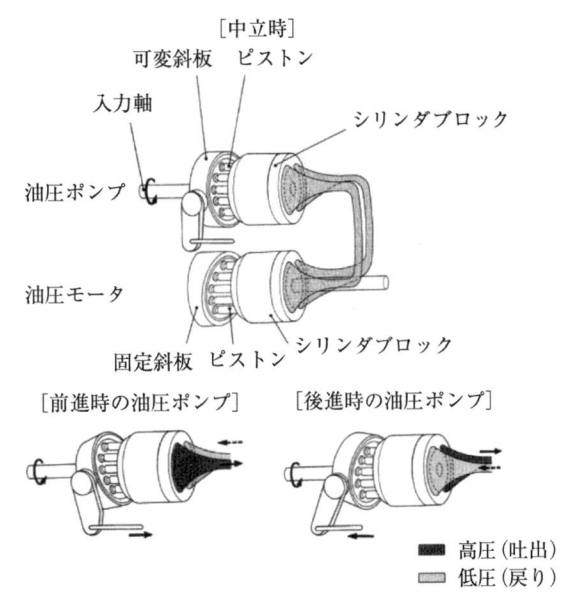

図3.8　HSTの基本的な作動原理

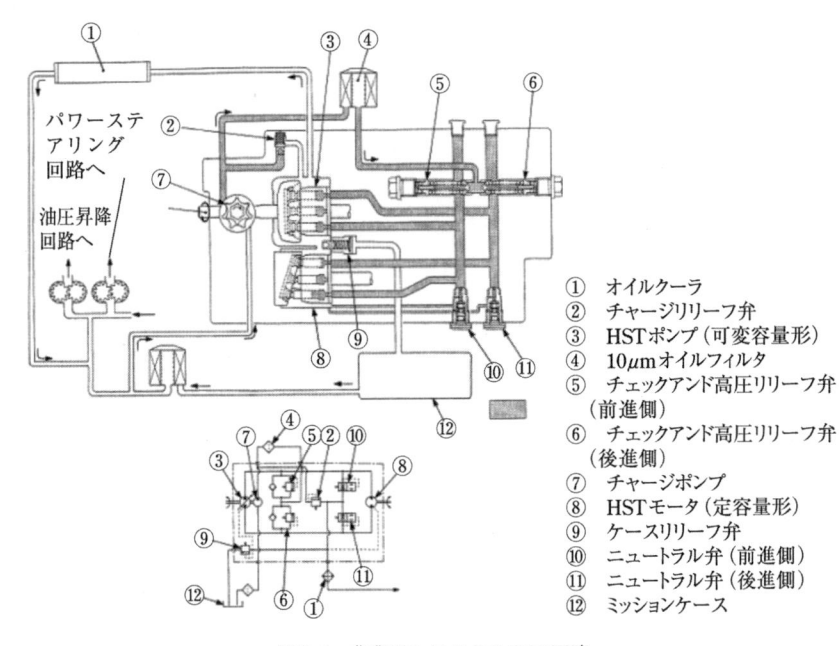

図3.9　農業用トラクタのHST回路

① オイルクーラ
② チャージリリーフ弁
③ HSTポンプ（可変容量形）
④ 10μmオイルフィルタ
⑤ チェックアンド高圧リリーフ弁（前進側）
⑥ チェックアンド高圧リリーフ弁（後進側）
⑦ チャージポンプ
⑧ HSTモータ（定容量形）
⑨ ケースリリーフ弁
⑩ ニュートラル弁（前進側）
⑪ ニュートラル弁（後進側）
⑫ ミッションケース

表 3.3　各産業用車両の HST に対する要求品質

	ブルドーザ用	ホイールローダ用	農用トラクタ用	フォークリフト用
直進性	◯		◯	◯
最高車速		◯		
ステアリング性能 （緩旋回，スピンターン）	◯		◯	
前後進切替え性能		◯	◯	◯

◯：特に重要視される性能

④比較的馬力の小さい領域ではコスト上の優位性がある．
⑤比較的広範囲で効率のよい伝動が可能で，省エネ性に優れる．

　これら HST の特長を各車種がどう生かしているか，そのためにどのような油圧回路・構成としているかを表 3.3 に示す．

3.3.1　ホイールローダの HST

（小田庸介）

　ホイールローダは短い距離での前後進の繰返し作業を行いスピードの変化も大きい．これは閉回路上のポンプにとって，吐出し方向の頻繁な切替えと容量変化，モータにとってもやはり頻繁な容量変化が必要となり，各部分の潤滑については比較的高い *PV* 値でのしゅう動繰返し負荷が中心となる．
　また，車両が走行している慣性力を利用して，比較的硬い岩盤等に突っ込む作業もしばしば行われる．この場合，衝突時の衝撃が走行装置に直接かかることになり各伝達部分やしゅう動部分の面圧が高くなることがあり，潤滑上難しい局面が生じることがある．
　一方，掘削作業以外の場面でも，ホイールローダは走行する機会が多い．作業現場への自走，バケットに土砂や石材をすくって搬送する場合もあり，積雪期には路上の雪を除雪する作業にも多用される．このため走行の最高速度も重要な特性であり，ポンプ，モータの容量の可変範囲が広くとられる傾向にあり，しゅう動部分の潤滑条件もこれに応じて広範囲に変化する場合が多い．
　駆動系に HST を採用する場合は通常閉回路のポンプとモータの組合せで，低速から高速までをカバーするためにポンプ，モータともに無段容量可変タイプとし，しかも容量可変領域は広くなる傾向にある．潤滑上も可変領域を大きくとるために斜軸の傾転角範囲が大きく，各部のしゅう動条件が限界付近になることが多い．また，同時に衝撃的な荷重に耐えるだけの面圧，油膜が必要になる．
　ホイールローダについては，ミニから小型（～80 kW）のホイールローダの走行装置については多くの建設機械メーカーはほとんど HST を採用しており，中型（80～150 kW）についても HST を採用している例が多い．大型機種（180 kW 以上）については対応する油圧機器の品揃えとコスト上の制約から，HST 化されていない例が多くなっている．
　また，近年の特徴として図 3.10 のように電子制御機器との組合せで，運転状態，エンジン回転に合わせた最適の制御が比較的低コストで実現可能となってきていることも見逃せない．

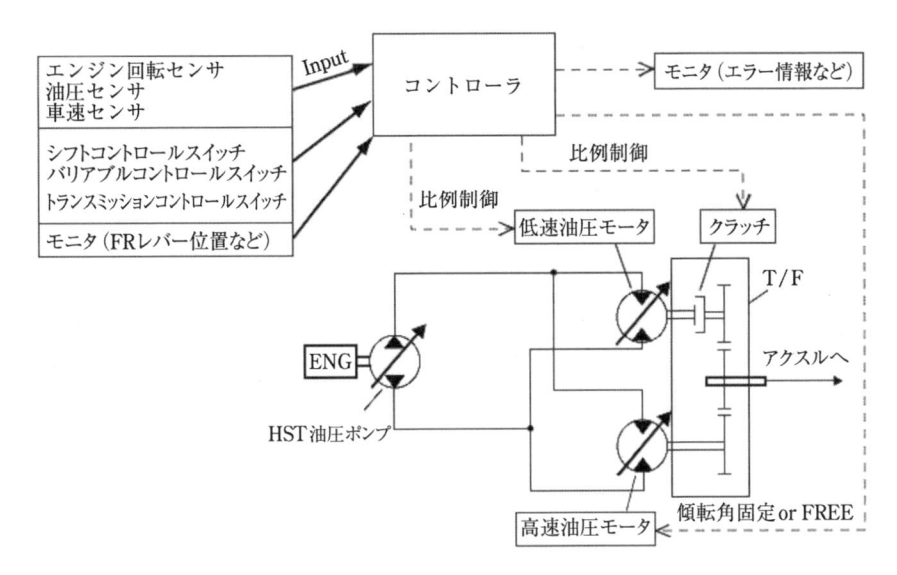

図3.10 電子制御された建設機械（ホイールローダ）のHSTの例

3.3.2 ブルドーザのHST

(小田庸介)

　大型機種においては走行およびステアリング装置は機械式のトランスミッションとトルクコンバータ，ブレーキ，クラッチの組合せが主流であり，また中型も同様であるが，ステアリング装置については，スムーズな旋回性能を達成するため油圧式の差動歯車装置を用いる場合がある．詳細についてはブルドーザのパワートレインの後述4.3.1項を参照いただきたい．中大型においてHST方式が採用されにくいのは，大型機種に対応する大馬力の油圧機器が普及しておらず，コストが高くなることが要因の一つと考えられる．

　これに対して小型機種では近年HSTを採用する機種が増えて主流になりつつある．HSTを採用するメリットは走行速度および前後進の切替えのスムーズさや，効率の高さもさることながらステアリング性能の良さが評価されている．すなわち，ステアリング操作量の微小なコントロールができることで，大きくゆるやかな円弧をスムーズに描くことが可能である．一方，左右履帯をそれぞれ逆方向に駆動することで，スピンターンが可能となることが挙げられる．また，比較的長い距離の押し土作業では，車両の直進性が重要なポイントとなるため，近年は左右の駆動部分に装着された回転センサとの組合せにより直進性を確保する工夫がなされている．これにより従来油圧駆動方式の欠点であった傾斜地横断時の谷側方向への曲がり現象について，機械式以上の直進性能を発揮できるようになったことも，HST採用に拍車をかけている．

　ブルドーザに採用されるHST走行，ステアリング装置の特徴としては，上述の車両の使われ方の特徴に対応して，下記のような性能上の要求がある．

　①変速範囲が広くとれること
　②一定速度での走行，掘削作業が多いことから，一定条件での連続運転（一定吐出量，一定圧力など）が多い．
　③作動油の潤滑性，対極圧性とも関係するが，各機器にとっては，一定条件を長時間保持した場合の各部品の潤滑性が問題になることがある．

3.3.3 農業機械の HST

(妹尾常次良)

(a) トラクタ

ここでは農業用トラクタの駆動，けん引装置に用いられる HST について述べる．通常，トランスミッションには主変速に加えて，作業速度を幅広くとるための副変速機があり，HST 化した場合にも 2～3 段の副変速機を備える場合が多い．メカニカルトランスミッションの切替え方式と異なり，任意の車速設定が可能で，かつ操作性，加減速性能に優れているため走行条件が多様で変速操作を頻繁に行う作業に適している．また，ポンプの傾転角を変えるだけで前後進の切替えが可能であり，特別な切替え装置を必要としない．図 3.11 に農業用トラクタの HST を使用したトランスミッションの断面図の例を示す．この装置では HST と 3 段の副変速機を組み合わせた構造となっている．

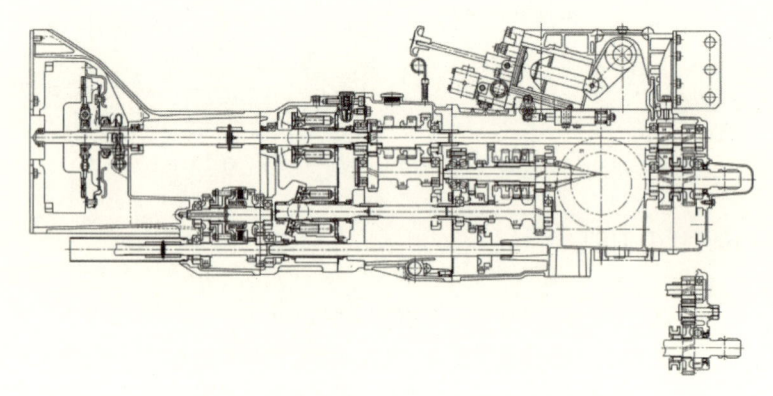

図 3.11 農業用トラクタのトランスミッション

(b) コンバイン

コンバインは 1.3 節に述べたように，刈取りと脱穀，排わらの処理，穀粒の貯蔵や排出を同時に行う収穫用の作業機である．

駆動変速装置は無段変速の HST と，移動，作業で車速を大きく変えるための副変速機を組み合わせたものが主流である．特に稲刈り作業では刈取りはじめ微速で作業を行う必要があるため HST は多様化されつつある．最近ではモータを可変容量として副変速機能を HST にもたせているものもある．

(c) その他の農業機械

田植機については HST と副変速機を組み合わせたものが多くなっている．また，欧米で常用されているユーティリティビークルの類も HST を採用しているものもある．乗用芝刈り機についてはシンプルな HST だけの変速機構を採用している場合が多い．いずれの場合も，無段階の変速，前後進を含めて，操作の容易さが HST 化の狙いである場合が多く，また，車両の使われ方に対してエンジン回転を最適に制御することができるため，省燃費性にもすぐれている．これらの特徴を生かして，今後発展する駆動方式と考えられる．

3.3.4 フォークリフトの HST

(小田庸介)

フォークリフトはバッテリによる電気駆動が主流であり，エンジン駆動車両は軽負荷用の前後進 2 速の AT が使われている．この中で一部の欧州メーカーは HST を採用しているが，その狙いは次の項目が挙げられる．この分野では電動ハイブリッド化とともに HST 化の動向が注目される．

①フォークリフトは特に前後進の切替えによる荷の上げ下ろしが多いため，スムーズな前後進の切替え，速度コントロール，ステアリング性能が達成しやすく，また操作も容易であること．
②走行と作業機系の油圧回路の所要馬力を合理的に設定することができるため，省エネが図れること，場合によっては1クラス小型のエンジンで同等の性能を発揮できる．
③小型のエンジンが採用できるので，車両コストが優位となる場合があること．

3.4 主要部品の潤滑面での特徴

（小田庸介）

各コンポーネントの潤滑上の特徴は3.1.5項で述べたが，共通する部分の標準的な特性を以下に述べる．同一の PV 値でも接触圧力が高いか，しゅう動速度が速いかで潤滑上の特性は異なり，部品の材料の選択においても違いがある．

斜板ポンプの場合（図3.3参照）を考えれば，斜板の駆動部分に関連する部分では高い面圧 P と低いしゅう動速度 V となる部位が多い．斜軸式の場合でも同様であるが容量（流量）を変えるには，30～40 MPa のピストンの吐出圧力の反力を受けているロッカカム角度を変える必要がある．したがって，吐出圧力の反力に相当する荷重（例えば容量 200 cm³/rpm 級のポンプで約10トン）を支えながらクレードル式の場合は円筒面に沿ってロッカカムの角度を変える．単純に円筒面で受けると，摩擦係数の大きさから大きな傾転の駆動力が必要とされるので，円筒面部分が静圧軸受となるように静圧ポケットを構成して高圧油圧回路から油圧を導入し，実質の押付け力を低くして摩擦力を低減する工夫がなされている．

ロッカカム角度を変えるためのサーボピストンは様々な形式があるが，多くの場合制御ピストンの動きをリンク機構でロッカカムに伝える方式をとっている．リンク機構部では静圧軸受構造をとることが困難であり，こじり力により高面圧になる箇所がある．サーボピストンとリンク部品の材質には通常は浸炭鋼や窒化鋼が採用されている．

一方，流量吐出しの機能を分担するピストン～シリンダブロック～弁板部分は回転しゅう動，往復しゅう動によるしゅう動速度 V が比較的高く，また吐出し側の高圧回路からの油圧を積極的に導入できるために静圧パッド構造が多く採用されている．ロッカカム～ピストンシューのパッド面についてはピストン吐出し側から油圧を導入するきり穴が設けられシューパッド面を静圧軸受としている．

シューパッド面の形状は，ピストンによる押付け力と静圧ポケットによる開離力の比を考えて様々なパターンを採用しているが，図3.12のように押付け力と開離力の比が設計の目安にされている．

ピストン～シリンダブロック間は静圧軸受構造はとらず，円筒面のしゅう動に対しては高圧側からの油漏れによって潤滑している．また，斜軸式の油圧ポンプやモータの場合は，シリンダブロック中でピストンが直線運動ではなく小角度のみそすり運動をするためピストンリングが採用されることが多

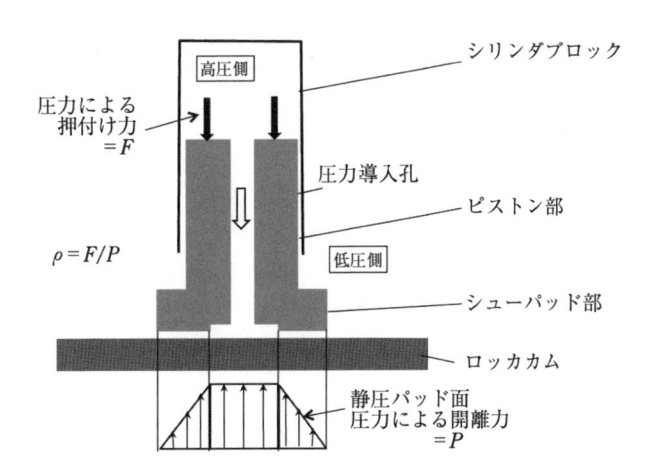

$\rho = F/P$

図3.12 押付け力と開離力の比（ρ 値）の概念

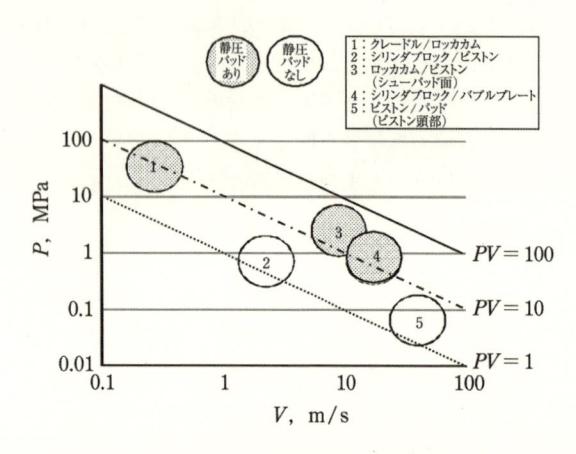

図3.13 ポンプ部品のしゅう動条件

凡例:
- 静圧パッドあり
- 静圧パッドなし
- 1: クレードル／ロッカカム
- 2: シリンダブロック／ピストン
- 3: ロッカカム／ピストン（シューパッド面）
- 4: シリンダブロック／バルブプレート
- 5: ピストン／パッド（ピストン頭部）

い．ピストン外周にはめ込まれたピストンリングによって高圧側からの漏れを低減する構造であり，ピストンリングしゅう動面は曲面に加工されている．斜軸式の場合はピストンの軸部分でシリンダブロックを駆動しているが，この部分は低圧側ケース内にあるため十分な潤滑油量が得られない場合が多い上に押付け面圧も高いため，材料や表面処理などに工夫が必要である．

油圧ポンプ各部位のしゅう動条件の圧力 P としゅう動速度 V を図3.13に示す．この P および V 値に対する材料の組合せはノウハウであり，構造上の制約や材料入手性を勘案して設計されている．本図からは PV 値で10未満では静圧軸受構造は通常採用されず，PV 値10を越えると静圧軸受構造が用いられることがわかる．PV 値100を越える条件はないこともわかる．一般には静圧軸受構造が採用できる場合には，できるだけ高圧側の回路に接続して圧力導入を図って負荷面圧を下げることが重要である．材料については，強度としゅう動性能を考慮して各種合金が採用されるが，今後の方向は環境保護の観点から無鉛化なども進める必要がある．このためには材料面の工夫だけでなく，構造変更や寸法変更をする必要がある．

3.5 油圧ポンプのトライボロジー

(斎藤秀明)

3.5.1 油圧ポンプ高圧化の歴史と今後の動向

(a) 建設機械の油圧の推移

油圧ショベルにおける油圧システムの圧力は1975年までは14 MPa前後で長らく推移していたが，1980年以降10数年の間に急速に昇圧し2010年現在では34〜38 MPaとなっている．これは従来油圧ポンプとしてギヤポンプが使われていたが，表3.4のようにピストン式可変容量ポンプに代り高圧化されたことが大きな要因である．ピストンポンプ採用により高圧化が可能になった理由として以下の点が挙げられる．

① ピストンポンプは容量可変化および高圧化が可能であり，コンパクトな設計ができるのでパワーデンシティ（馬力／重量）を向上できる．定格圧力28 MPa仕様から42 MPa仕様に設計変更しパワーデンシティが従来の1.3〜1.5倍となった例がある．高圧仕様設計においては，強度と剛性ならびにしゅう動部の耐焼付き性や耐摩耗性を考慮した材質，熱処理，表面処理などの検討が必要である．

② ピストンポンプのパワーデンシティは斜軸傾転角あるいは斜板傾転角を大きくする程大きくなり，ポンプ効率も図3.14のように改良される．また，斜板ポンプにおいて図3.15のようなピストンかしめ構造の採用により，さらに20°まで高斜板化して効率の良い条件で使用可能としたポンプがある．

③ HST用油圧ポンプや油圧モータにおいてはパワーデンシティ向上のため高圧化が必要であり，近年は定格42〜48 MPaの油圧レベルになっている．さらにHST用油圧モータは高速化することでパワーデンシティ向上を計ることができる．斜軸ピストンモータを採用することによって，

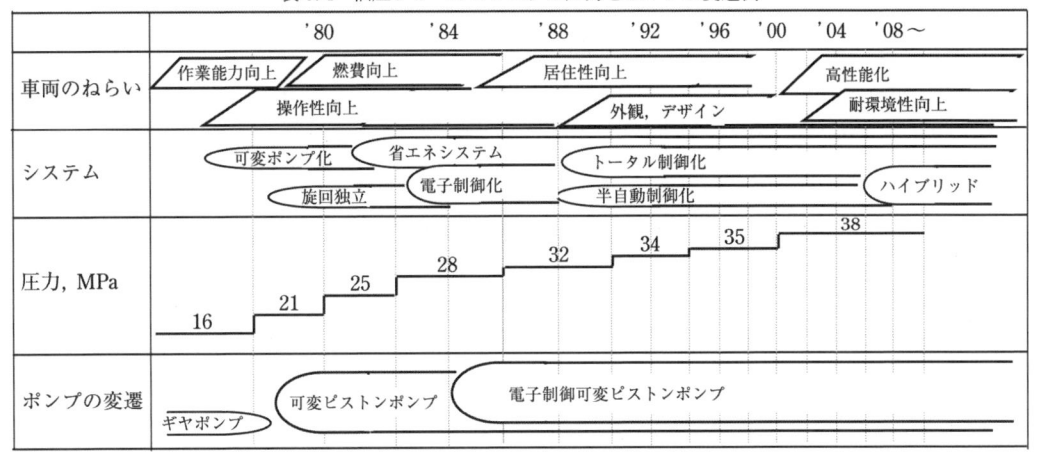

表 3.4 油圧ショベルのシステム圧力とポンプの変遷例

	'80	'84	'88	'92	'96	'00	'04	'08～
車両のねらい	作業能力向上	燃費向上		居住性向上			高性能化	
		操作性向上			外観, デザイン		耐環境性向上	
システム	可変ポンプ化	省エネシステム		トータル制御化				
		旋回独立	電子制御化		半自動制御化		ハイブリッド	
圧力, MPa	16	21	25	28	32	34	35	38
ポンプの変遷	ギヤポンプ	可変ピストンポンプ		電子制御可変ピストンポンプ				

さらなる高傾転角化，高速化も可能となっている．また，ピストンにテーパピストン構造を採用することによって 25～35°の斜軸の傾転角化，最高で速度係数（C_p 値）18000 を超える高速化も可能となった．ここで，C_p 値は

$$C_p = (回転速度[\mathrm{rpm}]) \times (押しのけ容積[\mathrm{cm^3/rev}])^{1/3} \tag{3.1}$$

で表され，油圧ポンプや油圧モータの回転速度の比較に使う係数である．

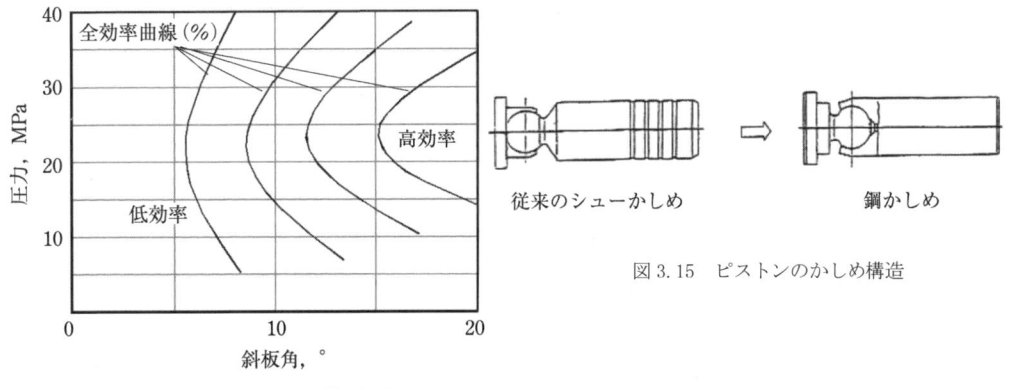

図 3.14 ポンプ等効率曲線の概念図

図 3.15 ピストンのかしめ構造

(b) 高圧化の効果

システムの高圧化は油圧機器のコンパクト化に有効だけでなく，車両のタンクや配管のコンパクト設計にも有効である．また，油圧ポンプの効率および油圧システムの効率向上にも有効なので建設機械の高圧化は今後さらに進むと考えられる．特に，HST については今後定格圧力 48～56 MPa を超えると予測される．高圧化や高速化によりしゅう動部の PV 値は増大するのでしゅう動材料，熱処理，加工などを改良する上でトライボロジーと深くかかわることになる．

3.5.2 高圧ポンプ部品の潤滑メカニズム

建設機械用ピストンポンプは，従来から安全性，高信頼性および長寿命であることが要求されている．特に，油圧ショベル用としては早くからピストンポンプ，モータが採用されてきたため，蓄積した技術と経験を元にポンプやモータの開発，改良が行われている．さらに近年では低燃費化のためにポンプ効率向上，環境保護のために低騒音化や生分解性作動油への対応技術も必須である．これらを

達成する上で解決しなければならないトライボロジーの技術課題がある．例えば，ポンプ，モータに関しては表3.5の課題がある．

油圧ショベルの高圧化やブルドーザのHSTやハイドロスタティック・ステアリングシステム（Hydrostatic Steering System：HSS）に対応する42～45MPaの斜板式ピストンポンプの構造は図3.3に示した通りである．この高圧ピストンポンプの主要部品の潤滑メカニズムについて以下に説明する．

表3.5 油圧ポンプ・モータのトライボロジー

部品	確認部位	トライボロジー			備考
		摩耗	摩擦	潤滑	
インナパーツ	シュー〜ロッカカム	○		○	・耐腐食性確認 ・耐キャビテーション性
	ピストン〜シリンダボア	○		○	
	クレードル〜ロッカカム	○		○	
	シリンダブロック〜バルブプレート	○		○	
ベアリング	転動面			○	・ベアリング寿命
オイルシール	リップ部	○		○	・リップ部発熱
駐車ブレーキ	ブレーキ材		○		・摩擦係数

○：要確認項目

(a) ピストン

ピストンシューの油圧バランスを適正にすることで，シュー表面の潤滑状態を保っている．この油圧バランスを保つためにシール寸法を決定しているが，その潤滑メカニズムは最小油膜厚さが表面粗さ以上であることが基本である．シューのパッド形状は図3.16のように多種多様なものが考案されている[4]．建設機械の過酷な使用条件，オイル汚染度や油種，高温時の粘度低下を考慮すると一定の最小油膜が必要となる．また，シューの変形が大きいとシューパッド面が片当たりにより局部面圧が大きくなりかじりが発生するので有限要素法（Finite Element Method：FEM）解析などによりシューの剛性の検討も必要である．

シュー材質は材料特性，使用条件を検討して選定される．建設機械は低温や高温，外部からの土砂（コンタミネーション）や水分混入などの使用条件が厳しいので，高圧ポンプのシュー材質は高力黄銅系を採用しているのが多い．中圧仕様のシューの材質では鉛青銅やりん青銅を使用する場合がある．高温時の耐摩耗性は高力黄銅系が優れている．また，しゅう動部の表面性状はラッピング仕上げが研削仕上げよりも油膜保持能力があり PV 値が高くなることが知られている．図3.17にシューの表面性状および粗さデータを示す．

また，前述の鋼かしめピストン（図3.15参照）の採用により，ピストンのかしめ部強度を従来品の約2倍とし，球面部の摩耗量も従来の1/2以下を達成して耐コンタミネーション性を向上させたとの報告がある．

市販ピストンポンプには，シューかしめ型とピストンかしめ型の2タイプがあり，シューパッド形状，材質は多様である．

3.5 油圧ポンプのトライボロジー　97

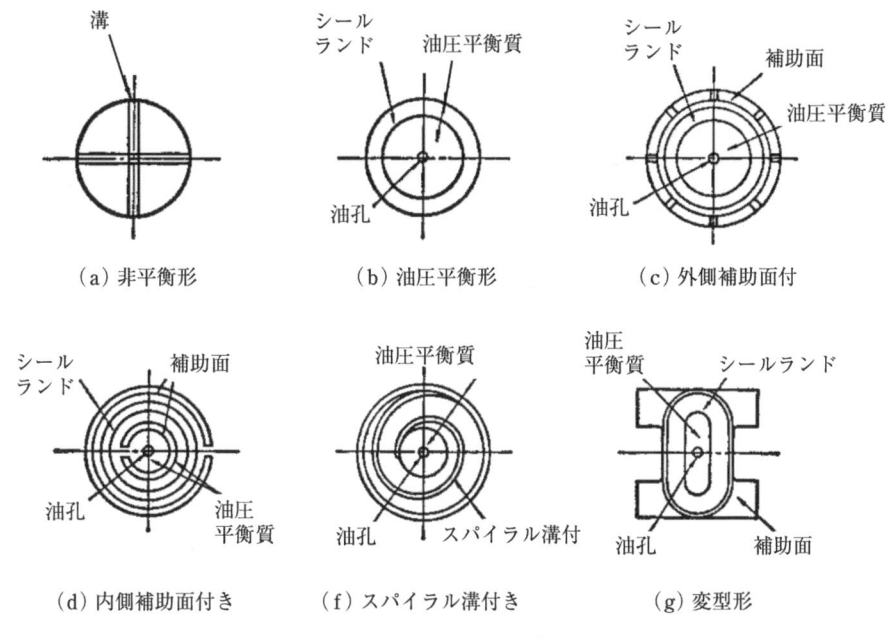

(a) 非平衡形　　(b) 油圧平衡形　　(c) 外側補助面付

(d) 内側補助面付き　(f) スパイラル溝付き　(g) 変型形

図 3.16　シューパッド形状〔出典：文献 4)〕

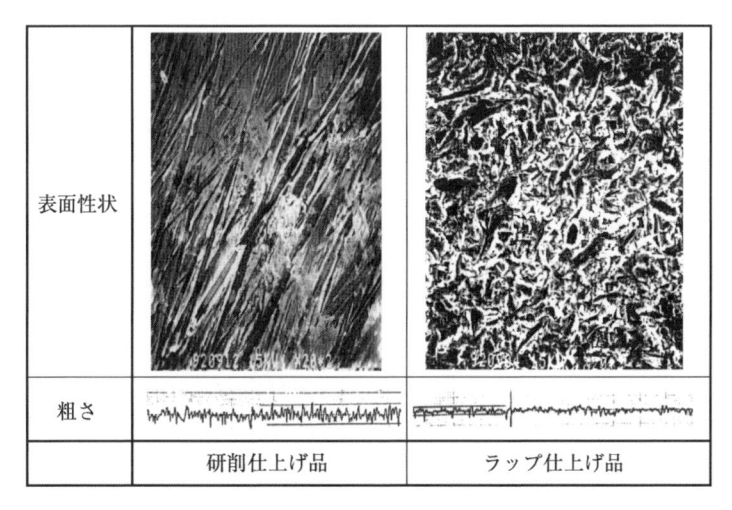

表面性状		
粗さ		
	研削仕上げ品	ラップ仕上げ品

図 3.17　シュー表面形状

(b) シリンダブロック

①シューとロッカカム間，ピストンとシリンダブロックボア間，シリンダブロックと弁板面間に対して図 3.18 のような油圧力が作用すると，ピストンからの反力 R_f, R_r を受けてシリンダブロックにモーメントが掛かりアンバランスな状態になる．なお，それぞれの記号の意味は図中に示す．

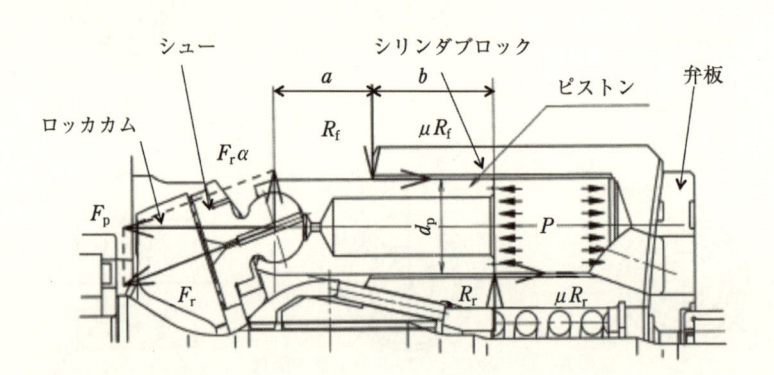

ピストン推力，反力は下記式で表される．

$$\left.\begin{array}{l}\text{ピストン推力}：F_\text{p} = \pi \times d_\text{p}^2 \times P / 4 \\ \text{ピストン反力}：R_\text{f} = (a + b) \times F_{\text{r}\alpha} / b \\ \qquad\qquad\quad\; R_\text{r} = a \times F_{\text{r}\alpha} / b\end{array}\right\} \qquad (3.2)$$

F_p：ピストン推力，F_r：ピストン法線分力，$F_\text{r}\alpha$：ピストンラジアル分力
R_f：ピストン反力（口元），μR_f：ピストン摩擦力，a：ピストン出張り長さ
b：ピストン挿入長さ，P：油圧力，R_r：ピストン反力（奥）
μR_r：ピストン摩擦力

図 3.18　ピストンにかかる荷重

② 建設機械用の高圧ピストンポンプの例ではシリンダブロックの回転時の安定化のために球面軸受を採用することで，このモーメントバランスが最小になるように設計されている．また，高圧ピストンポンプの効率（もれ量による性能）を確保するためシリンダブロックとバルブプレート間の適正な油膜厚さ保持をねらって球径，油圧バランス，ばね力の最適化が図られている．しゅう動面の油膜厚さは性能や耐久性に大きな影響を与えるため安定した適正な油膜厚さを確保することがシューパッド面と同様に非常に重要である．

③ シリンダブロックの回転を安定させれば油膜厚さを安定して確保できることが，しゅう動部のすきま測定および温度測定結果で明らかになっている．またシリンダブロック挙動解析のシミュレーションによりシャフトの剛性がシリンダブロックの安定化に寄与していることも明らかになっている．

④ 弁板構造や油圧バランスのとり方には図 3.19 のように多くの方法がある[4]．シリンダブロックはシリンダボアから弁板側に押し付けられ，弁板面ではポート部の圧力およびシールランドの油膜圧力によって開離力が作用して押付け力がわずかに勝つように油圧バランスがとられており，弁板面を密着させるのが潤滑の基本である．

⑤ 建設機械用高圧ポンプではシリンダブロックのボアや球面に銅合金を貼り付けている例もある．初期なじみ性を改良するとともに耐焼付性，耐摩耗性を向上させ，さらに低摩擦係数化によるトルク効率の向上が狙いである．中圧用ポンプはほとんどがシリンダブロックの材質をガス軟窒化処理した鋳鉄 FCD500～700 を採用し，弁板しゅう動部は平面タイプにして材質は鉛青銅や高力黄銅系を採用している．また，シリンダブロックには焼結材も使われている．

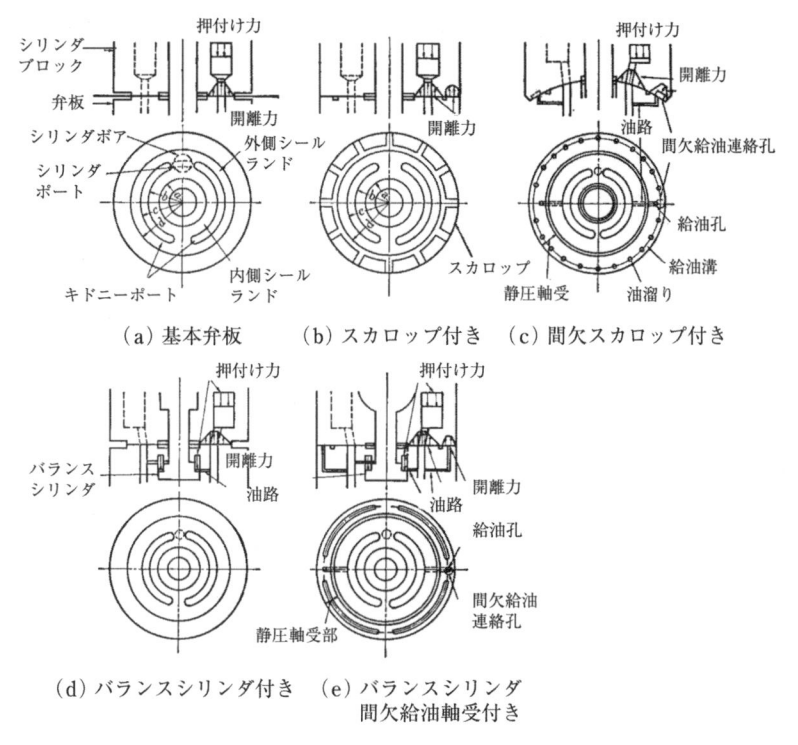

(a) 基本弁板　(b) スカロップ付き　(c) 間欠スカロップ付き

(d) バランスシリンダ付き　(e) バランスシリンダ間欠給油軸受付き

図 3.19　弁板の各種形状〔出典：文献 4)〕

(c) クレードル

建設機械用高圧ポンプのクレードル部の例を図 3.20 に示す．このクレードルには半円筒すべり軸受が採用されており，高圧側は静圧軸受を採用している．静圧軸受部はピストンシューパッドやシリンダブロック球面と同様な検討がなされている．特にロッカカムの高い剛性はヒステリシスの低減や振動安定化に寄与している．しゅう動部の圧力バランスの適正化と耐摩耗性の高い銅合金採用により長寿命と高信頼性を確保している．中圧用ポンプのクレードル形静圧軸受部の材質は銅合金以外にガス軟窒化処理を施した鋳鉄や樹脂が採用されている．また，クレードル式以外に転がり軸受または，ボール支持構造が採用されている例がある．

(d) キャビテーションエロージョン抑制の設計

油圧ポンプやモータ内部にキャビテーションが発生すると，シリンダブロックや弁板にエロージョン損傷が発生するだけでなく，振動や衝撃が大きくなりポンプ，モータのしゅう動部に焼付きや異常摩耗などが発生して耐久性を損なう．したがって，適正な吸込み圧の確保により回路内にエアが入り込まないように作動油タンク構造，吸込み配管の径や長さが適正になるように車両設計することが必要である．

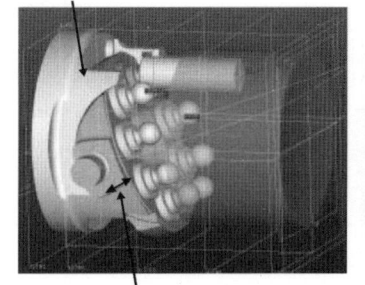

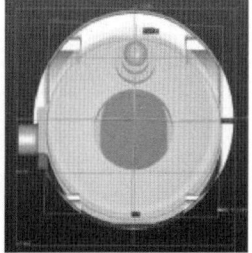

図 3.20　クレードル

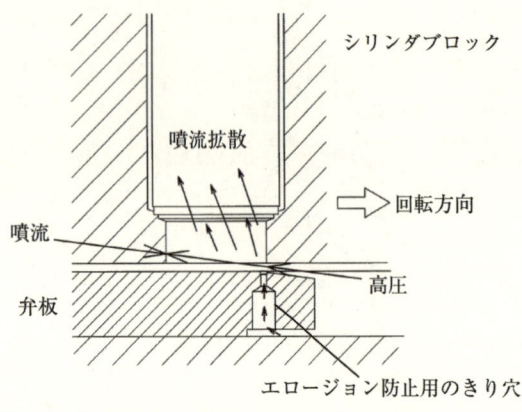

図 3.21 弁板のエロージョン防止構造

建設機械用高圧ポンプの例ではエロージョン損傷防止のため，図 3.21 のように弁板に噴流の影響を緩和するきり穴を設けて，低圧と高圧のつながりのタイミングを改良している．弁板の材質には鋼を使用しエロージョン損傷を起こし難くしている．このようなエロージョン防止構造の採用が必要である．また，自吸性向上のためシリンダブロックを球面タイプにし，ポート形状を図 3.22 のように改良して，流れを整流化しエア発生を防止することにより C_p 値を従来に対して +1 000 ～1 500 向上させた例がある．

3.5.3 油圧ポンプの課題

(a) 環境と安全への対応

近年，世界的な環境問題の対策への関心の高まりは著しいものがある．特に西欧と北欧においては河川・地下水や土壌の汚染防止のため，建設機械用の油圧作動油として生分解性作動油を使用することが工事の入札条件となっている場合もあり，地域によっては法規制も始まっている[5]．この生分解性作動油に対する油圧ポンプやモータのトライボロジー的な改良および生分解性作動油の改良を進めてきたが，今後の生分解性作動油の高圧化対応には更なる改良が必要である．また，車両火災予防のため難燃性作動油対応として油圧 25 MPa の水グリコール仕様の油圧ショベルも開発されている．今後も高圧仕様の水グリコール用油圧ポンプやモータの開発の必要性はある．そのためにも材料，表面改質の技術革新と作動油側の対応技術が期待される．

(b) ダイヤモンドライクカーボン（DLC）被膜の適用

近年，表面改質の技術革新として油圧ポンプとモータのしゅう動部に DLC を適用する研究が進められている．この目的は耐焼付き性，耐摩耗性，耐荷重性の向上ならびに低摩擦係数が期待されることである．これが実現すればしゅう動ロスを低減でき，限界 PV 値で決まっていたしゅう動部の油圧押付けバランスを強くすることでクリアランスを低減し内部リークも低減することが可能となる．油圧ポンプやモータのさらなる効率向上が期待できる．前述の高圧化，高速化した油圧機器に適用することでさらなるパワーデンシティの向上が期待できる．また，難燃性作動油対応においても，高圧の

通常のシリンダブロックポート形状　　斜め拡大のシリンダブロックポート形状

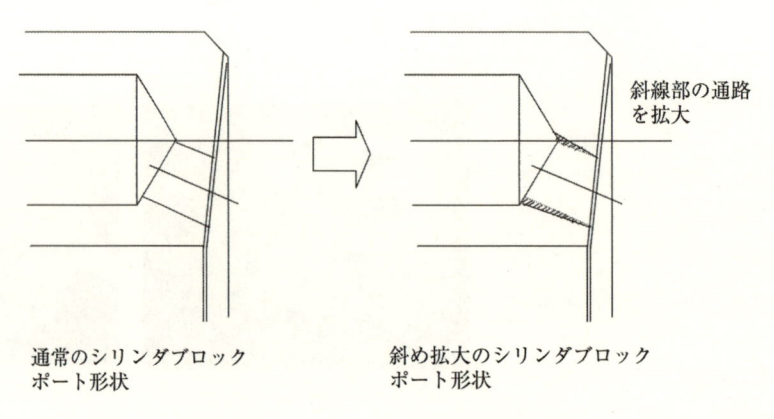

図 3.22　シリンダブロックポート断面形状

水グリコール仕様の油圧ショベル実現が期待される．将来的には高圧の水圧仕様の可能性がある材料でもあり，今後ともその動向に注目すべきである．

3.6 作動油の品質とその動向

(篠田実男)

3.6.1 作動油の種類

潤滑油の国内需要は2008年時点で年間約189万L，輸出分を含めると約250万kL[6]であり，生産現場で広く使用され産業の発展に重要な役割を果たしてきた．この内，油圧作動油としての使用量は約10％の20〜25万kLと推定される．

油圧作動油を処方別に分類すると表3.6に示すように摩耗防止剤の配合の有無により一般作動油と耐摩耗性作動油に分類でき，用途毎に使い分けされている[7,8]．

なお，建設機械のHSTでは，主にエンジン油SAE 10W-30やSAE 10Wとパワートレイン油SAE 10Wも油圧作動油として使われており，41.3MPa以上の高圧で使用される．農業機械ではトラクタ

表3.6 油圧作動油の分類と組成および需要構成〔出典：文献7, 8〕

ISO6743 Part4 FamilyH 分類参照	組成/特性	使用される主な基油	需要構成[注1] (%)
HH	無添加鉱油（鉱物油基油単体）	鉱物油	2
HL	HHにR&O性付加（添加タービン油：酸化防止剤，防錆剤，その他添加剤を添加）	鉱物油	28
HM	HLに，耐摩耗性付加		
	亜鉛系作動油（主に酸化防止剤兼摩耗防止剤のZnDTP[注2]と防錆剤，その他添加剤を添加）	鉱物油	28
	非亜鉛系作動油（主に，P系，S-P系添加剤と酸化防止剤，防錆剤，その他添加剤を添加）	鉱物油	28
	非亜鉛系作動油・極圧性向上型（主に，P系，S系，ZnDTP＋P系等の極圧剤，潤滑性向上剤を添加）	鉱物油，合成潤滑油	−
HV	HMの粘度指数を向上（粘度指数向上剤，流動点降下剤を使用または，ワックスフリー基油使用）	鉱物油，合成潤滑油	10
	高引火点作動油（主に，HVに引火点250℃以上の基油使用）	鉱物油，合成潤滑油	
	省エネ型作動油（主に，HVに高粘度指数基油と粘度指数向上能の高い添加剤および摩耗低減剤添加）	鉱物油，合成潤滑油	
HETG HEPG HEES HERP	生分解性作動油（生分解性の高い基油である脂肪酸エステル系，ポリエーテル系，植物系を使用）	合成潤滑油，植物油	1以下
HFDR HFDU	難燃性作動油 合成油，植物油基油系（リン酸エステル系，脂肪酸エステル系基油使用）	合成潤滑油，植物油	3
HFB HFAE HFAS HFC	含水系 ・W/Oエマルション系（水可溶化型） ・O/Wエマルション系（含有水分80％以上） ・水溶性ケミカルソリューション型 ・水溶性ポリマー型	水＋鉱油，グリコール他	

注1) 需要構成比 1991年時，一部推定
注2) ZnDTP：ジチオリン酸亜鉛系添加剤

オイルユニバーサル（Tractor Oil Universal：TOU）が油圧作動油として使われ，20 MPa くらいの油圧で使用されている．いずれも耐摩耗性作動油よりも添加剤配合量が多いため高価な場合がある．また，これらの油種は，油圧ポンプや油圧モータの機種によっては適合しない場合もある．

機能別に見ると，時代背景や油圧機器の高性能化等により種々の油剤開発がなされてきた．特に近年，防災関連や環境対応関連での油剤開発が活発に行われている．防災面からは消防法の引火点250℃以上の高引火点作動油や火災防止のために難燃性作動油が開発されてきている．環境対応面からは油圧機器の消費電力低減や建設機械の省燃費を図る省エネ作動油，河川・土壌汚染の防止のために生分解性作動油などが開発されている．

使用される基油からみると 90％以上が鉱油系基油を使用した油剤であり．その内の 70％程度が耐摩耗性作動油として使用されているものと推定される[8]．

本章では使用割合の多い耐摩耗性作動油を中心に述べる．

3.6.2 油圧作動油の変遷

油圧作動油は，1930 年代に使用されてきた無添加タービン油から，1940 年代に酸化防止剤とさび止め添加剤を主に添加した添加タービン油（R&O 油）が用いられてきた．1960 年代には，油圧装置の高圧化等に伴い耐摩耗性作動油が開発され建設機械にも使用されてきた．この耐摩耗性作動油にはジチオリン酸亜鉛（ZnDTP）が広く使用されてきた．この ZnDTP 添加剤は，酸化防止性と摩耗防止性・焼付き防止性を有した多機能の添加剤であるが，高温条件下で ZnDTP 自身が短時間に分解し硫酸亜鉛の水和物を主成分としたスラッジを生成するという欠点があった[8]．

一方，油圧機器では，高効率化を進めるために高圧化およびタンク容量の小型化等の技術革新がなされてきた．このことにより油圧作動油の使用温度が上昇して ZnDTP 由来のスラッジが発生し，フィルタでの目詰まりやスプールバルブがロックする等のトラブルがフォークリフトや一部の建設機械で報告されている．

このため 1980 年後半から 1990 年代前半に ZnDTP と他添加剤との併用などによってスラッジ発生を抑制したものや非亜鉛系摩耗防止剤の開発が行われた．この中で非亜鉛系摩耗防止剤を使用した耐摩耗性作動油は，亜鉛系の耐摩耗性作動油よりも酸化安定性に優れることから年々使用量が増加してきている．特に高温・高圧で使用される建設機械に用いられる非亜鉛系油圧作動油の国内の使用比率は，6 割以上ともなっている[9]．

環境面からは 1960 年代後半頃に低温時の撹拌抵抗を下げて消費動力を低減するために，粘度指数向上剤や低温流動性向上剤を添加した作動油および，接触脱ろうプロセスにより得られる超低流動点基油を用いた作動油が開発された．これにより油圧装置の低温始動時の負荷が低減されている．更に，産業機械では 2000 年代前半に環境負荷低減のため省電力化（CO_2 排出量削減）が重要な課題となり，新たな省エネ作動油が求められている．建設機械でも排ガス規制や低 CO_2 排出などの環境負荷低減が求められており，作動油による省燃費も求められている．建設機械の省燃費を図る技術としては，ポンプ効率の向上が主に考えられる．ポンプ効率向上には，ポンプなどの内部リークを防ぐこと，および摩擦調整剤を用いてポンプ内部の金属間の摩擦を低減させる技術が利用される．ポンプ内部からの漏れを少なくするには，高粘度指数基油や粘度指数向上剤を用いて高温時の粘度低下を防ぐ方法がある．この方法は低温時の撹拌損失低減や配管抵抗の低減などの利点も出てくる．これらの技術を用いることにより省燃費化を図ることが可能である．このような省エネ作動油は産業機械分野では多くの実績があり，建設機械分野でも一部の油圧ショベルに省燃費作動油として用いられてきている．

防災面からは高引火点の作動油や難燃性の作動油が開発されている．高引火点の作動油は 2001 年の消防法の改正により引火点 250℃以上の潤滑油（ギヤ油，シリンダ油除く）について危険物第四石

表 3.7 生分解性のエコマーク認定基準（商品類型 No.110）〔出典：文献 10〕

項　目	認定基準
生分解性	OECD301B, 301C, またはASTM　D5864で生分解度が28日以内で60％以上
生態影響（魚毒性）	JIS K0102またはOECD203で96時間のLc$_{50}$値が100mg/L以上
有害物質	EDTA（エチレンジアミン四酢酸），ノニルフェノール系界面活性剤を使用しない
その他	環境法規，公害防止協定の遵守，容器包装リサイクル法に従う等

油類から指定可燃物（可燃性液体類）となり，取扱い数量などに関する規制が緩和された．このため，高引火点の作動油が産業界に広く使用されるようになってきた．高引火点の作動油を開発するには，基油の引火点を高める必要があり，鉱物油系では基油中の低沸点成分を除去した高引火点基油の選定，合成潤滑油系では引火点の高い基油を選択して開発が進められている．しかし，現状では建設機械分野での使用例は見られない．

難燃性作動油は高圧ホースのピンホールなどから作動油が噴出し，火災の危険性がある分野で使用されている．この難燃性作動油の開発は主に1980年代から1990年代に行なわれ，作動油の安定性や潤滑特性等の改良が進められている．この難燃性作動油を大別すると消防法の非危険物である含水系と指定可燃物である引火点250℃以上の合成潤滑油系に分類できる．古くから使用されてきた含水系では水グリコール系作動液が主流であり，海外の鉱山や化学工場，製鉄所などで稼働する一部の油圧ショベルやホイールローダなどに使用されている．国内では油圧ショベルに使用されている例がある．産業機械分野では水グリコール系作動液の廃液処理に難点があるため，W/O エマルション型難燃性作動液の使用も多くなってきている．合成潤滑油系の難燃性作動油では脂肪酸エステル系も増えており，国内の建設機械でも火災の危険性が高い工場で使用されている．しかし，難燃性作動油の国内使用量は作動油需要の3％程度と推定され，建設機械分野の使用比率は海外も含め極めて少ない．また，農業機械やフォークリフトへの適応例はほとんどみられない．

環境保護の観点からは1980年代から2000年代初めにかけて，河川や土壌汚染の防止のため生分解性作動油が欧州を中心に開発されている．国内の潤滑剤の生分解性によるエコマーク認定基準は（財）日本環境協会より表3.7に示す内容にて定められている[10]．この基準は，生分解率60％以上であり，生態への影響を計るためヒメダカを用いた魚毒性試験で50％致死濃度（Lc$_{50}$）が100mg/L以上となっている．このため基油としては生分解性の高い植物系や脂肪酸エステル，ポリエーテル系などの合成油が用いられている．この生分解性作動油は自然界に生息するバクテリアによって分解されやすく，油圧ホースの破損などで漏洩したとしても自然界に与える影響が少ない環境適合型の作動油である．生分解作動油の使用状況を見ると，環境規制の厳しい欧州においては河川や湖，森林の汚染防止のために積極的に用いられている．欧州での生分解性作動油の使用量は全作動油の5～6％程度と言われている[11]．表3.8に欧米での販売量を示す[12]．この中でドイツとスウェーデンの販売量が多く，建設機械や林業機械への適応が多い．ノルウェーで販売量が少ないのは，生分解性作動油の規制や行政指導がないためといわれている．米国での販売量はドイツ並みに多いが，産業用車両への適用としては水上の工事や沿岸の

表 3.8 生分解性作動油の販売量（一部推定値）〔出典：文献 12〕

地域	推定販売量，千L	販売開始年
欧州全体	50 000	1999
	60 600	2007
ドイツ	9 000～10 800	2003
スウェーデン	4 780	2001
フィンランド	200～300	2006
ノルウェー	50	2006
米国	7 600～14 900	2002

狭い範囲で使用される建設機械や公園などの芝刈り作業機に留まっている．一方，国内の生分解性油の使用量は高価格であることから作動油需要の1％未満と推定される．国内需要の増加は今後の環境保護意識の高まりと性能の向上に期待するところが大きい．

3.6.3 油圧作動油の規格

国際標準化機構（ISO）規格では ISO6743-4 にて油圧作動液の性能分類がなされている．その後 1997 年に ISO11158 にて ISO6743-4 で規定された鉱物油作動液の粘度グレード毎の品質規格が制定された．続いて 1999 年に ISO12922 にて難燃性油圧作動液の標準規格が制定され，2003 年に ISO15380 にて生分解性作動液の標準規格が制定された．表 3.9 に ISO-VG46 の品質規格を示す[13]．この ISO 規格により油圧作動油の世界標準規格ができた．しかし，ISO 品質規格あるいは表 3.10[14] や表 3.11 に示す各国の規格に採用されている油圧ポンプ試験が 13.7MPa と低過ぎることから，建設機械や油圧機器メーカーはより高圧のポンプ試験を課した各社独自規格に基づき作動油を推奨していた．このため ISO 規格などは製品を選択する際の指針や性能レベルの比較に利用されているものと思われる．

一方，国内の建設機械用作動油は建設機械メーカーの純正油を中心に長い開発の歴史がある．海外では建設機械にパワートレイン油や TOU などに使用されているが，産業用の油圧作動油をそのまま使用している例も多く，市場での不具合も少なくない．このため SAE アジア運営委員会などの審議等を通じて[15] 日本建設機械化協会（JCMA）の油脂技術委員会が中心となり，建設機械用作動油の規格が策定され，日本主導による世界初の規格（JCMAS 規格）として 2004 年に制定され運用がなされている[16]．この規格の内容は建設機械用作動油として使用される VG32，VG46 について定められており，主に鉱油系の作動油が HK（JCMAS P041）として，生分解作動油が HKB（JCMAS P042）

表 3.9 ISO11158-2009 の鉱油系作動油の分類と主な規格（VG46）〔出典：文献 13)〕

項目／種類		単位	HH	HL	HM	HV
動粘度	0℃	mm²/s	—	<780	←	報告
	40℃	mm²/s	41.4〜50.6	←	←	←
	100℃	mm²/s	—	>6.1	←	報告
粘度指数		—	報告	報告	報告	>140
引火点（COC）		℃	>185	←	←	>180
流動点		℃	<-6	<-15	←	<-27
酸価		mgKOH/g	<0.1	報告	←	←
水分		％	<0.025	←	←	←
水分離性（54℃）		min	報告	<30	←	←
銅板腐食（100℃, 3h）		クラス	—	<2	←	←
さび止め性 （60℃, 24h）	蒸留水法	—	—	合格	←	←
	人工海水法	—	—	合格	←	←
泡立ち	シーケンスⅠ（24℃）	min	—	<150/0	←	←
	シーケンスⅡ（93℃）	min	—	<80/0	←	←
	シーケンスⅢ（24℃）	min	—	<150/0	←	←
気泡分離性（54℃）		min	—	<10	←	←
シール材浸漬試験 NBR, 100℃, 168h	体積変化率	％	—	0〜12	←	←
	硬さ変化量（ショワA）	—	—	0〜-7	←	←
酸化安定性 （TOST法, 95℃, 1000h）	酸価	mgKOH/g	—	<2.0	←	←
FZG（タイプA）		Fail load stage	—	—	>10	←
ベーンポンプ摩耗試験 （V104C）	カムリング摩耗量	mg	—	—	<120	←
	ベーン摩耗量	mg	—	—	<30	←
フィルタラビリティ	（dry）ステージⅠ/ステージⅡ	％	—	—	>80/>60	←
	（wet）ステージⅠ/ステージⅡ	％	—	—	>50/>50	←

3.6 作動油の品質とその動向

表3.10 世界の公的作動油規格のポンプ試験〔出典：文献14)〕

	規格名	油種記号例	規格ポンプ試験
米国	ASTM D6158	HM46	ベーンポンプ試験（V104C） 吐出圧：13.7MPa, 回転数：1200min^{-1}, 油温：66℃または79.4℃
ドイツ	DIN 51524	HLP46	
		HVLP46	
スウェーデン	SS 155434	46M	
		46M	
欧州	CETOP RP91H	HM46	
		HV46	
ISO	ISO 11158	HM46 VG 46	

表3.11 世界の作動油規格（VG46）

項目／種類	ASTM D 6158	DIN51524（ドイツ）		SS 155434（スウェーデン）		AFNOR NF E 48-603（フランス）		CETOP RP91H（EU）	
	HM46	HLP46	HVLP46	46M	46V	HM46	HV46	HM46	HV46
動粘度 (-20℃)	―	―	報告		<2000	―	―	―	―
動粘度（72h後，-20℃）	―	―	―	―	<2400	―	―	―	―
動粘度 (0℃)	―	<780	報告	―	―	―	―	―	―
動粘度 (40℃)	41.4～50.6	←	←	39.0～57.0		―	―	41.4～50.6	
動粘度 (100℃)	―	>6.1	報告	報告		―	―	―	―
粘度指数	>90	―	>140	―	―	>95	>130	>90	>140
引火点	>185	>185	>180	報告		>180	>160	>185	>180
流動点	<-15	<-15	<-27	―	―	<-15	<-36	<-12	<-36
泡立ち (1)	<150/0	←		←		<100/10		<150/0	
泡立ち (2)	<75/0	←		←		<100/10		<75/0	
泡立ち (3)	<150/0	←		←		<100/10		<150/0	
せん断安定性（マルチグレード）	―	―	報告	<6		―	<10	―	報告
酸化安定性	>1000 h	<2.0 mgKOH/g		>1000 h		<2.0 mgKOH/g		<2.0 mgKOH/g	
加水分解安定性	―	―	―	<2.0 油相の酸価増加量		―	―	―	―
錆止め性	合格	0-A		―	―	合格		錆がないこと	
シール材適合性	0～12, 0～-7	←		+/-10, -3/10, <50, <50		報告		0～12, 0～-7	
フィルタラビリティ	―	―	―	Step1:>80, Step2:>60		―	―	―	―
銅板腐食	<2	<2		<1b		<2		<2	
ベーンポンプ摩耗量（V104C）	<50	<120/<30		<120/<30		―	―	<120/<30	
水分離性	<30	<40		<30		40/37/3(30)	報告	<40	
放気性	<10	<10		<10		<5	―	<10	<12
水分	―	トレース		―	―	<0.05		<0.1	
耐摩耗性 (FZG)	―	>10		>11		―	―	>10	

として制定されている．HKのVG32，VG46のWとHKBのVG32，VG46のLは屋外で使用されることを考慮し，冬場の大気温度-20℃，-25℃への対応がなされている．常温用（シングルグレード）は-5℃以上の作業環境の対応規格となっている．JCMAS HK規格を表3.12に，JCMAS HKB規格を表3.13[17)]に示す．ISO規格の耐摩耗性油圧作動液，生分解性作動液とJCMAS規格のHKおよびHKB規格の共通の品質項目は，ベーンポンプ（油圧13.7MPa）による摩耗量，FZG歯車試験（ISO 14635-1耐荷重試験），シール材適合性，酸化安定性（TOST法）などが性能規格として設定されていることである．

表 3.12 建設機械用油圧作動油 JCMAS HK（JCMAS P 041:2004）〔出典：文献 17〕

項目／種類	単位	シングルグレード VG32	シングルグレード VG46	マルチグレード VG32W	マルチグレード VG46W
動粘度（40℃）	mm²/s	28.8〜35.2	41.4〜50.6	28.8〜35.2	41.4〜50.6
動粘度（100℃）	mm²/s	>5.0	>6.1	>5.3	>6.8
粘度指数	－	>90	←	>120	←
流動点	℃	<-17.5	<-15	<-40	<-30
低温粘度（-20℃）	mPas	－	－	－	<5000
低温粘度（-25℃）	mPas	－	－	<5000	－
泡立ち（24℃）	mL	<50／<0	←	←	←
泡立ち（93.5℃）	mL	<50／<0	←	←	←
泡立ち（93.5℃後の24℃）	mL	<50／<0	←	←	←
せん断安定性試験　粘度低下率（100℃）	％	－	－	<10	←
タービン油酸化安定度試験（95℃, 1000h, 酸価増加量）	mgKOH/g	<1.0	←	←	←
さび止め性能（人工海水, 60℃, 24h）	－	錆なし	←	←	←
シール材浸漬試験（ISO SRE-NBR/L, 100℃, 240h）					
硬さ変化（硬度計Aタイプ）	－	>-25	←	←	←
引張強さ変化率	％	<-50	←	←	←
伸び変化率	％	<-50	←	←	←
体積変化率	％	<+30	←	←	←
シール材浸漬試験　AU（ウレタンU801, 120℃, 240h）					
硬さ変化（硬度計Aタイプ）	％	-5〜+5	←	←	←
引張強さ変化率	％	<-30	←	←	←
伸び変化率	％	<-30	←	←	←
体積変化率	％	-5〜+5	←	←	←
アニリン点	℃	>90	←	←	←
フィルタラビリティ試験　1回目／2回目	min	<25／<30	←	←	←
銅板腐食（100℃, 3h）	－	<1	←	←	←
耐荷重能試験（シェル四球式）　融着荷重	N	>1235	←	←	←
耐摩耗試験（シェル四球式, 75℃）　摩耗痕幅	mm	<0.6	←	←	←
FZG歯車試験	Fail load stage	>8	←	←	←
高圧ピストンポンプ試験（JCMAS P 044のHPV35＋35ポンプ試験，またはJCMAS P 045のA2Fポンプ試験のいずれかで評価）					
潤滑油評価方法（HPV35＋35, 34.3MPa, 2100min⁻¹, 96℃, 500h）		吐出流量変化，各部品の摩耗量と状況，油圧作動油性状変化全てが基準値内のこと			
寿命評価方法（A2F, 34.3MPa, 80℃, 500h）					
粘度変化率（40℃）	％	<10	←	←	←
酸価増加量	mgKOH/g	<2	←	←	←
きょう雑物量（0.8μm）	mg/100mL	<10	←	←	←
ベーンポンプ　潤滑性試験（ASTM D 6973の35VQ25ポンプ試験またはASTM D 7043-04aのV104Cポンプ試験のいずれかで評価）					
1) 35VQ25試験　摩耗量（20.79MPa, 150h）	mg	リング：<75　ベーン：<15	←	←	←
2) V104C試験　摩耗量（13.7MPa, 100h）	mg	リングとベーンの合計摩耗量：<50	←	←	←
摩擦特性（JCMAS P 047に規定するマイクロクラッチ試験，またはSAE No.2試験のいずれかで評価）					
1) マイクロクラッチ試験後のμ	－	>0.08	←	←	←
2) SAE No.2試験（1000サイクル後のμ_s）	－	>0.07	←	←	←

表 3.13 建設機械用油圧作動油 JCMAS HKB（JCMAS P 042:2004）〔出典：文献 17〕

項目／種類	単位	シングルグレード VG32	シングルグレード VG46	マルチグレード VG32L	マルチグレード VG46L
動粘度（40℃）	mm²/s	28.8〜35.2	41.4〜50.6	28.8〜35.2	41.4〜50.6
動粘度（100℃）	mm²/s	>5.3	>6.8	>5.3	>6.8
流動点	℃	<−17.5	←	<−35	<−30
低温粘度（−20℃）	mPas	−	−	−	<5000
低温粘度（−25℃）	mPas	−	−	<5000	−
泡立ち（24℃）	mL	<50 / <0	←	←	←
泡立ち（93.5℃）	mL	<50 / <0	←	←	←
泡立ち（93.5℃後の24℃）	mL	<50 / <0	←	←	←
水分	mg/Kg	<1000	←	←	←
さび止め性能（蒸留水，60℃，24h）	−	錆なし	←	←	←
シール材浸漬試験（ISO SRE-NBR/L, 100℃, 240h）					
硬さ変化（硬度計Aタイプ）	−	−40〜+10	←	←	←
引張強さ変化率	%	−65〜+20	←	←	←
伸び変化率	%	−60〜+20	←	←	←
体積変化率	%	−5〜+70	←	←	←
シール材浸漬試験（HNBR, 100℃, 240h）					
硬さ変化（硬度計Aタイプ）	−	−8〜+8	←	←	←
引張強さ変化率	%	−15〜+20	←	←	←
伸び変化率	%	−15〜+20	←	←	←
体積変化率	%	−5〜+15	←	←	←
銅板腐食（100℃，3h）	−	<1	←	←	←
耐荷重能試験（シェル四球式）融着荷重	N	>1235	←	←	←
耐摩耗試験（シェル四球式，75℃）摩耗痕幅	mm	<0.6	←	←	←
FZG歯車試験	Fail load stage	>8	←	←	←
高圧ピストンポンプ試験（JCMAS P 044のHPV35+35ポンプ試験，またはJCMAS P 045のA2Fポンプ試験のいずれかで評価）					
潤滑油評価方法（HPV35+35, 34.3MPa, 2100min⁻¹, 96℃, 500h）		吐出流量変化，各部品の摩耗量と状況，油圧作動油性状変化全てが基準値内のこと			
寿命評価方法（A2F, 34.3MPa, 80℃, 500h）					
粘度変化率（40℃）	%	<10	←	←	←
酸価増加量	mgKOH/g	<2	←	←	←
きょう雑物量（0.8μm）	mg/100mL	<10	←	←	←
ベーンポンプ 潤滑性試験 V104C試験 摩耗量（250h）	mg	リング：<120 ベーン：<30	←	←	←
摩擦特性（JCMAS P 047に規定するマイクロクラッチ試験，またはSAE No.2試験のいずれかで評価）					
1) マイクロクラッチ試験後のμ	−	>0.05	←	←	←
2) SAE No.2試験（1000サイクル後のμ_s）	−	>0.07	←	←	←
環境に対する基準					
1) 生分解度（28日）	−	（財）日本環境協会エコマーク事務局のエコマーク商品類型No.110			
2) 急性毒性（96h, Lc_{50}値）	−	「生分解性潤滑油Version2.0」の4−1規定による			

JCMAS 規格では，建設機械の性能に必要な，油圧モータ用ブレーキの特性を評価する摩擦特性試験や潤滑特性の指標であるシェル四球式（耐荷重能）試験，シェル四球式（耐摩耗）試験，ならびにポンプ試験においては高圧条件下（34.3MPa）での耐久試験と油圧作動油の劣化試験などがある．

3.6.4　油圧作動油用添加剤

油圧作動油には様々な要求性能を満足させるため多種の添加剤が配合されている．一般用の R&O

型油圧作動油に主に用いられる添加剤は，さび止め添加剤と酸化防止剤である．その他用途に応じて流動点降下剤や消泡剤が用いられる．耐摩耗性油圧作動油には R&O 用添加剤に加え油性向上剤，摩耗防止剤が添加される．また，近年の機器の高温・高圧化に伴い極圧剤を添加したものも多い．省燃費作動油には更に粘度指数向上剤が添加される場合がある．その他の添加剤としては，通常，金属不活性化剤が用いられ，用途に応じて清浄分散剤，抗乳化剤，消泡剤などが用いられる．

水系難燃性作動液は鉱物油や合成潤滑油と違い界面活性剤，油性向上剤，極圧剤，さび止め添加剤，腐食防止剤，気相防錆剤などが用いられる．その他，性能と用途に応じ消泡剤，かび防止剤も用いられる．

酸化防止剤に用いられる主な化合物は，ヒンダードフェノール，ナフチルアミンなどであり，単独または併用して用いられる．また，過酸化物分解剤として ZnDTP や硫化オレフィンなどが用いられる．硫化オレフィンの場合はフェノール系やアミン系酸化防止剤と併用される場合が多い．さび止め添加剤に用いられる主な化合物はオレイン酸塩，スルホン酸塩，トリエタノールアミン，アルケニルコハク酸アミド，ソルビタンモノオレート，リン酸塩などである．極圧剤および摩耗防止剤としては硫化油脂，リン酸塩，亜リン酸塩，チオリン酸塩，ZnDTP などの化合物が用いられる．流動点降下剤や粘度指数向上剤には，ポリアルキルメタクリレート（PMA）やオレフィンコポリマー（OCP）などが用いられる．最近では，新たな機能を有する添加剤も多く用いられてきている．例えば，せん断安定性に優れた粘度指数向上剤や摩擦低減効果の高い化合物，極圧性の高いリン系化合物などがあり，機器の高性能化や高温，高圧化などに対応できる油圧作動油として進化している．

3.6.5 建設機械用作動油

建設機械には多様な機械がある．国内の建設機械市場構成は，1.2 節で述べたようにミニショベルを含めた油圧ショベルが大多数を占めている．海外では油圧ショベル以外にスキッドステアローダ（21％）やホイールローダ（16％）なども多く使用されている[18]．これら建設機械は年々高圧化されてきており，油圧ショベルでは前述の表 3.4 のように一部機種で 37.3 MPa までに達している[19]．ホイールローダや大型ブルドーザも近年高圧のピストンポンプへ移行している．このような高圧化に対応して油圧作動油の高性能化が要求されている．また，近年 HST 駆動の建設機械の種類や生産比率も増えており，油圧シリンダによる掘削作業だけでなく油圧モータでの走行も加わり油圧作動油が重要な位置を占めてきている[20]．なお，HST 用作動油として高油温時のポンプ効率（内部リーク低減），始動性改良と耐久性確保の点からマルチグレード SAE 10W-30 のエンジンオイルが使用されている例があるが，より高性能な専用作動油への期待もある[21]．

一方，環境対応として作動油の廃棄量を低減するためにロングドレイン化が行われてきた．表 3.14 に 2005 年の建設機械のフィルタ交換および作動油交換時期を示す[18]．1995 年前後と比べてフィルタ交換は約 2～4 倍，オイル交換は 2.5 倍以上に交換時期を延長されている．国内の建設機械の

表 3.14 建設機械のフィルタおよび作動油交換時期〔出典：文献 18〕

機種	建設機械メーカー	フィルタ個数	フィルタ交換時間, h	作動油交換時間, h
油圧ショベル	A	1	1 000	5 000
	B	3	1 000	5 000
	C	1	1 000	5 000
	D	1	2 000	10 000
ホイルローダ	A	1	2 000	2 000
	B	1	500	2 000
	C	1	1 000	2 000

稼働状況によるオイル交換時期は小型機種では2000時間，大型機種で5000時間となっており，車両更新時期に近いため，これ以上の油圧作動油の寿命延長の要求は少ない．ただし，一部の建設機械で10000時間の交換時期のものもあり，海外では一定の評価がある．

このような建設機械の動向に対応して，作動油の高性能化が進められてきており，機能性潤滑油の分野へと進化している．これらの性能について各論で述べる．

3.7　作動油品質の各論

(篠田実男)

3.7.1　焼付き防止性

油圧作動油の焼付き防止性は，ポンプの寿命を維持するために重要である．この焼付き防止性をみるために市販耐摩耗性作動油34サンプルのシェル四球式耐荷重能試験とファレックス試験にて評価した．シェル四球式耐荷重能試験では供試油として亜鉛系作動油，非亜鉛系作動油を用い，便宜上粘度指数120未満（Low-VI）と粘度指数120以上（Hi-VI）に区分して用いた．ファレックス試験においては，粘度指数120未満のものを供試油として用いた．図3.23に市販耐摩耗性作動油のシェル四球式耐荷重能試験の荷重摩耗指数（Load Wear Index：LWI）を示す．各試料のLWIは，高粘度指数非亜鉛系作動油（Hi-VI）の値が最も高く焼付き防止性に優れる．次に高い値を示すものは，低粘度指数の亜鉛系作動油（Zn系Low-VI）である．低粘度指数の非亜鉛系作動油（Low-VI）や高粘度指数の亜鉛系作動油（Zn系Hi-VI）の焼付き防止性はやや低い．非亜鉛系作動油のLWIが高い理由はJCMAS規格などに対応するため性能改良が図られているためである．ファレックス試験の焼付き荷重を表3.15に示す[9]．ファレックス試験では，非亜鉛系作動油で極圧性を向上した作動油は亜鉛系作動油と同等の焼付き防止性を示す．FZG歯車試験においても12スカッフィング・ロード・ステージと亜鉛系作動油と同等の高い値を示す．ただし，亜鉛系作動油は，焼付き防止性に比較的優れているものの，ZnDTP自身の分解により生成するスラッジのトラブルや硫酸塩などによる材料の腐食を生じる問題がある．この問題を解消するためにZnDTPの添加量を少なくした低亜鉛系作動油や，リン系添加剤および清浄分散剤などの添加剤を組み合わせた作動油がある．この低亜鉛系作動油の添加剤成分は，亜鉛およびリンが約250ppm，その他に硫黄分，酸化防止剤などが含有される．この低亜鉛系作動油のファレックス値は4640Nであり，従来のZnDTP添加品と同等のポンプ潤滑性能を示す．一方，従来型の非亜鉛系作動油はスラッジ生成防止に優れるものの亜鉛系作動油に比べ極圧性不足の面があり，ラッカー生成によるサーボバルブ固着や異常摩耗（焼付き），シリンダボア摩耗を生じる場合および

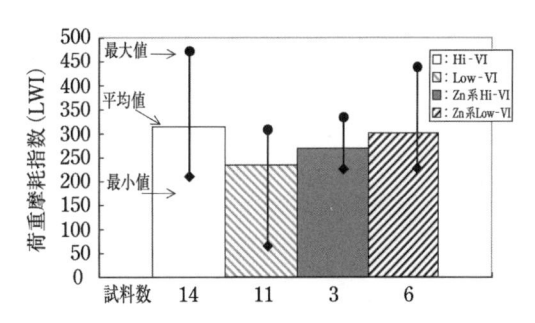

図3.23　四球式耐荷重能試験による市販耐摩耗性作動油の荷重摩耗指数LWI（回転数：1800 rpm）

図3.24に示すようなギヤポンプのブシュ焼付きが起こる例もあるとの報告[20]があるため留意する必要がある．ただし，最近の非亜鉛系作動油は従来の作動油に比べ極圧性が高く焼付き防止性に優れたものが主流となっている．筆者らの検討でも，非亜鉛系の極圧性を向上させた作動油VG46は，FZG歯車試験で12スカッフィング・ロード・ステージを示し，斜軸型ピストンポンプの耐久性試験（34.3 MPa，80℃，1000 h）の結果，ポンプ各部の焼付きやシリンダ，ピストンの寸法変化（摩耗）およびシュー部などの腐食や変色は認められなかった．また，酸化劣化によるスラッジ生成も少なく

表 3.15 作動油タイプと焼付き防止性比較〔出典：文献 9)〕

性能評価項目	一般作動油 (R&O)	亜鉛系作動油 (耐摩耗性作動油)	非亜鉛系作動油	
			従来型	極圧性向上型
ファレックス焼付き試験, N (290 rpm, 室温, ならし1 334 N, 5分)	2 830	4 400	3 630	4 270
FZG歯車試験（スカッフィング・'ロード・ステージ'）	5	12	8	12

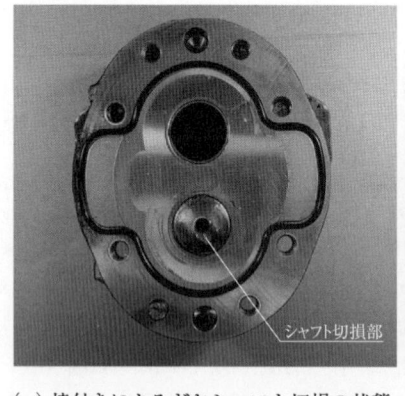

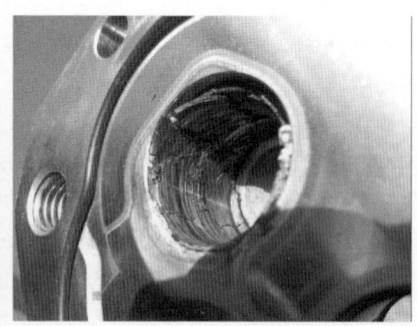

(a) 焼付きによるギヤシャフト切損の状態　　(b) 焼付きブシュ部拡大

図 3.24 ギヤポンプの焼付例〔出典：文献 20)〕

良好であった．

3.7.2 摩耗防止性

油圧作動油の摩耗防止性の要求は，油圧機器の高効率化により年々厳しくなってきている．また，ポンプ材料の表面処理等の検討がなされてきており，様々な材料に対する要求も求められてきている．耐摩耗性作動油では，油圧機器の高温・高圧化に対応して摩耗防止剤や極圧剤の付与が行われている．

図 3.25 に四球式摩耗試験（50℃, 294N, 30min）による市販耐摩耗性作動油の摩耗痕幅を示す．供試油は前項で用いた亜鉛系，非亜鉛系作動油を同様に粘度指数区分して供した．各油の摩耗痕幅は，約 0.4mm であり大きな差は認められない．非亜鉛系の摩耗痕幅は，平均約 0.4mm，最大 0.6mm，最少 0.29mm であり，低粘度指数の非亜鉛系作動油（Low-VI）油の摩耗痕幅は銘柄による差が多い傾向である．亜鉛系作動油の摩耗痕幅は，粘度指数（VI）に関係なく概ね 0.4mm であり一定している．亜鉛系作動油は一般的に摩耗防止剤の添加量を多くする必要がある．亜鉛系摩耗防止剤（Zn）添加量と摩耗量の関係を表 3.16 に示す摩耗試験方法[22]により調べた．図 3.26 に示すように亜鉛含有量が多くなるに従い黄銅プレートの摩耗量が小さくなり，ピストンモータなどに異常摩耗を生じない最小限の摩耗量（65mg）を満足する亜鉛含有量の閾値は約 500ppm となる[22, 23]．

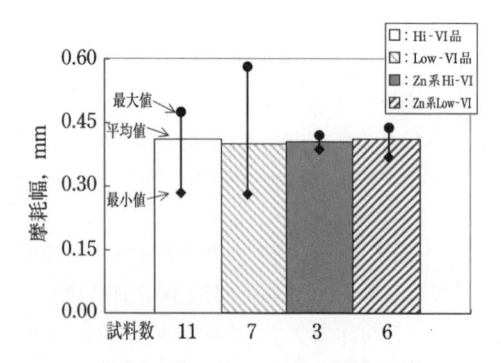

なお，山本らは市販作動油の斜軸式ピストンモー

図 3.25 四球式摩耗試験による市販耐摩耗性作動油の摩耗痕幅比較（試験条件：50℃×294 N×30 min）

表 3.16 往復駆動試験による摩耗試験の評価内容
〔出典：文献 22)〕

試験方法	摩擦試験方式	ピン オン プレート	
	しゅう動方法	スライド	
	試験油供給方法	滴下	
試験片の材質	ピン	鋼	硬度：HRC 60
			表面粗さ：25 rms
	プレート	黄銅	硬度：HRB 92
			表面粗さ：30 rms
試験条件	荷重，N	1 960	
	サイクル，1/min.	300	
	最大速度，m/s	1.5	
	移動幅，mm	96	
	プレート設定温度，℃	80	
	オイル滴下速度，mL/min.	0.5	
	試験時間，min.	60	

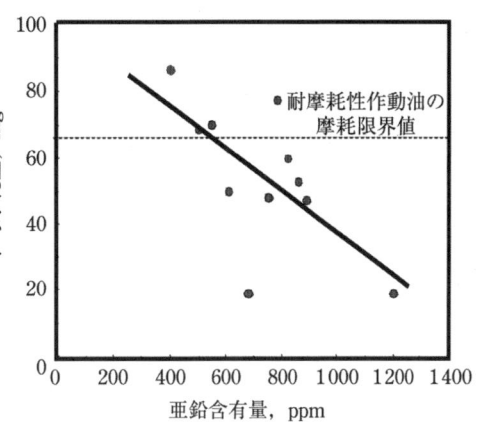

図 3.26 往復駆動試験による耐摩耗性作動油の亜鉛含有量と摩耗量の関係（試験片：ピン－鋼，プレート－黄銅）〔出典：文献 22,23)〕

タを用いた耐久性試験で，異常摩耗が発生した例を報告しており[23)]，摩耗防止性に劣る作動油が市場にあることに留意すべきである．

3.7.3 熱・酸化安定性・スラッジ防止性

潤滑油の酸化は，熱や光などによって基油が劣化することによる．この劣化を防止するために酸化防止剤や劣化を抑制する過酸化物分解剤や酸素補足剤が用いられる．また，酸化劣化を加速する因子として材料の金属分や水，塵埃などがある．材料中の金属による劣化を防止するために，金属不活性化剤やさび止め添加剤が用いられる．これら作動油に添加された添加剤が，使用中に消耗して基油の劣化を引き起こし，添加剤自身も熱により劣化しスラッジを生成する．

従来，酸化防止性と摩耗防止性・焼付き防止性を有した ZnDTP が多く使用されてきたが，前述のように ZnDTP はスラッジを発生する欠点がある．ZnDTP を配合した亜鉛系作動油と非亜鉛系の耐摩耗性作動油のスラッジ生成の比較をするため，高圧ピストンポンプ試験（JCMAS P045 法，油温 80℃，圧力 34.3 MPa）で 1 000 時間連続運転した結果を図 3.27 に示す．一般の亜鉛系作動油は短時

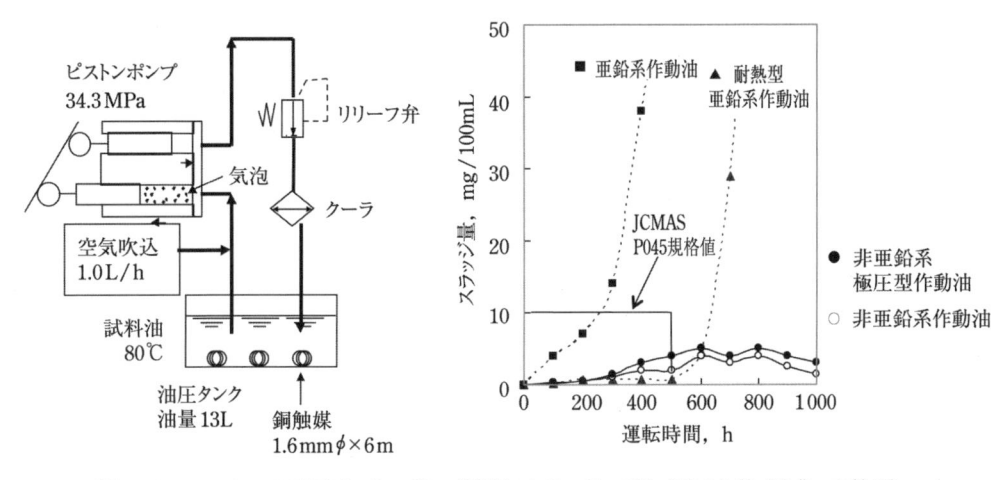

図 3.27 JCMAS P045 高圧ピストンポンプ試験によるスラッジ生成量の比較〔出典：文献 9)〕

間でスラッジが規格値を超えるが，非亜鉛系耐摩耗性作動油のスラッジ発生量は，規格合格した耐熱型亜鉛系作動油と比較しても少なく酸化安定性が高いことがわかる[9]．

3.7.4 省燃費性

油圧ショベルでは，入力エネルギーに対して，実際の仕事に使用される有効エネルギーは50％と見積もられている[24]．このため，最近の建設機械用の油圧機器では，ロードセンシングシステムの採用による圧力，流量の制御（必要な時に必要なだけの流量を回路圧で供給する）などによる省燃費化が実施されている．さらなる建設機械の省燃費化には，油圧機器の動力伝達媒体である油圧作動油によるエネルギー損失低減が重要と考えられる．建設機械用の作動油等による省燃費化への寄与としては，ポンプ等の効率向上，回路内部の油漏れ（以下内部リーク）低減，摩擦損失低減などが有効である．特に，油圧ショベルにおいては，油圧ポンプ，油圧モータ，メインバルブなどの容積効率やトルク効率の改善，漏れの低減の影響が大きいと考えられる．この油圧作動油による省燃費化のアプローチ方法について次に述べる[25]．

(a) ポンプ部の損失低減

式(3.3)で，一定の出力動力を保ちながらポンプの軸入力動力を低減させるには，ポンプの全効率を向上させることになる．全効率の向上は，式(3.4)からポンプのトルク効率 η_t と容積効率 η_v を高くすることにより得られる．このトルク効率を高くするには，ポンプ内部の粘性抵抗と機械的な摩擦損失を小さくし，少ない入力で出力トルクを確保することになる．一方，容積効率 η_v 高めるには，式(3.5)に示すように実際の吐出流量を多くし，理論吐出量に近づければよい．このためには，ポンプ内部リークを少なくすることとなるが，このポンプ内部の漏れは，油圧作動油の粘度と関係があり，粘度が低いと内部リークが多くなるため，適切な粘度の作動油を選択することが重要となる．

(b) 配管部の圧力損失低減

省燃費化は，式(3.6)のように配管内の流れの圧力損失 ΔP にも影響される．この圧力損失を低減するには，式(3.7)に示すように，作動油の低粘度化と低密度化が効果的である．しかし，安易な低粘度化は，上記に述べたように容積効率の低下につながり，出力が低下する結果となるため工夫が必要となる．低密度化については，API分類のグループⅢ以上の基油を用いることで配管損失の低減に寄与できる．

〈全効率 η〉

$$\eta = L_p / L_s \times 100 = (PQ/612)/(2\pi TN/6120) \tag{3.3}$$

ここに，η：全効率（％），L_p：ポンプの出力動力（kW），L_s：ポンプの軸入力動力（kW），P：吐出圧（kgf/cm^2），Q：吐出圧 P 時の吐出流量（L/min），T：軸トルク（kgf·m），N：回転数（min^{-1}）である．

〈全効率 η〉

$$\eta = \eta_t \times \eta_v \times 100 \tag{3.4}$$

ここに，η：全効率（％），η_t：トルク効率（％），η_v：容積効率（％）である．

〈容積効率 η_v〉

$$\eta_v = Q/Q_{th} \times 100 \tag{3.5}$$

ここに，η_v：容積効率（％），Q：吐出圧 P 時の吐出流量（L/min），Q_{th}：理論吐出量（L/min）である．

〈配管部の圧力損失 ΔP〉

$$L_e = \Delta P \times Q/612 \tag{3.6}$$

ここに，L_e：消費電力（kW），ΔP：圧力損失（kgf/cm^2），Q：配管流量（L/min）である．

$$\Delta P = 32L\gamma V / D^2 g \times v \tag{3.7}$$

ここに，L：直管相当部配管長さ（cm），γ：作動油の密度（g/cm³）V：管内平均流速（cm/s）D：配管径（cm），g：重力加速度（cm/s²），v：作動油の動粘度（cm²/s）である．

（c）機器の粘性抵抗低減方法

建設機械は運転方法が多彩であり，断続的に運転される場合には，作動油温度が低温から高温に変化するため，粘度が大きく変化する．この作動油の温度－粘度の関係を図3.28に示す[27]．一般的に潤滑油は低温では粘度が高く高温では粘度が低下するという特性を有しているが，この温度に対する粘度の変化の程度を粘度指数 VI で表している．粘度指数が高いと温度変化に対する粘度の変化が少ないので，高粘度指数の作動油は広い温度範囲で最適粘度領域に留まる．したがって，高粘度指数の作動油は低温でのトルク効率を向上し，高温時の高粘度化により容積効率も向上する．粘度指数の高い基油に粘度指数向上剤を添加した高粘度指数の作動油では，粘度指数向上剤のポリマーによる増粘効果により基油粘度を低くすることができる．低粘度基油の採用により低密度化が図れ，配管部の圧力損失を低減できる．ポンプの容積効率を一定の値に維持するには，高せん断領域を経た後の作動油の粘度が元の粘度となるように可逆的に変化する必要がある．一般的に，せん断速度が 10^5～$10^6 s^{-1}$ 以上の高せん断領域では，ポリマー分子が機械的にせん断されるため，作動油の粘度が低下したままの永久粘度低下が起こる[26]．この永久粘度低下の起こりやすさ（せん断安定性）はポリマーの分子量に依存し，高分子ほど影響を受けやすい．したがって，高せん断領域を経ても粘度が変化しないようにするためには，せん断安定性に優れた分子構造や適切な分子量の粘度指数向上剤を選択することが重要となる．

（d）油圧作動油の種類とポンプ効率の関係

油圧作動油の性能とポンプ効率の関係[27]について述べる．図3.29はベーンポンプにより3種類の粘度の異なる作動油（ISO-VG22，VG32，VG46）について，吐出圧と容積効率に相当するポンプ流量の関係を調べた結果である．作動油の動粘度が低いほど内部リーク量が増えてベーンポンプの容積効率が低くなりポンプ流量は減り，また圧力が高くなっても内部リーク量が増えて容積効率は低下してポンプ流量はやはり低下する．高粘度の作動油は容積効率を上げてポンプ流量を増やすことがわかる．一方，ポンプのトルク効率は作動油の粘性抵抗により動粘度が高くなるほど低下し，動粘度が低くなるほど向上することが分かっている．ポン

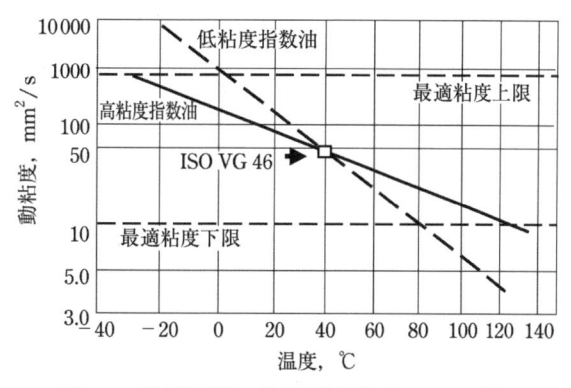

図3.28　油圧作動油の粘度温度特性（ISO VG46例）
〔出典：文献27)〕

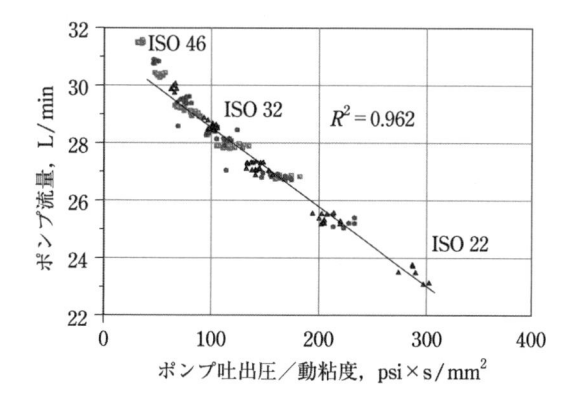

図3.29　ベーンポンプの吐出量と圧力/粘度（Eaton-Vickers V20ポンプ）〔出典：文献27)〕

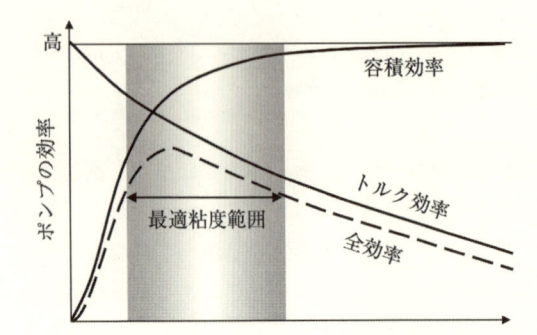

図 3.30 作動油粘度とポンプの効率の関係
〔出典：文献 28)〕

表 3.17 供試ポンプの仕様と評価条件
〔出典：文献 27)〕

ポンプ形式	斜板型ピストンポンプ
ポンプ押しのけ容積, cm^3/rev	28.6
ポンプ回転数, rpm	2 100
圧力範囲, MPa	0～34.3
温度範囲, ℃	60～100

表 3.19 供試油の内容と粘度特性〔出典：文献 27)〕

供試油コード	ISO VG	用いた VII	40℃粘度 (mm^2/s)	100℃粘度 (mm^2/s)	粘度指数
P-0	46	なし	45.9	6.8	103
P-1	46	B	44.7	7.2	122
P-2	46	B	46.1	7.9	141
P-3	46	B	47.8	8.6	159
P-4	46	B	46.0	9.7	202
P-5	46	A	46.0	8.4	160
P-6	46	C	45.4	8.4	162
P-7	46	D	45.2	8.3	162

表 3.18 供試油に用いた粘度指数向上剤
(*CEC L-45-A99 法 20h 試験による)　〔出典：文献 27)〕

供試油コード	平均分子量	KRL試験*における粘度低下率, %
A	約2万	6
B	約4万	11
C	約6万	16
D	約15万	20

プの総合効率はトルク効率と容積効率の積で表されるため，図 3.30 に示すようにポンプ全効率が高くなる最適粘度範囲が存在する[28)].

高粘度指数の作動油のポンプ効率に及ぼす影響を調べるために次のようにピストンポンプ試験を実施した結果を以下に示す．試験に用いられたピストンポンプの仕様と評価条件を表 3.17 に，供試されたせん断安定性の異なる 4 種類の PMA 系粘度指数向上剤を表 3.18 に示す．ピストンポンプ試験に用いた供試油の粘度データを表 3.19 に示す．各供試油はグループⅡ基油に，デニソン社 HF-0 規格（高圧ピストンポンプ試験を含む作動油規格）の添加剤を加えて，粘度グレードに応じて基油と粘度指数向上剤の添加率を調整したものである．評価は，一定の温度・圧力条件におけるポンプ駆動モータの消費電力ならびに吐出流量よりポンプ効率を算定した．なお，ポンプ効率測定の繰返し精度は±1 %以内と報告されている．

作動油の粘度指数とポンプ効率の結果を図 3.31 に示す．粘度指数の異なるマルチグレード（P1～P7）作動油とシングルグレード作動油（P0）との比較の結果，高圧条件時には粘度指数 200 の供試油で最大で約 8 %の効率向上が認められる．一方，粘度指数 120 の供試油についてはポンプ効率がむしろ低下している．これは，粘度指数向上剤の一時的せん断により，ポンプ内での実効粘度が

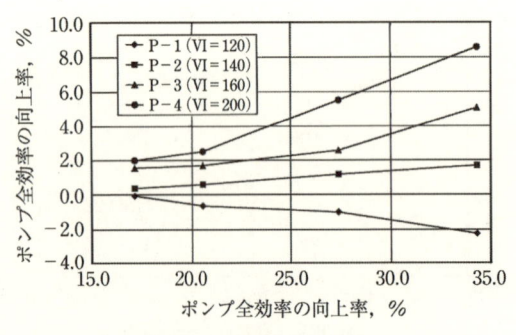

図 3.31 作動油の粘度指数とポンプ効率（ピストンポンプ；油温 100 ℃；シングルグレード油 P-0 との比較）〔出典：文献 27)〕

シングルグレード油よりも低くなることを示している．このことより，高粘度指数の作動油のポンプ効率向上効果は，適切なせん断安定性を有する粘度指数向上剤を用いた場合にのみ得られることがわかる．確認のために，せん断安定性の異なる粘度指数向上剤を用いて粘度指数を160に調製した供試油のせん断安定性とポンプ効率の結果を図3.32に示す．この結果，せん断安定性に劣る粘度指数向上剤を用いた場合，ポンプ効率は低下することがわかる．

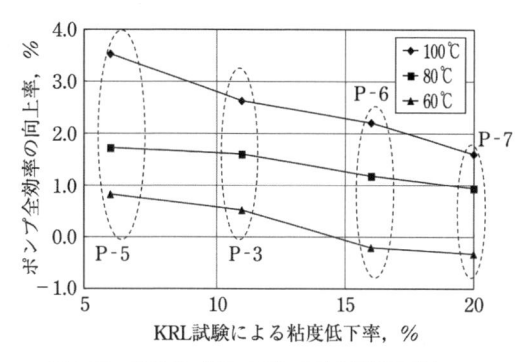

図3.32 作動油（VI＝160）のせん断安定性とポンプ効率（ピストンポンプ；吐出圧＝27.4 MPa） 〔出典：文献27)〕

(e) 油圧作動油による省燃費化のアプローチ方法まとめ

① せん断安定性の高い粘度指数向上剤を配合して油圧作動油の粘度指数を高めることにより，ポンプ効率は向上する．

② その効果は高温・高圧条件になるほど顕著となる．

③ 粘度指数向上剤のせん断安定性を高めることによりポンプ効率は向上するが，せん断安定性の悪い粘度指数向上剤を用いると効率は低下する．

④ せん断安定性に優れた粘度指数向上剤を用いることにより長期間高いポンプ効率を維持することができる．

⑤ ポンプ内部の摩擦損失を低減する摩擦調整剤の検討が必要である．

(f) 建設機械の省燃費化事例

建設機械用省燃費油圧作動油の燃費事例[29)]について次に紹介する．この例では基本的な作動油のコンセプトは上述の通りであるが，省燃費作動油として油圧ポンプ・モータ，制御弁での内部漏れ低減のためVG56の粘度にて検討されている．この例で使われた作動油は内部リーク防止のために，低粘度化せずに作動油に粘度指数向上剤を添加し，粘度指数200相当の高粘度指数化を図られている．また，摩擦調整剤は湿式ブレーキ特性を維持するため添加されていない．この高粘度指数作動油を使って，油圧ショベルによる積込み作業の燃料消費量と作業サイクル時間を検討した結果を図3.33に示す．ここでは高粘度指数作動油を使用すると一定の燃料消費量で燃料を余分に使うことなく作業スピードが向上することが示されている．これにより作業サイクル時間が短縮されて一定作業量あたりの燃料消費量が低減する．このように油圧作動油による省燃費効果は高いことが実証されている．

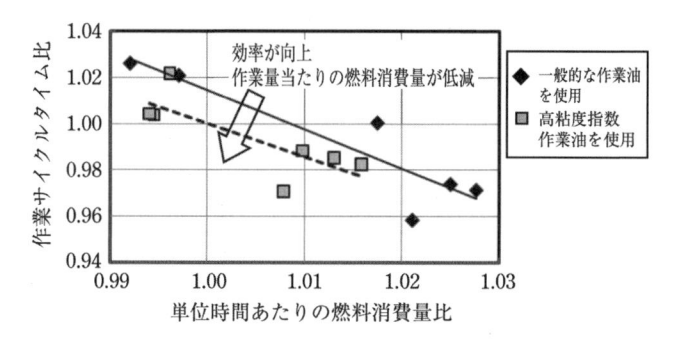

図3.33 中型油圧ショベルでのダンプ積込み作業時の省燃費性
〔出典：文献29)〕

3.7.5 生分解性作動油の品質

油圧作動油の生分解性は，使用される基油に大きく依存する．鉱油系基油と生分解性作動油に用いられる基油の生分解率を表 3.20 に示す[30]．また表 3.21 に生分解性作動油の種類と分類[12]を示す．

生分解性作動油の基油は生分解率が高く，安定性の高い植物油系や合成エステル系基油が主に用いられる．欧州では再生不能の石油を原料とする基油および，低生分解性や環境毒性のある添加剤を使用することが禁止される方向にある．

生分解性作動油を建設機械に用いる場合，鉱物油と比較して下記に示す点に注意が必要である．

表 3.20 潤滑油基油の生分解率（CEC L-33-T-82 法）
〔出典：文献 30〕

油種	生分解率，%
鉱油	15〜35
ホワイトオイル	25〜45
天然油脂	70〜100
ポリアルファーオレフィン（PAO）	5〜35
ポリブテン	0〜25
ポリオール類，ジエステル類	55〜100
ポリアレキレングリコール（高分子）	0〜25

① 酸化安定性が劣る（交換インターバルの短縮，特に植物系や一部の合成エステル基油でも酸化増加が大きい銘柄もある）．
② 潤滑性能（焼付き防止性，摩耗防止性）に劣る銘柄がある．
③ ゴム膨潤が大きい材質がある（低ニトリル NBR，クロロプレンゴムなどの材質ではシール部品からの漏れが起るので要注意である）．
④ 摩擦係数が低く油圧ショベルの駐車ブレーキ性能の低下が懸念される（駐車ブレーキには，摩擦係数が大きい材料の使用やブレーキ枚数を増やして対応する）．
⑤ 鉱物油との混合安定性に劣り混ざると沈澱を生じる（フィルタの目詰まりに対しては，初期のフィルタ交換時間の短縮で対応する）．

表 3.21 生分解性作動油の種類と分類〔出典：文献 12〕

No.	種類		ISO記号	生分解性	再生可能原料 65%使用	分子構造の例
1	ポリアレキレングリコール（分子量 1 000前後以下の化合物）		HEPG	○	×	$OH + (CHCH_2O)_n - H$ ，CH_3
2	植物油系	菜種油・大豆油など	HETG	○	○	CH_2OCOR / $CHOCOR$ / CH_2OCOR
3	合成エステル系	石油系原料	HEES	○	×	$R_1OCOH + R_2OH$ 石油原料のアルコール → $R_1OCO-(CH_2)_n-OCOR_2$ ジエステル
4		再生可能原料	HEES	○	○	$R_1OCOH + R_2OH$ 植物原料のアルコール → $R_1OCO-(CH_2)_n-OCOR_2$ トリメチルプロパン（TMR）エステル CH_2OCOR / $R-CH_2OCOR$ / CH_2OCOR
5	合成エステル＋低粘度炭化水素（PAO）		HEPR	○	×	ー

3.7 作動油品質の各論　117

表3.22　各種生分解性作動油の性状〔出典：文献12)〕

項目	単位	Zn系作動油①	生分解性作動油①	生分解性作動油②	生分解性作動油③
基油の種類	−	鉱物油	植物油	合成油	合成油
動粘度（@40℃）	mm^2/s	46.15	36.14	44.76	49.37
動粘度（@100℃）	mm^2/s	6.964	8.200	8.576	8.617
粘度指数	−	107	212	173	153
酸価	mgKOH/g	0.78	0.75	0.83	0.21
色相（ASTM色）	−	0.5	L2.0	L1.0	L1.5

⑥消泡性が悪い銘柄がある（キャビテーションによる損傷の懸念がある）．

⑦高価であるためランニングコストが高い．

以上のように短所もあるが，今日では鉱物油と遜色のない性能を有する生分解性作動油も開発されている．

筆者らが検討した各種生分解性作動油の性状を表3.22に示す[12]．また，図3.34にJCMAS規格P045の高圧ピストンポンプ試験（80℃，34.3 MPa）による性能比較を示す．この結果，合成潤滑油系生分解性作動油（②と③）は亜鉛系鉱物系作動油①より優れた酸化安定性を有している[9]．なお，基油に硫黄系の添加剤を多く含む作動油は，青銅を著しく腐食（硫酸銅，硫化銅の生成）させるため取扱には注意が必要である．

3.7.6　難燃性作動油の品質

鉱山，化学工場，製鉄所などで使用される建設機械では可燃物や高熱源の近くで使用されるため，作動油が高圧ホースのピンホールなどから噴出した場合に火災を起こす危険性がある．このため着火し難い油圧作動油として脂肪酸エステル油が多く使用されている．表3.23にISO12922で規定された試験方法と対象油種毎の規格内容を示す[31]．表3.24に各種作動油の耐火性評価例を示す[31]．脂肪酸エス

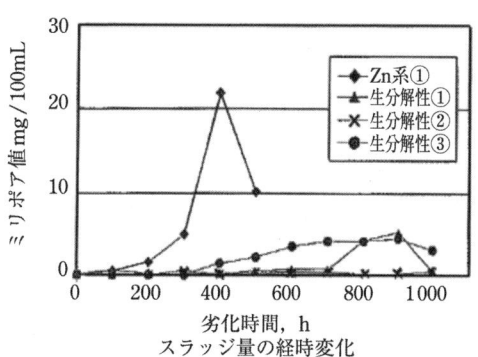

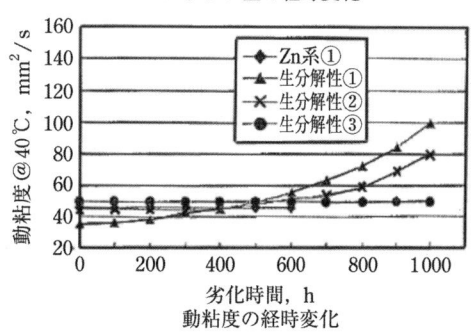

図3.34　高圧ピストンポンプ試験による酸化安定性
〔出典：文献9)〕

表3.23　ISO 129222の耐火性試験方法と規格〔出典：文献31)〕

ISO記号	方法・判定方法	HFB	HFC	HFDR
分類		W/O乳化型	水＋ポリマー	リン酸エステル
VG		46〜100	22〜68	15〜100
スプレー点火性（ISO15029-1 ISO/DIS15029-2）	バーナ燃焼による着火性，炎の長さ，黒煙の濃さなどにより判定	合格 グループE	合格 グループD	合格 グループE
Wickフレーム持続性（ISO14935）	火種による着火源での燃焼度合いにより判定	合格	合格	合格
マニホールド点火試験（ISO20823）	高温のマニホールド下での燃焼する温度による判定	650℃以上	600℃以上	700℃以上（分解ガスに注意）

注）各試験方法による評価結果の関連性はない．

表 3.24 各作動油の耐火性評価例〔出典：文献 31)〕

種類	動粘度 (37.8℃, mm²/s)	粘度指数	引火点, ℃	燃焼点, ℃	自然発火点, ℃	耐火性 (ホットマニホールド法)	廃液処理性	
鉱物油	35.7	109	224	245	340	着火（著しく燃焼）	○	―
脂肪酸エステル	47.2	176	268	352	405	着火（燃焼は弱い）	○	―
リン酸エステル	48.5	8	236	368	>500	着火せず	×〜△	燃焼ガスの有毒性
水-グリコール	46.3	20.5	なし	なし	>400	着火せず	△	廃水COD値高い
W/Oエマルション	86.4	145	なし	なし	>400	着火せず	○〜△	―

テルは着火するものの燃焼性は小さく，スプレー法（ISO15029-1）では継続燃焼は認められないため自己消火性を有するとされている．

また，脂肪酸エステルは酸化安定性，熱安定性も鉱物油と概ね同等であり，シール材適合性にも問題ないレベルである[32]．ただし，脂肪酸エステルは油圧ポンプの寿命を短くする場合もあり，油圧機器のメンテナンスに注意する必要がある．製鉄所など高熱源がある場所では一部の建設機械に水-グリコールが使われている．このためには水-グリコール専用に油圧システムを改造した建設機械が使用されている[33]．

4. パワートレイン

4.1 産業用車両のパワートレインの概要

(編集委員)

　自動車分野ではエンジンを含む駆動系をパワートレイン，エンジンを含まない駆動系をドライブラインと区別しているが，建設用車両や農業用車両の各業界団体ではエンジンを含まない駆動系をパワートレインに統一している．本書では便宜上パワートレインに統一する．

　産業用車両のパワートレインはそれぞれの使用環境によって多様に分化しているが，トルクコンバータ，クラッチや歯車などの基本要素は共通である．バス・トラックでは低燃費と低騒音の要求に対応してマニュアルトランスミッション（Manual Transmission：MT）や自動制御式マニュアルトランスミッション（Automated Manual Transmission：AMT）が多い．乗り心地重視の車両や非熟練運転者が多い車両については自動変速機（Automatic Transmission：AT）も採用されている．建設機械では頻繁に前後進を繰返す作業があり1分間に最高4回の頻度でクラッチやブレーキが使用されるため，パワーシフトトランスミッションやATが基本となる．アクスルには差動歯車装置と共に湿式多板ディスクブレーキが組み込まれることが多い．また，近年は3.3節に述べたようにパワーシフトトランスミッションやATに代ってHSTが多く採用されるようになっている．農業機械では車道を40 km/hで走行すると同時に，圃場においては0.15 km/hの超低速の作業も行われる．このため変速部は主変速，副変速，クリープ変速（超低速）に加え作業する目的に応じエンジンの動力を取り出して作業をするための動力取出装置（Power Take-Off：PTO）を本機の前後部や中央部に設けている．このため，パワートレイン構造は複雑である．農業機械のパワートレインが自動車用や建設機械用と大きく異なることは重量7～8トンのトラクタが10 km/h前後の速度のまま前後進の切換えができるシャトル変速を有していることで，この制御は多板の湿式クラッチで行っている．HSTとパワーシフトトランスッションあるいはMTが組み合わされた独自のパワートレインとなっている．

4.2 バス・トラックのパワートレイン

(橋本隆)

4.2.1 概要

　バス・トラックのパワートレインは乾式クラッチ，プロペラシャフト，トランスミッションと差動歯車装置からなる．基本的に熟練運転手が使用し，運転経費が重視されるために，安価で低燃費のMTが依然主流である．近年は低燃費化をいっそう進めるためエンジンの小排気量化や低回転化が計られ，これに対応してMTは6-7段変速から9-12段変速へと多段化が進んでいる．多段化に対応して，変速時に乾式クラッチの入切りと変速を電子制御により自動化したAMTが国内では50%近く，欧州では60%以上に普及している．一方，トルクコンバータ式の自動変速機（AT）は欧米では大型車まで普及しているが，国内では大型車にはほとんど普及していない．ただし，非熟練運転手が多く使用する小型トラックには国内でもATへの移行が進んでいる．

4.2.2 トランスミッション

(a) マニュアルトランスミッション（MT）

　大型トラック用7段MTを図4.1に示す[1]．本MTではダブルコーンのイナーシャドッグ式同期

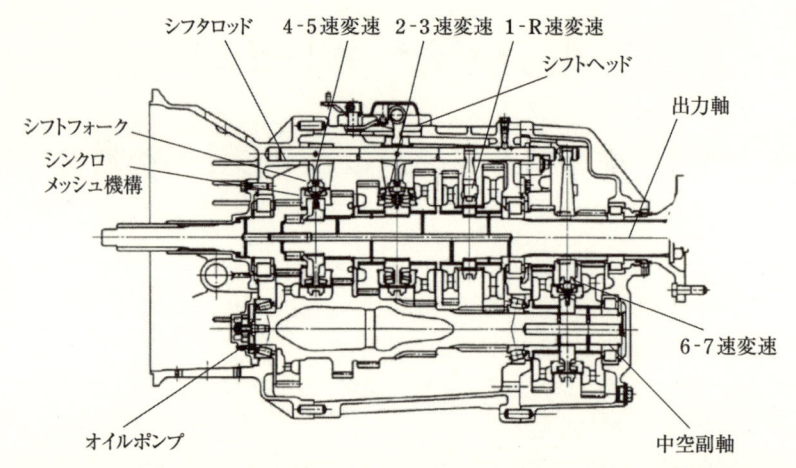

図4.1 大型トラックのマニュアルトランスミッション（MT）（前進7段，後進1段）
〔出典：文献1)〕

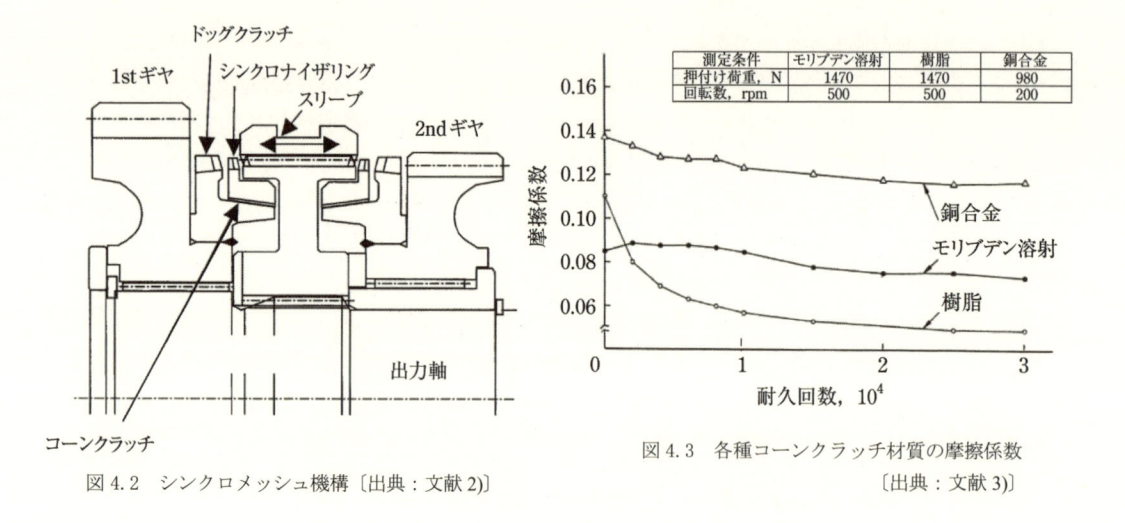

図4.2 シンクロメッシュ機構〔出典：文献2)〕

図4.3 各種コーンクラッチ材質の摩擦係数
〔出典：文献3)〕

かみあい装置（シンクロメッシュ機構）を使用し，はすば歯車が騒音低減のために使用されている．はすば歯車の面圧は 1.1～2.6 GPa で回転数は最大 3 300 rpm に達するため，クロムモリブデン鋼などの合金鋼が使われ，浸炭焼入れやショットピーニングなど表面処理が施されている．シンクロメッシュ機構（図4.2）のコーンクラッチには本 MT ではモリブデン溶射が採用されているが，他に銅合金，焼結合金，樹脂貼付け，カーボンファイバあるいはペーパ摩擦材なども使われる．コーンクラッチの直径は最大 150 mm くらいになるので，低速段での運転時には周速は 17 m/s 以上に達する[3]．また，2～3 段式のコーンクラッチを採用している機種がある[3]．この 7 段 MT では転がり軸受部には低トルク型のテーパころ軸受[4,5]を採用している．この MT の潤滑方法は内蔵油圧ポンプにより潤滑をしているが，油温は最大 120 ℃まで達するためオイルクーラが装着されている．オイルフィルタにはスピンオンタイプのセルロースフィルタが採用されている．ハウジングは軽量化のためアルミ合金が採用されている．図 4.3 は各種コーンクラッチ材質の摩擦係数の測定例である[3]．クラッチ材質以外にもコーンクラッチの油溝，相手しゅう動面粗さや潤滑油などによって摩擦係数や摩耗量は大きく影響される．

(b) 自動制御式マニュアルトランスミッション（AMT）

MTの基本構造をベースにクラッチ操作のみを自動化したトランスミッションがあったが，近年はクラッチ操作と変速操作を自動化しており，MTのように手動での任意変速も可能である．また，自動化により変速段数を増やすことが可能になったため，図4.4のような前進12段，後進2段のAMTが開発されている．トルクコンバータや湿式多板クラッチを装着したAMTも開発されている[6]．

図4.4 自動制御式マニュアルトランスミッション（AMT）
（前進12段，後進2段）〔出典：日野自動車提供写真〕

(c) 自動変速機（AT）

大型バス・トラック専用の前進6段，後進1段のATを図4.5に示す．車両総重量9トン，エンジン最大トルク600 Nmの負荷に耐えるATである．ロックアップクラッチ付きのトルクコンバータ，オイルポンプ，前部には3組みのクラッチパックと遊星歯車があり，後部に2組のブレーキパックと遊星歯車，一方向クラッチから構成されている．軽量化のためプレス加工の板金がクラッチパック外周部に採用されている．なお，米国やドイツではバス・トラックと建設機械に共用可能な高負荷用ATが製造されている．

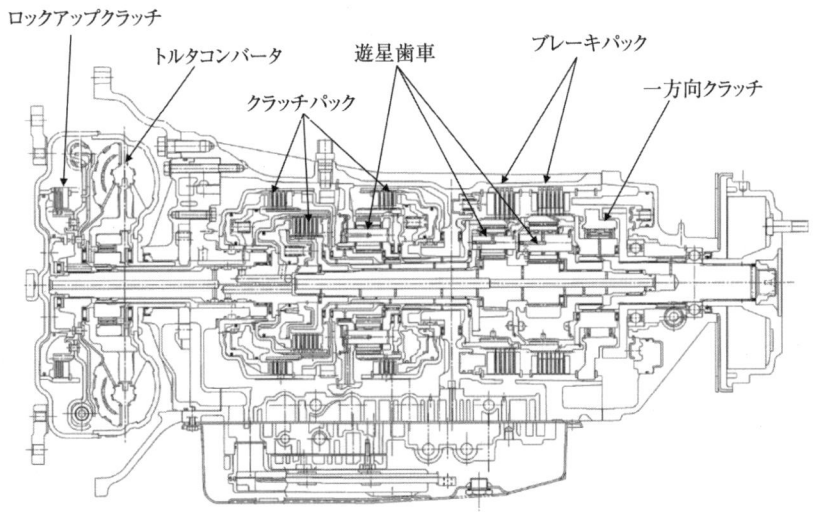

図4.5 大型バス・トラック用自動変速機（AT）　（前進6段，後進1段）〔出典：文献7）〕

(d) 将来展望

今後はAMTが主流であると考えられる．要素技術では，摩擦損失の低減や材料置換等による軽量化等の技術開発が行われる．電子制御はさらに拡大，車両統合制御に組み込まれいっそうの燃費効率向上への期待も高い．

4.2.3 差動歯車装置

差動歯車装置は図4.6のようなシングルアクスル用とタンデムアクスル用が一般的に使われる．かさ歯車部分には伝達トルクを大きくとれて小型化できるハイポイド歯車が通常使われる．ハイポイ

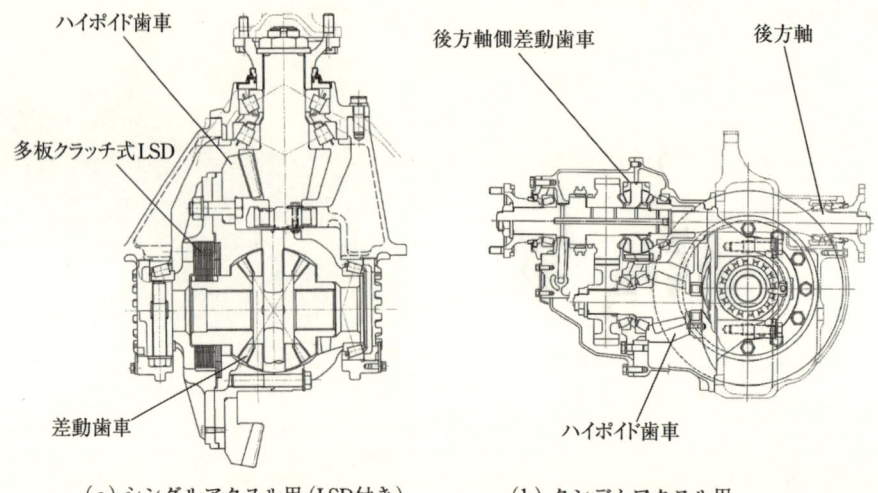

図 4.6　大型トラック用差動歯車装置
（a）シングルアクスル用（LSD付き）　（b）タンデムアクスル用

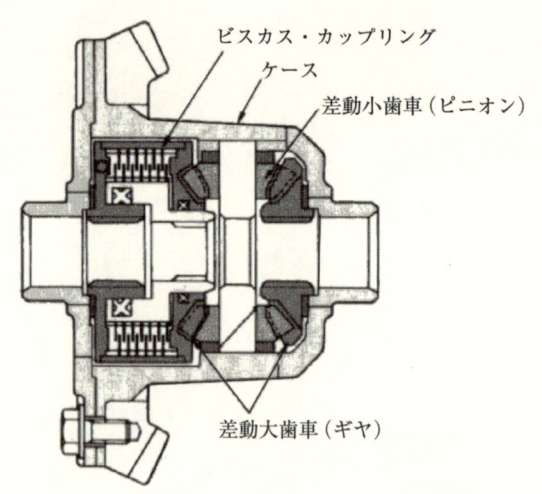

図 4.7　小型トラック用ビスカスカップリング付き差動装置

ド歯車は最大で 3.4 MPa の面圧がかかること，さらに小歯車の回転数は 3 300 rpm 以上であることから歯面間のすべり速度は早いため，スカッフィング防止性能の高い GL-5 のギヤ油を採用する必要がある．また，図のように一部機種には多板クラッチ式の差動制限装置（Limited Slip Differential；LSD）が装着される．LSD に使われる材質としてはモリブデン溶射された鋼板と，その相手材として熱処理された鋼板が使われる．LSD 付き作動歯車装置の潤滑油品質には，スティック・スリップによる LSD の鳴きを防ぐために適切な静動摩擦係数比が必要であり，また焼付き防止性や摩耗防止性も重要である．小型トラックでは図 4.7 のようなビスカスカップリング式 LSD と差動歯車を組み合わせた装置も採用されている．ただし，ビスカスカップリング式 LSD はシリコーン油の粘性を利用した機構であり，大型トラック用としては十分な耐久性をもっていないため使用されない．

4.3　建設機械のパワートレイン

（佐藤吉治）

建設機械のパワートレインは表 4.1 のように車両の種類や大きさ，車両への搭載性，用途に応じて

種々の方式が採用されている．走行頻度の低い油圧ショベルや使いやすさが重視される小型建設機械ではHSTが一般的に使われている（3.3節参照）．一方，走行頻度が高いダンプトラック，作業効率が重視される中大型ホイールローダあるいは大型ブルドーザなどではロックアップクラッチ付きトルクコンバータを有した機械駆動式のトランスミッションが広く使われている．以下に主として機械駆動式パワートレインについて代表機種毎に概要を記す．

表4.1 建設機械に使われているパワートレイン形式

		ブルドーザ		ホイールローダ			ダンプトラック モータグレーダ			油圧ショベル
エンジン出力, kW		～100	100～	～125	125～250	250～	～350	350～1000	1000～	
機械駆動式	平行軸歯車式パワーシフトトランスミッション				○		○			
	遊星歯車式パワーシフトトランスミッション	○	○		○	○	○	○	○	
HST式		○		○	○					○
電気駆動式*				○			○		○	

＊電気駆動式：エンジンで発電機を回して電気モータで履帯やタイヤを駆動する方式

4.3.1 ブルドーザのパワートレイン

(a) 概要

ブルドーザには下記のような特徴を有したエンジンとパワートレインが必要とされる．図4.8にブルドーザのパワートレイン配置を示す．

　①低速回転時のトルクが大きくトルクライズ[*1]の大きいエンジン．高負荷でエンジン回転が落ちてもエンスト（Engine Stall）せずに，逆にトルクを増して車両を推進できる．

　②大きな減速比（乗用車の約10倍）を有するトランスミッションおよび終減速機，

　③負荷に応じて自動変速するトランスミッション，

　④パワーロスの少ないパワートレイン

(b) トルクコンバータ

トルクコンバータは①変速操作が容易，②衝撃的な高負荷がかかってもエンジン停止しない，③トルクライズ効果が大きい，④変速時のパワーカットが少ない，などブルドーザのパワートレインに必要とされる優れた特質を有しているので，中大型ブルドーザで広く採用されている．一方，トルクコンバータは効率が低いという短所があるため，大型ブルドーザを中心にロックアップクラッチ付きのトルクコンバータが採用されている例がある．

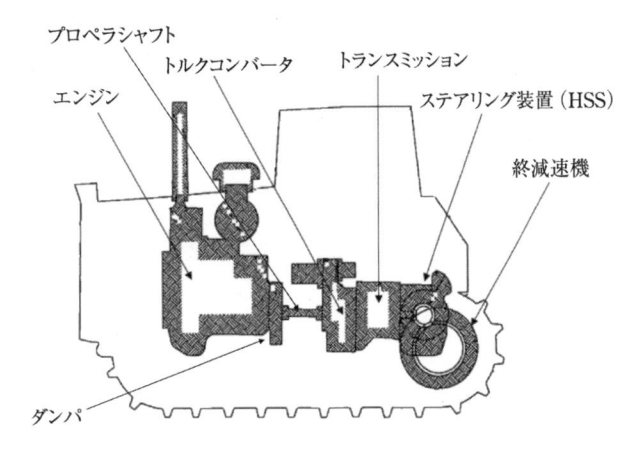

図4.8 ブルドーザのパワートレイン配置と構成

(c) トランスミッション

中大型ブルドーザ用のトランスミッションとしては前述のトルクコンバータと組み合わせた遊星歯

[*1]（トルクライズ[%]）＝｛（最大トルク）－（定格出力時トルク）｝／（定格出力時トルク）× 100

車式パワーシフトトランスミッションが多く採用されている.なお,パワーシフトトランスミッションはATの構造と類似しているが,運転者が手動で変速する方式である.遊星歯車式パワーシフトトランスミッションはロックアップクラッチ付きトルクコンバータと組み合わせ,高効率で動力を伝達する長所を有する.また,HSTに対して不利であった変速ショックについては,比例制御弁により車両の作業状態にきめ細かく対応したクラッチ係合が可能になり大きな改善が図られてきている.さらに,作業負荷に応じた自動変速機構も取り入れられ運転者の負荷軽減に大きく寄与している.図4.9に前進3速,後進3速のトランスミッションの構造例を示す.

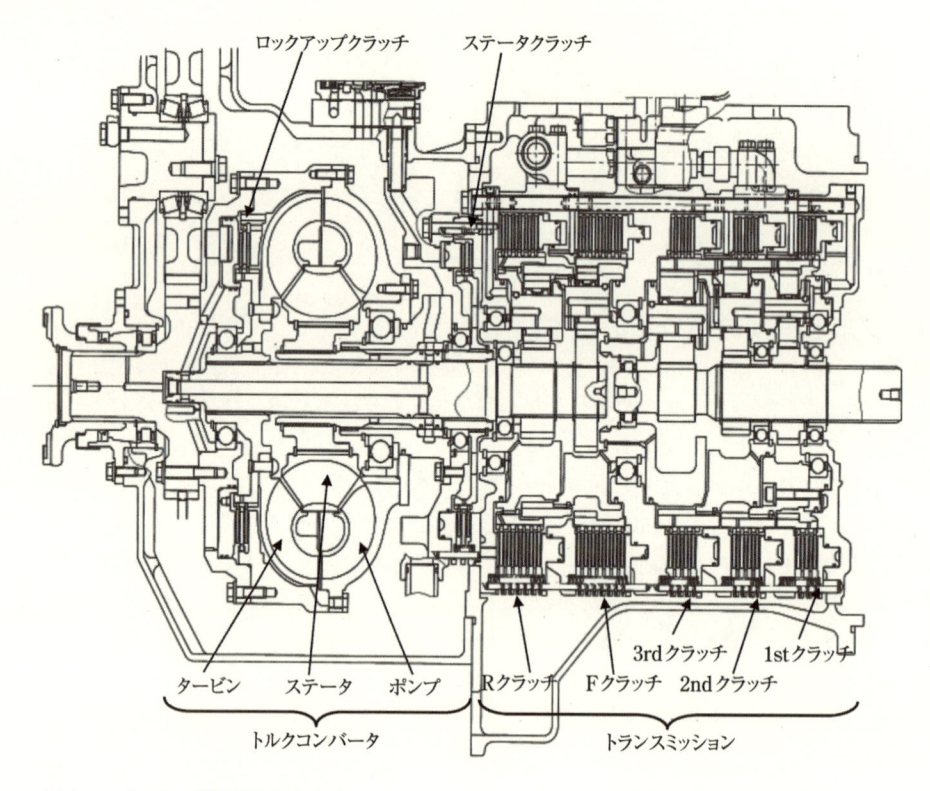

図4.9 ブルドーザ用遊星歯車式パワーシフトトランスミッション(前進3速,後進3速)

(d) ステアリング装置

　ステアリング装置の種類にはクラッチ&ブレーキ方式とハイドロスタティックステアリングシステム(Hydrostatic Steering System ; HSS)の2方式がある.ここではパワーロスが小さく旋回操作性に優れたHSS方式の構造・作動について述べる.本装置は図4.10と図4.11に示すように左右一対の遊星歯車式減速機,HSSポンプ・モータおよびトランスファなどによって構成されている.

　運転者が旋回操作をしない場合,HSSモータは停止しエンジンからの全出力がトランスミッションから遊星歯車式減速機を構成するステアリング装置を経て終減速機に伝達される.この時,左右の遊星歯車式減速機の出力回転速度は同一のため車両は直進する.運転者が左右いずれかの方向に旋回操作を行うとHSSモータが回転し,左右の遊星歯車減速機の太陽歯車を互いに逆の方向に回転させる.この運動と遊星歯車式減速機の特性により左右の減速機の出力回転速度に差が生じ車両は旋回する.

図 4.10 ハイドロスタティック・ステアリング（HSS）の構造例

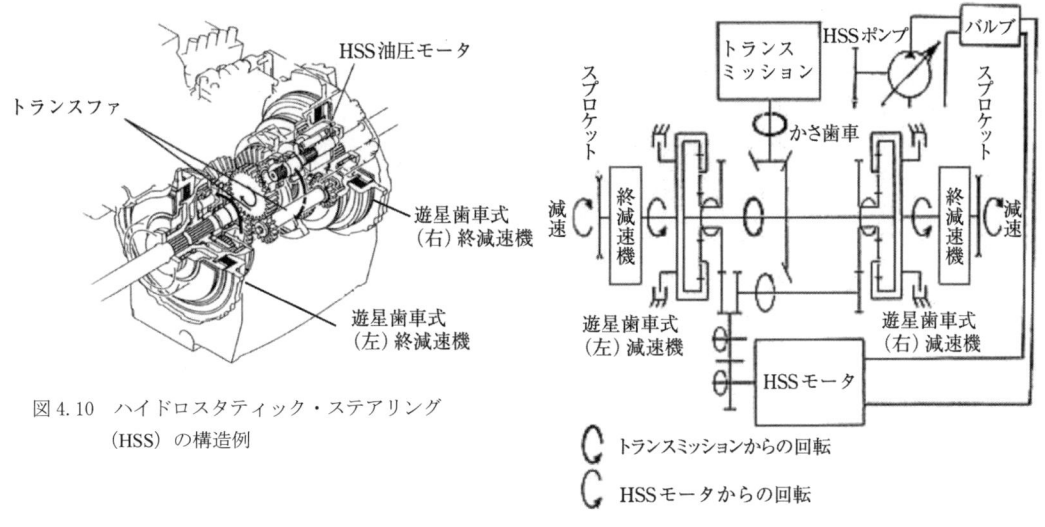

図 4.11 HSS の概念図

(e) 終減速機

終減速機はパワートレインの最終部分にありステアリング装置の外側に配置され，入力された回転速度を大きな比で減速し，スプロケット（図1.6参照）を駆動するに伝える働きをする．動力伝達のトルクだけでなく，岩盤乗越え落下時には大きな衝撃も作用するため高い強度が必要とされる．2組の平歯車によって2段で減速する形式，1組の平歯車と遊星歯車機構を組み合わせた形式ならびに2段の遊星歯車機構の形式がある．

4.3.2　オフロード・ダンプトラックとホイールローダのパワートレイン

(a) 概要

オフロード・ダンプトラックのパワートレイン構成はダンパ，プロペラシャフト，AT，終減速機と湿式多板ブレーキを内蔵する一体のアクスルからなる．ATの構造は基本的にブルドーザのパワーシフトトランスミッションと同様の遊星歯車式トランスミッションであり，ロックアップクラッチ付きトルクコンバータを備え，前進6速ないし7速，後進1速ないし2速である．

ホイールローダのパワートレイン構成はダンパ，パワーシフトトランスミッション，前後部の2本のプロペラシャフト，前後部の遊星歯車式減速機と湿式多板ブレーキを内蔵するアクスル2基からなる四輪駆動となっている．トランスミッションの構造例を図 4.12 に示す．以下に前項で触れられていない装置について構造，機能を記す．

(b) ダンパ，プロペラシャフト

ダンパはエンジンのトルク変動によるねじり振動を軽減し，エンジン以降の駆動系を保護する役目をする．また，プロペラシャフトはエンジン，トランスミッション，アクスル間に設置され，トルクを伝達する役目をする．ともに回転，揺動，しゅう動部分はグリース潤滑されている．ダンパの構造を図 4.13 に示す．

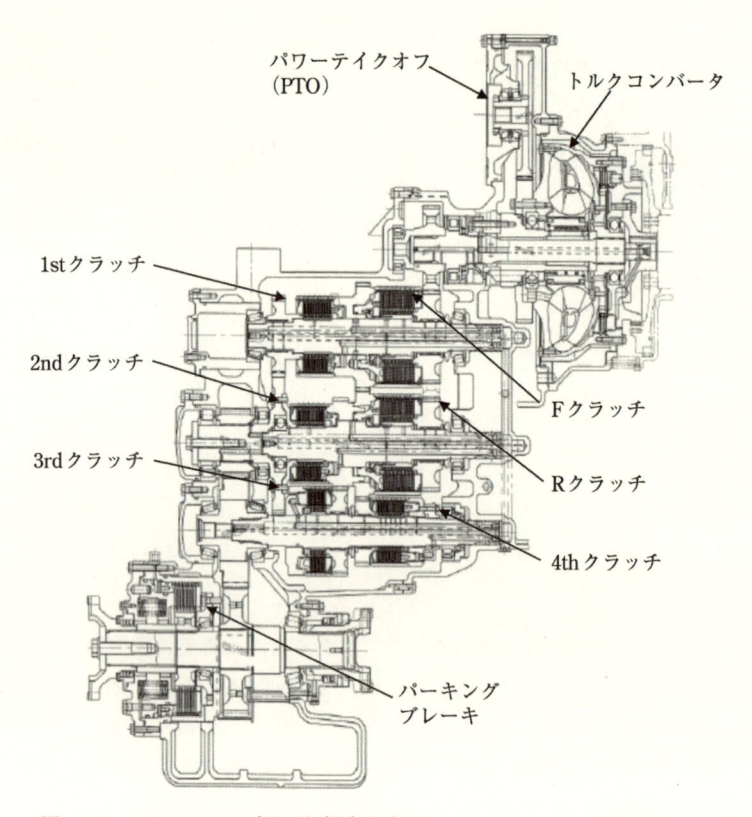

図 4.12 ホイールローダ用平行軸歯車式パワーシフトトランスミッション
(前進 4 速, 後進 4 速)

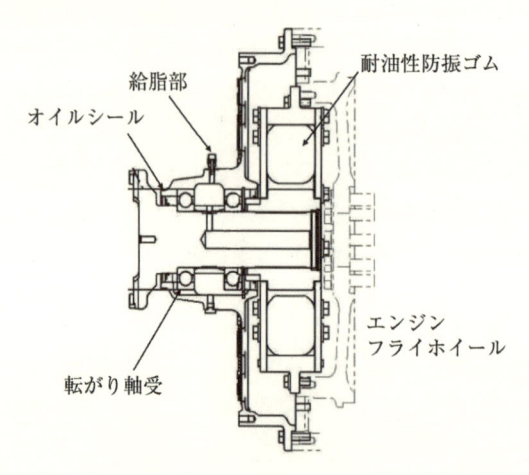

図 4.13 ホイールローダ用ダンパ

(c) アクスル

アクスルは車両の重量を支えるとともに,トランスミッションからの動力を減速してトルクを上げてタイヤに伝えている.また内蔵している湿式多板ディスクブレーキにより車両を制動する役目をもつ.中小型ホイールローダに採用されている半浮動アクスルの構造を図 4.14 に示す.オフロード・ダンプトラックや大型ホイールローダには,湿式多板ディスクブレーキがアクスル外周部に装着され

ホイールを制動する全浮動アクスル*2といわれる構造方式が採用されている．アクスルに入力されたトルクはまがりばかさ歯車によって減速されるとともに回転軸を 90°転換される．内部には差動歯車装置が設けられ，車両の旋回時などに生ずる左右の回転差を吸収している．左右に分かれたトルクは各々の遊星歯車により減速されてタイヤに伝わる．ともにオイルのはねかけにより潤滑されている．

ダンプトラックは長距離を降坂する際，ブレーキをリタータとして連続的に使用して速度を維持しながら走行する．このため湿式多板ディスクブレーキは他の歯車とはシールで隔てられ，オイルは外部のポンプにより循環し，オイルクーラで冷却される．

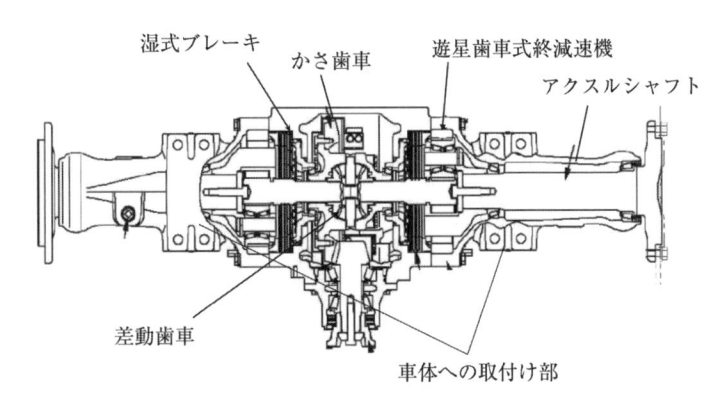

図 4.14 ホイールローダ用フロントアクスル

4.3.3 建設機械用トランスミッションの主要部品

(a) 歯車

建設機械用遊星歯車式パワーシフトトランスミッションの太陽歯車，遊星歯車は曲げ強度，ピッチング強度を確保するため一般的に Cr, Mo, Ni などを含んだ特殊鋼が用いられ，浸炭焼入れ焼もどし処理が施される．必要に応じてさらにハードショットピーニングにより歯元の残留圧縮応力を高める強化が行われている．また，浸炭後に浸窒し歯車表面に柔らかい残留オーステナイトを生成させ，耐ピッチング強度を向上させている例が多い．歯車の耐久性を確保するためにはかみあい部での温度上昇を十分抑える必要があるため，必要に応じて強制潤滑を行っている．なお，歯車の表面処理については 4.6 節でも解説する．

遊星歯車や太陽歯車にはモジュールが 4.5，歯幅が 80 mm 程度までの平歯車が使われている．

(b) 摩擦材

建設機械用パワートレインのクラッチには主に焼結合金，ペーパ，ゴム系（またはエラストマー系），耐熱樹脂系の 4 種類の摩擦材が使われている．各々使用する部位や目的に応じて摩擦係数，熱負荷強度，機械的強度などの仕様やコスト，入手性等を勘案し選定される．

焼結合金摩擦材の場合，熱伝導が良く高い耐熱性を有するため，高速での前後進切換えなど，過酷な使用条件下でのクラッチに採用される例が多い．このためクラッチ部の潤滑油量や温度を適切に保つ必要がある．

ペーパ摩擦材は弾性率が低いため低面圧でも均一な当たりを得やすく，また気孔率が高いため潤滑性も良い．このためダンプトラック用湿式多板式リタータブレーキなど長時間滑らせる用途に適している．また，静摩擦係数と動摩擦係数の差が少ないため自励振動が起きにくく，クラッチ係合時の鳴

---

*2 全浮動式アクスル：アクスルを車体に固定せずに，サスペンションなどで車体と繋げる構造

きが生じにくい利点がある．一方，摩耗量は比較的多いため，メーティングプレートの面粗さや摩耗寿命を考慮した設計が求められる．大型建設機械用の遊星歯車式パワーシフトトランスミッションのクラッチディスクとしては外径が $\phi 600$ mm 程度までのものが使われている．

(c) 転がり軸受

建設機械用パワートレインに用いられる転がり軸受には多様な使われ方や，潤滑油の汚染に対応するため種々の技術が織り込まれている．一例として遊星歯車式パワーシフトトランスミッションの遊星歯車を支持しているニードル軸受には，ローラ表面に油膜保持のため微小な窪みを付けたり，残留オーステナイトを転動面表面に生成させて切欠き感度を落とすなどの処理が施されているものがある．また軸のたわみ量が大きい場合にはローラに適切なクラウニングを付け，局部面圧を低減している．

(d) トランスミッションクラッチの油圧制御

トランスミッションクラッチの油圧制御にはあらゆる状況の変速でもトルク切れや過大なショックが生じないように，比例制御弁を用いてクラッチ油圧を電子制御する方式が一般的に採用されている．変速時にはアクセル開度，エンジン回転，車速，勾配，油温等のセンサ出力をコントローラ内で処理し，クラッチ油圧波形を最適にするために指令電流をきめ細かく制御している．建設機械は屋外で整備されることも多いので，オイル，フィルタエレメントの交換時に砂や異物が回路内に混入するおそれがある．このため比例制御弁の直前にはラストチャンスフィルタを設置し，異物かみ込みによる誤作動を防止している．

4.4　農業機械のパワートレイン

(佐藤芳樹)

4.4.1　主要な農業機械とパワートレイン

(a) 農業用トラクタ

農業用トラクタのパワートレインはクラッチ，トランスミッション，プロペラシャフト，差動歯車装置，湿式ブレーキ，終減速機で構成される．代表的なパワートレインを図 4.15 に示す．機動力の点から近年はほとんどが四輪駆動になっている．

メインクラッチは乾式単板が主流であるが，制御が容易で，半永久的に使用できる湿式多板クラッチも多くなりつつある．また，トランスミッションに HST を採用してクラッチレス化が進んでいる．トランスミッションには主変速に加えて，大きく変速するための副変速があり，更に長芋の収穫などに必要な超低速作業用の変速や，前後進をワンレバーで切り替える機構をもつものもあり，幅広い車速設定を可能としている．また，滑らかで素早い旋回を行えるよう，操舵と共に前輪の回転速度を切り替える機構を前輪駆動部に備えたものが多い．変速方式には，マニュアル操作によるギヤスライド，シンクロメッシュ機構によるギヤシフト，油圧によりクラッチ操作やギヤ切替えを行うパワーシフト，油圧のポンプとモータ間で流量を調整することにより前後無段変速が可能な HST，遊星歯車と HST を組み合わせたハイドロメカニカルトランスミッション（Hydraulic Mechanical Transmission：HMT）などがあり，これらを組み合わせてトラクタのトランスミッションを構成する．各変速方式には操作性や快適性，伝達効率の面で良し悪しがあり，何れの方式を採用するかは主として作業形態から決定される．図 4.16 にパワーシフトを使ったトランスミッションの一例を示す．このパワーシフトトランスミッションでは，各湿式クラッチのオンオフでギヤを切り替えるが，切替え時にオーバラップさせることで，動力が切れない変速が可能である．

その他のパワートレイン要素として，プロペラシャフトは主に前輪を駆動するため，トランスミッションから前車軸への動力伝達に用いられる．滑らかな旋回のため，差動歯車装置が備えられている

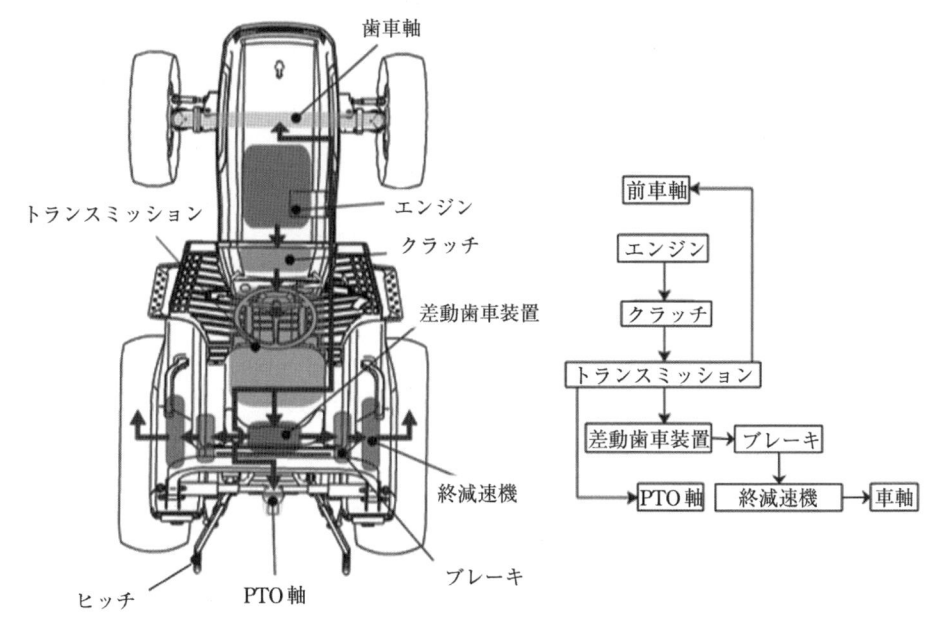

図 4.15 農業用トラクタのパワートレイン

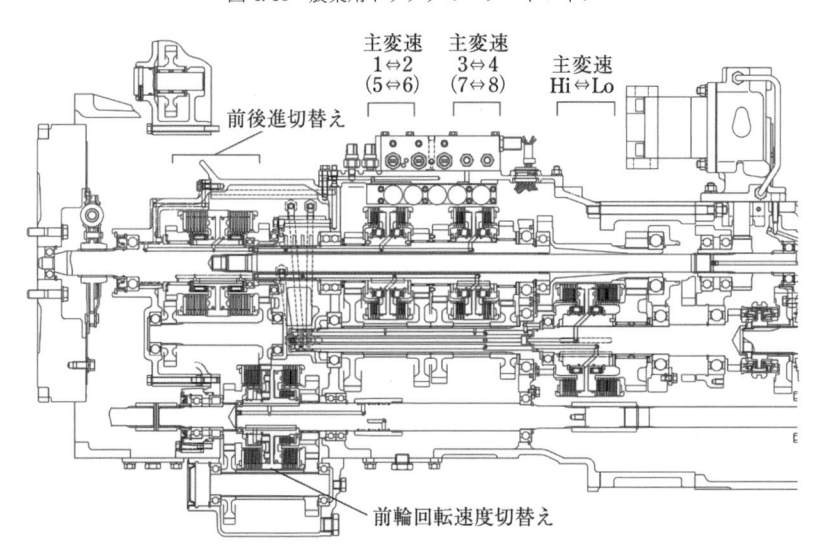

図 4.16 農業用トラクタのパワーシフトトランスミッションの例

が，泥濘地などで片方の車輪のみがスリップして動けなくなることを防ぐため，デフロック機構や LSD が装備されている．高い駆動力を得るため，大きなギヤ比の終減速機が車軸部に備えられている．

(b) コンバイン

一般にコンバインの走行部にはゴム履帯を使用し，左右の回転を制御することで車速の調整および方向転換を行う．パワートレインはベルト，トランスミッション，クラッチ，終減速機から構成される．代表的なトランスミッションの一例を図 4.17 に示す．ベルトはエンジンからの動力をトランスミッションに伝えるだけでなく，刈取り部や脱穀部等，離れた各駆動部への動力伝達に多用されている．トランスミッションはギヤシフトだけのタイプがあるが，近年は無段変速の HST と移動や作業

で車速を大きく変えるための副変速を組み合わせたタイプがほとんどである．方向転換の方式は，内外輪の強制差動回転によるものと，内輪のブレーキや減速駆動力によるものの大きく2種類がある．ショックを抑えるために，湿式多板クラッチの圧力制御や，遊星歯車による差動等の構造に各社工夫をしている．

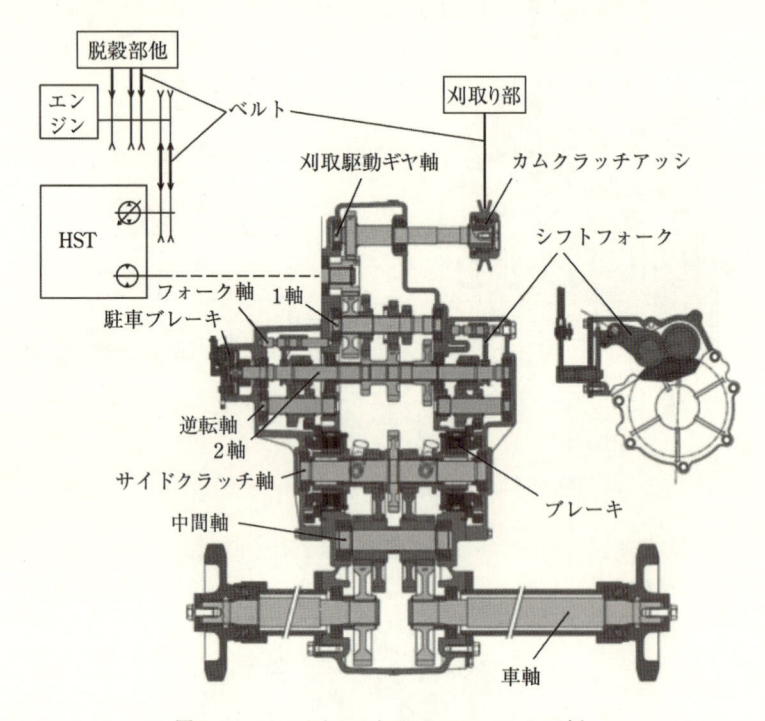

図 4.17 コンバインのトランスミッションの例

(c) 田植機

田植機のパワートレインはベルト，トランスミッション，差動歯車装置，操向クラッチ，終減速機で構成される．代表的なパワートレインの一例を図 4.18 に示す．主クラッチはベルトの弛張や，ディスククラッチによりエンジンからトランスミッションへの動力伝達を入切りするが，一方で主クラッチをもたないタイプがある．トランスミッションは HST を主変速とし，移動と作業で車速を大きく変えるための副変速を組み合わせているタイプあるいはギヤシフトや HMT，ベルト無段変速機（Continuously Variable Transmission : CVT）を使ったタイプがある．前輪に差動歯車装置，後輪の左右に操向クラッチを設けた四輪駆動が多い．近年，旋回時は内側後輪の動力を絶つ機能を採用しているものがある．この機能により，前後輪をそれぞれ差動させて，旋回をより滑らかにし，雑草繁殖や苗移植不良の主要因となる圃場泥面の荒れ（凹凸）が少なくできる．水田内の移植密度を一定にするため，移植作業機の動作と車速を連動させている．作業速度にかかわらず，泥面に一定間隔で移植させるパワートレインを採用している．

(d) 乗用芝刈り機（ゼロターンモア）

ゼロターンモアは前輪が自由車輪となっており，2本のレバーで左右後輪の回転速度を調整することで，前後進，左右旋回，その場での方向転換が思いのままにできる．パワートレインはエンジンからの動力を左右に分割するかさ歯車，2組の HST と終減速機から成る．パワートレインの一例を図 4.19 に示す．

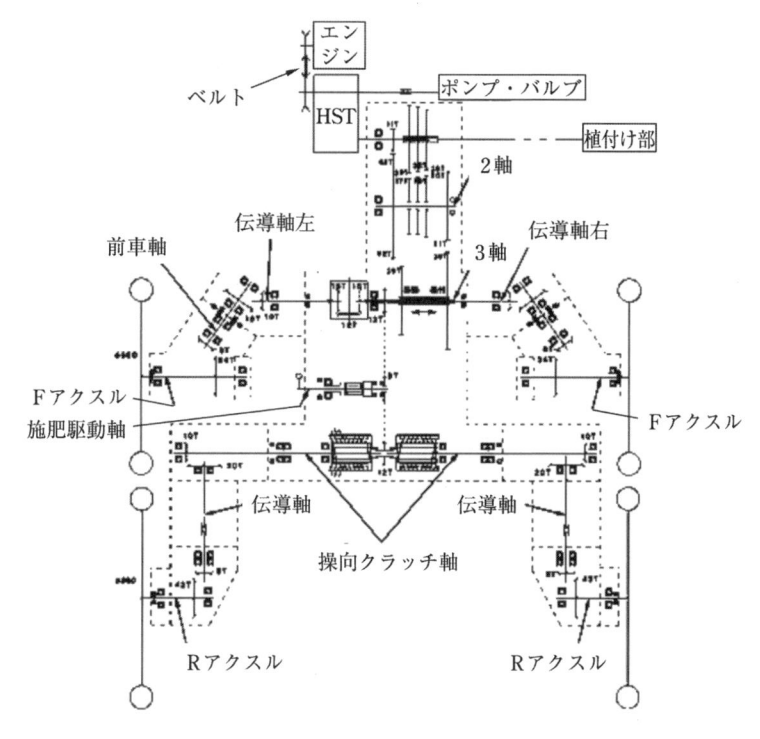

図 4.18　田植機のパワートレイン例

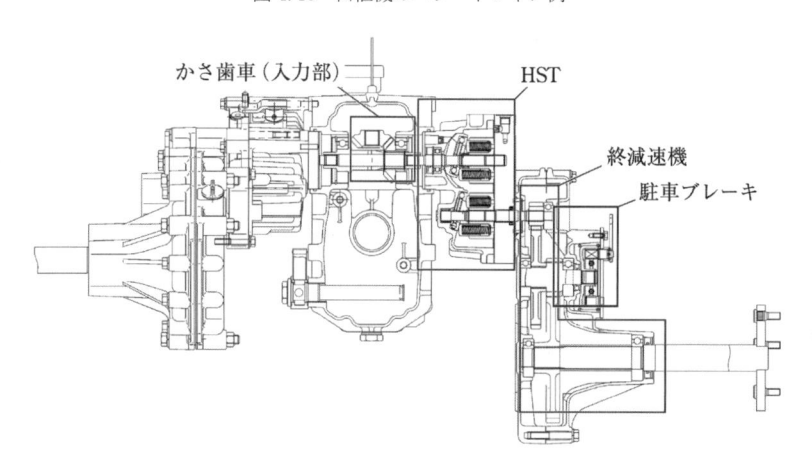

図 4.19　ゼロターンモアのパワートレインの例

4.4.2　パワートレイン主要部潤滑部品

　農業機械のパワートレインにおいて，潤滑と関わりが強く重要な要素は歯車，転がり軸受，湿式クラッチ・ブレーキである．農業機械は低速，高トルクでの使用が多く，湿田からの脱出等で思いも寄らない過大な負荷がかかる．したがって，歯車については長時間使用によるピッチングだけでなく，歯の折損にも耐える必要がある．材料は CrMo 鋼が多く使われるが，条件によって他の鋼種も使用されている．歯には必ず浸炭等の熱処理を施しているが，高出力化によりさらなる強度向上が求められているので，浸炭窒化やショットピーニング等の熱処理や表面処理も多く行われる．歯車面圧は部位により異なるが一般に 1.4 GPa 程度である．

農業機械は負荷がかかった状態で，頻繁に発進，停止，加減速や前後進の切替えが必要であり，トランスミッションを制御するために湿式クラッチを使うことが多い．また，ブレーキ装置の長寿命化とブレーキ制動力の増大をねらって湿式ブレーキが採用されている．湿式クラッチ・ブレーキの摩擦材は，負荷が軽い箇所でのオンオフや加減速の制御にはペーパ摩擦材を，負荷が大きい発進や前後進切替えには焼結合金材を使う．摩擦材には通常，冷却用の潤滑溝を設けており，負荷が大きい箇所には農業機械独自の溝形状を採用している．使用面圧はペーパ摩擦材で 2～4 MPa，焼結合金摩擦材で 4 MPa 以上が一般的である．

パワートレインの潤滑方法として，充分な潤滑が図れるようトランスミッションケースに潤滑油を満たすオイルバス方式が主流である．一方，油面より高いところに位置する部品にははねかけ方式や，作業機昇降などに用いられる油圧ポンプを利用して軸内に設けた油路にオイルを通す強制潤滑方式がある．

4.4.3 農業機械のパワートレイン動向

近年の環境への関心の高まりから，農業機械ユーザーも燃費の良さ（CO_2 低減）を求めるようになった．農業機械の燃費は単位燃料消費量あたりの作業距離や単位時間あたりの燃料消費量等，何を重視するかで様々な表記法がある．農業機械の燃費を良くするためにはパワートレインの伝達効率を良くすることが重要である．一方で農家の高齢化，婦女子化が進み，操作性の良さも同時に求められる．現状では効率と操作性は二律背反の関係にあるが，どちらも両立したパワートレインが今後開発されていくであろう．

4.5 湿式摩擦材のトライボロジー

4.5.1 弾性率と摩擦特性

（大川聰）

産業用車両では自動車と異なり多様な湿式摩擦材（以下摩擦材）が使われる．図 4.20 はこれら産業用車両に使われる各種の摩擦材組成を体積パーセントで示したものである．ペーパ摩擦材はセルロースなどの繊維とシリカや酸化鉄などビッカース硬度（HV）400～800 程度の硬質粒子（摩擦調整材）をフェノール樹脂などで結合させており，気孔率が高く，摩擦係数が高いのが特徴である．黒鉛

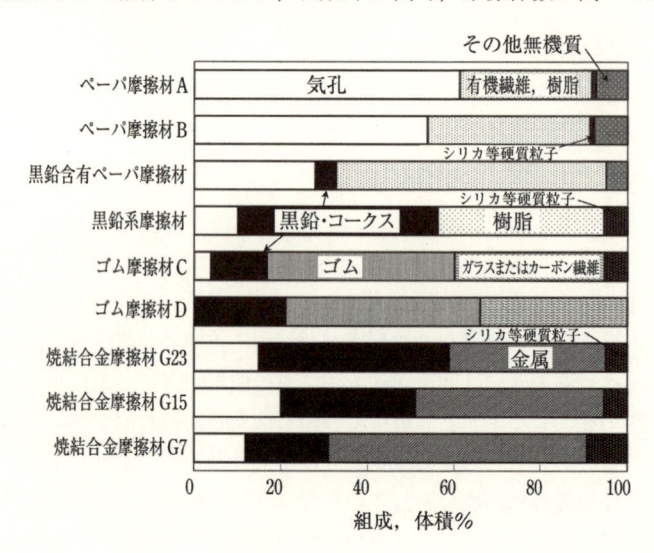

図 4.20 各種摩擦材の組成〔出典：文献 8）〕

系（またはカーボン系）摩擦材は黒鉛やコークスと摩擦調整材などを熱硬化性樹脂で結合させたものである．ゴム系（またはエラストマー系）摩擦材はニトリルゴム（NBR）やフッ素ゴム（FKM）に黒鉛や摩擦調整材としてガラス繊維などを配合したもので気孔は全くないか，気孔があっても気孔率は小さい．焼結合金摩擦材は黒鉛とシリカ（摩擦調整材）などを青銅で焼結したものである．図中の焼結合金 G7 は黒鉛量 7 質量％であることを示す．焼結合金の摩擦係数は高くないが，熱伝導率が高いため耐熱性に優れるので多板のパワーシフトトランスミッションや湿式ブレーキに使われている．なお，HV1 000 以上の硬度の摩擦調整材は，その摩耗粉がメーティングプレートや歯車などの異常摩耗を起こす場合があるので配合は避けた方が良い．

　自動車用湿式摩擦材は殆どがペーパ摩擦材であるため，その高い気孔率と摩擦係数の関係が注目されていた[9]．しかし，低気孔率の黒鉛系摩擦材や気孔のないゴム系摩擦材でもペーパ摩擦材と同等の高い摩擦係数を示し，建設機械のパワーシフトトランスミッションには実用されている．したがって，摩擦材には気孔以外により重要な特性があることがわかる．

　焼結合金摩擦材については黒鉛量体積と気孔率の合計が 60 体積％までは，摩擦係数が黒鉛量と気孔率に比例して高くなることが筆者等の研究[8,10]でわかっている．さらに，気孔，セルロース，黒鉛，ゴムなど摩擦材の弾性率を下げる組成が多くなる程，摩擦係数が高くなることに注目して圧縮弾性率（以下弾性率）と摩擦特性の関係が見出されている[8,10]．

　図 4.21 は上記摩擦材について慣性ブレーキ式クラッチ試験により測定した係合中の摩擦係数カーブである．なお，摩擦係数の測定は係合回転数を 3 000 rpm または 4 500 rpm とし，慣性一定で面圧を 600 kPa から 200 kPa ごとに 3 000 kPa まで上げて各 1 000 回の係合を行い，その摩擦係数の幅を示している．前述のとおり，焼結合金摩擦材は黒鉛量が多くなり弾性率が下がると摩擦係数は上がる．しかし，黒鉛量 27 質量％（G27）では焼結合金の強度が低下し気孔の潰れなどが起こるため，摩擦係数は黒鉛量 23 質量％（G23）と同程度になる．ペーパ摩擦材，ゴム系摩擦材，黒鉛系摩擦材も焼

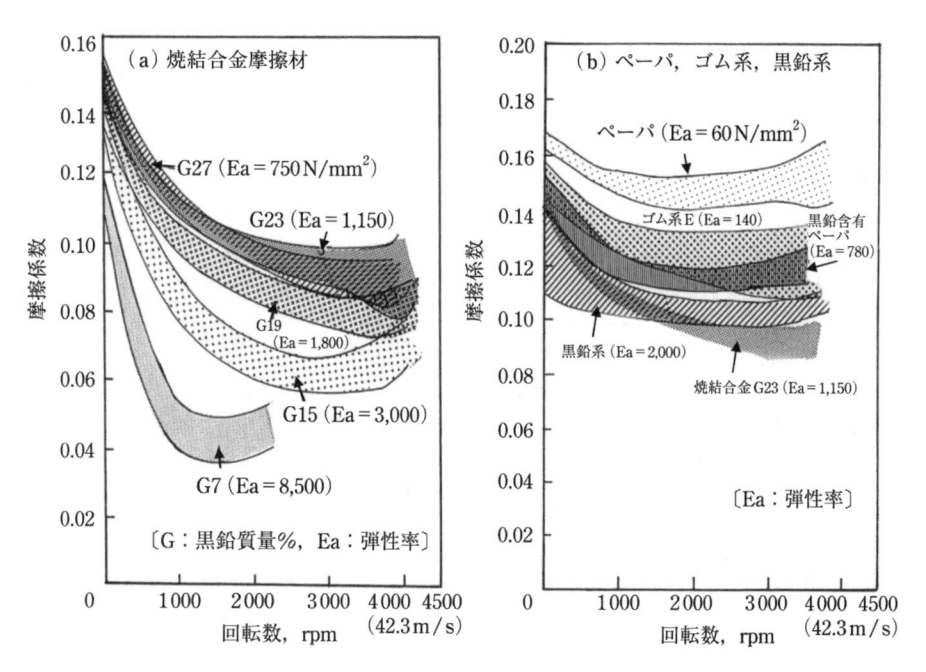

図 4.21　各種摩擦材の係合中の摩擦係数と弾性率の関係〔出典：文献 8〕
（慣性ブレーキ式単板クラッチ試験機：ディスク中心径 180mm，CD エンジン油 SAE 30）

結合金と弾性率に反比例して摩擦係数は上がることが分かる．ゴム系摩擦材 E は気孔率 0% であるがペーパ摩擦材なみの高い摩擦係数を示している．

図 4.22 は同じ試験機で得られたさらに多くの種類の摩擦材の弾性率と周速 10 m/s 時の動摩擦係数との関係を示す．動摩擦係数は材料の種類に関係なく，弾性率の減少とともに増加するといえる．

これは弾性率が下がることで摩擦材とメーティングプレートが均一に接触するため動摩擦係数が改良されると推定されている[8,10〜13]．図 4.23 は P. Zagrodski[11]による係合中の熱変形による摩擦材とメーティングプレートの圧力分布の有限要素法の解析結果である．1000 MPa の高弾性率の摩擦材では熱変形により外内周面圧が著しく高くなるが，弾性率 400 MPa の摩擦材では圧力分布が均等化される．

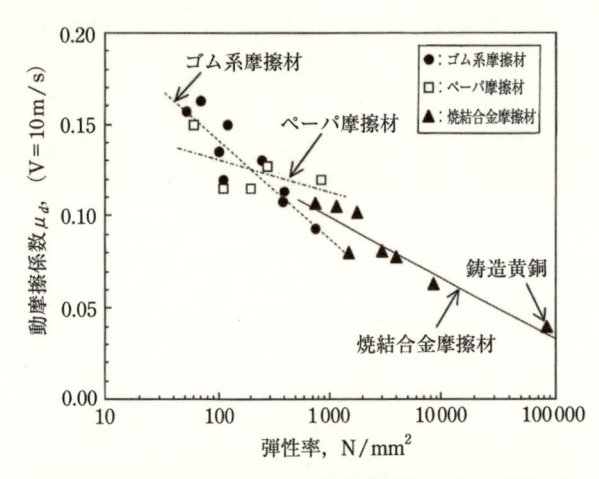

図 4.22　各種摩擦材の弾性率と動摩擦係数の関係（慣性ブレーキ式単板クラッチ試験機：ディスク中心径 180mm，CD エンジン油 SAE 30）〔出典：文献 8〕

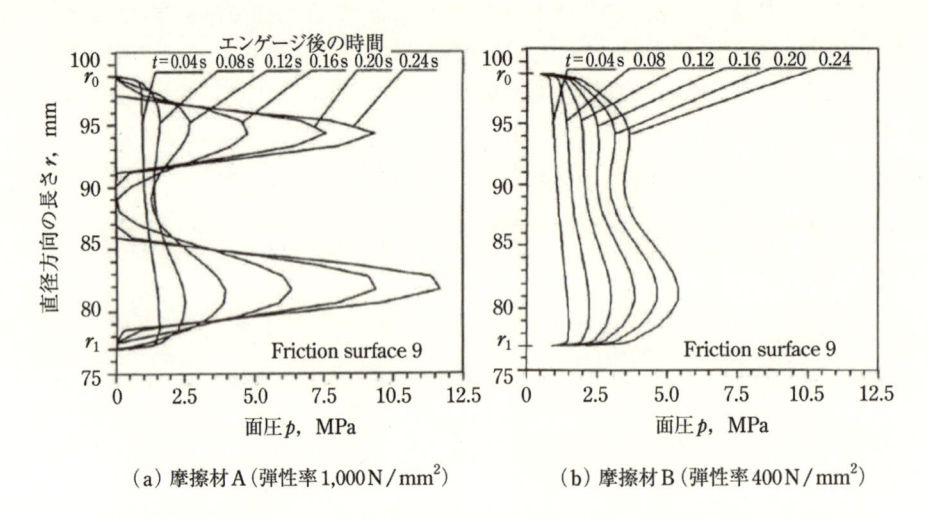

(a) 摩擦材 A（弾性率 1,000 N/mm²）
(b) 摩擦材 B（弾性率 400 N/mm²）

図 4.23　係合中の熱変形による摩擦材とメーティングプレートの圧力分布〔出典：文献 11〕

4.5.2　摩擦材の耐熱限界

(佐藤吉治)

摩擦材の焼付き限界（耐熱限界）を表す指標として，単位時間当たりのエネルギーであるエネルギー率 $\dot{q}$ とクラッチの係合時間内に発生するエネルギー量 Q が一般的に用いられる．$\dot{q}$ は摩擦係数 μ，クラッチ面圧 P，すべり速度 V の積として求められるが，この最大値 $\dot{q}_{max}$ が大きいほど摩擦材の表面温度は高くなる．また Q はクラッチが係合する過程で発生する $\dot{q}$ を積分して求められるが，本値が大きくても摩擦材の表面温度は高くなる．このように Q，$\dot{q}_{max}$ の各々にクラッチ材料や潤滑油量などによって決まる耐熱限界値があるが，Q と $\dot{q}_{max}$ の積も耐熱限界の指標となる．本概念を図 4.24，図 4.25 に示す．

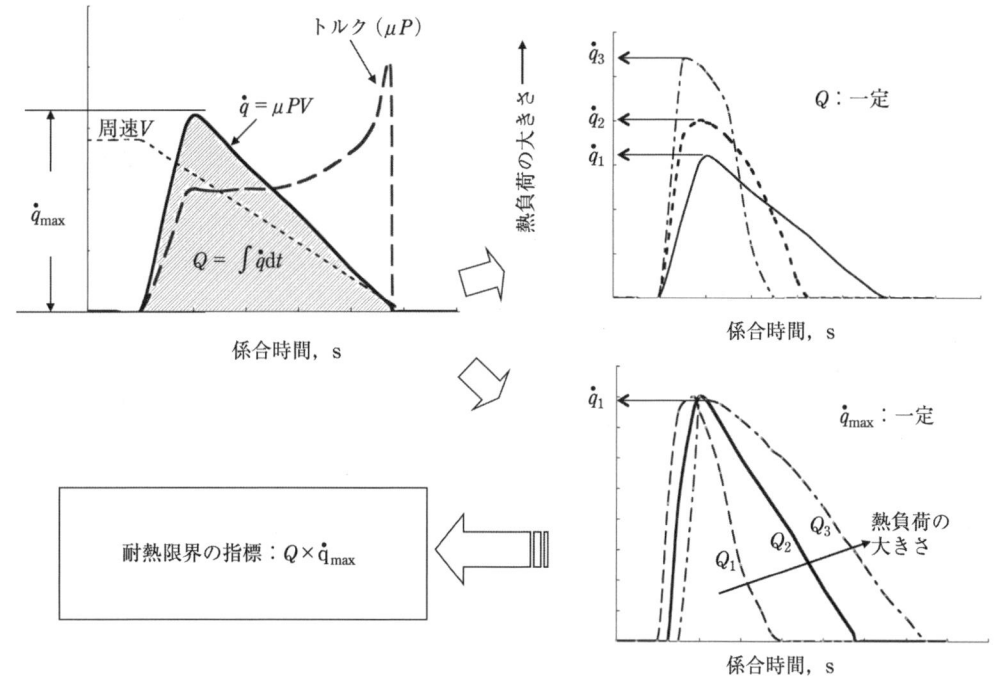

図 4.24　摩擦材の耐熱限界指標の考え方

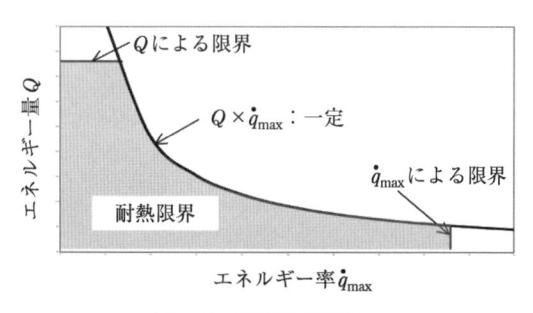

図 4.25　耐熱限界指標

4.5.3　弾性率の耐熱限界と摩耗に及ぼす影響ならびにその他の限界

(大川聰)

　弾性率は摩擦材の耐熱限界に対しても図 4.26 のような直接的な関係がある．しかし，ペーパ摩擦材は熱伝導率が低いために弾性率が低い割には耐熱限界が低くなることがわかる．特に，多板のパワーシフトトランスミッションではペーパ摩擦材だけでなく，熱伝動率が低いゴム系摩擦材の耐熱限界は焼結合金を越えることができない．このため，ペーパ摩擦材なみの低弾性率をもつ焼結合金摩擦材の開発[14]や熱伝導率を改良したペーパ摩擦材の開発[15]も行われている．また，耐熱限界に影響する要因として弾性率の重要性が認識されている[14,16,17]．

　摩耗については，負荷エネルギーあたりの摩耗厚さで表示するが，摩耗は図 4.26 に示すようには弾性率とは関係がない．摩耗はそれぞれの材料の強度に依存しており，熱負荷にも影響される．

　摩擦材の使用条件ごとの選定に関して，パワーシフトトランスミッションでは周速は 70 m/s 以上になる場合がある[18]が，耐熱限界内であればペーパ摩擦材から焼結合金摩擦材まで周速による選定の制約はない．また，面圧に関してはパワーシフトトランスミッションでは最高 5 MPa まで使われ

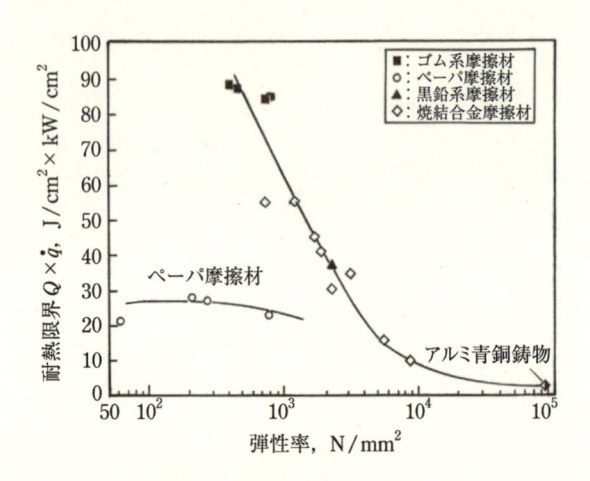

図 4.26 各種摩擦材の耐熱限界と弾性率の関係（慣性ブレーキ式単板クラッチ試験機：ディスク中心径 180 mm，CD エンジン油 SAE 30）　〔出典：文献 8〕

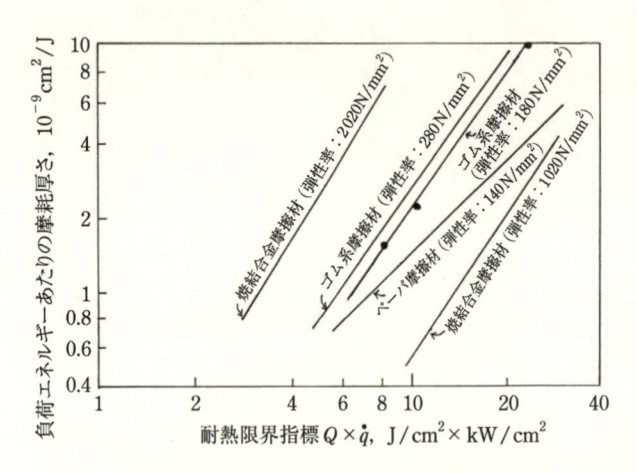

図 4.27 各種摩擦材の熱負荷に対する摩耗量の関係（慣性ブレーキ式単板クラッチ試験機：ディスク中心径 180 mm，CD エンジン油 SAE 30）　〔出典：文献 8〕

るが[18]が，ペーパ摩擦材はへたる（気孔が潰れる）おそれがあるため 2 MPa 以上で使われる例は少ない．一方，焼結合金摩擦材では逆に 0.5 MPa 以下の面圧では摩擦係数が低下することがあるので使われる例は少ない．建設機械では頻繁な前後進の作業があり，3～5 回/分の頻度でクラッチが係合するので[18]，摩擦材選定にあたっては摩耗防止性も重要なポイントとなる．

4.5.4 摩擦材のStribeck曲線
（大川聡）

摩擦材は境界潤滑で使用されていると思われているが，係合開始直後の初期摩擦係数 μ_i が流体潤滑の影響を受けることが知られている[16]．混合潤滑や流体潤滑になる条件を明らかにするため，SAE No.2 クラッチ試験機の供試ヘッド部を冷却して潤滑油粘度が高い状態でペーパ摩擦材の初期摩擦係数 μ_i を測定した結果を図 4.28[19,20] に示す．周速と面圧は一定であるので μ_i と動粘度のStribeck 曲線となる．シングルグレードの鉱油系作動油3種類，菜種油系と合成エステル系生分解作動油はいずれも動粘度 $1\,000\,mm^2/s$ 以下では境界潤滑，これ以上の動粘度では混合潤滑に移行しさらに $30\,000\,mm^2/s$ 以上で流体潤滑になることがわかる．クラッチの係合開始時の周速が 20 m/s 前後であった場合は動粘度が $1\,mm^2/s$ であっても係合初期は流体潤滑になると計算されるが，係合直後に油溝，気孔ならびに低弾性率によるしゅう動面の変形と摩擦調整材によるアスピリティ[21]により潤滑油がしゅう動面から排出されて境界潤滑に移行すると考えられる．なお，図中に示すように数分間の摩擦後は一定の摩擦係数 μ_c に収まるが，この μ_c の値は粘度に左右されずほぼ一定である[20]．

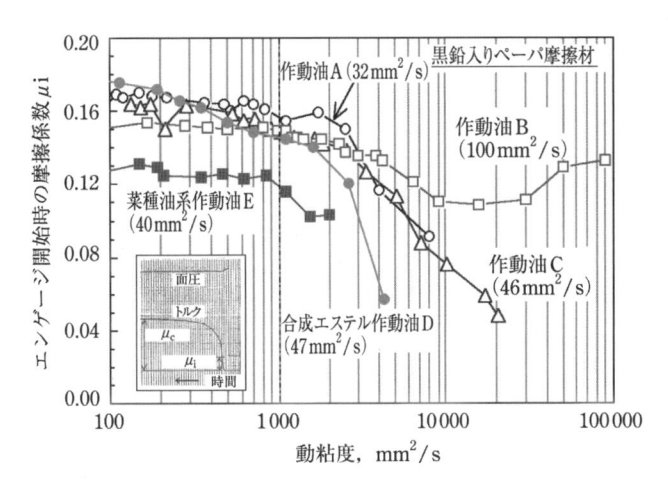

図 4.28 オイル粘度とクラッチ摩擦係数の関係（SAE No.2 クラッチ試験，スタティックモード，周速 0.6 mm/s，面圧：1.66 MPa）
〔出典：文献 19)および 20)〕

4.5.5 産業用車両の摩擦材

(向一仁，永井聡)

前述のように産業用車両では自動車用と異なり多様な摩擦材が使われる[22,23]．本項では各種摩擦材の車両・パワートレイン毎の適用と，それを実現するメカニズムについて述べる．

(a) 平行軸歯車式トランスミッション

平行軸歯車式トランスミッションは，農業機械，建設機械を問わず幅広い車両で最も一般的に使われる機構である．この中の変速クラッチでは従来焼結合金摩擦材が使われていたが，近年はペーパ摩擦材が主流である（図 4.29，図 4.30）．平行軸歯車式トランスミッションにおける摩擦材への要求特性として，変速時のショック・鳴き・振動を抑えつつ制御油圧に対してリニアに反応することが求められる．さらに，前後進クラッチなどでは，車両の前後進時の大きな慣性エネルギーの吸収が求められ，適用によっては"インチング"と呼ばれる半クラッチ状態でスリップさせる条件での使用への対応も求められる．

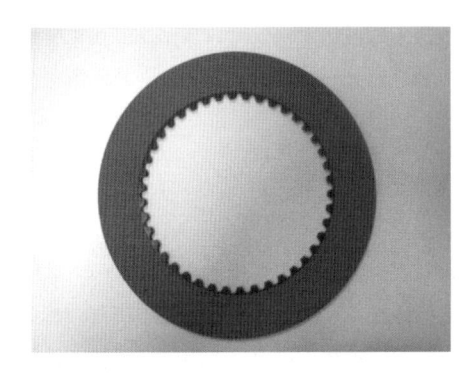

図 4.29 ペーパ摩擦材を使用した平行軸歯車式トランスミッション用クラッチディスクの例

図 4.30 ペーパ摩擦材の表面の例

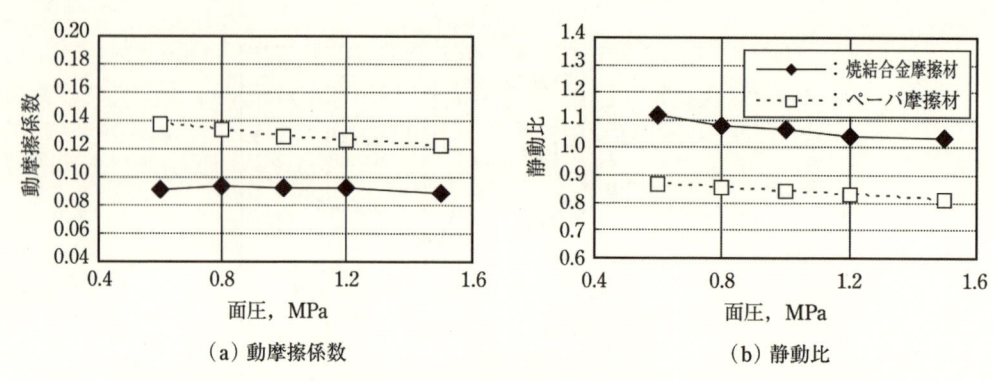

図 4.31 焼結合金摩擦材とペーパ摩擦材の係合特性比較（係合エネルギー：62 J/cm^2，係合前周速：22 m/s，オイル：トランスミッション油　油温：80 ℃）

図 4.31 は，SAE#2 試験機を用いた摩擦板単体の係合試験の結果である．ここでは動摩擦係数の他に静動比と呼ばれる静摩擦係数に対する動摩擦係数の比を測定しており，一般にこの比が 1.0 以上の場合，クラッチの自励振動や音の発生が懸念される．ここでペーパ摩擦材は焼結合金摩擦材と比べ高い動摩擦係数を有し，かつ静動比が 1.0 以下の低い値となっている．これにより高い伝達効率と変速時の鳴きや振動の少ない係合が可能となる．

(b) 遊星歯車式パワーシフトトランスミッション

主に大型ダンプトラックなどで使われるこのトランスミッションでは元々焼結合金摩擦材が使われてきたが，近年はゴム系摩擦材やペーパ摩擦材が主流となっている．平行軸歯車式トランスミッションで求められている特性に加え，変速時の周速，負荷がさらに大きいことが特徴である．また，部品点数や寸法の制約からクラッチパック端部のしゅう動面において，鋳鉄部品（ミッションケース，アプライプレート等）と摩擦材の直接のしゅう動が求められる場合が多い．そうした部位ではゴム系摩擦材が適用される．

以下にゴム系摩擦材の諸特性の試験結果を示す．図 4.32 は，ゴム系摩擦材とペーパ摩擦材の耐摩耗性を評価した結果である．メーティングプレートが鋳鉄の場合，ペーパ摩擦材は約 0.25 mm と大きな摩耗量を示しさらに進行する様相を示しているが，ゴム系摩擦材の場合はメーティングプレートの種類を選ばず 0.05 mm 程度で定常状態となっている．ゴム系摩擦材は低弾性[10]であるためメーティングプレート表面の凹凸に対する追従性が良く耐摩耗性が高い．こうした特性により黒鉛粒子の脱落による微細な孔（凹凸）の多い鋳鉄の表面でも摩耗が進行しにくいものと考えられる．近年ではゴム系以外に耐熱・耐久性の向上を図る目的で，高耐熱合成耐熱繊維を主骨格とした耐熱ペーパ摩擦材，黒鉛系摩擦材などの適用も進められている．

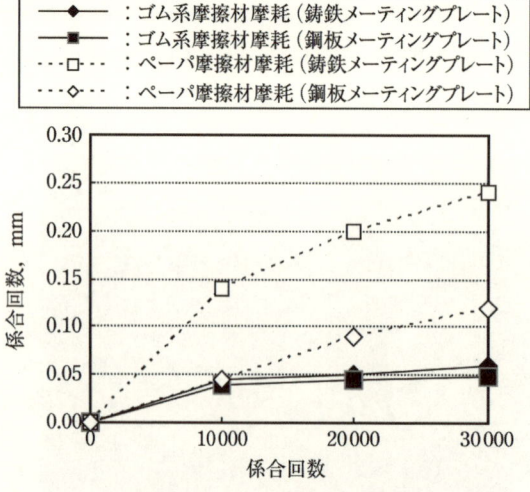

図 4.32　ゴム系摩擦材とペーパ摩擦材の摩耗量比較（係合エネルギー：80 J/cm^2，オイル：パワートレイン油，係合前周速：49 m/s，油温：120 ℃，面圧：1.5 MPa）

(c) リターダブレーキ

オフロード・ダンプトラックの湿式多板ブレーキはリターダとしても使われるが，これにはペーパ摩擦材が多用されている．特に露天掘り鉱山などではリターダブレーキは高負荷条件下での長時間の連続使用が要求され最も過酷な使用環境と言える．図 4.33 はリターダでの連続使用試験の結果である．焼結合金摩擦材では短時間で摩擦係数が低下するが，ペーパ摩擦材では大幅に耐用時間が伸長している．

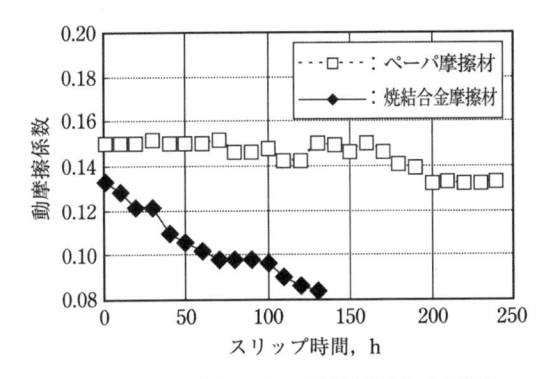

図 4.33 リターダブレーキの摩擦係数変化（発熱量：30 W/cm^2，周速：3 m/s，オイル：エンジン油，油温：120 ℃，連続しゅう動時）

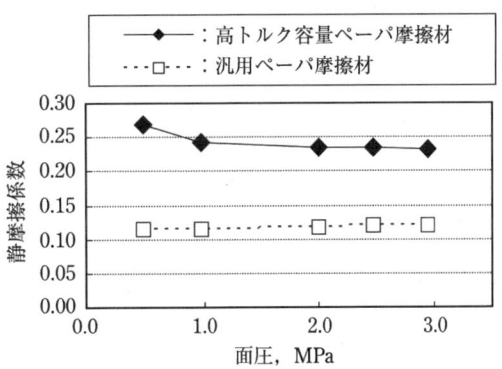

図 4.34 高トルク容量ペーパ摩擦材の静摩擦係数（汎用ペーパ材との比較，油温：100 ℃，オイル：油圧作動油 VG46）

(d) 駐車ブレーキ

油圧ショベル等の走行用モータや旋回モータ等に使われる駐車ブレーキは，エンジン停止（油圧オフ）時にブレーキが作動する必要があり，スプリングで機械的にブレーキの押力を発生させるタイプが一般的に使われる．こうした機構の制約上，ブレーキディスクには大きな静トルク容量が求められる．ここでもそうした要求にあわせて専用設計された摩擦係数の高いペーパ摩擦材が適用されている．この摩擦材は特殊なバインダを配合し，さらにペーパの組成も最適化することで高い摩擦係数が可能となる．図 4.34 は駐車ブレーキに使われている高トルク容量ペーパ摩擦材と汎用ペーパ摩擦材の静摩擦係数の比較データである，汎用ペーパ摩擦材では静摩擦係数は 0.12 程度であるが，高容量ペーパ摩擦材では条件により 0.2 以上の高い摩擦係数を有する．

(e) 差動制限式 (LSD) 差動歯車装置

ホイールローダやアーティキュレート（車体屈折）式ダンプトラックなどの多板クラッチ式 LSD ではモリブデン溶射を施した鋼製ディスクが使われる．適用車両によっては最大 2MPa に達する面圧が要求され，その条件下でのしゅう動摩耗に耐えることは従来のペーパ摩擦材では困難であったが，近年高面圧耐性に優れた不織布系摩擦材[24]の適用が一部で進められている．

図 4.35 は LSD 用クラッチ材として使用されている不織布系摩擦材の表面の写真と内部の構造モデルをペーパ摩擦材との比較で示している．この摩擦材は短繊維が層状に配向されたペーパ摩擦材と異なり，長繊維が方向性を持たずに絡み合った三次元の絡合構造を有しており，これにより大幅な機械強度の向上を実現している．この基本構造を耐熱合成繊維で構成し，さらに摩擦時の諸特性を調整・維持するために摩擦表面近傍に集中的に摩擦調整材成分（シリカ系，カーボン系等）が配向されている．図 4.36 は繰返し圧縮疲労強度の比較である．この試験結果からペーパ材と比べ不織布摩擦材の厚さ変化は大幅に少なく，繰返し圧縮疲労強度が高いことがわかる．

140   4. パワートレイン

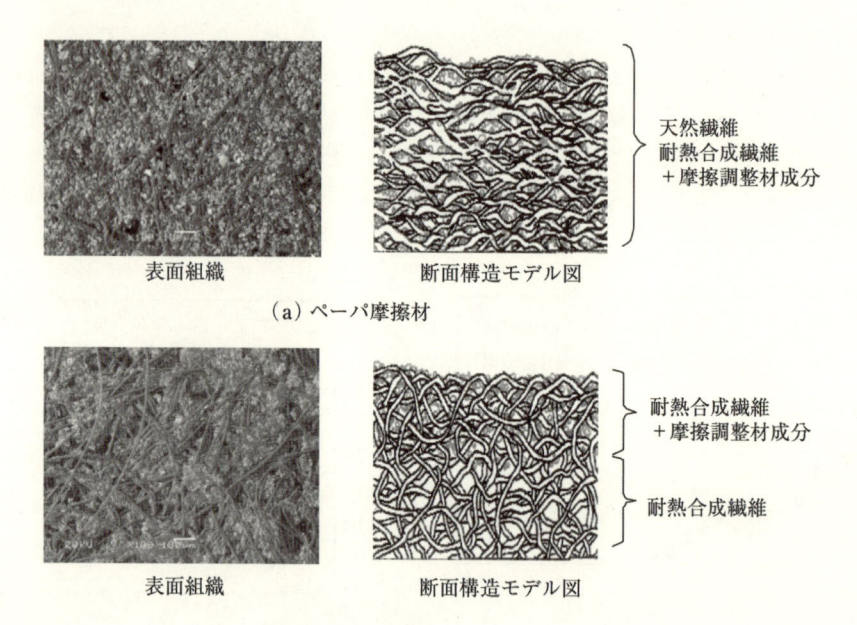

(a) ペーパ摩擦材

表面組織 / 断面構造モデル図
天然繊維
耐熱合成繊維
＋摩擦調整材成分

(b) 不織布摩擦材

表面組織 / 断面構造モデル図
耐熱合成繊維
＋摩擦調整材成分
耐熱合成繊維

図 4.35　ペーパ摩擦材と不織布摩擦材の表面組織と断面構造モデル

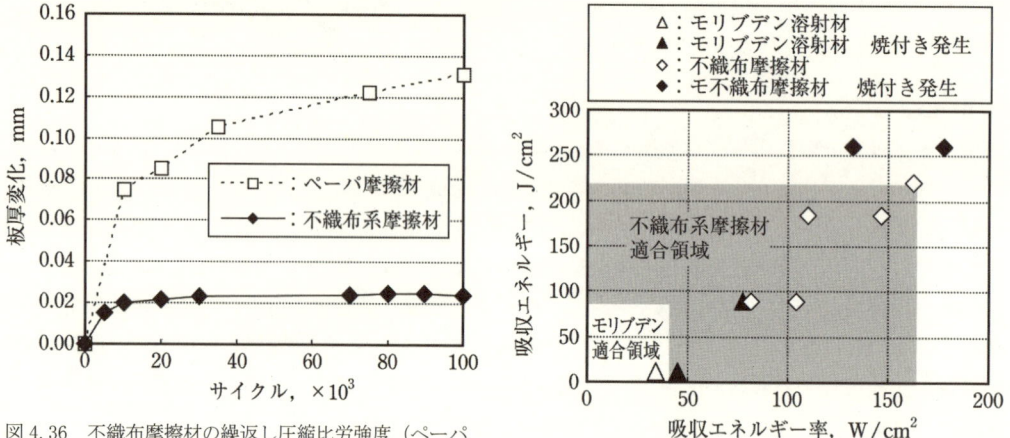

図 4.36　不織布摩擦材の繰返し圧縮比労強度（ペーパ摩擦材との比較，面圧：10 MPa，サイクルタイム：on 2 s/off 4 s，油温：120 ℃，オイル：ギヤ油 SAE75W90）

図 4.37　不織布摩擦材とモリブデン溶射プレートとの焼付き限界比較（油温：80 ℃，オイル：SAE 75W90，面圧：1.5〜2.0 MPa）

次に，モリブデン溶射材との焼付き限界比較を行った結果を図 4.37 に示す．不織布系摩擦材はエネルギー（Q に相当）およびエネルギー吸収率（$\dot{q}$ に相当）とも 2 倍以上の値を有している．

不織布摩擦材は LSD 用以外にも農業機械トランスミッションの前後進クラッチ，乗用車の自動変速機のロックアップクラッチなど応用範囲が広がっている．

(f) 今後の湿式摩擦材の適用動向

不織布系摩擦材を初めとする従来摩擦材と異なる新しい製法や設計による摩擦材開発により，湿式摩擦材の適用範囲はさらに広がり多様化するものと予測される．これによりパワートレイン設計の自由度が上がり，従来とは異なる新しい設計や機構の開発が進むと期待される．表 4.2 に建設機械における湿式摩擦材の代表的な適用一覧を示すので参考とされたい．

表 4.2 建設機械における湿式摩擦材の適用

摩擦材	トランスミッションクラッチ	ロックアップクラッチ	サービスブレーキ	リタータ	インチングクラッチ	ステアリングクラッチ	駐車ブレーキ	LSD用クラッチ	適用面圧, MPa	エネルギー, J/cm²	連続しゅう動時の発熱率, W/cm³	相手面粗さ, Ra
焼結合金摩擦材	○	◎			○	◎			5	90	40	3.2
ゴム系摩擦材	◎								5	90	-	2.5
カーボン焼結摩擦材	○				○				5	60	30	0.8
モリブデン溶射材							○		20	-	15	0.4
不織布摩擦材								◎	20	60	15	0.4
高密度グラファイトペーパ摩擦材	○				◎				5	60	30	0.4
低密度（高気孔率）ペーパ摩擦材			◎	◎	○				4	60	30	0.4
高密度高強度ペーパ摩擦材	◎		○		○		○		6	90	20	0.4
低弾性高μペーパ摩擦材								◎	2	-	-	0.6

4.6 歯車のトライボロジー

（吉崎正敏）

　動力伝達用歯車はパワートレインに欠くことのできない基幹要素である．必要な動力を，長期間壊れずに，効率よく，かつ静かに伝えることが動力伝達用歯車の使命である．産業用車両のパワートレインでは，特に歯車の損傷防止に対する要求が強いが，これはトライボロジーが大きく寄与する課題である．ここでは動力伝達用円筒歯車の損傷を取り上げ，潤滑が果す役割を中心に述べる．

　一般に産業用車両では，大きな動力を伝えるために，合金鋼を用いて浸炭焼入れや高周波焼入れなど表面硬化処理を施した歯車が用いられている．このような鋼製歯車において潤滑は不可欠であり，その目的は，歯面と歯面との間に油膜を形成することと，発生した熱を取り去ることである．歯面間の油膜は，金属の直接接触を防いで歯面損傷を起きにくくする．また，歯がかみあうと歯面の摩擦により熱が発生するが，潤滑油はこの熱を吸収して歯の外へ持ち去る働きをする．歯面で発生した熱を十分取り去ることができないと，歯面の温度が上昇し歯面間の潤滑油の粘度を低下させて油膜形成を不利にする．

　歯車はその素性や使われ方によって様々な壊れ方をする．歯車の損傷については詳細な分類[25]がなされているが，大まかには，①歯元の折損，②歯面の焼付き，③歯面のはく離，の三つに分類できる．これら三つの損傷はそれぞれ発生するメカニズムが異なるため，一般にパワートレインに用いる歯車を設計する際は，各々の損傷に対する強度を検討し，使用条件を考慮して最も早く起きると予想される損傷の発生時期が，車両の要求寿命を上回るようにしなければならない．

　歯車の強度は表 4.3 に示すように多くの要因の影響を受けるが，損傷発生に直接関与する物理量は次の四つである．

・歯元に発生する応力
・歯面に発生する接触圧力（ヘルツ圧力）
・歯面の油膜厚さ
・歯面の温度

表 4.3 歯車強度に及ぼす要因

分類	要因
運転条件	トルク，衝撃，動荷重，回転数
歯車の幾何諸元	モジュール，圧力角，歯数，ねじれ角，転位係数，歯の丈，歯元R，歯元仕上げ段差，歯幅
歯当たり	歯車の精度，歯面修整，組立精度，軸やケースのたわみ
歯面のテクスチャ	粗さ高さ，粗さ形状
材料・熱処理・表面処理	材料組織，硬度，焼戻し軟化抵抗，残留応力，非金属介在物の存在
潤滑油	基油の化学組成，基油の性状（動粘度，粘度指数，粘度圧力係数，高温高せん断粘度），極圧添加剤の性状
潤滑条件	油温，油量，潤滑油の供給方法（油浴潤滑，強制潤滑）

歯元に発生する応力は歯元の折損に関与し，他の三つは歯面の焼付きと歯面のはく離に関与する．運転中にこれらの物理量の値がその歯車が持つ強度の許容限度を超えると損傷が起きる．歯車を設計する際は，これらの物理量を計算もしくは実験により求めて総合的に検討する必要があるが，これらの中で歯面の油膜厚さと歯面の温度は潤滑条件が直接関与するものである．

4.6.1 歯元の折損

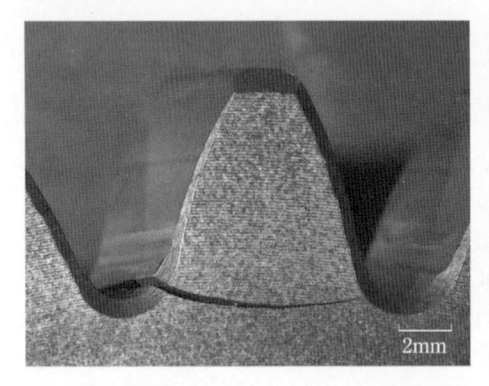

図 4.38 歯元の疲労折損

歯元から起きる折損は疲労折損と過負荷折損に分けられる．図 4.38 は疲労折損の例である．疲労折損は，歯車の運転に伴い，歯元部に繰返し曲げ応力が加わることで歯元すみ肉部にき裂が発生し，これが少しずつ進展して破損に至るものである．過負荷折損は，衝撃などによる大きな曲げ応力が歯元部に作用し，短時間で破損するものである．疲労折損も過負荷折損も，歯元に発生する応力が材料の許容応力を上回ったときに起きる損傷で，潤滑の関わりは小さい．

4.6.2 歯面の焼付き

この損傷は歯面間の油膜が破れ金属の直接接触が起きて表面が溶着するもので，スカッフィングと呼ばれている（図 4.39）．従来はスコーリングと呼ばれることもあったが，最近では ISO に従いスカッフィングの名称が使われている．スカ

図 4.39 歯面の焼付き（スカッフィング）

ッフィングは歯先や歯元のすべりが大きい部位に発生しやすく，粘度や極圧性能が不適切な潤滑油を使用したり潤滑油の供給不良などが原因であることが多い．また，潤滑が適正な場合でも数千 rpm を超えるような高速回転をする歯車では発生しやすい．

スカッフィングの発生を論じる際，歯面の温度が重要な指標となる．すなわち，運転中の歯面の温度が一定の許容限度を超えるとスカッフィングが発生すると考えられ，この許容限度は潤滑油の極圧性能に左右される．そのためスカッフィングは歯元の疲労折損や歯面のはく離とは異なり，繰返し数（歯車の総回転数）には関係なく歯面の温度が許容限度を超えれば短時間で発生する．スカッフィングを防止する上で適切な潤滑条件の選定は不可欠であるが，歯車側の対策としては歯先修整が有効である[26]．歯車の歯は負荷によりたわむため，負荷に応じた量の歯先修整を施すことでスカッフィングが発生しやすい歯先や歯元の接触圧力が軽減され，歯面温度を低く押さえることができる[27]．歯先修整は駆動歯車，従動歯車の両方に施すことが基本である．

近年，潤滑油の極圧性能が向上したことと，一般に産業用車両のパワートレインでは歯車の回転数はそれ程高くならないことから，潤滑油の供給不足などの不具合がなければ，実用上スカッフィングが問題になることは少ない．

4.6.3 歯面のはく離

この損傷はピッチングやスポーリングと呼ばれている．接触する歯面間に繰返し接触応力が加わることで表面もしくは表面下にき裂が発生し，これが進展してはく離損傷に至るもので，歯面の疲労による損傷である（図 4.40）．表面で発生したき裂が進展したものをピッチング，表面下のき裂が進展したものをスポーリングと分類する場合もあるが，一般には，小さなピット状のはく離をピッチング，大きなはく離をスポーリングと呼ぶことが多い．表面起点のはく離損傷は，次のメカニズムで発生するといわれている[28]．まず，表層が接線力で引きずられすべり方向にき裂が開口する．この微小き裂に潤滑油が侵入することでき裂内に油圧が発生し，き裂が矢じり形に進展[29]していく．図 4.41 は歯面に発生した極めて初期のピッチングで，き裂が矢じり形に進展している様子が観察できる．

ピッチングやスポーリングに対する強度を歯面強度と呼ぶ．近年，車両のパワートレインに用いられる歯車の寿命は，歯面強度に支配されることが多くなってきた．これは材料や熱処理の改良およびショットピーニングの採用などにより，歯元の折損に対する強度が向上したためである．一般に鉄鋼材料の疲労強度は，繰返し数 $10^6 \sim 10^7$ の寿命域で耐久限を示すが，ピッチングやスポーリングは繰

図 4.40 歯面のはく離（スポーリング）

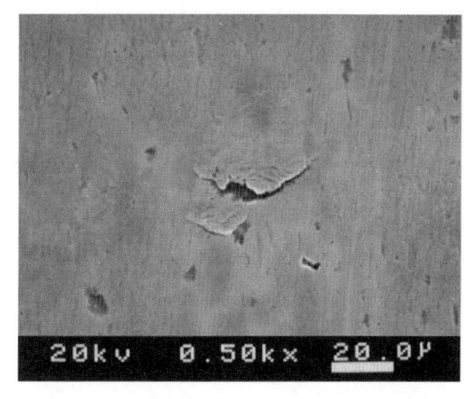

図 4.41 歯面に発生した微小なはく離（駆動歯車の歯元側歯面，写真上が歯先方向）

返し数（歯車の総回転数）が 10^8 を超えても発生する（図 4.42）．長距離輸送に用いられるトラックでは高速道路の利用が増えたことで，最近は積算走行距離が 200 万 km を超える例もよくある．そのため歯車を長期間壊れずに使用するためには，歯面強度の的確な設計評価とその向上対策が大変重要である．

（a）歯面強度に及ぼす潤滑条件の影響とその設計評価

ここでは産業用車両のパワートレインに広く採用されている浸炭焼入れ歯車を対象として，潤滑条件，すなわち潤滑油の温度，供給量，粘度番号および化学的組成（鉱油と合成油）の影響を考慮した歯面強度の評価法[30]について述べる．潤滑条件が歯面強度に及ぼす影響を見積もる際，従来は経験則に頼るところが大きかったが，最近ではこれらに関する定量的な実験検討が行われ，設計予測が可能になってきた．

図 4.43，4.44，4.45，4.47 は潤滑条件を変化させて歯面強度を測定した結果[30]である．潤滑方法は歯車のかみ込み側からの強制潤滑とし，用いた潤滑油の性状と歯車の諸元を 表 4.4，4.5 に示す．

図 4.43 は潤滑油の供給温度（油温）が歯面強度に及ぼす影響を示す．ここでは潤滑油の供給量

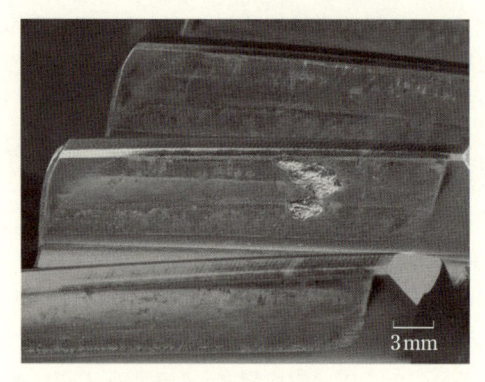

図 4.42 歯車の総回転数 10^8 で発生したスポーリング

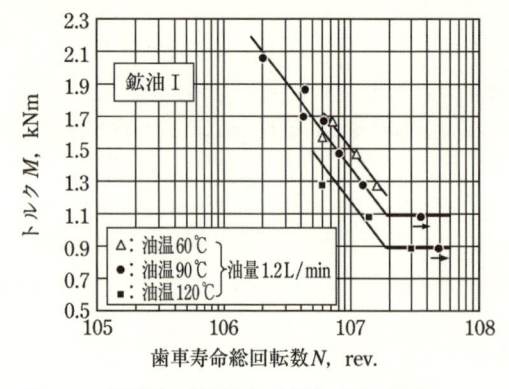

図 4.43 潤滑油の供給温度（油温）が歯面強度に及ぼす影響　〔出典：文献 30)〕

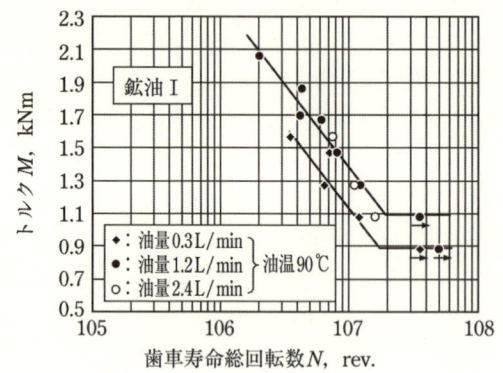

図 4.44 潤滑油の供給量（油量）が歯面強度に及ぼす影響　〔出典：文献 30)〕

表 4.4　歯面強度の実験に用いた潤滑油の性状

記　号		鉱油 I	鉱油 II	合成油 I
基　油		鉱　油 パラフィン系	鉱　油 パラフィン系	合成油 ポリアルファオレフィン
動粘度×10^{-6}, m²/s	60℃	37.0	113.8	30.4
	90℃	13.8	34.5	13.2
	120℃	6.80	14.7	7.14
SAE 粘度番号		#80	#140	−
粘度指数		102	97	157
粘度圧力指数（90℃），GPa^{-1}		18.5	20.7	16.1
極圧添加剤		市販のギヤ油に用いられているSP系極圧剤を各基油に同量添加		

表 4.5 歯面強度の実験に用いた歯車の諸元

	駆動歯車	従動歯車
モジュール, mm	3.5	
工具圧力角, deg	22.5	
歯 数	34	31
ピッチ円筒ねじれ角, deg	23	
転位係数	−0.0174	−0.1595
中心距離, mm	123	
かみあい歯幅, mm	27	
材 質	SCM420H	
熱処理	ガス浸炭焼入れ	
歯面仕上げ	研削	
表面硬さ HV	728〜772	
有効硬化層深さ, mm	1.1〜1.2	
歯面粗さ(二乗平均平方根粗さ), μm	0.26〜0.56	

(油量)は一定にしている．油温が低い場合ほど歯面強度は高くなる．負荷トルクが 1.27 kNm の場合の歯面強度を比較すると，油温 90 ℃に対して 60 ℃では寿命が約 30 %延び，同じく 120 ℃の場合では寿命が約 1/2 に縮まる．

図 4.44 は油温を一定とし，潤滑油の供給量（油量）が歯面強度に及ぼす影響を示したものである．歯面強度は油量によっても変化することがわかる．油量 1.2 L/min を基準として負荷トルクが 1.27 kNm の場合の歯面強度を比較すると，油量 0.3 L/min では寿命が約 1/2 に縮まる．しかし，油量を 2.4 L/min に増やしても歯面強度に差は見られない．油温が一定の条件で，油量が少ないと歯面強度は低下するが，油量を一定量以上に増やしても歯面強度の向上は得られない．潤滑油の供給量には必要十分な量が存在することがわかる．また，歯面強度に及ぼす油量の影響は油温が低いほど大きく，油温が高い場合には油量の影響が小さい．言い換えれば，歯面強度を向上させるために油量を増やしても，油温が高ければ効果が小さい．

図 4.45 は潤滑油の粘度番号が歯面強度に及ぼす影響を示す．ここでは粘度番号が異なる 2 種類の潤滑油（鉱油 I，鉱油 II）を用いた．潤滑油の供給温度（油温）が等しい場合，粘度番号の高い潤滑油を用いると歯面強度は向上する．ここに示した例では，歯面強度寿命で約 3 倍の差がある．

一方，鉱油 I の油温 90 ℃における動粘度と鉱油 II の油温 120 ℃での動粘度はほぼ等しいが，両条件での歯面強度を比較すると，鉱油 II を油温 120 ℃で用いた場合の方が歯面強度が高い．すなわち，粘度番号の異なる潤滑油を用いてそれぞれの粘度が等しくなるように油温を定めた場合でも，歯面強度は異なる．この理由は，供給温度における潤滑油の粘度が等しくても歯面の温度は同等ではないため，実際に歯面間に存在する潤滑油の粘度が異なるためである．

負荷運転中の歯面の温度については，図 4.46 に測定例を示す．この結果は歯面に熱電対を埋め込んだ歯車を用いて，潤滑条件を変化させて歯面の温度を測定したものである[30]．潤滑油の供給温度と歯面温度には差異が見られ，この差異は潤

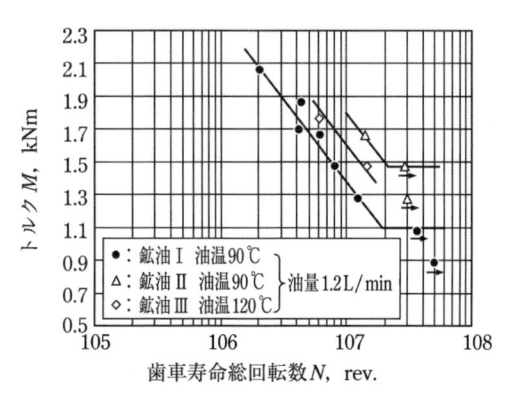

図 4.45 潤滑油の粘度番号が歯面強度に及ぼす影響
〔出典：文献 30)〕

滑油の粘度番号，供給量，負荷トルクによって変化することがわかる．歯のかみあいにおける歯面の瞬間的な接触温度は，接触位置における瞬間温度上昇とバルク温度の和で与えられる．バルク温度とは接触直前の歯の表面温度であり，本測定ではこのバルク温度に相当する温度を実測している．瞬間温度上昇を求めるための計算式はブロック[31]らが理論的に導いているが，バルク温度については解析的に求める手法がいまだ確立されていない．そのため，一般に潤滑油の供給温度（油温）を近似的にバルク温度の代用とすることが多い．しかし本測定結果が示すように，バルク温度は，油温が一定でも運転条件や潤滑油の供給量で大きく変化するため，油温を歯のバルク温度と見なすことは不適切である．以下ではこのバルク温度を歯面温度と呼ぶことにする．

図 4.47 は鉱油と合成油を用いた場合の歯面強度を比較したものである．鉱油Ⅰと合成油Ⅰは油温 90℃における動粘度が等しく，添加されている極圧剤の性状と量も同等である（表 4.4）．合成油Ⅰを用いると鉱油Ⅰを用いた場合より歯面強度が高いことがわかる．負荷トルクが 1.47 kNm の条件で比較すると，寿命比で約 1.5 倍の差が見られる．この歯面強度差の主因は，図 4.46 に示すとおり油温と油量が同じ条件でも合成油Ⅰを用いた場合の方が鉱油Ⅰを用いた場合よりも歯面温度（バルク温度）が低いこと，かつ合成油Ⅰの方が粘度指数が高いことから，鉱油Ⅰに比べて歯面間の潤滑油の粘度が高くなり油膜が厚く形成されるためである．なお，合成油を用いた場合，鉱油に比べて歯面温度（バルク温度）が低くなるのは，合成油を用いた場合の方が歯面の摩擦係数が低くなる[32,33]ためで，これは基油の化学的組成の違いに起因する．

以上に実例を示したとおり，潤滑条件を変化させると歯面強度は大きく変化する．歯面強度に関与する物理量は次の三つであるが，歯車を運転するとこれらの物理量は交互に作用を及ぼし合うため，それぞれを単独で取り上げて評価の対象としても実用設計には適用できない．潤滑条件が歯面強度に及ぼす影響を設計予測する際はこれらをすべて考慮する必要がある．

・歯面に発生する接触圧力（ヘルツ圧力）
・歯面の油膜厚さ
・歯面の温度（バルク温度）

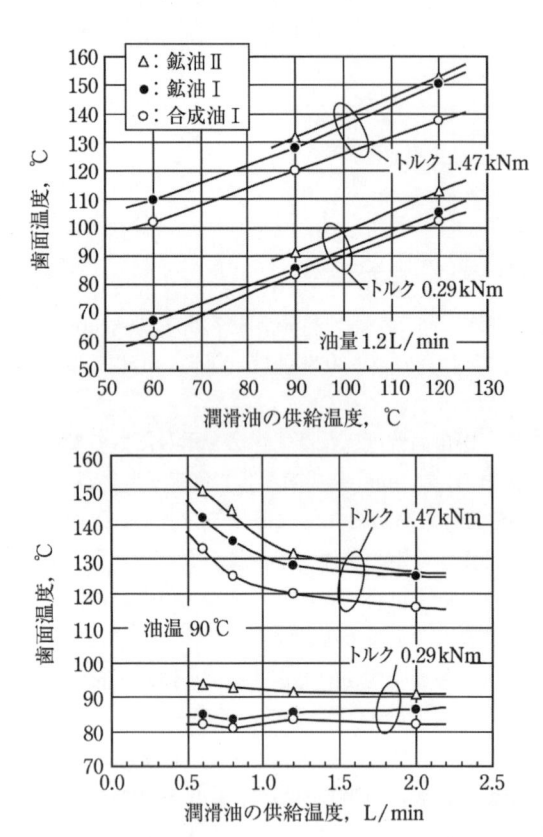

図 4.46 歯面温度（歯のバルク温度）の測定結果〔出典：文献 30〕

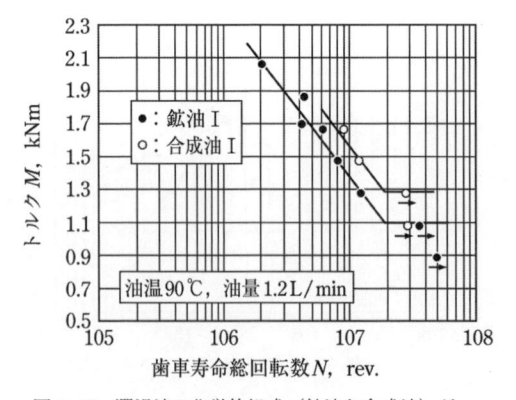

図 4.47 潤滑油の化学的組成（鉱油と合成油）が歯面強度に及ぼす影響〔出典：文献 30〕

潤滑条件を変化させた場合の歯面強度評価には，歯面の接触圧力（ヘルツ圧力）P_H と膜厚比 λ を組み合わせたパラメータ $P_H\lambda^n$ を用いることを提案する．P_H は歯面に発生する接触圧力で，歯面誤差の影響を考慮して計算する．ここでは，久保，梅澤の方式[34,35)]で歯面誤差を考慮して歯面の接触圧力分布を計算し，その最大値から相対累積度数の1%の範囲を平均したものを用いている．これまでの研究[36)]で，このようにして求めた接触圧力を用いると，潤滑条件が一定で歯面誤差がある場合の歯面強度を評価できることがわかっている．膜厚比 λ[37)]は歯面の EHL 油膜厚さ h_{min} と歯面粗さの比で，式(4.1)で定義される．

$$\lambda = h_{min} / \sqrt{R_{q1}^2 + R_{q2}^2} \tag{4.1}$$

ここに，R_{q1}，R_{q2} はそれぞれ駆動歯車，従動歯車の歯面の二乗平均平方根粗さである．

歯面の EHL 油膜厚さ h_{min} は Dowson と Higginson の式[38)]を用いて計算することができる．ここで重要なことは，h_{min} の計算に用いる潤滑油の粘度は潤滑油の供給温度を用いて見積もってはいけないということである．h_{min} の計算では潤滑油の粘度の寄与が大きいため，運転中の歯面温度（バルク温度）を把握し，この温度における潤滑油の粘度を用いないと実際に即した結果が得られない．パワートレインの実機で歯面温度（バルク温度）を予測することは容易ではないが，実測値から実験式を求め，これとシミュレーション計算の結果とを組み合わせることで，実用設計上の予測が可能になる．また，歯面における h_{min} の計算位置は，歯面誤差を考慮して計算した接触圧力が最大値を示す位置とする．

図4.48 はパラメータ $P_H\lambda^n$ を用いて実験結果を整理したもので，ここには潤滑油の供給油温，供給油量，粘度番号，化学的組成（鉱油と合成油），負荷トルク，回転数，歯面誤差，歯面粗さが因子として含まれている．図中に歯面強度を予測する計算式の一例を示した．指数 n の値 -0.3 は実験から得られたもので，この値は浸炭焼入れ歯車に適用できる．歯面強度に関する多くの実例をここに示したパラメータ $P_H\lambda^n$ を用いて整理しておけば，潤滑条件の影響を加味した歯面強度予測が可能になり，実用歯車設計において非常に役立つ資料になる．

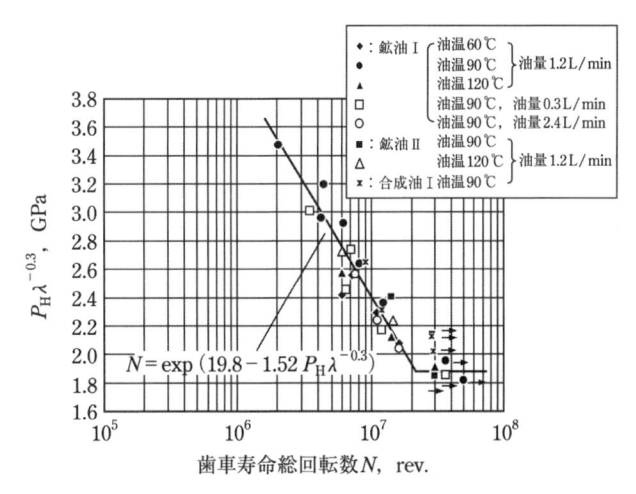

図4.48　パラメータ $P_H\lambda^n$ を用いた歯面強度評価〔出典：文献30)〕

(b) 歯面強度向上策を講ずる際の歯面のなじみ性の重要性

一般に，機械加工後の未使用面が，運転開始初期にすべり転がり接触をすることでお互いの表面粗さ突起が摩耗あるいは押し潰され平滑になる現象をなじみと称する．機械装置を新たに使い始める際，しゅう動部のなじみを行うことで耐久性が向上することは経験的に知られている．動力伝達用歯車の歯面についても同様であるが，歯面強度を向上させようとして何らかの対策を試みる際，その対策が歯面のなじみ性，すなわち歯面のなじみやすさを悪くしていることに気がつかないことがある．歯面強度を向上させる有効な方策として，歯面コーティングやショットピーニングなどの表面改質が一般に広く用いられている．しかし歯面の性状，すなわち硬度，残留応力および粗さなどの測定結果から歯面強度向上効果が期待できると判断した表面改質でも，実機の量産歯車に適用すると効果が得られ

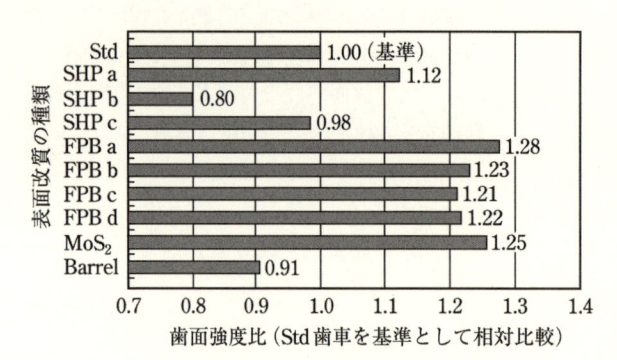

図 4.49 各種表面改質が歯面強度に及ぼす効果
〔出典：文献 42)〕

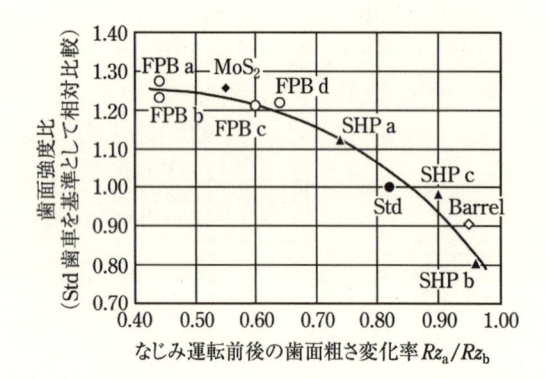

図 4.50 歯面のなじみ性が歯面強度に及ぼす影響（なじみ運転前後での歯面粗さの変化率と歯面強度との関係）
〔出典：文献 42)〕

ないことがある．このような場合，歯面のなじみ性が重要な鍵を握っていることがある．ここでは，浸炭焼入れ歯車に各種の表面改質を施して耐久実験を行った結果 [39～41)]をもとに，歯面のなじみ性と歯面強度の関係 [42)]について述べる．

図 4.49 は各種の表面改質（表 4.6, 表 4.7）を施した場合の歯面強度の測定結果で，Std 歯車を基準として歯面強度を相対比較したものである．実験に用いた歯車の諸元は表 4.5 に示した．表面改質により歯面強度は大きく変化し，さらに同じ種類の表面改質でも処理条件によってその効果は異なることがわかる．

図 4.50 は，歯面のなじみ性が歯面強度に及ぼす影響を図 4.49 に示した結果を用いて表したものである．図 4.50 の横軸はなじみ運転前後の歯面粗さの変化率 Rz_a/Rz_b で，Rz_b, Rz_a はそれぞれなじみ運転前と後の最大高さ粗さである．Rz_a/Rz_b は歯面のなじみ性，すなわち歯面のなじみやすさを定量的に表す指標の一つで，この値が小さいほどなじみ性が良い．なお，ここで実施したなじみ運転は，低トルクから耐久運転時のトルクまで一定のトルク段階で負荷を増やしていく方式で，各トルク段階での歯車の総回転数は 2.0×10^4 である．歯面強度と Rz_a/Rz_b には良い相関が見られ，Rz_a/Rz_b が小さく歯面のなじみ性が良いほど歯面強度が高くなることがわかる．歯面のなじみ性を悪くする表面改

表 4.6 表面改質の種類

記号	Std	SHP a	SHP b	SHP c	FPB a	FPB b	FPB c	FPB d	MoS$_2$	Barrel
表面改質	ショットピーニング				微粒子ピーニング				MoS$_2$コーティング	バレル研磨

表 4.7 ピーニング条件

記号	Std	SHP a	SHP b	SHP c	FPB a	FPB b	FPB c	FPB d
種類	ショットピーニング				微粒子ピーニング			
アークハイト	0.35 mmA	6 s (投射時間)	19 s (投射時間)	12 s (投射時間)	0.41 mmN	0.33 mmN	0.24 mmN	0.41 mmN / 0.07 mmN
カバレージ, %	200				200			
投射圧力, MPa	インペラ式	0.54			0.6	0.4	0.4	0.6 / 0.4
粒径, μm	800	800	800	600	130	130	80	130 / 50
硬度 HV	560	700	700	460	750～800			

質を施しても歯面強度は向上せず，また同じ種類の表面改質でも処理条件によって歯面のなじみ性が良くなる場合と悪くなる場合があり，後者では歯面強度は向上しない．なじみ性が浸炭焼入れ歯車の歯面強度に及ぼす寄与は大きく，歯面強度を向上させる上で重要な要因である．これは，歯面のなじみ性が良いとかみ合う歯面ですり合わせが行われ，その結果，真実接触面積が大きくなり局所的な接触圧力が低減する，さらに歯面における潤滑油膜の形成が良好になるためである．

なじみ性の良い歯面とは次の①②の条件を満足するものである．①歯面が運転初期に適度に摩耗する，②なじみ摩耗の過程で歯面に微小き裂を発生させない，もしくは微小き裂が発生してもこれを進展させない．歯面のなじみ性を向上させて歯面強度を高めるには，これら①②の両方の条件が必要である．①のみでは歯面強度を向上できない．これはなじみ摩耗の過程で歯面に微小き裂が発生しこれが進展すると，はく離損傷に至りやすいからである．①に寄与する歯面性状として歯面のテクスチャや表層の硬度，また②に寄与するものとして表層に付与された圧縮残留応力を挙げることができる．

一方，歯面のなじみはかみ合う歯車対同士で，かつ実際に使用される装置に組み込まれた環境で行うことが肝要である．歯車を個別になじませた後，あるいはなじませるのと同様の効果がある処理を施した後に装置に組み込んでも歯面強度の向上は得られないことが多い．これは，歯車を装置に組み込むとかみ合う歯面の相対誤差やミスアライメントにより歯面当たりの不均一が生じるが，歯面が既になじんでいるともはやなじみによるすり合わせの効果が期待できないためである．

4.7 パワートレイン潤滑油の種類

(脇園哲郎)

主な産業用車両のパワートレインにはマニュアルトランスミッション（MT）油，終減速機油あるいはアクスル油の他に，自動変速機油（ATF），油圧作動油，湿式クラッチ油や湿式ブレーキ油などの潤滑油も使用される．それらの詳細については次節で述べるが，本節では図4.51のように分類した産業用車両のパワートレインで使用される潤滑油の種類について述べる．

4.7.1 バス・トラック用パワートレイン潤滑油の種類

ここでは，バスやトラックなどの大型車に使用されるマニュアルトランスミッション（MT）油や終減速機油の特徴と，一部の大型車に登載されているATやLSDに使用される潤滑油についても紹介する．

(a) マニュアルトランスミッション（MT）油

MT油は，エンジン動力を乾式クラッチを介して歯数の異なる歯車同士をかみ合わせてトルクと回転数を変換する装置で使用される潤滑油である．マニュアルトランスミッションで使用される歯車は主にはすば歯車であるが，この歯車は負荷面圧を下げて騒音低減に効果がある．大型バス・トラックのMT油は高出力の動力を伝達するため，小型自動車のギヤ油のような低粘度油（SAE 75W-90やSAE 75W-80）は使われず，SAE 80W-90からSAE 90の粘度番号が一般に使用される．これは高い粘度により焼付き防止性や疲労寿命が改善されるからである[43]．APIギヤ油サービス分類ではGL-4からGL-5（後述）まで幅広く使用される．これらのギヤ油は，歯車のスカッフィング防止，摩耗防止に加え，かみ合う歯車の組合せを変えて変速するためのシンクロメッシュ機構に対応するため，シンクロ特性が重要な性能の一つになってきている．特に，従来の銅合金だけでなく，モリブデン溶射，樹脂材やカーボン材などの様々なシンクロナイザーリングがそれぞれの変速段毎に使用されているため，これらの材料に適合する摩擦特性や耐摩耗性が要求されるようになっている[44,45]．

1980年代から乗用車のトランスミッション油には金属清浄剤とジチオリン酸亜鉛（ZnDTP）を配合したギヤ油（Zn系ギヤ油）が市場の中心油種になっているが[46]，これらのギヤ油は焼付き防止性

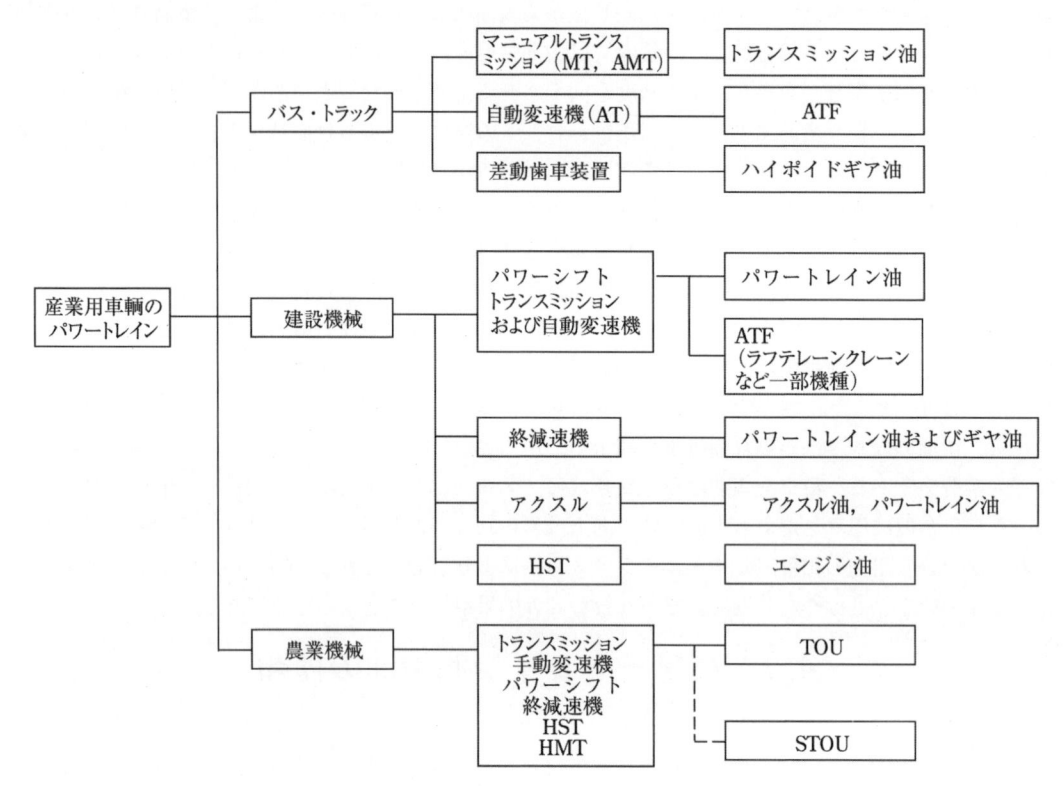

図4.51 産業用車両のパワートレイン潤滑油の種類

が高くないため大型バス・トラックには多用されていない．しかし，油温が高く酸化安定性が問題となる場合やシンクロ特性に対する要求が高い場合には一部で導入されている．多くのバス・トラックのMTには，硫黄-リン系極圧剤を配合したギヤ油が使用されている．近年の特徴として，極圧性の高い従来の硫黄-リン系極圧剤だけの配合に対して，コハク酸イミド系無灰分散剤を配合してスラッジ分散性を高めたり，あるいはホウ素変性したコハク酸イミドを加えて，熱・酸化安定性を高めるなどの手法が使用される．また，低温時の粘度を下げてシフトフィーリングを向上させるために，基油に粘度指数の高いグループⅢ基油やPAOを使用して粘度指数を上げることも行われている[47]．

（b）差動歯車装置油（ハイポイドギヤ油）

ハイポイドギヤ油は駆動軸からの動力を左右タイヤに伝達するために，動力を左右に振り分け減速する装置に使用される．バス・トラックの差動歯車装置では一部にまがりばかさ歯車が使用されたこともあったが，現在はハイポイド歯車が広く採用されている．粘度番号としては，広くSAE 90やSAE 80W-90が使用され，高温地域ではSAE140の高粘度番号のオイルも一部で使用されるが，高粘度油では始動性，油温上昇，酸化劣化および発泡などの問題もある[48]．しかし，バス・トラックの差動歯車装置では大きな負荷荷重がかかるためにマニュアルトランスミッション（MT）用のギヤ油のように低粘度化するのは難しい．このため極圧性能はGL-5が必要とされ，特に低速・高トルクの厳しいしゅう動条件のため，歯面にリッジングやスポーリングといった損傷が起きやすい．さらに連続の高速走行では油温が上がり，ギヤ油が著しく酸化されて粘度上昇，酸性物質の生成や極圧添加剤の消耗によって二次的な損傷が発生することがある．

ハイポイドギヤ油に配合される極圧剤はほとんどが硫黄-リン系の極圧剤である．一部にはホウ酸

塩を分散させた硫黄-リン系極圧剤も乗用車には使用されているが，大型車用差動歯車装置に採用している例はないようである．また，差動歯車装置油にはマニュアルトランスミッション（MT）油と同様に熱・酸化安定性が求められ，GL-5 という極圧性を満足させると同時に更油距離の延長が求められている．基油にはマニュアルトランスミッション（MT）油と同様に粘度指数の高いグループⅢ基油や PAO が使用されるようになって来ている．

（c）LSD 付き差動歯車装置油

差動歯車装置では片側のタイヤが雪上や泥地などに入った場合は差動歯車が空転して動力が伝達出来なくなる．これを防止するために多板クラッチ式 LSD を内蔵して差動歯車の空転を防いでいる．このクラッチの摩擦特性によっては動力の伝達容量に制限が生じたり，あるいはクラッチの滑りによって鳴き（チャタリング）や振動（ジャダ）が発生して問題となる．LSD は産業用車両ではトラック，ホイールローダや雪上車などに採用されている．

LSD 付き差動歯車装置用のギヤ油は，湿式クラッチの摩擦特性を調整するため硫黄-リン系極圧剤に摩擦調整剤を配合したものが採用されている．摩擦調整剤には主にリン酸エステル系の化合物が使用され摩擦係数-速度（μ-V）特性が正勾配，すなわち静摩擦係数を下げて動摩擦係数を上げるように摩擦特性が調整される．静摩擦係数が高いとチャタリングやジャダが発生しやすく[49〜52]，動摩擦係数が低いと LSD の空転が起きてしまう．また，このギヤ油は劣化に伴って摩擦特性が低下するために定期的なオイル交換が必要である．このギヤ油の摩耗防止性が低いと LSD クラッチの表面が鏡面化（グレージング）してチャタリングやジャダを誘発するため摩耗防止性も重要な品質項目である．

（d）自動変速機油（ATF）

乗用車では AT の装着率は約 9 割に達しているが，バス・トラックの場合には MT が主流であり，市内バスなどを中心に AMT も普及している．AMT は MT と同じ構造なのでマニュアルトランスミッション油が使用され ATF は使用されない．小型トラック用に国内でも普及している AT や，米国などの大型バス・トラックの AT には，後述の乗用車用 ATF である DEXRONⅡ®また DEXRONⅢ® などが使用されている．

4.7.2 建設機械用パワートレイン油の種類

パワーシフトトランスミッションあるいは AT にはパワートレイン油 SAE 30 が一般に使用されるが，ラフテレーンクレーンや一部のホイールローダでは ATF が採用されている．ブルドーザのステアリング装置と終減速機には一般にパワートレイン油 SAE30 が通常使用されるが，大型ブルドーザの終減速機には GL-5 ギヤ油 SAE 85W-140 やパワートレイン油 SAE 60 も使われる．油圧ショベルの旋回マシナリや終減速機には GL-4 のギヤ油 SAE 90 が使用される機種が多いが，パワートレイン油 SAE 30 を使用する機種もある．ホイールローダのアクスルには湿式ブレーキが内蔵され，差動歯車や遊星式終減速歯車そして一部の機種では LSD が同じ潤滑油で油浴潤滑されているため，摩擦調整剤を配合した専用のアクスル油が採用される場合がある．大型オフロードダンプトラックのアクスルに装着される湿式ブレーキ装置は，長距離の降坂時に土砂を満載した状態で連続使用されるために差動歯車や終減速歯車とは別に強制潤滑で冷却している．この装置にはパワートレイン油 SAE 30 が使われるが，ブレーキ鳴きを抑制する品質も必要とされる．

中小型のブルドーザやホイールローダの HST にはエンジン油 SAE 10W-30 が主に使用され，その終減速機にはパワートレイン油 SAE 30 が使用される．

4.7.3 農業機械用パワートレイン油の種類

（a）トラクタオイルユニバーサル（Tractor Oil Universal：TOU）

農業機械に使用される潤滑油はエンジン油，ギヤ油，油圧作動油，湿式ブレーキ油の4油種に大別

される．1970 年以前はそれぞれの潤滑油が使用されていたが，誤充填や潤滑油管理の煩わしさから共通潤滑油の TOU が普及するようになった．トランスミッション，デファレンシャル，アクスルなどの動力伝達部，また作業機の昇降装置あるいはパワーステアリングなどの油圧装置を共通のオイルパンの TOU で潤滑している．さらに湿式ブレーキ，湿式クラッチや HST なども同じオイルパンの TOU が使用される[53]．

(b) ギヤ油

上記の TOU とは別に，歯車と転がり軸受の潤滑を主としているトランスミッションや終減速機にはギヤ油を使う場合がある．API ギヤ油サービス分類は GL-4 または GL-5，SAE 粘度番号は SAE 80W または SAE 90 相当である．しかし，これらのギヤ油は TOU に比べて低温流動性に劣り，農業機械に多用されている油圧機器の作動不良原因となる場合があるため，限定された箇所のみ使用される．

(c) スーパートラクタオイルユニバーサル（Super Tractor Oil Universal：STOU）

トラクタ共通潤滑油には TOU とは別に，欧州で発達した STOU と呼ばれるエンジン油性能を付加した潤滑油がある．API エンジン油サービス分類は CD/SD，SAE 粘度番号は SAE 10W-30 や SAE 15W-30，API ギヤ油サービス分類では GL-3 から GL-4 で SAE 粘度番号は SAE 80W または SAE 90 に相当するものが多い．ただし，日本の農業機械エンジンには STOU ではなくエンジン油が使用されている．

4.8 パワートレイン潤滑油の規格

(脇園哲郎)

産業用車輌のパワートレイン潤滑油として使用される油種は多様であり，その全てに公的な品質規格があるわけではない．特に，自動車用潤滑油は米国で発展したことから，パワートレイン潤滑油にも米国規格が普及している．マニュアルトランスミッション油および差動歯車装置油は米国の米軍規格（Military Standard：MIL）ないしは API サービス分類が近年は広く流通している．粘度に関しても SAE 粘度番号が一般的である．本節では，自動車用ギヤ油の MIL 規格とその変遷について解説する．なお，ATF に関して日本自動車技術会では JASO M315：2004 の規格を制定しているが，市場では今も米国 DEXRON® または MERCON® 規格が広く流通している．

4.8.1 ギヤ油の粘度番号

自動車用ギヤ油の SAE J306 の粘度番号を表 4.8 に示す．この粘度番号は世界に広く普及している．過去 SAE 110 と SAE 190 はなかったが，SAE 90，SAE 140 ならび SAE 250 の間の粘度範囲が広過ぎることから補完のため 2005 年に追加制定された．低温時の粘度番号を示す SAE 70W，SAE 75W，SAE 80W ならび SAE 85W は，表中の 150 000 mPa·s を示す温度を基準にしている．この背景は，米国で冬季に潤滑油が転がり軸受までに行き渡らない間に走行してしまい，転がり軸受が損傷することに起因している．アクスルのオイル溜まりから回転によって小歯車の転がり軸受まで潤滑油が到達する

表 4.8 自動車用ギヤ油の粘度番号

SAE 粘度 番号	150,000cPに達する最大温度，℃ [注1][注2]	100℃での最小の動粘度[注3][注4]	100℃での最大の動粘度[注3]
70W	−55	4.1	−
75W	−40	4.1	−
80W	−26	7	−
85W	−12	11	−
80	−	7	<11.0
85	−	11	<13.5
90	−	13.5	<18.5
110	−	18.5	<24.0
140	−	24	<32.5
190	−	32.5	<41.0
250	−	41	−

脚注
1) ASTM D 2983
2) 付加的な低温粘度特性
3) ASTM D445
4) CEC-L-45-A-99 方法C（20時間）（KRLせん断試験）後においても満足すること

のに 150 000 mPa·s 以下の粘度であれば，ほぼ走行と同時に潤滑油が供給される[54,55]．低温粘度の測定は ASTM D2983 の方法に従ってブルックフィールド粘度計で行う．すなわち，SAE 粘度番号では -55 ℃の極低温下の 70W から -12 ℃での 85W までに分類され，100 ℃の動粘度から SAE 90, SAE 110, SAE 140, SAE 190 および SAE 250 の粘度番号が決まり，エンジン油と同様にマルチグレードの表示が行われる．例えば，SAE 75W-90 は，-40 ℃で 150 000 mPa·s 以下で 100 ℃では 13.5～18.5 mm^2/s の粘度特性をもっていることを示す．

4.8.2 バス・トラックのパワートレイン潤滑油の品質規格

ここでは米国を中心とした公的規格，その試験方法概要とその変遷について解説する．

(a) パワートレイン潤滑油

自動車用ギヤ油はマニュアルトランスミッション油とハイポイドギヤ油の2種類に大別される．自動車にハイポイド歯車が 1940 年前後に採用されて，その厳しいしゅう動条件から不具合が起こり，その対応策としてギヤ油の試験方法および評価基準が盛り込まれた規格に変化している．

米国のギヤ油規格は第二次大戦以降米軍が主に検討を行い，MIL 規格とともに変遷してきた．MIL の変遷を表 4.9 に示す．1944 年頃に州規格 VV-L-761（密閉歯車およびハイポイド歯車用のマルチパーパスギヤ油）を導入し[54]，その後米国陸軍規格 2-105A と改称された．さらに，実機歯車を用いた台上試験である米国共同研究評議会（CRC）の L-19 試験と L-20 試験が導入され[54]，米国陸軍規格 2-105B となり，1950 年には MIL-L-2105 と改称された．MIL 規格の誕生と背景については文献[56～60]を参照のこと．

VV-L-761 と MIL-L-2105 の規格とその試験方法比較について興味深い点は表 4.10 に示すように VV-L-761 では銅板腐食試験で 100 ℃では銅板が黒変せずに，148.9 ℃では黒変することの要求である．この目的は，低温下では銅板腐食が起きずに，高温では硫黄が反応して反応被膜を生成させるた

表 4.9 米軍規格（MIL）の変遷とその特徴

年代	規格	主要な試験法と特徴	備考
1925-	規格が存在せず		・ハイポイドギヤの出現 ・鉛セッケン-活性硫黄タイプ ・乗用車とトラックでは専用ギヤ油の時代
1942-	Federal VV-L-761を基に US Army 2-105A	1) Endurance Axle test 2) Shock Test	・トラックにハイポイドギヤの採用 ・塩素-硫黄タイプ
1946-	US Army 2-105B（MIL-L-2105に改称）	1) CRC L-19 2) CRC L-20 3) 防錆性試験が導入	・重量トラックにもマルチパーパス型ギヤ油（乗用車とトラック共通） ・塩素-硫黄-リンタイプ
1959-	MIL-L-2105A	摩耗防止性と極圧性の下限値が導入	
1962-	MIL-L-2105B	L-19とL-20が廃止 1) CRC L-42 2) CRC L-37に変更	L-60熱酸化試験が追加
1976-	MIL-L-2105C	要求性能はMIL-L-2105と変化なし	・粘度グレードに75W, 80W-90, 85W-140が認められた．
1987-	MIL-L-2105D	基油に再生油が認められる	・MIL-L-2105Cと変更はない
1995-	MIL-PRF-2105E	MIL-L-2105D＋MT-1性能（熱・酸化安定性，エラストマー適合性や泡立ち性がMIL-L-2105Dに追加）	・シンクロ同期機構を持たないトランスミッションに適合

表 4.10 VV-L-761（MIL-L-2105A）規格と MIL-L-2105 規格における銅板腐食の比較〔出典：文献56）〕

	Federal spec, VV-L-761（US Army 2-105A）	MIL-L-2105
制定年	1942	1946
銅板腐食試験1時間	212°Fで変色なし 300°Fで黒変	250°Fで変色なし

めである．当時の鉛セッケン-活性硫黄型の添加剤ではトラックのハイポイド歯車に使用すると，スカッフィングが起きる問題があった．そこで，接触面で微小焼付が起って表面が高熱になると添加剤が分解して瞬時に反応被膜を生成させる活性があること，また温度が低い時に分解せず潤滑油としての安定性を保つことが要求されたのである．

MIL-L-2105 では，アクスル耐久試験に代わって，CRC L-20（低速・高トルク）試験，そして衝撃荷重試験に代えて CRC L-19 の試験方法（高速・低トルク）が導入されている．その後，CRC L-19 は CRC L-42 に代わり，CRC L-20 は CRC L-37 に置き換えられて現在に至っている[43]．その経過を VV-L-761 から MIL-L-2105B までのアクスル台上試験の比較を表 4.11 と表 4.12 に示す．CRC L-37 はトラックのアクスルを対象にしており，CRC L-20 試験の高トルク条件を更に過酷にし，歯車の表面疲労に対する試験を行うとともに高速試験も付け加えている．これはトラックが乗用車に比べてギヤ比が大きいために低速域でも小歯車の回転数が大きく，歯面の滑りによるスカッフィング発生を考慮したためといわれている．判定方法は，歯面のワニス，摩耗，リップリング，リッジング，

表 4.11 低速・高トルクの台上アクスル試験（CRC L-20, CRC L-37）の比較〔出典：文献 57,58〕

規格名	VV-L-761	MIL-L-2105	MIL-L-2105B
試験方法	耐久アクスル試験	L-20	L-37
試験車両	1.5トン　シボレーアクスル	3/4トン軍用トラックの後車軸による台上試験，シボレートラックエンジン	3/4トン軍用トラックの後車軸による台上試験，シボレートラックエンジン
試験方法	リングギヤ速度：324rpm SEQ-1：168, 378, 588, 800, 1000lb・inのリングギヤトルク，油温175°F，試験時間：規定温度となるまで SEQ-2：1157lb・inのリングギヤトルク，油温185°F，試験時間：30万回転 SEQ-3：1157lb・inのリングギヤトルク，油温210, 235, 260°F，試験時間：各温度で2.5万回転（SEQ-1⇒SEQ-2⇒SEQ-3の順番で実施）	ならし運転条件時間：20min 速度：62rpm トルク：6000lb・in 油温：140°F SEQ-1（高トルク） 時間：24 h 速度：62rpm トルク：32311lb・in 油温：200〜250°F	SEQ-1（高速） 時間：100min 速度：440rpm トルク：9460lb・in 油温：295〜300°F SEQ-2（高トルク） 時間：24 h 速度：80rpm トルク：41800lb・in 油温：275±3°F
	Four Square Machineを使用して添加剤をNavy Symbol Oil-1080に規定量を溶解して行う	VV-L-761では高速・低トルクはカバーされているが低速・高トルクの試験条件が考慮されていなかったため	L-20との変更点は，高トルク試験の前に高速試験が入った点とトルクが約3割増しになっている

表 4.12 高速・低トルクの台上アクスル試験（CRC L-19, CRC L-42）の変遷と比較〔出典：文献 57,58〕

規格名	VV-L-761	MIL-L-2105	MIL-L-2105B
試験方法	Shock Test	L-19	L-42
試験車両	シボレー 表面処理を付していないグリーンギヤで行う	シボレー グリーンギヤで行う	ダナ社の後車軸による台上試験，グリーンギヤで行い（スパイサーモデル44-1），駆動はシボレーのV8エンジン
試験方法	なじみ 速度：60-70-75 mph 時間：3.8マイル トップギヤ：速度70（クラッチを切りアクセルオフ）⇒速度65（クラッチを急に繋ぐ）⇒速度40（そのまま減速），以上を15回繰り返す セコンドギヤ： 速度50（クラッチを切りアクセルオフ）⇒速度45（クラッチを急に繋ぐ）⇒速度20（アクセルオン），以上を10回繰り返す	なじみ 速度：25 マイル/h 時間：5-25マイル 初期サイクル： 速度10-40-10mphで4回繰り返す 試験サイクル： 速度60-80-60mphでフルスロットル加速で10回の繰返し	SEQ-1（なじみ） SEQ-2（高速） 速度550⇔1100rpmのサイクル（スロットの開閉により急加速と急減速）5回繰り返す油温は200°Fより開始 SEQ-3（なじみ） SEQ-4（衝撃） 速度600⇔550rpmのサイクル（SEQ-2と同じ）10回繰り返すトルク131lb・in油温は280°F開始

ピッチング，スポーリングやスカッフィングなどである．上記はいずれも，実物のハイポイド歯車を用いて試験するものである．実物ハイポイド歯車を使用しないで実験室的なテストピースを用いて潤滑性を評価する試験方法は多く試みられているが，実物の試験と相関のある実験室評価はまだない[43,61]．ハイポイド歯車の評価を平歯車のFZG歯車試験機やIAE歯車試験機で代用するのは困難である．また，試験方法は乗用車クラスのサイズであり，必ずしも大型トラックや建設機械の歯車装置の

表4.13 APIのギヤ油サービス分類

分類	使用条件	相当規格	試験実施の可否
GL-1	荷重，滑り速度が小さいマイルドなトランスミッションに使用される添加剤を含まないベースオイル		1995年 SAEの第3技術委員会で廃止となった
GL-2	GL-1では潤滑ができない荷重，温度，すべり速度で運転され，ウォームギヤを有するアクスルに使用される		1995年 SAEの第3技術委員会で廃止となった
GL-3	GL-1よりは過酷でGL-4よりはマイルドなトランスミッションやスパイラルベベルギヤを有するアクスルに使用される		1995年 SAEの第3技術委員会で廃止となった
GL-4	高速-低トルク，低速-高トルクの過酷な状態で運転される自動車のトランスミッションやハイポイドギヤを有するアクスルに使用される	MIL-L-2105	L-19が実施不可能なため，実質的には入手性不可能である
GL-5	高速-衝撃荷重，高速-低トルク，低速-高トルクの過酷な状態で運転される自動車のハイポイドギヤを有するアクスルに使用される	MIL-L-2105D	
GL-6	高速-高荷重で，オフセットの大きいハイポイドギヤ（2.0インチ以上，リングギヤ径の25%に近い）を有するアクスルに使用される	ESW-M2C105A	1995年 SAEの第3技術委員会で廃止となった
MT-1	シンクロ機構を持たないバス・トラック用の手動変速機に使用される．酸化安定性，耐摩耗性やオイルシール適合性に優れる	MIL-PRF-2105E	

表4.14 APIギヤ油サービス分類合格に必要な試験項目

品質性能項目	試験法	試験名称（規格番号）	APIサービス分類	備考項目（下記備考参照）
耐荷重性	低速・高トルク試験	L-37 (ASTM D6121)	GL-5	4
		CRC L-20	GL-4	1
	高速・低トルク試験	L-42 (ASTM D7452)	GL-5	4
		CRC L-19	GL-4	
	平歯車耐荷重性試験	ASTM D 5182	MT-1	
粘度	動粘度	ASTM D 445		2
	低温粘度（ブルックフィールド）	ASTM D 2983		2
耐熱性と酸化安定性	熱・酸化安定度試験	L-60	GL-5	4
	部品の清浄性	ASTM D 5704	MT-1	
	高温サイクリング耐久性	ASTM 5579	MT-1	
泡立ち	泡立ち性	CRC L-12	GL-4	1
		ASTM D 892	GL-5, MT-1	
腐食防止性	銅板変色試験	ASTM D 130	GL-4, GL-5, MT-1	
	水存在下での腐食防止性	CRC L-13	GL-4	1
		CRC L-21	GL-4	1
		L-33 (ASTM D7038)	GL-5	4
耐オイルシール性	オイルシール適合性	ASTM D 5662	MT-1	3
安定性と適合性	貯蔵安定性	FTM 3440.1	MT-1	
	他油との溶解性	FTM 3430.2	MT-1	
備考	備考1：ハードウエアが入手不能のため試験実施不可能 備考2：車両メーカーによって要求値が異なる 備考3：ASTM D 5662 はASTM D 471の特定の応用 備考4：試験方法はASTM STP-512に詳細記述			

要求に合うわけではない．

　高速・低トルク試験は，主に歯面のスカッフィング防止性を見るもので VV-L-761 のショックテストは後の L-19 試験よりも過酷で，L-42 試験に近いものであった．一方の L-42 試験はトップギヤでのフルスロットルによる急加速とエンジンブレーキによる急減速，サードギヤによる加減速が試験のポイントである．L-37 および L-42 は現在の MIL-PRF-2105E においても採用されているが，L-19 はすでに供試部品が入手できず試験を実施できない．このため，GL-4 の認証を取得することは不可能である．

　以上が米軍のギヤ油規格の流れである．1977 年に米軍は規格認証を中止して SAE に委託した．SAE 理事会は代わって潤滑油レビュー委員会（LRI）を創設し，LRI はギヤ油審査委員会（LRC）を立ち上げて，試験方法改定と試験油の認証作業を行っている．一方，API は，MIL 規格を基に自動車の車両の過酷度を基準にしたギヤ油のサービス分類を表 4.13 のように定めている．さらには，API の GL-5 の分類が試験方法やその合格規準が曖昧であったので，ASTM でタスクフォースを立ち上げ 2008 年に ASTM D7450-08 を制定した．この試験方法は 5 年毎に ASTM でレビューされる．

　API の各分類に要求される性能，試験方法の目的，その試験名称を表 4.14 に示す．なお，表中の API サービス分類 MT-1 はシンクロメッシュ機構をもたないマニュアルトランスミッションに使用されるギヤ油の規格であるが，詳細は 4.9.2 項に記載する．

（b）ATF の品質規格

　大型車用 ATF の公的な規格はなく，米国の自動変速機専業メーカーGM 社アリソン部門がエンジン油 SAE 10W を対象とするタイプ C-1 規格を 1955 年に制定したのが唯一の公開規格であった．そ

表 4.15　アリソン社タイプ C-4 規格の概要

要求項目	条件			試験方法	要求値
粘度特性	3 500cPに達する温度℃			ASTM D2983	報告
	@40℃の動粘度，mm^2/s			ASTM D445	報告
	@100℃の動粘度，mm^2/s			ASTM D445	報告
見掛け粘度				ASTM D2602	報告
流動点	℃			ASTM D97	報告
引火点	℃			ASTM D92	170以上
発火点	℃			ASTM D92	185以上
泡立ち性	@95℃，	mm		GM 6297-M	0以下
	@135℃，	mm		GM 6297-M TEST M（Appendix A）	10以下
	消泡時間	分			23以下
銅板腐食	3h，150℃			ASTM D130	黒変ないこと
防錆性				ASTM D1748	錆発生なし
				ASTM D665A	錆発生なし
酸化安定性	300h後			GM 6297-M （Appndix E）	満足させること
	TAN増加量				4.0以下
	カルボニル吸光度増加				0.75以下
	粘度増加　　　　%，@100℃				60以下
	粘度増加　　　　%，@40℃				100以下
耐摩耗性	80℃，6.9MPa			ASTM D2882 modified	
	摩耗量，mg				15以下
摩擦力保持	黒鉛系摩擦材			Allison	比較油以上
	ペーパ摩擦材			Allison	比較油以上
オイルシール適合性	NBR, ACM, VMQ			GM 6297-M （Appndi×B）	合格すること
	FKM	体積変化率			0～+4
		硬度変化			-4～+4
	エチレンアクリルゴム	体積変化率			+12～+28
		硬度変化			-18～-6

の後 1967 年にはタイプ C-2 規格が発行され，エンジン油性能が除外されてトランスミッション油品質規格だけとなり，DEXRON®Ⅱの試験温度に近い酸化安定性試験とパワーステアリングポンプの摩耗試験が盛り込まれた．その後，タイプ C-3 規格では SAE の粘度番号に合わせた複数の粘度番号が採用され，タイプ C-4 規格に変更されてからは乗用車 ATF の GM 社 DEXRONⅢ®規格とフォード社 MERCON®規格に合格する必要がある．表 4.15 にタイプ C-4 規格の概要を示す．

4.8.3 建設機械用パワートレイン潤滑油の品質規格
(a) パワートレイン油

建設機械のパワーシフトトランスミッション，ステアリング装置や終減速機に使われるパワートレイン油は，CD 規格エンジン油 SAE 30 から発達したものである．CD エンジン油はクラッチや歯車の潤滑性能が高かったことから 40 年以上エンジンとの兼用油として広く採用されてきた．しかし，1995 年の CD 規格廃止に対応して，それぞれの建設機械メーカーでパワートレイン油が独自に開発されてきたため，まだ公的な品質規格はない．米国では 1990 年前後に CD エンジン油がいち早く市場から姿を消したため，キャタピラー（CAT）社は独自のパワートレイン油を開発し表 4.16 の品質規格を公表している．この中で最も重要な品質は CAT TO-4 試験で規定される様々な摩擦材の摩擦係数，耐エネルギー性能，摩耗量ならびに焼結合金による摩擦係数の安定性（維持能力）[62]である．本試験で摩擦特性を維持するには配合する ZnDTP の炭化水素基の種類を熱安定性の高いアリール基にする必要があるとされている[63]．また，歯車の潤滑性能に関してはミュンヘン大学 FZG 研究所の歯車試験機によりスカッフィング防止性能[64]と低速回転での摩耗防止性能[65]が規定されている．また，終減速機やアクスルに使う SAE 50 と SAE 60 のパワートレイン油は FD-1 規格として別の規格となり，FZG 歯車試験への疲労寿命試験[66]の追加，大型ブルドーザ終減速機試験，実機採用の大型転がり軸受疲労試験などが規定されている．さらに，CAT 社は TO-4 規格に EHD 油膜厚さ，せん断

表 4.16　CAT 社 TO-4 規格の概要

性能分類	要求項目		試験条件などの備考
セクション1 (物理特性)	貯蔵安定性		添加剤溶解性，-32℃×24時間
	その他オイルとの相溶性		各種オイルとの相溶性のチェック
	泡立ち性		水入りと水なしでASTM D892
	防錆性		CEMS BT-9と同じ，175 h 以上の防錆性
	銅板腐食		ASTM D130，100℃×2 h
	低温貯蔵性		-25℃で168時間，沈澱ないこと
	引火点/発火点		ASTM D92
	流動点		ASTM D97，SAE10Wは-30℃以下
	水分量		ASTM D6304　カールフィッシャー法
セクション2 有機材料 適合性	フッ素樹脂シール材		ASTM D412 D417
	シール，Oリングなど その他高分子材料		Allison C-4と同じ
セクション3 酸化安定性	GM6137-M（Appendix E）準拠		粘度測定法，銅板腐食や有機材料適合性などはGM6137-Mとは異なる
セクション4 粘度特性	SAE J300		動粘度，ブルックフィールド法，ポンプ特性および高温高せん断粘度
セクション5 耐摩耗性	ベーンポンプ		ビッカースポンプ試験　M-2952-S
	FZGスカッフィング試験		ASTM D5182 SAE10Wは 8ステージ以上
	FZG低速摩耗試験		3回の平均摩耗値が100mg以下
セクション6 摩擦特性	VC70 キャタピラー標準 試験法	ゴム系摩擦材（2種類）	(1) 平均動摩擦係数μ_d
		焼結合金摩擦材（2種類）	(2) 静止摩擦係数μ_s
		操向ブレーキ用ペーパ摩擦材	(3) 耐エネルギー性能
		ホイールブレーキ用ペーパ摩擦材	(4) 摩耗量
		トランスミッション用ペーパ摩擦材	(5) 摩擦係数の維持能力（焼結合金材のみ）

安定性，HTHS 粘度，低温粘度などを加えたマルチグレード・パワートレイン油規格 CAT TO-4M も公表している．

コマツはペーパ摩擦材などを対象に静摩擦係数を測定するマイクロクラッチ試験[67]を日本建設機械化協会の規格（JCMAS）[68]としているが，パワートレイン油の総合的な品質規格は公表していない．また，同社は終減速機用の潤滑油としては大型ブルドーザだけギヤ油を採用しており，パワートレイン油の SAE 50 や SAE 60 は使用していない．

(b) ATF

ラフテレーンクレーンや一部の建設機械のパワーシフトトランスミッションと AT には DEXRON® あるいはアリソン C-4 の ATF が使われるが，特別な規格は公表されていない．

(c) ギヤ油

ギヤ油は一部の油圧ショベル，ブルドーザあるいはダンプトラックの終減速機やアクスルに使われる．主に API の GL-5 規格が採用されているが，一部 GL-4 規格も採用されている．

(d) アクスル油

アクスル油としては過去には一般に CD 級エンジン油 SAE 30 が採用されており，ブレーキ鳴き対策として農業機械用 TOU が一部で採用されていた．しかし，農業機械用 TOU は耐熱性などに劣るため，コマツ，ボルボ社，ZF 社などで独自のアクスル油が開発されている．CAT 社はパワートレイン油を基本的に採用しており，同社で市販している摩擦調整剤を稼働現場で添加してブレーキ鳴きを防ぐことも行われている．いずれも規格は公表されていない．

(e) HST 用エンジン油

HST 用には JASO DH-1 エンジン油の SAE 10W30 や 15W40 が使用されるが，HST は油圧ポンプと油圧モータのみから構成され，クラッチ・ブレーキや歯車装置を持たないため特別な規格はない．

4.8.4 農業機械用パワートレイン潤滑油の規格

農用トラクタに使用される潤滑油は公的な規格はなくジョンディア社，AGCO 社，フィアット系の CNH 社やクボタなどが公表している社内規格が市場を牽引している．すでに述べたとおり，農業機械用パワートレイン潤滑油としては，全てのコンポーネントを共通に潤滑する潤滑油 TOU が使用されているため，TOU には多機能な性能が求められる．例えば，油圧作動油としては優れた低温流動性が求められ，終減速機のように高荷重の部位では高粘度で優れた極圧性，摩耗防止性が要求される．粘度番号は通年を通して使用するために SAE 75W-80 などのマルチグレード化が必要である．油圧作動油の性能としては ISO 区分の HM または HV，あるいは（JCMAS）HK レベル[69]が必要である．トランスミッション用としての要求性能は API ギヤ油サービス分類の GL-3 以上が必要であり，アリソン C-4 や CAT TO-2 のクラッチ性能も必要である．また，湿式クラッチと湿式ブレーキの摩擦特性については安定した摩擦特性の保持が重要であり，摩擦係数が高過ぎたり低過ぎたりすると，プレートやディスクの異常摩耗や激しいブレーキ・クラッチ鳴きが発生する[70,71]．このため各社は採用している摩擦材に合わせた摩擦特性を要求している．農用トラクタの湿式クラッチ，湿式ブレーキにはペーパ摩擦材と焼結合金摩擦材

表 4.17　農業機械メーカー公表規格の概要

農機メーカー		タイプ	規格名称
ジョンディア		TOU	J20C, J20D
		STOU	J27
AGCO社	旧マッシーファーガソン機種	STOU	M1139
		UTTO	M1135
			M1141
	GIMA社製トランスミッション	STOU	M1141
		UTTO	M1143
			M1145
CHN社	新型機種と旧ケースならびに旧フォード機種	UTTO	MAT3505
		UTTO	MAT3525
		UTTO	MAT3526
		UTTO	M2C86-B
クボタ		TOU	M80B
			UDT
			S-UDT2

が採用されており，TOU の摩擦調整剤配合はクラッチとブレーキの鳴きの双方を防止できることが要求される[72]．

海外では TOU と STOU が市場を二分しているが，国内では TOU が一般的である．代表的な農業機械メーカーの公表規格を表 4.17 に示す．なお，UTTO は北米で使われる TOU の一種で，建設機械などにも使用できるものである．

4.9 パワートレイン潤滑油の品質

(脇園哲郎)

4.9.1 バス・トラック用パワートレイン潤滑油の基本性能

前章でパワートレイン潤滑油の種類について述べたが，部位によって使用される歯車の種類としゅう動条件も違うため，当然そこで使用される潤滑油は必要される機能とその品質レベルも異なっている．表 4.18 はマニュアルトランスミッション油と差動歯車装置油に必要な品質性能項目とその要求レベルについてまとめたものである．

(a) 焼付き防止性

極圧剤性能に大きく依存し，特に硫黄系極圧剤の硫化鉄の反応被膜形成能力に関係する．すなわち，反応被膜のせん断抵抗が低いことで，化学摩耗が起り金属表面の凹凸を早めになくすなじみ性によって，面圧を下げることで焼付きを防いでいる．特に，ハイポイド歯車が使用される差動歯車装置油では，すべり速度が大きいためにスカッフィングが発生しやすいので重要な性能である．

(b) 摩耗防止性

添加剤が金属と反応して反応被膜を形成し，その被膜形成によって摩耗を防いでいる．どのような添加剤が極圧剤あるいは耐摩耗剤として作用するかは，しゅう動条件などによって変わる．

(c) 金属疲労防止性

歯面の転がり疲労は，金属表面に作られる油膜厚さによって決まるが，互いにしゅう動する金属間

表 4.18 マニュアルトランスミッション油と差動歯車装置油に必要な性能とそのレベル
（1：重要度大，2：重要度中，3：重要度小）

	要求性能項目	関係するオイル特性	マニュアルトランスミッション油	差動装置油
潤滑性能	焼付き防止性	反応被膜，なじみ性	2	1
	摩耗防止性	油膜形成能力，反応被膜	2	1
	金属疲労防止性	油膜厚さ，添加剤活性度	1	1
	省燃費性	摩擦低減	1	2
	シフトフィーリング性	摩擦特性（μ-V 特性），低粘度化	1	-
	シンクロ同期特性	高動摩擦係数と維持，シンクロ材適合性	1	-
	フレッチング防止性	酸化防止性，オイル粘度，添加剤活性度	1	3
オイル寿命	ロングドレーン性	酸化防止性，耐熱性	1	2
粘度特性	オイル流動性	低温流動性，粘度温度特性，ワックス析出抑制	1	2
	ガラ音防止	粘度温度特性，低粘度化	1	-
材料適合性	腐食防止性	酸・塩基中和力，鉄・非鉄金属腐食性	1	1
	防錆性	耐水性	1	1
	オイルシール適合性	添加剤活性度	1	1
泡	泡立ち性	界面活性，オイル粘度	1	2
	消泡性	消泡剤分散性，消泡剤難溶性	1	2
耐水性	乳化性	水分散性	2	2
	水分離性		3	2

に潤滑油が閉じ込められた結果大きな圧力が掛かり，潤滑油が固体化して荷重を支えて金属接触を防ぎ繰返し応力による疲労を防止する．添加剤の影響としては活性が高過ぎると，金属表面に作用して金属疲労を誘発しやすいと考えられている[55]．

(d) 省燃費性
ギヤ油による摩擦損失であり，ギヤ油のかくはん流動抵抗と金属接触部のしゅう動抵抗によって決まる[46]．

(e) シフトフィーリング性
変速の際に，ギヤ油の粘性による変速操作時の軽い・重いの感触と，シンクロナイザリングとコーンクラッチの係合や引離し抵抗の大小による[47]．

(f) シンクロメッシュ機構の同期特性
コーンクラッチに添加剤の反応被膜が形成され，被膜の摩擦係数が低いと同期に時間が掛かりギヤ鳴き現象が発生する．最近では，同期特性を改善するために，各種の材料が使用されるため，ギヤ油とコーンクラッチ材料の適合性が重要になってきている．

(g) フレッチング防止性
フレッチングはエンジン回転振動などに伴って，繰返し接触によって起こる金属の摩耗で，ギヤ油の活性度や粘度などが複雑に絡んで発生する．低温時など粘度が高い状態ではすきまにオイルが入り込めず，また入っても微量のため鉄鋼の酸化による腐食摩耗が起きやすくなる．オイル側では酸化防止性や摩耗防止性の向上が必要となる．

(h) ロングドレイン性
バス・トラックでは，走行距離も長く使用環境も厳しいので更油期間延長が重要である．マニュアルトランスミッション油の方が，回転数が高くエアレーションも多く，エンジンに近いために油温が上昇しやすい．また，騒音対策のためトランスミッションが密閉状態に近いために冷却が悪くなって酸化劣化しやすくオイル寿命も短い．

(i) 熱・酸化安定性
熱・酸化安定性は前述ロングドレイン性とも密接に関係する．焼付き防止性や摩耗防止性と表裏の関係にあり[46]，活性な添加剤がしゅう動表面の温度が上昇することで分解し，金属表面に反応被膜を形成して焼付きや摩耗を防いでいる．添加剤の分解温度を上げると酸化安定性は向上するが，一方では潤滑性が下がることになる．しかし，熱安定性の良い基油を使用することで，ギヤ油の熱・酸化安定性を改善できる．酸化防止剤は活性な添加剤の分解を抑えることは難しいが，基油の酸化をある程度抑えられる．

(j) 流動性
低温流動性は，潤滑が必要な部位へ出来るだけ早くギヤ油を送り込むために必要な品質である．バス・トラックでは高温から低温までの広い環境で使用されるために，粘度温度特性を良くすることが重要である．粘度温度特性を改良するには，高粘度指数のグループⅢあるいはPAOのような基油を配合するのが良く，具体的には高粘度指数の低粘度基油に粘度指数向上剤を配合することで行われている．ただし，あまり低い粘度の基油では，粘度指数向上剤の添加量が増えて，見掛けの粘度は上がっても実効粘度は低くなり[72~74]，負荷の高いバス・トラックでは潤滑性に問題を起こすことがある．このように粘度指数向上剤が有効に作用しないのは，固体潤滑剤を添加した時にしゅう動部に固体潤滑剤粒子が入り込めない現象に類似し[75,76]，粘度指数向上剤の分子が歯面間の接触領域に入り込めないためと考えられている[72~74]．

(k) ガラ音防止

アイドリング時の歯打ち音（ガラ音）を消すためには，ギヤ油の粘度を高くする必要があるが，省燃費性やシフトフィーリングに悪影響が生じるので注意が必要である．

(l) 錆・腐食防止性

鉄の水分混入による錆だけでなく，添加剤中の硫黄化合物が酸化劣化し混入した水分と接触して酸を発生し酸腐食を起こす場合がある．このため，酸を中和する塩基性添加剤や腐食防止剤などを配合して腐食を防止する．塩基性添加剤や腐食防止剤は金属表面に吸着して，腐食性物質や水の攻撃を防ぐが，吸着力が大きいので極圧剤や耐摩耗剤の吸着を阻害することがある．腐食防止剤やさび止め添加剤の種類と添加量などの注意が必要である．

(m) シール適合性

パワートレイン各部位には，ニトリルゴム，アクリルゴム，フッ素ゴムやシリコーンゴムなど多種類のオイルシールが使用される．膨潤や収縮あるいは伸びや引張強さがギヤ油で大きく変化しないことを求められる．

(n) 泡立ち防止性・消泡性

歯車の回転によりギヤ油がかくはんされると泡が生成する．いったん生成した泡が短時間で消泡することが重要である．泡が消えない場合は歯車装置から泡が溢れ出て，ギヤ油がミッションケースやアクスルからなくなる場合があるので注意が必要である．

(o) 乳化性

走行環境によってはミッションケースやアクスル内に水が浸入する．ドレインコックから水を除去することができないため，ギヤ油と水を乳化させる方が焼付きを抑制できる．

4.9.2 バス・トラック用パワートレイン潤滑油の品質と対応技術

（脇園哲郎）

前節で一般的な要求性能について説明したが，1990年以降バス・トラック分野ではいくつかの規格変更が議論されている．例えば，エンジン出力の向上，オイル交換距離の延長や省燃費化など新たな品質要求が加わり，現状のGL-5の極圧性能や摩耗防止性だけでは不十分となり，別の性能が求められるようになっている．具体的には，トラックの高速走行によってギヤ油の油温が上昇して短時間でギヤ油が劣化し，これにより歯車，転がり軸受やオイルシールが損傷する問題が生じている[77]．このためAPIやASTMは以下の新しいギヤ油の規格制定をしている．マニュアルトランスミッション油についてはMT-1規格を制定しており，さらにMIL-L-2105DにMT-1をプラスしてMIL-L-PRF-2105Eも規格化された．差動歯車装置油にはPG-2という仮称で規格検討が行われたが，MACK社スポーリング試験の試験精度が悪く[78]制定には至らなかった．MT-1はシンクロメッシュ機構のないMTであったため，日本や欧州のトラックに合わせたシンクロメッシュ機構をもったMT用のギヤ油の検討も行われたが制定には至っていない．

国内では1990年代前半に米国と同様に，連続高速走行による潤滑油の熱・酸化安定性が問題となり，80年代に乗用車用に開発されたZn-金属系清浄剤を主成分とする耐熱性ギヤ油が大型車用にも導入されている[43]．この添加剤配合は，乗用車のMTには殆どの自動車メーカーで採用され，硫黄-リン系ギヤ油の使用は少なくなっている．しかし，バス・トラック分野では，要求される耐荷重性能が高いために，この添加剤配合は余り採用されていない[79]．乗用車では前輪駆動車の縦型トランスミッションでハイポイド歯車が使用されるため，極圧性が必要になりZn-金属系清浄剤に硫黄リン系極圧剤を配合したギヤ油がある[80]．乗用車の分野とは異なり低粘度のマルチグレードギヤ油はまだSAE 80W-90に留まっている．マルチグレード化では基油粘度を下げて粘度指数向上剤を加えるた

表 4.19 大型車用ギヤ油への要求性能とその対応技術〔出典：文献 47,84～86〕

市場の要求性能	対応技術	実現するための基材
省燃費 （伝達効率向上）	低粘度化（マルチグレード化）[84]	高粘度指数の基油（VIが130以上のグループⅢや合成基油）
	摩擦調整剤の導入	高温での基油への溶解性が大きいポリマー
	低トラクション化[85]	トラクション係数の低い基油
長寿命化	熱・酸化安定性の向上（トランスミッションとアクスル油の兼用）	・精製度の優れたグループⅢ基油や合成基油 ・新規の固体潤滑剤（分散性が重要） ・酸化防止剤
	金属疲労寿命の向上のための油膜厚さ向上	高粘度指数の基油（VIが130以上のグループⅢや合成基油）
シフトフィーリング向上	低粘度化	高粘度指数の基油（VIが130以上のグループⅢや合成基油）[47]
	スティックトルクの減少	摩擦調整剤

めに，見掛け粘度は高くても実質粘度は低いため大型車の分野では普及しなかった．このため高粘度指数のグループⅢ基油を配合して粘度指数向上剤の添加量を下げ，実質粘度低下を防止した取組みがある[81]．さらに，石油燃料高騰や二酸化炭素の排出抑制から省燃費の動きは強まっていくため，バス・トラックも乗用車と同様の SAE 75W-90 や SAE 75W-80 のような低粘度化[82]の可能性がある．このためには潤滑油とともに歯車や転がり軸受材料などの疲労寿命をよりいっそう高めなければならない．なお，燃費低減の手法としては，低粘度化以外の手段としてしゅう動面の摩擦を減らす摩擦調整剤の取組みが重要になる．摩擦調整剤にはオイルに溶解する有機モリブデン化合物，脂肪酸アミド，アミン，高級アルコール類などと，オイルに溶解しない二硫化モリブデンや黒鉛などの固体潤滑剤の2種類があるが，固体潤滑剤は長期間オイル中に分散できないなどの欠点が残っている．また，マニュアルトランスミッション油や差動歯車装置油の在庫管理の煩雑さやこれら潤滑油の誤充填を避けるために，ロングドレイン性能が向上したミッション・ハイポイド兼用の SAE 80W-90 の GL-5 ギヤ油が開発されている[81]．バス・トラック用歯車装置とギヤ油の市場動向については文献[83]を参考とされたい．マニュアルトランスミッション油と差動歯車装置油に対する最近の要求性能とその対応技術をまとめると表4.19の通りである．

4.9.3 建設機械用パワートレイン油の品質と対応技術

（広沢敦彦，脇園哲郎，大川聰）

パワートレイン油には以下のような様々な品質が要求されるが，本節では主にクラッチ性能と歯車潤滑性能について述べる．

・クラッチ性能：安定した高い動摩擦係数，焼付き防止性，摩耗防止性
・歯車潤滑性：スカッフィング防止性，摩耗防止性，疲労損傷防止性
・酸化安定性
・銅・鉛の腐食防止性：焼結合金クラッチ・オイルクーラ・スラストワシャなどの腐食防止
・シール材・摩擦材の膨潤や劣化の抑制

(a) クラッチ性能

クラッチあるいはブレーキ性能を確保するためには，長時間使用において摩擦係数が大きく変化しない安定した高い摩擦係数を有することが重要である．図4.52はパワートレイン油などのマイクロクラッチ試験機による各種摩擦材の低速（3.0×10^{-2} m/s）における摩擦係数の測定結果であり，得られた摩擦係数はほぼクラッチの静摩擦係数 μ_s に相当する．図中の上の棒（黒）からCDエンジン油ベースに開発されたパワートレイン油，中間の棒（ハッチ）は市販のCDエンジン油の内でも摩擦係

数が低くなる銘柄，そして下の棒（灰色）は市販潤滑油中で最も摩擦係数が低い菜種油系生分解性作動油である．パワートレイン油はいかなる種類の摩擦材に対しても高い摩擦係数を有しており，各供試油の摩擦係数の順位は摩擦材によって変わることはない．

建設機械のパワートレインは熱負荷が高いため，摩擦係数の安定性もパワートレイン油には重要な品質である．図 4.53 は J. C. McLain が発表した ZnDTP の種類と摩擦係数の安定性の関係である[62]．2 級アルキル基 ZnDTP を配合した供試油が最も摩擦係数が低下しやすく，少ない係合回数でクラッチ係合時間（スリップタイム）が増加する．アリール基 ZnDTP を配合した供試油は摩擦係数の維持性能が高く，長期間スリップタイムは一定を保っている．このような摩擦係数の安定性はクラッチの焼付き防止性とも関係があると考えられる．図 4.54 のようにクラッチ高負荷耐久試験では，2 級アルキル基 ZnDTP だけを配合したエンジン油 2 種（JASO DH-1 油と CD 油）は焼付きによるサーマルショックき裂が著しく発生する[87]．2 級アルキル基と 1 級アルキル基の ZnDTP を混合配合した CD エンジン油やパワートレイン油ではサーマルショックき裂の発生は少ない．また，図 4.55 は，同じ DH-1 油をフルサイズ台上クラッチ試験を行った結果，焼き付いた焼結合金摩擦材の表面状態である[87]．摩擦材表面に ZnDTP の分解生成物（亜鉛，硫黄，リン）が多量に付着して気孔を埋めていることが分かる．また，清浄分散剤由来のカルシウムも付着している．なお，本試験条件では上記パワートレイン油は焼付きを生じない．2 級アルキル基 ZnDTP は熱分解温度が 160 ℃と低いため，200 ℃前後になる摩擦材表面で分解して摩擦面を覆い焼付きに至らせていると推定される．1 級アルキル基 ZnDTP を 2 級アルキル基 ZnDTP と組み合わせることで，2 級アルキル基 ZnDTP の作用によりクラッチ表面での焼付き防止性を補いながら，一方で熱安定性の高い 1 級アルキル基 ZnDTP によりクラッチ表面での熱分解を抑制してクラッチ表面の気孔閉塞を防ぐことができる．

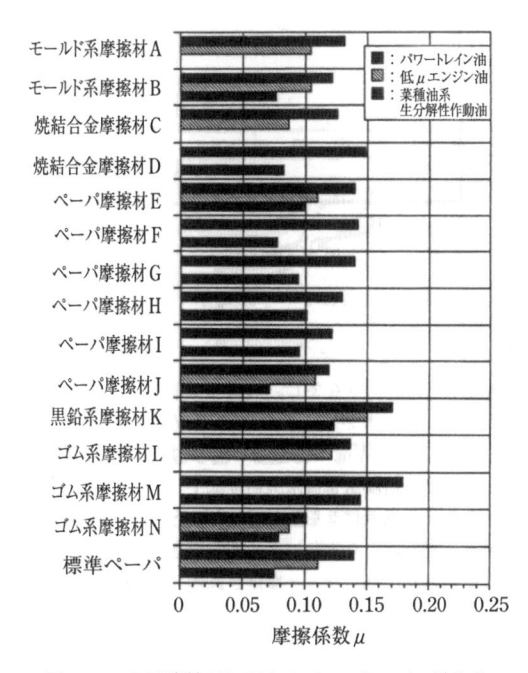

図 4.52 各種摩擦材に対するパワートレイン油と他の低摩擦係数油の摩擦係数の関係（コマツ・マイクロクラッチ試験機による）
〔出典：文献 19〕

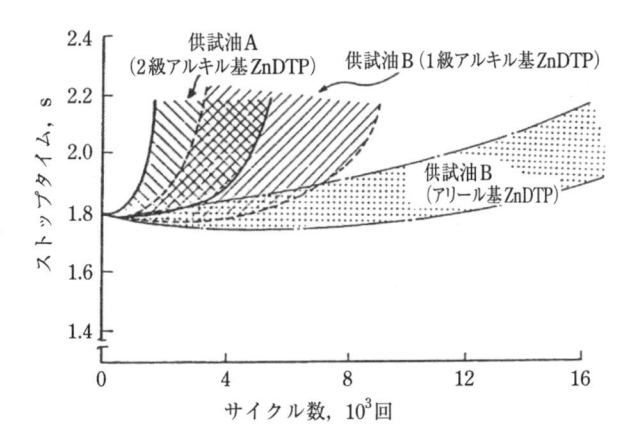

図 4.53 CD エンジン油中の ZnDTP の種類による焼結合金の摩擦係数安定性　〔出典：文献 62〕

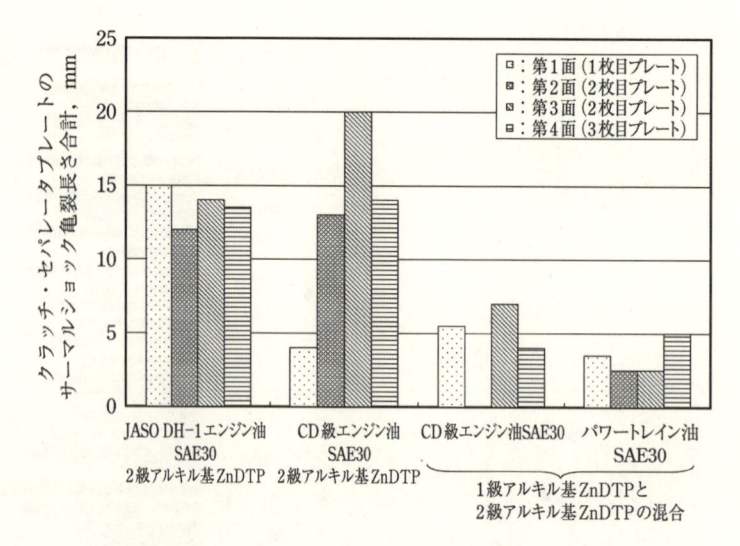

図 4.54 ZnDTP 種類によるクラッチ・メーティングプレートのサーマルショックき裂長さの違い（SAE#2 クラッチ試験機による高負荷耐久試験：焼結合金摩擦材使用） 〔出典：文献 87〕

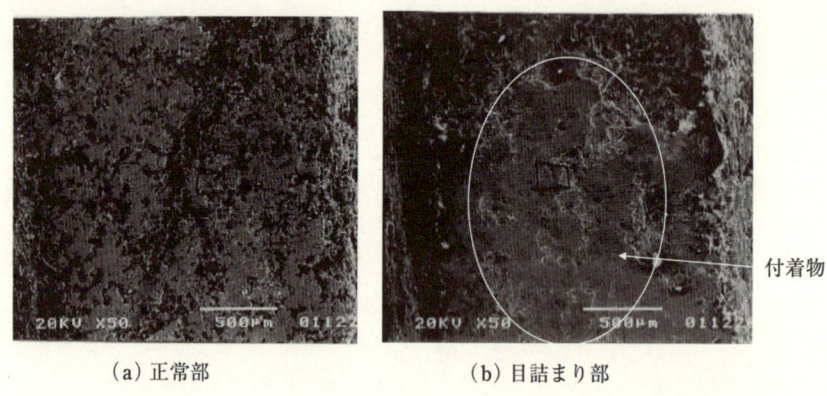

（a）正常部　　　　　　（b）目詰まり部

図 4.55 JASO DH-1 エンジン油 SAE30 によるクラッチ焼付き時の焼結合金摩擦材の表面状態（コマツ・フルサイズクラッチ試験機による） 〔出典：文献 87〕

また，焼結合金摩擦材の主成分である銅は触媒として潤滑油中の添加剤の分解を促進し，生成された化合物が摩擦表面に付着し摩擦係数の低下を招くことがある．さらに過酷な条件では ZnDTP が分解して生成した硫化物により摩擦面が侵食され，摩擦材のチッピング（欠け）を生じる．

摩擦材 2 種に対する潤滑油粘度番号の焼付き防止性に与える影響を表 4.20 にまとめる．CD 級エンジン油（現行パワートレイン油相当油）SAE 30 の耐熱限界（$Q \times \dot{q}_{max}$）値は，同じ添加剤配合エンジン油 SAE 10W の耐熱限界値に対して約 75% も高い．台上パワーシフトトランスミッション試験でもエンジン油 SAE 10W は試験標準油温（100 ℃）から 30 ℃下げても焼付きを生じる．せん断安定性の異なる 2 種類のマルチグレードエンジン油 SAE 15W-40 の同じ台上試験では，いずれのマルチグレードエンジン油も標準油温 100 ℃で焼付きを生じる．マルチグレードエンジン油中の粘度指数向上剤はクラッチの焼付き防止に役立っていないことが分かる．これはマルチグレードエンジン油では分子量の大きい粘度指数向上剤を使用しているため，せん断が大きいクラッチしゅう動面では粘度指数向上剤の増粘効果が下がって基油粘度に近くなり，薄くなった油膜のために焼付きに至ると考

4.9 パワートレイン潤滑油の品質

表4.20 オイル粘度番号とクラッチ耐熱限界の関係〔出典：文献19〕

油種	摩擦材	コマツ単板クラッチ試験機による耐熱限界 $Q \times \dot{q}_{max}$	トランスミッションベンチ試験			
			ベンチ試験条件		試験結果	
			油温, ℃	エンゲージ回数	クラッチの状態	オイル粘度変化, %
オイルA（CD, SAE 30, TBN：12.0）	焼結合金G15%（G：黒鉛重量%）	350	100	50 000	正常	なし
	ゴム系摩擦材	—	100	50 000	正常	なし
オイルB（CD, SAE 10W, TBN：12.0）	焼結合金G15%（G：黒鉛重量%）	200	70	50 000	焼付き はく離	なし
オイルC（CE/SG, SAE 15W/40, TBN：7.0）	焼結合金G15%		100	50 000	焼付き 移着，はく離	−33.5
			80	50 000	正常	—
オイルD（CD, SAE 15W/40, TBN：16.0）	ゴム系摩擦材		100	30 000	焼付き μ低下，はく離	−3.6

えられる．油種による焼付き防止性の違いに関しては，C. H. Rogers ら[62]も TO-4 のゴム系摩擦材エネルギー限界試験により，合格基準パワートレイン油の（焼付き）限界周速は 50 m/s，市販 CD/SF エンジン油（論文発表当時は硫酸灰分 1.0%前後 SAE15W40 が主流）は 42 m/s，TOU は 35 m/s であると報告している．なお，限界周速は耐熱限界 $Q \times \dot{q}$ 値と比例している．

(b) 歯車潤滑性能

動力伝達の要である歯車には押土作業などで大きな面圧がかかり，さらに終減速歯車や差動歯車には不整地で足回りからの衝撃荷重も掛かる．このため，パワートレイン油には摩耗防止性あるいはスカッフィングやピッチングの防止性能が必要である．CAT TO-4 規格では SAE 30 は FZG の歯車スカッフィングステージ[64]で 8 以上としているが，10 以上を必要とする建設機械メーカーがある．この理由は CAT 社が高負荷歯車に対して SAE 50 や SAE 60 の高粘度パワートレイン油を採用しているのに対して，他社は SAE 30 のパワートレイン油を主に使用しているためである．

終減速歯車のように極低回転（数十回転）で動く歯車に対しては，パワートレイン油は図 4.56 の FZG 低速歯車摩耗試験[88]を行って改良されている．CD エンジン油 SAE 30 と SAE 50 はいずれもピッチ円周速 0.05 m/s（13 rpm）や 0.57 m/s（150 rpm）のような極低回転では歯車摩耗量は極端に大きくなり，スカッフィングのような歯面状態となる（低温スカッフィング）．SAE 90 や SAE 140 のような高粘度の GL-4 ギヤ油であっても摩耗量は大きく，粘度による摩耗量の差も小さい．極低回転の歯車摩耗がこのように大きい理由として ZnDTP や硫黄-リン系極圧添加剤の分解温度に達しない低い歯面温度のために摩耗防止

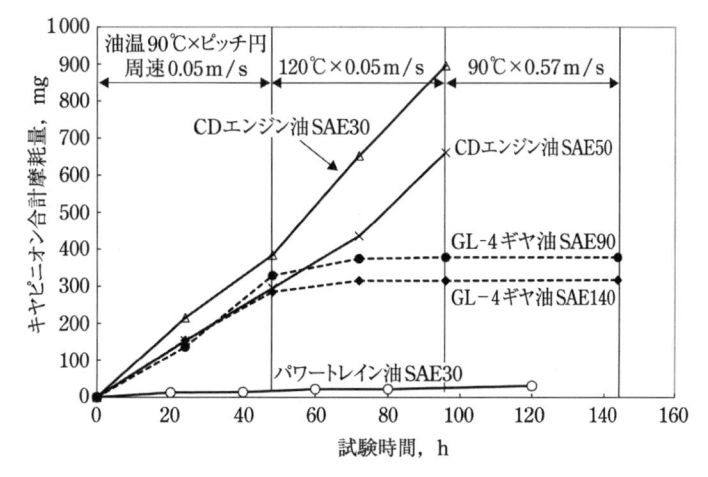

図 4.56 各種潤滑油の低速歯車摩耗試験結果（FZG 歯車ピッチング試験：C/0.05/90:120/12 法と C/0.57/90/12 法による）

表 4.21 各種潤滑油の FZG 歯車疲労試験結果

油種	ピッチング寿命L_{50}，かみあい回数
パワートレイン油 SAE 30	9.7×10^6
CD級エンジン油A　SAE 30	7.6×10^6
CD級エンジン油B　SAE 30	5.6×10^6
GL-5ギヤ油　SAE 80W-90	2.1×10^6

効果が発揮されないと推測される．高粘度化や極圧添加剤の効果は歯車摩耗に若干の影響は認められるが，予想されたほどの効果はない．しかし，ZnDTP を配合するパワートレイン油がより活性な極圧添加剤を含むギヤ油より低い摩耗量を示すメカニズムは解明されていない．なお，CAT TO-4 規格中の ASTM D4989 歯車摩耗試験法（歯車/ピッチ円周速/油温/荷重ステージ：A/0.57/120/10）は，本 FZG 低速摩耗試験とは試験条件が異なっているので比較はできない．

歯車のピッチング損傷を防止する潤滑油性能評価は FZG の歯車疲労寿命試験方法[66]が行われる．表 4.21 に示すように CD エンジン油に対してパワートレイン油のピッチング寿命は改良されているが，これもそのメカニズムは必ずしも明らかではない．GL-5 ギヤ油 SAE 80W-90 は SAE 30 より高粘度であるにもかかわらず疲労寿命が短いのは極圧添加剤の悪影響と思われる．これら潤滑油の歯車疲労寿命に対する基礎的な研究は十分なされておらず，実用性能との関係も未解明である．

4.9.4 建設機械用アクスル油の品質と対応技術

（馬場淑隆，脇園哲郎）

アクスル油の役割としては，かさ歯車等のかみあい面の潤滑，転がり軸受の軌道面の潤滑と湿式ブレーキ摩擦面の潤滑がある．歯車，転がり軸受の潤滑として極圧添加剤が必要であるが，極圧添加剤は一般に熱に弱い性質がある．一方，ブレーキの潤滑にも使用されるアクスル油は，ブレーキ摩擦熱で 300 ℃近い高温にさらされる場合があり，前述のパワートレイン油の項で述べた歯車潤滑に対する要求品質に加えて耐熱性も要求される．ブレーキ潤滑剤としてのアクスル油への要求性能としては摩擦特性が挙げられる．停止直前のジャダを防止するには静摩擦係数を低く抑える必要があり、正勾配の μ-V 特性が必要とされる．次に，安定して必要な制動力を得るために，油温変化に対して変動の少ない安定した動摩擦係数が必要である．動摩擦係数はブレーキ機装置の小形化のために高い方が望ましい．

初期のアクスル油は農業機械用の TOU が使われていたため，高負荷のホイールローダで石英分を含むペーパ摩擦材を使った場合にはメーティングプレートの過大摩耗を生じて，ブレーキディスクしゅう動面への摩耗粉堆積により鳴きを発生する場合があった（図 4.57）．最初は静摩擦係数の増加，次にペーパ摩擦材の目詰まりによる動摩擦係数低下があり，μ-V 特性が負勾配となり顕著な鳴きを生じる．表 4.22 のように目詰まり主成分は摩耗鉄粉である．このため，硬い石英分を含まないペーパ摩擦材に変更してメーティングプレートの摩耗を 1/10 に低減して鳴き発生を抑制している．表中のカルシウム，マグネシウムや亜鉛はアクスル油の添加剤であり，アクスル油添加剤がブレーキの摩擦熱により熱分解していることも示している．図 4.58 はアクスル油添加剤の劣化物が摩擦材の表面に付着している別の例である．この状態まで劣化物付着が進むとアクスル油の交換のみでは鳴きの解消はできず，ブレーキディスクの交換が必要になる．このような問題からもアクスル油に耐熱性が要求される．効果的な熱伝達を達成して，劣化物付着を防ぐには粘度の選択が重要である．各建設機械メーカーではアクスル油の粘度は 100 ℃で 9～12 mm^2/s を必要としている．さらに，添加剤の耐熱性改良と清浄分散性を大きく改良した建設機械専用のアクスル油が開発されており，図 4.59 のように静動摩擦係数の安定性を改良して寿命延長を計っている．

今後のアクスル油の課題は次の2点にある．

①二酸化炭素排出削減と運転経費低減のため燃費改善が必要である．アクスル内の歯車類，転がり軸受やブレーキかくはんロスなどの低減のためには低粘度化が必要である．ただし，高温時の歯車と転がり軸受に対しては耐荷重能の改良も望まれる．

②アクスル油の交換間隔は一般に2 000時間である．大型建設機械の場合は1台あたり1 000 L以上のアクスル油が充填されているので，運転経費削減の観点から交換間隔延長がこれからの課題である．

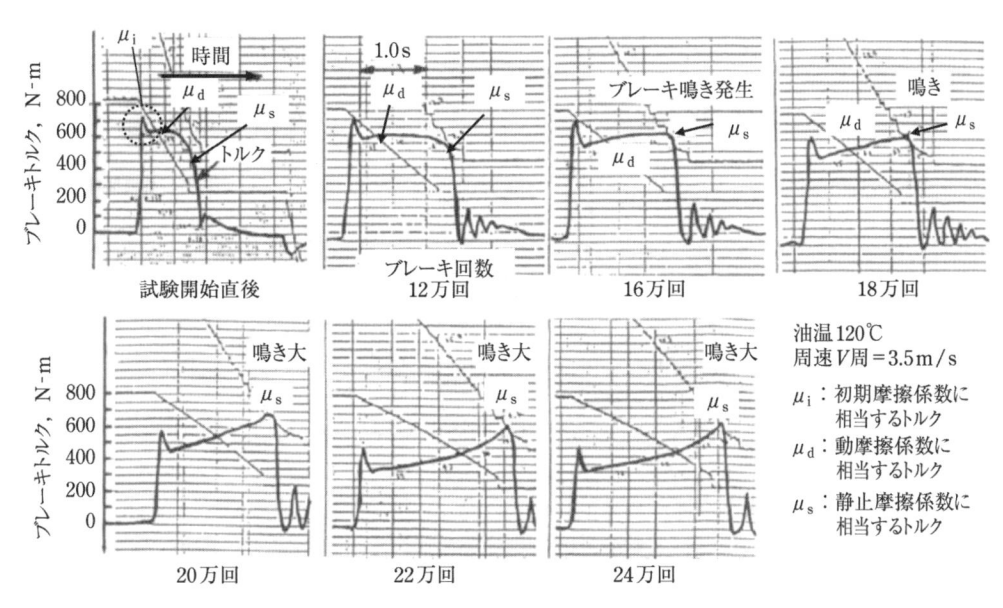

図4.57　ホィールローダ実車ブレーキ耐久試験におけるトルクカーブの変化〔出典：文献18)〕

表4.22　アクスル耐久試験前後のペーパ摩擦材の分析結果

	H/C比率	灰分, wt%	鉄, wt%	Ca, wt%	Mg, wt%	Zn, wt%
耐久試験後	1.01	42	8.25	0.36	0.35	2.86
耐久試験前	1.01	21.5	0.12	0	0	0

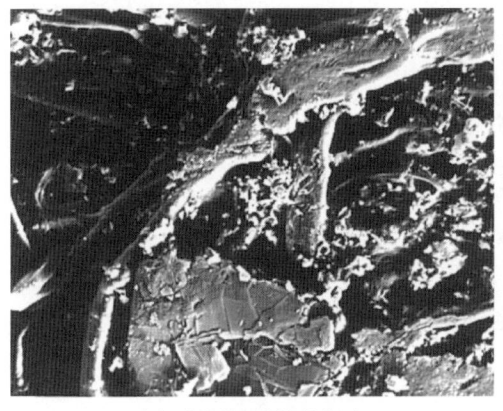

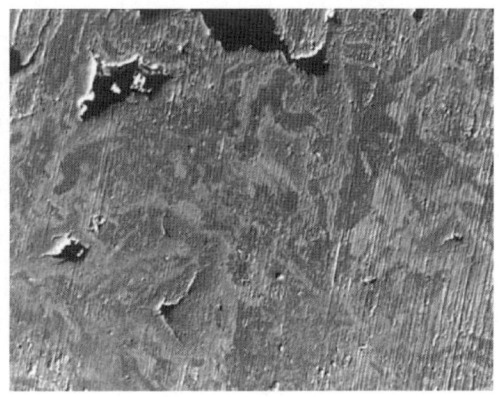

（a）試験前の摩擦材表面　　　　　　　　（b）耐久試験後の摩擦材表面

図4.58　アクスル耐久試験前後のペーパ材の表面顕微写真

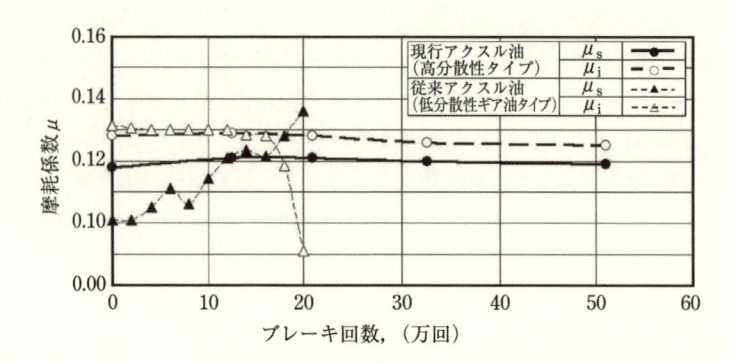

図 4.59 台上アクスル試験による 2 種類のアクスル油の摩擦係数安定性の比較

4.9.5 建設機械用パワートレイン潤滑油のトラブル事例

(大川聰)

　市場では規格が廃止された CD エンジン油が未だにトランスミッションに使用される場合がある．過去は 2 級アルキル基 ZnDTP だけを配合した CD エンジン油は殆ど市販されていなかったが，近年は排出ガス規制に対応したエンジン油添加剤パッケージを流用した CD 相当エンジン油が流通している．これらの CD エンジン油は JASO DH-1 エンジン油と同様に 2 級アルキル基 ZnDTP だけのエンジン油組成となっているため，トランスミッションに使用すると短時間でオイルの色が黒くなり，硫黄臭もする苦情が寄せられる．著しい場合は摩擦材が前述の図 4.55 のような目詰まり起こし，摩擦係数低下によるクラッチのすべりを生じてオーバヒートを起こす．また，トランスミッションの油圧用シールリングが異常摩耗を起こす問題がある．

4.9.6 農業機械用パワートレイン潤滑油の品質と対応技術

(佐藤芳樹，脇園哲郎)

(a) TOU の要求性能

　歯車・転がり軸受などの潤滑と，油圧作動用を兼用した TOU に要求される性能は多岐にわたる．TOU に対する基本的な要求性能の一例を表 4.23 に示す．

(1) 高温性能 (耐熱性)

　トランスミッション，油圧制御が複雑化する中で潤滑油の使用温度は高くなる傾向にある．せん断安定性，熱安定性，酸化安定性の各試験によりオイルの寿命を評価すると共に，シール材として使用されるニトリルゴムやウレタンゴムとの相性を高温下での浸漬試験により確認する必要がある．一般的に 120 ℃に耐えることが要求される．

(2) 極圧性 (焼付き防止性，歯車のピッチング防止性)

　農業機械のパワートレインは限界設計が進められ，ハイポイド歯車なども採用されており，歯面の潤滑は厳しさを増している．極圧性に乏しい潤滑油を使用すると歯面にピッチングやスカッフィングが発生したり，転がり軸受の軌道面にフレーキングが発生したりするなど致命的な損傷を与える．IAE 歯車試験などにより極圧性はある程度品質確認できるが，パワートレインに使用される部材の潤滑条件は様々なため台上試験や実機加速試験により強度を確認する必要がある．

4.9 パワートレイン潤滑油の品質

表 4.23 TOU の要求品質性能の例

試験項目		単位	規格値	試験法
密度		g/cm^3	報告	JIS K2249
色(ASTM)			L2.5～L4.0	JIS K2580
引火点		℃	報告	JIS K2265
動粘度	40℃	mm^2/s	報告	JIS K2283
	100℃		8 以上	
BF粘度	−20℃	mPa・s	1400 以下	ASTM D2983
	−40℃		19000 以下	
粘度指数			報告	JIS K2283
流動点		℃	−40以下	JIS K2269
残炭		wt %	報告	JIS K2270
硫酸灰分		wt %	報告	JIS K2272
酸価		mg KOH/g	1.5 以上	JIS K2501-7
塩基価		mg KOH/g	報告	JIS K2501-9
銅板腐食121℃×3H			1 以上	JIS K2513
水分		wt %	Trace	JIS K2275-4
泡立ち試験	24℃	mL	25/0	JIS K2518
	93.5℃		50/0	
	93.5℃後24℃		25/0	
シール材に対する適合性				JIS K6251
①A727(NBR)				JIS K6253
100℃×70H/120℃×140H				JIS K6258
体積変化		%	−5～+/−7～+8	
硬さ変化		HS	−5～+8	
引張強さ変化		%	−15～+10 / −40～+10	
伸び変化		%	−20～+10 / −40～+10	
②U801(AU) 100℃×70H				
体積変化		%	−5～+5	
硬さ変化		HS	−5～+5	
引張強さ変化		%	−25～+25	
伸び変化		%	−25～+25	
せん断安定性				
SONIC 粘度低下率		%	20 以下	ASTM D2603
KRL 粘度低下率			報告	DIN 51350-6

(3) 生分解性（環境保全）

環境意識の高まりに対応して，生分解性や草木を枯らさない性能を付加した TOU も開発されている．鉱物油は土の上にこぼれると，殆ど分解されずに土中に留まり植物の生育を妨げるが，エステルや植物油をベースとした生分解性潤滑油の場合は土中のバクテリアの働きにより完全に分解されて無害化できる．しかし，鉱物油はもちろん，生分解性潤滑油でも植物に直接かかると油膜により窒息状態となり，根こそぎ枯らしてしまう．中和剤（乳化剤）を配合した生分解性潤滑油であれば，水で洗い流すことで植物を枯らさないことが可能であり，景観が重視される芝生などを管理する農業機械に採用されている．

(b) TOU の動向

農業機械は高出力化，油圧機構の自動化，電子化が押し進められ，これら技術の高度化に対応していく必要がでている．機械的な部分の技術向上と共に以下に述べる TOU の性能向上が重要である．

(1) 低温性の向上

近年の農業機械は軸，歯車，転がり軸受の主要部品構成から操作性，居住性，耐久性をより信頼性の高いものにするために，農業機械独自技術に自動車技術を加味した制御システムが取り入れられている．これとは裏腹に寒冷地での使用においてトラクタの発進性能の低下やトランスミッション制御，

作業機水平制御等の油圧制御不良といったトラブルを起こすことが問題となっている．これらは潤滑油の流動性不足により発生する湿式クラッチやシンクロメッシュ機構のコーンクラッチ連れまわりトルクの増加，ポンプ吸入負圧の増加などが原因である．−40℃での低温粘度は，1985年頃には70 000 mPa·s レベルであったが1990年には30 000 mPa·s レベルとなり，2005年には19 000 mPa·s 以下が要求されている．このため，実際にトラクタで使用している油圧システムを試験装置として流量や圧力を計測することで潤滑油の低温性が評価されている．低温時の操作性は油圧機器の制御性能による影響も大きいが，温度による粘度変化の少ない低温流動性に優れた TOU の効果も大きい．

(2) 摩擦特性の安定化

自動変速機構は湿式クラッチの押付け力を油圧で制御しているため，その操作フィーリングはクラッチの摩擦特性に大きく依存する．その摩擦特性によってはクラッチ・ブレーキの鳴きやショックが発生する場合があるため，各農業機械メーカーでは湿式クラッチの評価法として SAE No.2 試験機などにより潤滑油のトルク波形を管理している．これら摩擦特性は使用時間と共に変化するのでこれを安定化することも変速品質の確保上必要である．

農業機械の摩擦材料には多くの種類が採用されているが，どれにも適切な μ−V 特性（すべり速度に対する摩擦係数変化）が得られるようバランスさせている．また，オイルタンク中への結露水などの混入により摩擦係数が変化し性能低下をきたすが，潤滑油と水との適合性を改善することで摩擦係数を安定化させている[53]．

4.9.7 潤滑に関するパワートレインのトラブル事例

（佐藤芳樹）

(a) 湿式ブレーキ・クラッチの鳴き

農業機械では後述のようにトランスミッション内に水が混入して湿式クラッチやブレーキの鳴きが起きやすい．しかし，各種台上試験と実機試験により，現在ではほとんどシミュレーションできるためトラブルは聞かなくなった[89]．図 4.60 に低速すべり摩擦試験による評価の一例を示す．鳴きやすい油種は低回転域において負勾配の μ−V 特性を示す．

(b) 湿式ブレーキのさび

農業機械のトランスミッションにはそれぞれにエアブリーザがある．潤滑油の発熱でトランスミッション内に発生する圧力のバランスを保つことによりオイル漏れを防ぐためである[89]．したがってトランスミッション内には水分を含んだ大気が自由に出入りする．農業機械の多くは使用時期が限定され，納屋で長期間保管されるため，トランスミッションケース内のオイルに漬かっていない部分が長時間大気に晒されることになる．特に湿式ブレーキは径が大きく，スチールプレート上部が油面から露出するため，油膜保持性の悪いオイルを使っているとさびが発生する場合がある．いったんさびが発生すると，使用時に摩擦材が剥がれブレーキ性能に影響する．湿式ブレーキに対する油膜保持性は部品自体を試験片にして，湿潤試験により評価できる．

(c) フィルタ目詰まり

農業機械の潤滑油はトランスミッションから油圧系統まで共通に使用される．油圧系統における問題としては作業機昇降装置用油圧ポンプの前に設けられた油圧フィルタにグ

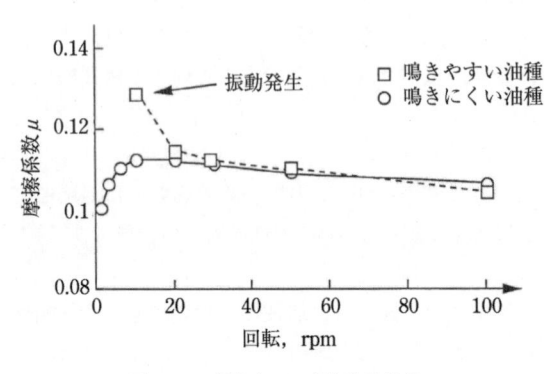

図 4.60 低速すべり摩擦試験結果

リース状のスラッジが発生した例がある．この例では作業機の上昇が不可能になったり，作動時に異音が発生したりするトラブルに発展した[90]．トランスミッション内部には，エアブリーザを通り水分の結露による油中内への水の混入があるが，高温と常温の繰返し，湿地帯での使用などによりこの量も 0.1%vol を超える場合が少なくない．こうして混入した水と添加剤の反応，あるいはトランスミッションに使用される材料の表面処理材と添加剤の反応によりエマルションが生成され，フィルタの目詰まりを起こす[89]．エマルション発生に関し，水を混ぜてかくはん，あるいはトランスミッション部品を浸漬したサンプルを一定期間放置して沈殿物の状態を評価し，さらにこれをフィルタに通して評価することにより実機でのトラブルを防ぐことができる．サンプルを一定期間放置する際に熱を加えることでさらに精度良く評価できることも判明している．

4.10 パワートレイン潤滑油の基油と添加剤

（長富悦史）

4.10.1 パワートレイン潤滑油の基油

パワートレイン潤滑油に使用される基油の分類は，近年エンジン油の API の基油分類に順ずることが多い．パワートレイン潤滑油の基油として従来，グループⅠ基油，もしくは，グループⅡ基油に相当する溶剤抽出，水素化精製あるいは溶剤脱蝋などの精製プロセスにより得られるパラフィン系高度精製基油が使用されてきた．また，低温粘度の要求を達成するために一部ナフテン系鉱物油が使用されてきた．しかしながら，ナフテン系基油は酸化安定性が劣り，近年入手性も良くないので，低温流動性を向上させるために，接触脱ろうプロセスにより得られる超低流動点基油，すなわち，グループⅢ基油を用いる場合が多くなっている．超低流動点基油は高い粘度指数をもつために，これら基油の使用により低温粘度特性を改善できる．さらに，現在市場で主流となっているマルチグレード油の場合には基油粘度を高めることができるため，高せん断下で粘度低下を引き起こす原因となる粘度指数向上剤の配合量を低減してせん断安定性の向上が図れる．そのため，油膜保持による疲労防止性の向上も期待できる．

パワートレイン潤滑油にとって，基油の性状が大きく関連する性能としては，添加剤の溶解性，劣化物の溶解性，酸化安定性，油膜保持性，オイルシール等の有機材料との適合性である．この中で，酸化安定性のように基油の高性能化によって向上する場合もあるが，低下する場合もある．基油と使用する添加剤との相性によってできあがる製品の性能が決まるため，その配合バランスが重要である．

近年の産業用車両の省燃費性能向上のために，パワートレイン潤滑油の低粘度化が進んでいるが，潤滑油の低粘度化に伴い基油の油膜厚さが低下すると，同一添加剤組成の場合には疲労摩耗防止性が低下することが知られている[91,92]．しかしながら，基油の配合により油膜厚さを調整することが可能であるので[93,94]，要求される疲労摩耗防止性に合わせた基油の配合を決定する必要がある．同一粘度であれば，グループⅠ基油の方がグループⅢ基油よりも EHL 領域において油膜厚さが大きい（図 4.61）[93]．

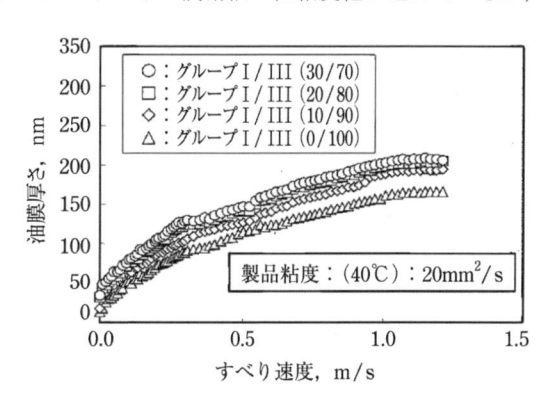

図 4.61　EHL 試験機（測定温度：40℃）による基油種類と油膜厚さの関係　〔出典：文献93)〕

産業用車両に対する省燃費性の要求から，今後のパワートレイン潤滑油はより低粘度なものへ移行する傾向にあるので，前述したように超高粘度指数基油の使用が有利となる．したがってグループⅢ基油の使用比率が増加するが，油膜厚さは低下する傾向にあり，添加剤配合技術とともに油膜保持の技術が今後重要さを増すと考えられる．

4.10.2　パワートレイン潤滑油の添加剤

パワートレイン潤滑油の添加剤としては表 4.24 に示した数多くの添加剤が使用される．用途によって様々な組合せが考えられる．市場のパワートレイン潤滑油が全て，これらの添加剤が配合されているわけではなく，また油種によってその配合量も異なることを述べておく．さらに同じ化合物タイプでも細かい構造が異なると，現われる機能が大きく異なることがある．例えば，LSD 用潤滑油には，ほとんどアルキル基の長いリン酸エステル，具体的には酸性アルキルリン酸エステルやアルキルハイドロジェンホスファイトなどが，チャタリング防止のために配合されることが多い．一方では，通常の差動歯車装置，マニュアルトランスミッション，終減速機にはこのような長鎖のアルキル基（炭素数が 18 前後）のリン酸エステルは使用されないなど，油種によって，化合物タイプは同じでも，分子構造が相違することに注意しなければならない．

以下，ここではパワートレイン潤滑油の代表的な添加剤として，極圧剤・摩耗防止剤（耐摩耗剤），摩擦調整剤，粘度指数向上剤を取り上げ説明する．

(a) 摩耗防止剤と極圧剤

パワートレイン潤滑油の添加剤としては，歯車および転がり軸受などの焼付き防止，摩耗防止のた

表4.24　パワートレイン用の潤滑油に配合される添加剤

添加剤機能	化合物のタイプ	手動変速機油	終減速機油	LSD油	建設機械用パワートレイン油	ATF
極圧剤・耐摩耗剤	硫化オレフィン	△	○	○	×	×
	硫化油脂	○	△	△	×	○
	硫化エステル	○	△	△	×	○
	ポリスルフィド	○	△	△	×	○
	リン酸エステル	○	○	○	×	○
	ジチオリン酸亜鉛	○	×	×	○	×
無灰系摩擦調整剤	脂肪酸エステル	○	×	○	○	○
	脂肪酸アミド	○	×	○	○	○
	高級アルコール	○	×	×	○	○
	アミン類	○	×	×	○	○
金属系摩擦調整剤	モリブデンジチオリン酸	×	○	△	×	×
	モリブデンジチオカーバメート	×	○	△	×	×
	モリブデンアミン錯体	×	○	△	×	×
酸化防止剤	ヒンダードフェノール系	○	○	○	○	○
	芳香族アミン系	○	○	○	○	○
清浄分散剤	金属系清浄剤	○	×	×	○	×
	無灰系分散剤	○	○	○	○	○
腐食防止剤		○	○	○	○	○
防錆剤		○	○	○	○	○
流動点降下剤	ポリメタクリレート	○	○	○	○	○
粘度指数向上(調整)剤	ポリメタクリレート	○	○	○	○	○
	スチレン/オレフィン共重合体	○	○	○	○	○
	ポリオレフィン重合体	○	○	○	○	○
消泡剤	シリコン系	○	○	○	○	○

めに極圧剤・摩耗防止剤が必ず配合される．特に，差動歯車装置油に求められる性能のうち最大の機能は極圧性である．これは通常差動歯車装置には面圧，すべり速度とも最も過酷なハイポイド歯車が使用されているからである．

図 4.62 にパワートレイン潤滑油用に使われる代表的な極圧剤および摩耗防止剤の名称と構造式を示す [95]．過去はナフテン酸鉛や塩素系の添加剤（塩素化パラフィン）が使用されていたが，環境負荷が大きいため近年は硫黄系極圧剤とリン系極圧剤を組み合わせた硫黄-リン系極圧剤が主流となっている．有機金属系摩耗防止剤を配合した極圧剤も開発されている．

硫黄系極圧剤の代表例として，スルフィド類の摩耗防止作用をシェル四球式耐荷重能試験によって検討した結果，以下のような実験事実が得られている [96,97]．

①S-S結合の切れやすいものほど摩耗防止性は大きい．
②直鎖でかつ炭素鎖の長いものほど摩耗防止効果は大きい．

これらの実験事実は，摩擦面においてジスルフィドと鉄とが反応し，生成した鉄メルカプチド被膜が摩耗防止効果を与えると説明できる [97]．摩耗防止効果を大きくするためには，メルカプチド被膜の作りやすさだけでなく生成被膜が配列し強固な固体膜となることが重要である．硫黄系極圧剤の耐

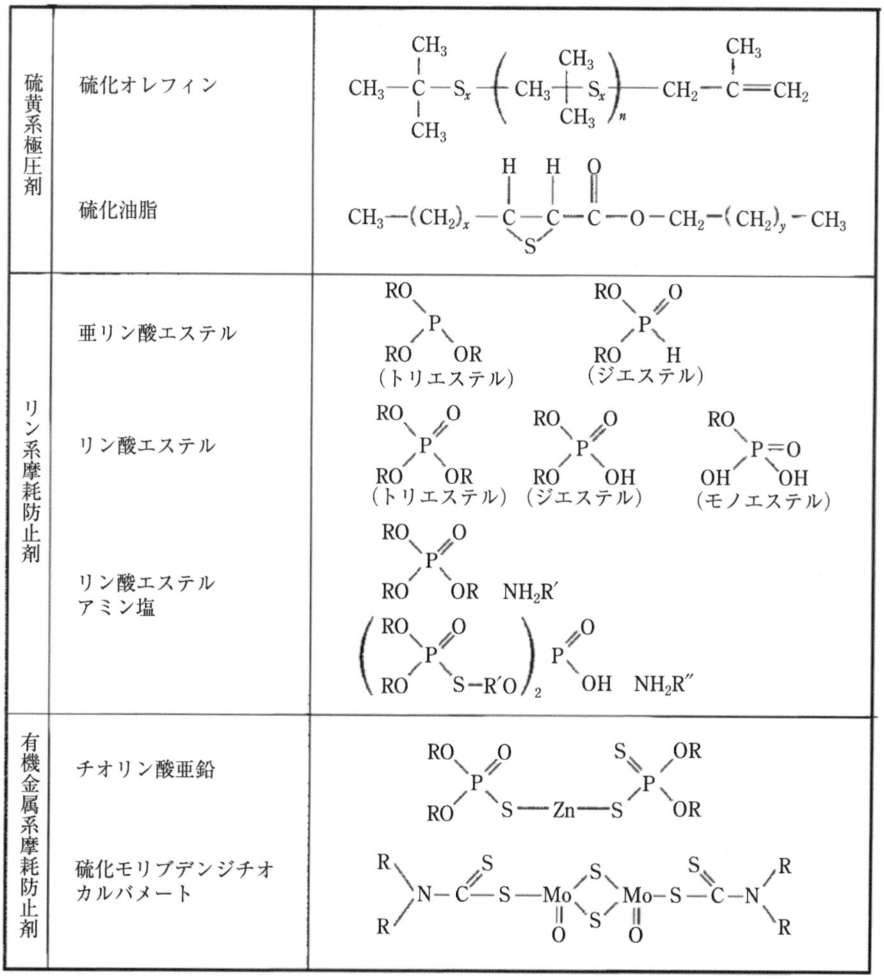

分類	名称	構造式
硫黄系極圧剤	硫化オレフィン	$CH_3-C(CH_3)_2-S_x-(CH_3-C(CH_3)-S_x)_n-CH_2-C(CH_3)=CH_2$
	硫化油脂	$CH_3-(CH_2)_x-CH(S)-CH(H)-C(=O)-O-CH_2-(CH_2)_y-CH_3$
リン系摩耗防止剤	亜リン酸エステル	$(RO)_3P$ （トリエステル）， $(RO)_2P(H)=O$ （ジエステル）
	リン酸エステル	$(RO)_3P=O$ （トリエステル）， $(RO)_2P(OH)=O$ （ジエステル）， $RO-P(OH)_2=O$ （モノエステル）
	リン酸エステルアミン塩	$(RO)_2P(OR)=O \cdot NH_2R'$ ， $((RO)_2P(=O)-S-R'O)_2 P(=O)(OH) \cdot NH_2R''$
有機金属系摩耗防止剤	チオリン酸亜鉛	$(RO)_2P(=O)-S-Zn-S-P(=O)(OR)_2$
	硫化モリブデンジチオカルバメート	$R_2N-C(=S)-S-Mo(=O)(S)-Mo(=O)(S)-S-C(=S)-NR_2$

図 4.62 代表的な極圧剤・耐摩耗剤〔出典：文献 95）〕

荷重能は C–S 結合の切れやすさによって決定される．これは，鉄メルカプチド被膜の C–S 結合が解離されることによって生成する硫化鉄被膜が耐荷重能の向上に大きく寄与するためと考えられている[98,99]．リン系極圧剤として代表的なものは，リン酸エステルと亜リン酸エステルである．各種リン酸エステルについて，スカッフィング防止能と加水分解性との関係を検討した結果，両性能には明らかな相関関係があり，加水分解によってジフェニルホスフェートのような酸性リン酸エステルを生成しやすい化合物ほどスカッフィング防止能が大きくなる[100]．一般に，中性エステルに比較して，酸性エステルは金属表面に対する吸着力が大きく，さらに反応性も高いので，焼付き防止効果は大きくなる[101,102]．摩擦条件によっては，腐食反応を引き起こし，著しい摩耗をもたらすことがあるので注意を要する[102]．酸性リン酸エステルの腐食性を緩和し，かつ充分な耐荷重能を保持させるためにアミンで一部を中和したリン酸エステルのアミン塩が使用される．各種リン系極圧剤の性能について，一般に次の順列が認められる．

　　　　ホスフィネート＜ホスホネート＜ホスフェート＜ホスフェートアミン塩

ホスフェートに比較してホスホネートやホスフィネートの効果が弱いのは，C–P 結合が C–O–P 結合に比較して強いためと考えられる．

硫黄系，リン系，塩素系の極圧剤について，鉄表面に対する化学反応性と耐荷重能との関係を検討した結果を図 4.63 に示した[103]．反応性の大きなものほど被膜形成能力が大きく耐荷重能も向上するのが理解できるが，同じ反応で比較した場合，極圧剤のタイプによってその耐荷重能が異なる．すなわち，生成被膜の耐荷重能について次の順序が言える．

　　　　塩素系＜リン系＜硫黄系

極圧剤としてホウ酸化合物が使用される場合がある[104]．この添加剤は固体潤滑剤の一種であり，油中に分散してホウ酸化合物が境界面に入り込むことにより作用し，ホウ酸塩の被膜を形成する．優れた高温使用時の耐熱性，ピッチング防止性や摩耗防止性に優れ，シンクロメッシュ機構のコーンク

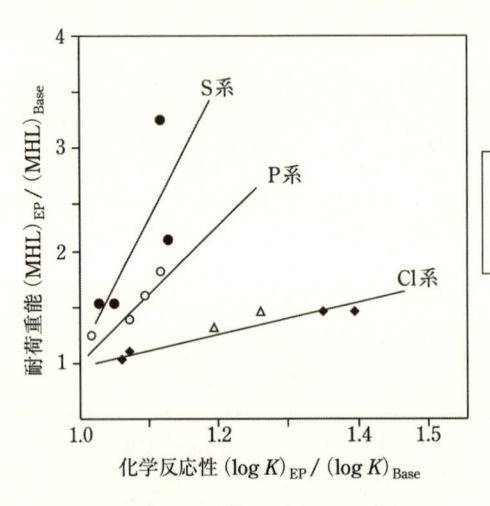

MHL：平均ヘルツ荷重
K：鉄に対する腐食反応の 400℃での速度定数
EP：極圧剤添加油
Base：基油

● ：硫黄系極圧剤添加油（添加量：硫黄濃度として 0.5 wt%）
○ ：リン系極圧剤添加油（添加量：リン濃度として 0.1 wt%）
◆ ：塩素系極圧剤添加油（添加量：塩素濃度として 1.0 wt%）
△ ：塩素系極圧剤添加油（添加量：塩素濃度として 0.5 wt%）

図 4.63　極圧剤の化学反応性と耐荷重能の関係〔出典：文献 103)〕

ラッチに対しても良好な摩擦特性を示すことが知られているが，無機化合物であるため，その極圧性能は油中水分量に大きく影響を受ける．

有機金属系極圧剤としては ZnDTP が代表的なものであり，現在ではエンジン油の摩耗防止剤として広く利用されている．一般に熱的に不安定な ZnDTP ほど大きな耐荷重能を示すことが認められているが，摩耗防止性については逆に，不安定なものほど化学摩耗を促進しやすいといわれている．ZnDTP の安定性に及ぼす炭素鎖の影響については一般に次の順序が認められている．

2 級アルキル＜1 級アルキル＜アリール

図 4.64 では不安定な 2 級アルキル基をもつ ZnDTP が安定な 1 級アルキル基をもつ ZnDTP に比較して，シェル四球式耐荷重能試験において，より大きな耐荷重能をもつことが認められる [105]．さらに，チムケン試験においても図 4.65 に示されるように，熱安定性の良いアリール基をもつ ZnDTP に比較して，不安定なアルキル基をもつ ZnDTP の方がはるかに大きな耐荷重能を示している [106]．

建設機械や農業機械などのパワートレイン潤滑油には，エンジン油タイプの潤滑油が使用されることが一般的である．エンジン油には摩耗防止剤として ZnDTP が添加されており，この ZnDTP の熱安定性が湿式摩擦材に対する摩擦特性に大きく影響する．すなわち，長時間の使用により，摩擦材の表面上で生じる熱分解生成物が摩擦材の目詰まりを引き起こし（図 4.55 参照），良好な摩擦特性を維持できない可能性が出てくる [107]．よって，建設機械や農業機械などのパワートレイン潤滑油には熱的に安定なアリール基もしくは 1 級アルキル基の ZnDTP を使うことが望ましい．

一般に，極圧剤は単独で使用されるよりも組み合わされて使用され，その相乗効果を期待する場合が多い．硫黄-リン系極圧剤の場合，添加剤の硫黄とリンの比率は非常に重要である．例えば，ジブチルリン酸と硫化イソブチレンを使用したギヤ油の場合，硫黄とリンの比率が 100 : 1 で使われる場合には 25 ポンド（11.3 kg）のチムケン合格荷重を示すが，硫黄とリンの比率が 50 : 1 のときには 40 ポンド（18.1 kg）を示す [108]．また，亜リン酸エステルと硫黄系極圧剤では著しい摩耗防止性の向上が認められるが，リン酸エステルとの組合せではその効果は認められない [109]．これらのことは，硫黄系極圧剤とリン系極圧剤，および，硫黄とリンを含むチオリン酸化合物との相乗効果が重要であることを示唆している．

極圧剤の作用機構からも理解できるように，極圧剤は本来，不安定な化合物である．したがって，

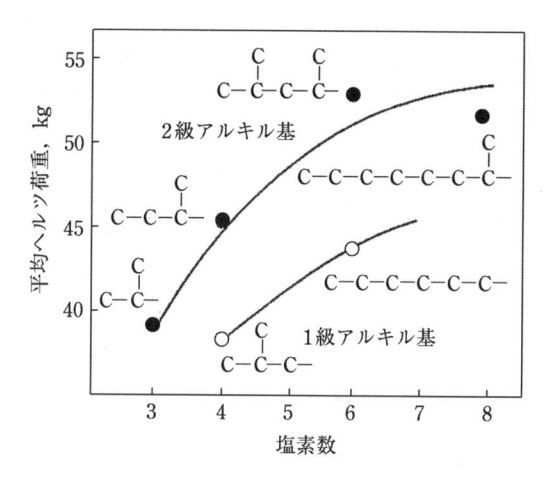

図 4.64 ZnDTP の化学構造と耐荷重能（四球試験）
〔出典：文献 105)〕

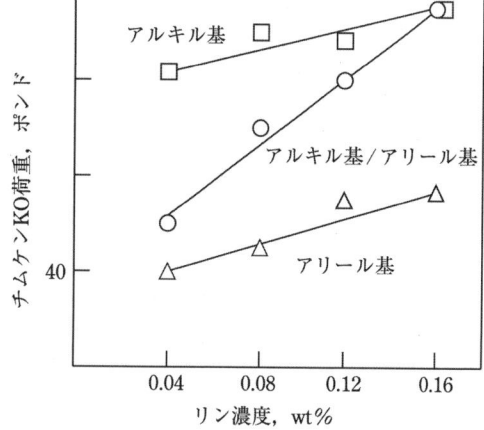

図 4.65 ZnDTP の化学構造と耐荷重能（チムケン試験）
〔出典：文献 106)〕

パワートレイン用潤滑油へこれを適用する場合には，腐食性，熱および酸化安定性について充分な考慮が必要である．これらの極圧剤・耐摩耗剤の配合量が多すぎると，材料（ゴム，樹脂）との不適合やシンクロメッシュ機構のコーンクラッチに使用される銅系材料に対して腐食を引き起こすので，配合量の最適化や，腐食防止剤の添加等の対策が必要である．また，酸化安定性に関しては，高温で分解しにくい極圧剤の組合せの選択，超高性能基油の使用や酸化防止剤の最適化等で対処する必要がある[110]．環境保護の観点から，今後はパワートレイン潤滑油のロングドレイン化が重要な課題であり，より一層の酸化安定性の向上が求められる傾向にある．

硫黄系やリン系極圧剤は潤滑油の転がり疲れ特性に大きな影響を及ぼすことも知られている．特に添加剤組成の金属表面への反応性によって疲労摩耗防止性が影響を受ける[92]．種々の転がり疲労試験を行った結果では，硫化オレフィンやジサルファイド等の硫黄系添加剤は転がり寿命を延ばす効果があり，この効果は油温が高いほど，また，濃度が高いほど大きいこと，また，リン系添加剤の寿命に及ぼす影響は，鉄に対する吸着力の違いに起因することが示唆されている[111,112]．省燃費性追求のための低粘度化においては，こうした耐疲労特性は今後ますます重要度が増すと考えられる．

(b) 摩擦調整剤

パワートレイン潤滑油用に使われる摩擦調整剤としては古くから，オレイン酸，ステアリン酸などの高級脂肪酸，あるいはオレイルアルコールなどの高級アルコール，アミン，エステル，硫化油脂などが用いられてきた．こうした摩擦調整剤はそれ自身が金属表面へ吸着することによって摩擦係数を低下させるもので，比較的低温において有効に作用する．摩擦調整剤は分子の一端に強力な極性基を有すると同時に，直鎖の炭素鎖をもつことが重要である．極性基としては一般に脂肪酸，アミンの吸着力が大きく，アルコール，エステルの吸着力は比較的小さいと言われている．また，炭素鎖についてもすくなくとも炭素数 10 以上必要である．直鎖の酸性リン酸エステル，酸性亜リン酸エステルなども金属表面に対する化学吸着力が大きく，狭義の極圧剤としてだけでなく，摩擦調整剤としても優れた性能をもっている．また，エンジン油に摩擦調整剤として使用されるモリブデンジチオカーバメート（MoDTC）は，差動歯車装置を除き，その他のパワートレイン用潤滑油には一般的には使用されない．

LSD が一般化されるにつれて，ギヤ油に対してチャタリングの解決が問題となってきた．チャタリングはパワートレイン潤滑油の静摩擦係数を小さくすることによって解決できる．そのために各種摩擦調整剤が検討され，古くはジチオホスフェートのアミン塩[113,114]，また，近年では，酸性リン酸エステル，ハイドロジェンホスファイト等有効な摩擦調整剤も見出されている[50]．

ATF にとって摩擦調整剤は重要である．変速ショックをなくし変速フィーリングを向上し，ジャダを防止するために特殊な摩擦調整剤が必要である．このとき使用される摩擦調整剤としては硫化油，脂肪酸，エステル，アミン，リン酸エステルなどの各種添加剤の組合せが有効であるといわれている[115,116]．

建設機械，農業機械の動力伝達機構に使用される湿式摩擦材に対して摩擦特性の適正化が求められるが，ペーパ摩擦材や焼結金属摩擦材などとメーティングプレート間の境界潤滑特性の向上が課題であり，この課題を克服するためには摩擦調整剤の使用が不可欠である．ATF では正勾配の μ-V 特性に加え，高 μ であること，そしてそれらを長時間維持する性質が要求される．ジャダ防止特性付与のため様々な潤滑油添加剤が検討されてきた．エステル，カルボン酸，アミンなどの摩擦調整剤は低速側の摩擦係数を下げ，Ca スルホネートなどの金属清浄剤は高速側の摩擦係数を上げる効果があること，これら添加剤の組合せにより優れた μ-V 特性が調整可能であること[117]，摩擦調整剤と分散剤や清浄剤の組合せ処方の最適化による低速側の摩擦係数の確保と耐久性を含むジャダ防止性の向上等が

検討されてきており[118]，ATFでは湿式摩擦材に対する良好な摩擦特性の適正化が重要な課題である．

（c）粘度指数向上剤

　低温でのシフト操作性の改善や省燃費性の向上には粘度の低下が有効であるが，この場合は高温において歯打ち音や焼付き摩耗等の問題が起こる．そのため，適正な粘度特性を維持するため，すなわち，粘度－温度特性を向上させるためには，一般には粘度指数向上剤を配合する．パワートレイン用潤滑油に使用される粘度指数向上剤としてはPMAとOCPの使用頻度が高い．分子量が同程度のポリマーを用いてある基油を一定の粘度に増粘した場合，骨格が占める分子量の割合と増粘効果は高い相関関係があり，PMAの増粘効果が最も高い[119]．

　パワートレイン潤滑油には，歯車や転がり軸受の潤滑において大きなせん断力が掛かるため，せん断安定性の高い粘度指数向上剤が要求される．一般に，ポリマーの分子量が大きいものほどせん断安定性が低い[119,120]．せん断安定性の低いポリマーを使用した場合，長時間の使用によりせん断による粘度低下が起こり，最悪の場合，油膜形成能力が不足し，摩耗の増大や転がり疲労を引き起こす．前述したように，最近の車両の燃費改善に対応して，パワートレイン潤滑油の低粘度化が進んでいるが，優れた低温流動性に加え，せん断安定性に優れ，かつ，増粘効果の高い粘度指数向上剤に対する要求が今後さらに増すものと考えられる．

　近年，潤滑油の低粘度化に伴う油膜の薄膜化の抑制を目的とし，粘度指数向上剤が油膜形成能をもつといういくつかの報告例があり注目される．最近の油膜厚測定機器の精度向上により，数nmの極薄膜領域での油膜形成に関する研究も報告されている[120]．なかでも，スラッジ分散性を有する粘度指数向上剤を含む潤滑油の油膜が，薄膜領域でのEHL理論に基づく計算膜厚よりも厚くなることが示された．この理由としては，分散型ポリマーの金属表面への吸着が実効粘度を上昇させるためと報告されている[121]．

5. 産業用車両のグリース

(柏谷智)

5.1 グリースとは

　グリースとは油を「増ちょう剤」と呼ばれる物質で半固体状に固めた潤滑剤である．ちなみにグリースの硬さを「ちょう度」と呼び，その「ちょう度」を増減させる物質を「増ちょう剤」と呼ぶ．グリースのちょう度の測定方法を図5.1に記載する．グリースの硬さである「ちょう度」は三角すい（コーン）がグリースに5秒間で入った深さ（mm）の10倍の値であり，柔らかいほどコーンは深く入るため数値が大きいほど柔らかいグリースとなる．JIS K2220ではこの「ちょう度」数値の範囲で000号〜6号までの硬さが規定されている[1]ので表5.1に示す．
　よく「このグリースは？」との問いに「リチウムグリース」や「ウレアグリース」と答えるが，こ

図5.1　グリースちょう度測定法

表5.1　JIS K 2200 ちょう度番号
〔出典：文献1)〕

ちょう度番号	混和ちょう度範囲
000号	445〜475
00号	400〜430
0号	355〜385
1号	310〜340
2号	265〜295
3号	220〜250
4号	175〜205
5号	130〜160
6号	85〜115

(a) リチウムセッケン   (b) 複合リチウムセッケン

(c) カルシウムセッケン   (d) ウレア樹脂

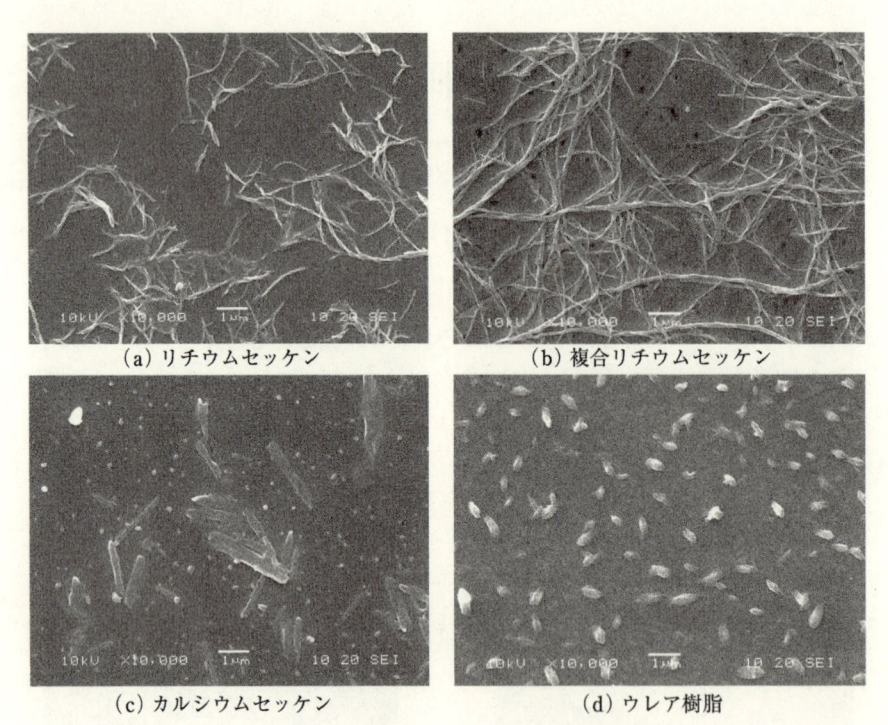

図 5.2　各種増ちょう剤の電子顕微鏡写真

表 5.2　増ちょう剤の種類・分類と国内生産比率〔出典：文献 2)〕

大分類	小分類	代表的滴点	生産比率
セッケン系	カルシウムセッケン	120 ℃	7.67 %
	アルミニウムセッケン	160 ℃	0.30 %
	リチウムセッケン	200 ℃	59.81 %
	複合アルミニウムセッケン	230 ℃	1.43 %
	複合リチウムセッケン	250 ℃以上	1.89 %
	その他の金属セッケン	—	0.63 %
非セッケン系	ウレア	220 ℃以上	22.91 %
	ベントナイト	なし	0.87 %
	その他（シリカ等）	なし	4.49 %

の呼び方は増ちょう剤の種類を述べている．表 5.2 に増ちょう剤の種類，分類を示し，さらに各増ちょう剤の滴点と 2006 年度の国内での生産比率[2)]を併記する．滴点とは JIS K2220 で規定される方法でグリースを加熱した場合，グリースが液状化もしくは含まれる油分が分離し滴下する温度を示し，グリースの耐熱限界の指標とする場合もある．増ちょう剤の種類は，セッケン系と非セッケン系に大別され市場の多くはセッケン系が使用されている．図 5.2 に各種増ちょう剤の走査電子顕微鏡写真を示す．市場で最も多く使用されているリチウムセッケングリースの増ちょう剤である 12 ヒドロキシステアリン酸リチウムの繊維はねじれた構造をしており，この繊維が複雑に絡み合いながら油中で三次元構造をとることで基油を半固形化している．

5.2　グリースの潤滑機構

前節でグリースは油を増ちょう剤で半固形化したものと記述したが，グリースの潤滑機構も基本的には潤滑油と同一である．また，一般的なグリースの組成を述べれば酸化防止剤，極圧剤やさび止め

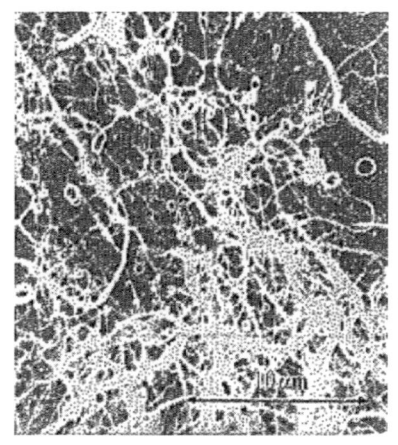

非しゅう動状態での増ちょう剤 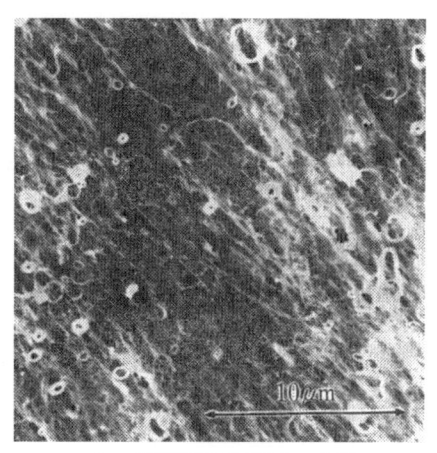　　　　　しゅう動状態での増ちょう剤

図 5.3　非せん断部分とせん断部分での増ちょう剤の状態〔出典：文献 3)〕

添加剤などの潤滑添加剤が 5 ％程度，増ちょう剤がその求められる硬さに応じて 5～15 ％程度，残部の 80～90 ％が基油である．組成的に言ってもグリースの主成分は基油であることに留意いただきたい．図 5.3 に星野ら[3)]が撮影した非せん断部分とせん断（しゅう動）部分でのナトリウムセッケン繊維の顕微鏡写真を示す．この写真のようにグリースがせん断を受けた部分では繊維が伸ばされ吸い込まれた油を放出して油による潤滑を行い，グリースが摩擦部分を抜け出すと再び繊維は縮み，三次元構造を回復し，油を吸い込み半固体状を維持する．しかし，せん断の繰返しにより繊維が破断して三次元構造を回復できなければ，軟化流出しグリースとしての寿命を迎える．すなわち，潤滑剤としての寿命を迎える場合，酸化劣化とともに増ちょう剤の機械的せん断安定性という要因が絡み合うのがグリース潤滑の複雑さである．

産業用車両のグリースを述べるにあたり産業用車両では多くの転がり軸受を使用することから，転がり軸受の定格寿命の話を避けては通れない．ISO 281：2007（転がり軸受－動定格荷重と定格寿命）の転がり軸受定格寿命の計算式[4)]では，潤滑とコンタミネーションの影響が取り入れられている．詳細は ISO の解説にゆだねるが，転がり軸受のサイズと回転数により最低油膜厚さである基準動粘度が規定され，想定される運転温度において，その基準動粘度の何倍の粘度を有する基油を使用しているか（以下粘度比）によって寿命は変化する．基準動粘度を下回る場合（粘度比 1 未満），すなわち油膜が薄くなり金属接触を伴うような条件においても「適切な極圧剤や固体潤滑剤」を含む場合には，基準動粘度を満たしている（すなわち粘度比＝1 とする）と計算することを示している．さらに，汚染度係数を導入して基油の汚染状態によっても寿命が異なる計算式が制定されている．すなわち産業用車両のグリースの各種性能を述べるにしても，グリースに使用している基油粘度，極圧剤や固体潤滑剤，さらに実用結果においては，摩耗粉やコンタミネーション等の汚染状態も考慮する必要がある．

5.3　グリース性能と添加剤成分

ここでは前述の ISO での潤滑項と「適切な極圧剤」について解説する．基準動粘度は弾性流体を含む流体潤滑が可能となる最低限度の粘度なので，その基準動粘度を下回ることは混合潤滑領域や境界潤滑領域に陥ることを示している．この混合潤滑領域や境界潤滑領域において発生する摩擦力は摩擦面の金属接触領域を引き剥がすせん断力が支配的となる．

ここで「適切な極圧剤」を説明するうえで代表的な極圧剤である硫黄系極圧剤の作用機構を考えたい．硫黄系極圧剤の焼付き防止作用は，摩擦熱等により鉄系材料を硫化鉄となる化学反応を生じさせることにある．生成した硫化鉄は母材である鉄よりも脆く，母材同士の溶融（焼付き）を防止する．一方，この反応は化学反応である以上その反応速度は温度と反応する材料によって大きく異なる．すなわち，常温での鉄系材料の境界潤滑においては極めて良好な焼付き防止性を示したとしても，高温の銅系材料では摩擦部分以外で腐食反応を進行させ母材を破壊する場合がある．そのため，ある潤滑条件では「適切な極圧剤」であっても別の潤滑条件では「不適切な極圧剤」となりかねないことに注意が必要である．

これらの極圧剤の欠点を補える材料として固体潤滑剤を混合・境界潤滑領域用の添加剤として使用する方法がある．これはグリース中に MoS_2，黒鉛やポリテトラフルオロエチレン（以下 PTFE）などの固体潤滑剤微粒子を数％添加した製品群がそれにあたる．ここで代表的な固体潤滑剤である MoS_2 について述べる．MoS_2 は天然で輝水鉛鉱（モリブデナイト，Molybdenite）として産出され，その結晶構造は六方晶で（図 5.4），巨視的には平板の MoS_2 層が何枚も重なった層状構造をもっている[5]．MoS_2 の層内の Mo と S の結合は共有結合であり極めて強く，MoS_2 の層と層の間は S と S の極めて弱いファンデルワールス力により引き合っている．そのため結晶層がしゅう動部分のすべり方向と一致した場合には，荷重に耐えながら非常に弱いせん断抵抗を示す．MoS_2 の微粉末を添加したグリースが混合・境界潤滑領域になると，金属接触部分に MoS_2 の極めて薄い被膜を生じる．この被膜により金属の直接接触を防止し焼付きを防ぐとともに，その低いせん断力により摩擦係数を低減させる．MoS_2 の吸着力が物理吸着なのか格子整合などを伴うのかなど詳細は未だ解明されていないにせよ，極圧剤のように母材と化学反応を伴うものでない．したがって，極圧剤のように「相手材を選ぶ」や「熱により反応が著しく進行する」ことはない．さらに，建設機械や農業機械などにおいて砂などの異物の混入時にその研削性を抑制する効果も期待できる．また，近年 MoS_2 微粉末をグリースに含有させると衝撃荷重を吸収する効果も見出されている．机上試験では平凡な性能しか示さない MoS_2 含有グリースが，市場では評価が高い理由の一端が解明されようとしている．

優れた固体潤滑効果をもつ MoS_2 であるが，その欠点を記載しないのは片手落ちである．ここでベントングリースに MoS_2 を 0～50％添加した場合のシェル四球式耐荷重能試験機における荷重と摩耗痕径の関係を表 5.3 に示す[6]．例えば 140 kgf での摩耗痕径を見ると MoS_2 の添加量が増えるに従って小さくなり，摩耗防止性は向上している．その一方，焼付き防止性に関しては添加量 10％をピークに 25％，50％と増加するほど低下している．この現象は，基油分の相対的な減少により金属接触部分に固体潤滑剤が移動しにくくなったためと推定される．つまり，固体潤滑剤の欠点とは固体であるがゆえに摩擦部分に導入されるには油というキャリアを必要とすることである．なお基油とともに金属接触部分に固体潤滑剤が導入されるか否かはしゅう動条件に左右される．したがって，すべての潤滑条件で 10％添加が最適であると判断すべきではない．固体潤滑剤は基油による流動性を失えば効果を発揮し得ないし，基油分の流入を阻害するような固体潤滑剤の添加量も潤滑条件によって異なると理解するべきである．

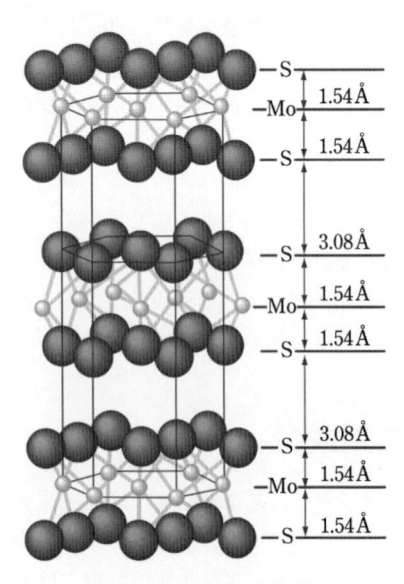

図 5.4　MoS_2 の結晶模式図

表 5.3 シェル四球式試験機による MoS$_2$ の添加量と摩耗防止性・焼付き防止性の関係〔出典：文献 6)〕

荷重 (kgf)	摩耗痕径 (mm)						
	0%	1%	3%	5%	10%	25%	50%
40	0.32	0.32	0.30	0.30	0.32	0.30	0.30
60	0.57	0.42	0.39	0.42	0.42	0.36	0.32
80	0.65	0.49	0.50	0.42	0.44	0.46	0.32
100	2.03	1.81	0.48	0.49	0.49	0.48	0.32
120	2.13	2.00	1.61	1.57	0.58	0.55	0.58
140	2.41	2.14	1.90	1.74	1.72	0.92	0.95
160	焼付き	焼付き	2.05	1.84	1.82	1.10	0.95
180			2.21	1.91	2.02	1.22	0.97
200			2.30	2.05	2.08	1.32	焼付き
220			焼付き	2.24	2.32	1.40	
240				焼付き	2.54	焼付き	
260					焼付き		

試験機：シェル四球試験機　回転数1450 rpm　試験時間10秒　ベントナイトグリースへの添加

5.4 産業用車両グリースの規格

　産業用車両グリースの規格についてバス・トラック，建設機械，農業機械に限定して話を進めるにしても，比較として自動車用グリースの規格を述べる必要がある．JIS K2220 では自動車用シャシーグリースと自動車用ホイールベアリンググリースの規格がある[1]．その抜粋を表 5.4，表 5.5 に示す．自動車用にはこれらの規格を満足することが最低限必要ではあるが，実際にはより高い性能のグリースが使用されている．たとえば自動車用ホイールベアリンググリースは鉱油系のリチウムグリースであれば十分満足できる性能規格となっているが，実際にはフレッチング防止性も具備したウレア系耐熱グリースが使用されている．つまり，規格は存在するものの実用上はこの性能を上回る製品が使用されていることに留意されたい．乗用車に比べ使用状況がさらに過酷で，用途に応じたさまざまな機種があり，機種・部位毎に給脂間隔や潤滑対象部品も異なる産業用車両では，自動車用グリース規格とは異なる品質が求められる．このためバス・トラック用や農業機械用に採用されているグリースの種類も表 5.6 や表 5.7 に示すように多く，要求品質も高い．
　表 5.8 は(社)日本建設機械化協会油脂技術委員会が調査した建設機械に採用されているグリースの種類を示す．用途毎に数種のグリースが使い分けられている．前述の JIS 規格では，すべり軸受が多い建設機械用の給脂部に対する要求品質と乖離しているため，各コンポーネントメーカーは指定グリースを開発し，建設機械メーカーやグリースメーカーは実機テスト結果を基にそれぞれ独自に開発

表 5.4　JIS 自動車用シャシーグリース 1 種

ちょう度番号　　　　　試験項目	00号	0号	1号	2号
混和ちょう度	400〜430	355〜385	310〜340	265〜295
滴点，℃	80以上	85以上	90以上	90以上
銅版腐食（室温，24h）	銅板に緑色または黒色変化がないこと			
水洗耐水度（38℃，1h）	—	—	20以下	10以下
見掛け粘度（−10℃，ずり速度10s^{-1}）Pa·s	100以下	200以下	—	—
チムケン式耐荷重能　OK値，kg	4.08以上	4.08以上	4.08以上	4.08以上
湿潤（14日）	—	—	A級	A級
水分，質量 %	2.0以下	2.0以下	2.0以下	2.0以下

表5.5 JIS自動車用ホイールベアリンググリース1種

試験項目		2号	3号
ちょう度番号			
混和ちょう度		265〜295	220〜250
滴点, ℃		175以上	175以上
銅版腐食（室温, 24h）		銅板に緑色または黒色変化がないこと	
蒸発量（99℃, 22h）, 質量%		2.0以下	2.0以下
離油度（100℃, 24h）, 質量%		5以下	5以下
酸化安定度（99℃, 100h）, kPa		70以下	70以下
きょう雑物, 個/cm^3	10μm以上	5 000以下	5 000以下
	25μm以上	3 000以下	3 000以下
	75μm以上	500以下	500以下
	125μm以上	0	0
混和安定度		375以下	375以下
水洗耐水度（79℃, 1h）, 質量%		10以下	10以下
漏えい度（104℃, 6h）, g		10以下	10以下
低温トルク （-20℃）, mN・m	起動トルク	790以下	990以下
	回転トルク	390以下	490以下
湿潤（14日）		A級	A級

表5.6 バス・トラックに採用されているグリース

部位	グリース種類
ステアリングシャフト・スプライン キャブロックリンク本体しゅう動部	鉱油系カルシウムセッケン
クラッチリリース各部 プロペラシャフト各部	鉱油系リチウムセッケン 合成油系複合リチウムセッケン
スタータ各部	合成油系リチウムセッケン+有機モリブデン 鉱油系ウレア
オルタネータベアリング	合成油系ウレア
ブレーキアンカーピン	鉱油系ベントナイト
クラッチスプライハブ トランスミッションインプットシャフトスプライン	鉱油系ナトリウムセッケン
プラペラシャフト各部	鉱油系リチウムセッケン+MoS$_2$+極圧添加剤
ブレーキホイール, シリンダピストン, ブーツシール	鉱油系ベントナイト
クラッチプッシュロッド	合成油系複合ナトリウムセッケン
テーパハブベアリング	鉱油系リチウムセッケン （鉱油+合成油）系ウレア

表5.7 農業機械に採用されているグリース

種類	基油	増ちょう剤	目的	使用部位	特徴
モリブデングリース	鉱物油	リチウムセッケン	焼付き・かじり防止	T/M内しゅう動部（デファレンシャル）, メタルタッチ部	モリブデンの粒子を規定
ノンフレッチンググリース	鉱物油	ウレア	フレッチング防止	推進軸部, カップリング部	微振動摩耗対策
高温グリース	鉱物油	複合カルシウムセッケン	高温部	クラッチレリーズ, 草刈り用ミッション	滴点180℃以上
溶解性グリース	溶剤精製	無機系	組立容易化	Oリング, シール, シールリング, バックアップリング	60℃以上で溶解し以降固体にはならない
万能グリース	鉱物油	リチウムセッケン	摩耗, 潤滑	ブレーキ・クラッチペダル部, グリスニップル部	JCMAS P040相当

表5.8 建設機械に採用されているグリース

区分	ちょう度番号	増ちょう材	備考
汎用グリース	2号（1号）	リチウムセッケン	JCMAS P040相当
万能グリース	2号（1号）	リチウムセッケン	JCMAS P040相当
固体潤滑剤入グリース	2号	リチウムセッケン＋MoS_2	
クレーンブーム用グリース	2号（1号）	リチウムセッケン＋MoS_2　またはPTFE	－
耐熱型グリース	2号	複合リチウムセッケン　またはウレア	－
生分解性グリース	2号（1号）	リチウムセッケン　またはカルシウムセッケン	JCMAS P040相当

表5.9 建設機械用一般グリース規格 JCMAS P044 GK〔出典：文献7)〕

項目	性能基準	規格値 ちょう度番号 1号	規格値 ちょう度番号 2号
適用温度範囲，℃		－20～＋130	－20～＋130
増ちょう剤		報告	報告
混和ちょう度		310～340	265～295
不混和ちょう度		報告	報告
見掛け粘度（－10℃，ずり速度$10s^{-1}$），Pa·s		250以下	500以下
基油動粘度（40℃），mm^2/s		報告	報告
滴点，℃		170以上	170以上
離油度（100℃，24 h），質量％		10以下	5以下
蒸発量（99℃，22 h），質量％		2.0以下	2.0以下
湿潤（14日）		A級	A級
銅板腐食（100℃，24 h）		銅板に緑色または黒色変化がないこと	
四球式耐荷重能（融着荷重），N		1 961以上	1 961以上
四球式耐摩耗（摩耗痕径），mm		0.7以下	0.7以下
混和安定度		400以下	375以下
水洗耐水度（38℃，1 h），質量％		10以下	10以下
酸化安定度（99℃，100 h），kPa		80以下	80以下
シール材浸漬試験（100℃，72 h）			
NBR（ニトリルゴム）	硬さ変化	－30以上	－30以上
NBR（ニトリルゴム）	引張強さ変化率，％	－70以上	－70以上
NBR（ニトリルゴム）	伸び変化率，％	－80以上	－80以上
NBR（ニトリルゴム）	体積変化率，％	0～40	0～40
AU（ウレタン）	硬さ変化	－5～＋5	－5～＋5
AU（ウレタン）	引張強さ変化率，％	－70以上	－70以上
AU（ウレタン）	伸び変化率，％	－60以上	－60以上
AU（ウレタン）	体積変化率，％	－5～＋15	－5～＋15

したグリースが採用されていた．その一方，市販リチウムグリースで装置トラブルを発生するなど混乱も生じていた．このような現状を鑑み(社)日本建設機械化協会によって協会規格 JCMAS P040：2004（建設機械用グリース）が制定されている．この規格[7)]には建設機械用一般グリースと建設機械用生分解性グリースがある（表5.9，表5.10）．この規格は建設機械用グリースとして最低限の品質を規定する目的であるとはいえ，一般グリースで不明確であった極圧性能とシール膨潤性の規格を定め，環境影響として生分解性グリースにおいて生分解率と魚毒性を定めた意義は大きい．

表 5.10 建設機械用生分解グリース規格 JCMAS P044 GKB〔出典:文献 7〕

項目 / 性能基準		規格値 ちょう度番号 2号
適用温度範囲, ℃		−20〜+130
増ちょう剤		報告
混和ちょう度		265〜295
不混和ちょう度		報告
見掛け粘度(−10℃, ずり速度10s^{-1}), Pa·s		500以下
基油動粘度(40℃), mm^2/s		報告
滴点, ℃		170以上
離油度(100℃, 24 h), 質量%		5以下
蒸発量(99℃, 22 h), 質量%		2.0以下
湿潤(14日)		A級
銅板腐食(100℃, 24 h)		銅板に緑色または黒色変化がないこと
四球式耐荷重能(融着荷重), N		981以上
四球式耐摩耗(摩耗痕径), mm		0.7以下
混和安定度		375以下
水洗耐水度(38℃, 1 h), 質量%		10以下
酸化安定度(99℃, 100 h), kPa		80以下
シール材浸漬試験(100℃, 72 h)		
NBR(ニトリルゴム)	硬さ変化	報告
	引張強さ変化率, %	報告
	伸び変化率, %	報告
	体積変化率, %	報告
AU(ウレタン)	硬さ変化	報告
	引張強さ変化率, %	報告
	伸び変化率, %	報告
	体積変化率, %	報告
環境に関する基準		
生分解度 (28日)		エコマーク商品類型 NO.110「生分解性潤滑油 Version 2.0」の4−1の規定を満たすこと
魚類急性毒性 96h Lc$_{50}$値		エコマーク商品類型 NO.110「生分解性潤滑油 Version 2.0」の4−1の規定を満たすこと

5.5 産業用車両グリースの最近の動向

　産業用車両グリースに限らず,ロングライフすなわち給脂間隔延長や給脂対象部品の寿命延長は永遠の課題であろう,さらに「環境対応」もキーワードであるのは,前述の生分解性グリース規格の出現からも明らかである.本節では,ロングライフに関しての事例と環境対応に対する事例を紹介する.
　荒井ら[8]は 40℃粘度 170 mm^2/s の鉱油を複合リチウムセッケン,リチウムセッケンならびにウレアでグリース化し,アミン系酸化防止剤,エステル系さび止め添加剤,有機モリブデン系摩耗防止剤等を同一量添加した JIS 2 号グリースを石灰運搬用大型トラックでの 1 年間(約 18 万 km 走行)の実機試験を行っている.その結果を表 5.11 に示す.大型トラックのホイールベアリングには円すいころ軸受が採用されており,従来リチウムセッケングリースが使用されている.従来のリチウムセッケングリースが 3ヶ月で損傷したのに対し,ウレアグリースは 1 年持ったものの損傷が認められている.一方の複合リチウムグリースも 1 年後軸受は損傷もなく良好な状態であった.注目すべきは使用後の分解調査の洗浄で,複合リチウムグリースはウレアグリースに比べグリース除去が容易であった

表 5.11　石灰運搬用大型トラックによる 1 年間の実機試験結果〔出典：文献 8)〕

結果		供試グリース		
		複合リチウムセッケン	リチウムセッケン	ウレア
観察	軸受の状態	良好	損傷（3ヶ月）	損傷
	グリースの変色	小	大	大
	グリースの残存	多	少	少
洗浄性	自動洗浄器	良好	良好	不良
	灯油洗浄	良好	良好	不良

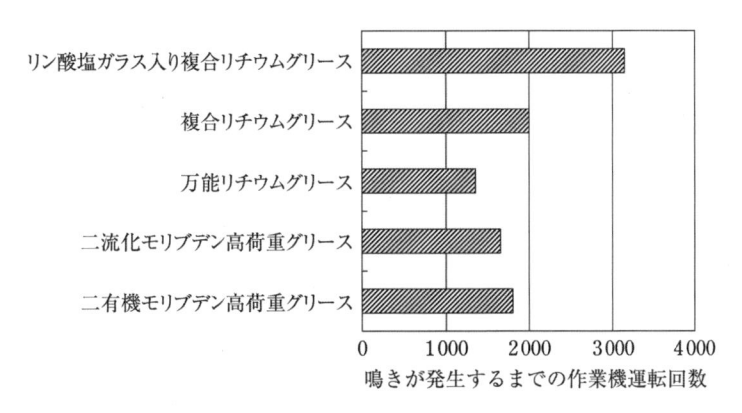

図 5.5　油圧ショベルによる作業機ピン・ブシュ耐久試験結果〔出典：文献 9)〕

点である．産業車両では損傷のない部品は再使用されるので，部品洗浄が容易であることはメンテナンス上の利点がある．また，リチウムセッケングリースよりも複合リチウムグリースのほうが増ちょう剤として優れており，海外では建設機械用に複合リチウムセッケンが多く採用されている．

一方，グリース添加剤としての固体潤滑剤も環境対応として開発が進められている．飯島，大川らは焼付き防止性に優れたリン酸塩ガラスを，固体潤滑剤として使った複合リチウムグリースを開発している [9)]．MoS_2 の環境影響に関しては人への影響はないなどの報告があるにしても，色が黒いという点で工場の組立ラインなどでは充填や洗浄などの作業環境の負担は大きい．そのため，MoS_2 と同等以上の性能をもった白色の固体潤滑が望まれていた．このリン酸塩ガラスを用いた複合リチウムグリースを，中型油圧ショベルにより途中給脂せずに作業機のピン・ブシュが鳴き（スカッフィング）を生じるまでの耐久性能を評価した結果を図 5.5 に示す．有機モリブデングリースや MoS_2 グリース，万能グリース（極圧剤含有リチウムグリース）よりもリン酸塩ガラスを含んでいない複合リチウムグリースがかじりを生じ難いことがわかる．さらにリン酸塩ガラスを配合した複合リチウムグリースが最もピン・ブシュのかじりを防止する性能に優れていた．

6. 潤滑管理

(大川聰)

6.1 産業車両の潤滑管理の動向

産業用車両では部品の焼付きなどで突然の故障が起こると運休や操業停止で大きな経済的損害が発生する．また部品の摩耗増加や疲労損傷によりコンポーネント寿命が短くなるとメンテナンスコストが大きく増える．このため，潤滑管理には適正な潤滑油の粘度と品質の選定，車両メーカーが指定するオイル交換時期とフィルタ交換時期の遵守，さらに海外では適切な燃料の使用も潤滑油の劣化や車両の故障を防ぐために必要となる．バス・トラックでは，これらの決められたメンテナンスとオイルレベルのチェックだけを実施すれば車両故障は防げるので，これ以上の特別なメンテナンスを要求しないのが一般的である．近年はそのメンテンスを確実に行うように，運転席のディスプレーにオイルやフィルタの交換時期を表示する機種もある．

建設用車両や農業用車両の場合には，エンジンや各コンポーネントの負荷率が高い上にエンジン，油圧機器やパワートレインに外部からの強い衝撃や振動も加わり，砂塵中の稼働や水中作業もある．さらに，建設機械ではブレーカやクラッシャなどのアッタチメント，農業機械ではロータリ，フロントローダなどの油圧式作業機の脱着もユーザーが現場で行うために，オイル中にダストが混入することもある．このため，建設機械や農業機械（特に農業用トラクタとコンバイン）では所定運転時間になると，運転席ディスプレーに各装置のオイルやフィルタ交換を表示するのが標準となっている．また，多くの建設機械メーカーは各コンポーネントの損傷を予防するために，ユーザーへのオイル分析サービスを提供している．

6.2 潤滑油の劣化に対する管理

潤滑油の劣化についてエンジン油の例をとれば図 6.1 のように示される．エンジン油の劣化は，燃焼生成物の混入，エンジン油自体の劣化ならびに部品摩耗や腐食による汚染物発生と外部からの汚染

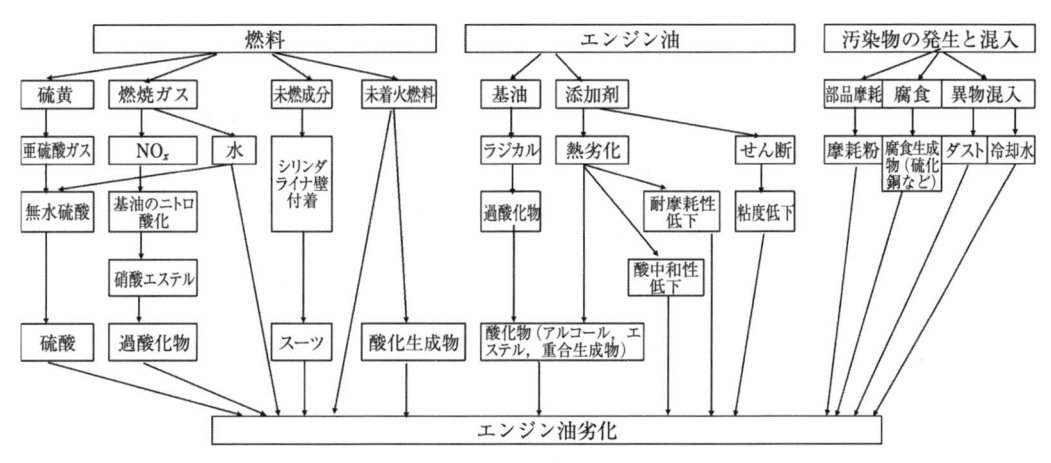

図 6.1 エンジン油の劣化とその要因

表 6.1 代表機種のオイルパン油量の例

機種	出力, kW	総油量, リッター			
		エンジン	油圧	トランスミッション	終減速・アクスルなど
トラック	380	37	-	15	16（タンデム）
油圧ショベル	110	25	230	-	12
ホイールローダ	142	23	210	47	80
農機トラクタ	36	22	90		

表 6.2 主要コンポーネントのオイル・フィルタ交換時期の例

		エンジン	油圧機器	トランスミッション	差動歯車装置・アクスル・終減速機
バス・トラック	オイル	45 000km	-	大型：360 000km 中型：180 000km 小型：60 000km	
	フィルタ	オイル交換時	-	オイル交換時	なし
建設機械	オイル	500h	2 000〜5 000h	1 000〜2 000h	2 000h
	フィルタ	500h	1 000h	1 000h	なし
農業機械	オイル	トラクタ（36kW 以上）：400〜500h 小型コンバイン・芝刈り機：100〜200h	トラクタ（36kW 以上）：600h 小型コンバイン・芝刈り機：300〜400h	トラクタ（36kW 以上）：600h 小型コンバイン・芝刈り機：300〜400h	オイル交換時
	フィルタ	200〜400h	オイル交換時	-	-

表 6.3 エンジン油の劣化判定基準例〔出典：文献 1)〕

項目		判定基準値
動粘度変化率, %		±25
不溶解分, 質量%	ペンタン法	0.3〜0.4以下
	凝集ペンタン法	3〜4以下
中和価, mgKOH/g	全酸価増加	2〜3以下
	塩酸法全塩基価	0.5〜1.0以上

物混入によって生じる．油圧作動油やパワートレイン油の劣化は燃焼生成物混入を除外したメカニズムで発生する．産業用車両メーカは通常起こり得るこれらの劣化要因を考慮して表 6.1 のようなオイルパン容量の設定やフィルタサイズ設定を行っており，また表 6.2 のようなオイルとフィルタの交換時期とを決めている．しかし，近年はエンジンでは排出ガス規制への対応，油圧機器では高圧化，パワートレインでは小型・高出力化などによって，オイル劣化やフィルタ交換時期に対する安全率も余裕は少なくなっている．このため，まず指定されたオイルとフィルタ交換時期を守ることが潤滑管理には最も重要な項目である．建設機械の台上エンジン試験や市場の経験では全塩基価，全酸価，不溶解分などの劣化が基準値内（例えば表 6.3）であっても，ロングドレインによりエンジン部品の異常摩耗が発生する場合があるが原因は解明されていない．

6.3 オイル分析サービス

6.3.1 分析システムの概要

主な建設機械メーカーは 1970 年代から使用油中の摩耗紛を分析するオイル分析サービス（図 6.2）を世界中で実施している．農業機械やトラックメーカーの一部もオイル分析サービスを導入している．

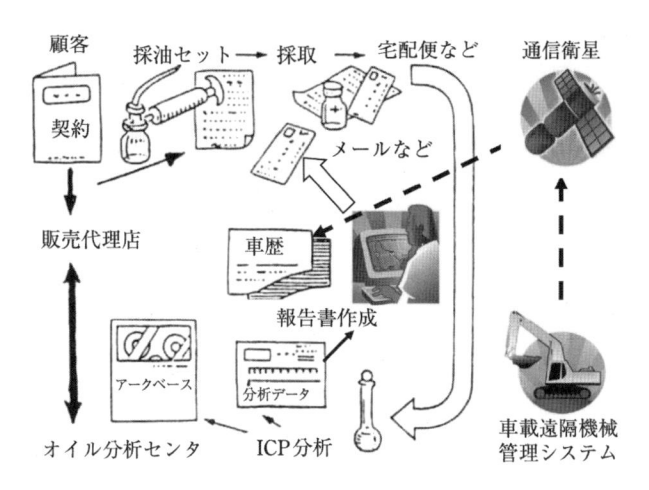

図 6.2 オイル分析サービスの例

これはエンジン，油圧機器，パワーラインなど各コンポーネントの使用油中の金属成分の濃度変化を分析して内蔵部品の摩耗状況を予測するサービスである．さらに，近年は通信衛星を使った車載の遠隔機械管理システムによる正確な車両の稼働状況や車載センサからの情報と合わせてコンポーネントの異常を高い精度で予測することが可能である．

6.3.2 オイル分析項目と方法

一般に行われているオイル分析の項目を表 6.4 に示す．中心となる分析項目は高周波誘導結合プラズマ発光分光分析（以下 ICP 分析）あるいは原子吸光分析による金属成分の定量分析であり，金属成分毎に予測される異常項目が決る．これと合わせて動粘度や水分などの分析も実施される．さらに，エンジン油では引火点，全酸価とオイル劣化を調べるフーリエ変換赤外分光分析（FT-IR）などが必要に応じて実施される．これらの分析で異常が疑われた場合にはフェログラフィ分析なども実施されて異常判定の確認がされる．作動油に特有な分析項目として，油圧機器の摩耗に直接関係する汚染度分析も行われることが多い．これらオイルメンテナンスに関する分析の詳細は成書[2]を参考とされた

表 6.4 オイル分析サービスの内容

分析項目		対象の使用油			異常の推定項目
		エンジン	油圧機器	パワートレイン	
ICP発光分析または原子吸光分析	Fe, Cr, Al, Mo, Ti	○	○	○	部品破損
	Cu, Pb, Sn, Ni, Ag	○	○	○	軸受メタルの異常摩耗
	Si, Al	○	○	○	土砂ダスト混入
	K, Na, B	○	○	○	冷却水侵入
	Ca, Mg, B, Zn, Mo, P	○	○	○	異油種混入
汚染度			○		ダスト混入
引火点		○			燃料希釈
動粘度		○	○	○	オイル劣化，異油種混入
全酸価		○		○	オイル劣化
水分		○			冷却水侵入
フェログラフィ		○	○	○	異常摩耗の原因推定
FT-IR赤外分光分析	油中スーツ量	○			オイル交換不適，燃焼不良
	酸化物吸収	○			オイル劣化
	硫酸化合物吸収	○			オイル劣化
	硝酸化合物吸収	○			オイル劣化
	燃料吸収	○			燃料希釈

い．

なお，図 6.3 に示すように ICP 分析や原子吸光分析は土砂や粗大粒子に対する検出感度が劣るので，これらの分析で異常が疑われる場合には，汚染度分析やフェログラフィ分析が実施される．図中のチップディテクタとは磁石により鉄粉を補足して電導性変化から異常摩耗検出するセンサであり，一部の油圧ショベルの油圧ポンプに標準装着されている．また，焼付きや疲労損傷などが起こると粗大な摩耗粒子が多量発生するので，現場でオイルフィルタを切断して異常の有無を再確認するのが一般的である．

海外では低品質のオイルが使われる場合もあるため，動粘度，全酸価や FT-IR 分析によりオイル劣化が調べられている．

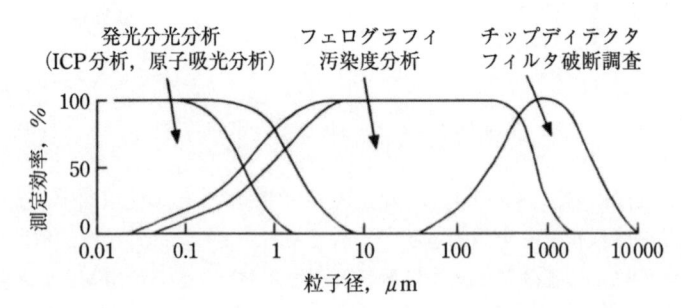

図 6.3 摩耗診断法と測定摩耗粒子径〔出典：文献 3,4）を基に作成〕

6.3.3 油中金属分析の判定とその例

油中金属分析では一般に絶対値（注意レベルや異常レベル）で判定されるが，経時変化を追跡して異常を発見する方法もある．例えば，図 6.4 のように金属分析値が注意レベルを超えてもその後正常になれば異常なしと判定できるが（図中 A），連続して注意レベルを越える場合（図中 C）や漸増傾向にある場合（図中 B），あるいは増加しながら異常レベルを超えた場合（図中 D）などが異常ありと判断される．また，注意レベル以下であっても短時間で摩耗粉が増加する場合にも機械の異常の有無を点検する必要がある．注意レベルや異常レベルの基準値は，同一エンジンモデルであっても出力，オイルパン容量や装着されるフィルタの種類などによって異なるため，機種型式・年式・コンポーネントごとに細かく規定されている．

図 6.5 はエンジン軸受メタルが異常摩耗した場合の油中金属分析の実例である．オーバレイめっき

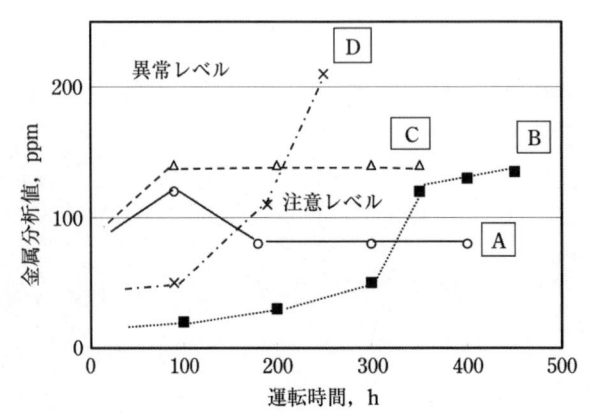

図 6.4 油中金属分析の異常判定方法〔出典：文献 5）〕

の摩耗により鉛濃度が先行して注意レベルとなり，その後鉛青銅層が摩耗して銅が増加し注意レベルに達している．エンジンのブローバイガス圧力チェックにより異常が確認されてから，エンジンが分解調査されてメタル焼付きが確認されている．この例のように油中金属分析結果の判定は微妙な判断が必要であり，高額なコンポーネントの分解修理に踏切るにはフェログラフィ分析，オイルフィルタ破断調査などを合わせて判断する必要がある．フェログラフィ分析では 10 μm 以上の鉛や銅の摩耗粉が多数観察された場合に，エンジンでは軸受メタルの焼付きなどと判断される．

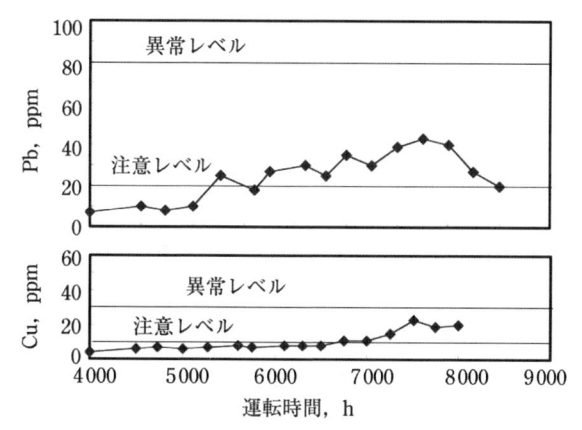

図 6.5　油中金属分析によるエンジン軸受メタル異常摩耗の例

〔出典：文献 5)〕

一方，コンポーネントに異常がないにも拘わらず油中の銅だけが急激に増えて異常レベルを越える場合がある．これはオイルクーラの銅合金母材や銅ろうが油中の硫黄分で腐食を起こし，腐食生成物がオイル交換後に一時的に油中に溶出するためであり実害はない場合も多い．ただし，油中金属分析で鉛がないことやフェログラフィ分析で 10 μm 以上の摩耗粉がないことを確認する必要がある．

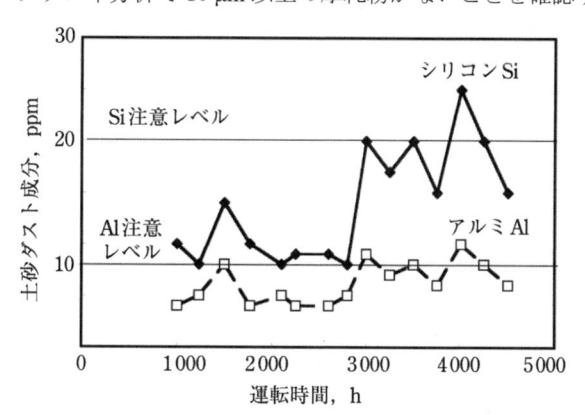

図 6.6　油中金属分析によるエンジン油中へのダスト侵入検出の例

〔出典：文献 5)〕

図 6.6 はエンジン油中に土砂の塵埃（ダスト）が侵入した場合のオイル分析の実例である．油中のシリコンとアルミが連動して上下しており，3 000 時間以降ダスト侵入があると判断される．この例では現場のサービス員に分析結果が知らされエアクリーナ交換やエンジン摩耗部品の交換が実施されている．なお，油中金属分析では石灰石や大理石などカルシウムが主成分のダスト侵入に対しては，オイル中の清浄分散剤との区別がつかずダスト侵入は見過ごされる危険性がある．このため，作動油

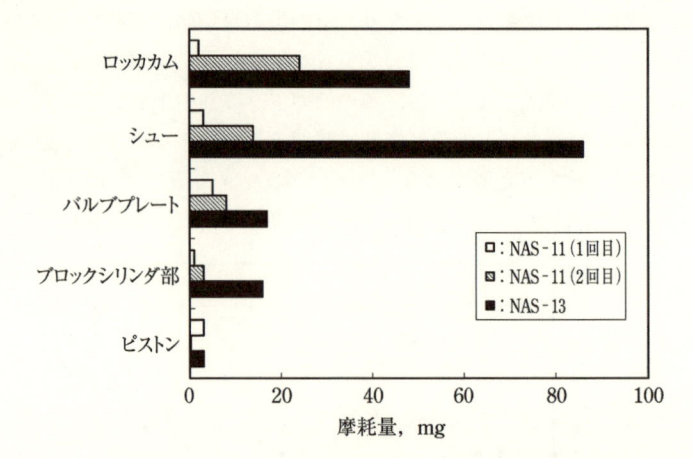

図 6.7 台上ピストンポンプ試験による作動油汚染度（15 μm 以下）と
ピストンポンプ各部摩耗量の関係　　〔出典：文献 6)〕

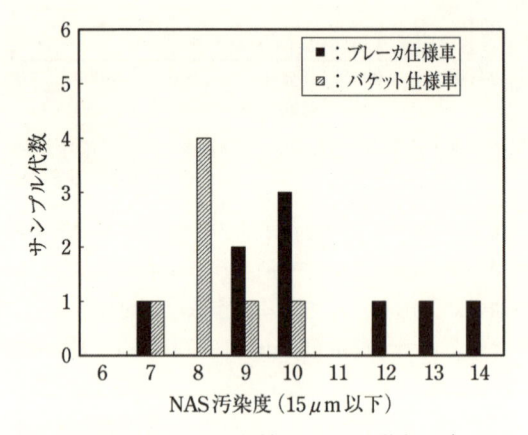

図 6.8 油圧ショベルの標準バケット仕様車とブレーカ
仕様車の作動油汚染度の比較例
〔出典：文献 6)〕

については汚染度分析が実施される．図 6.7 は作動油の汚染度と油圧ポンプ摩耗の関係を調べるため台上ポンプ試験を実施した結果である[6]．15 μm 以下の細かい粒子であっても汚染度が NAS 11 等級を越えると急激に摩耗は増加する．図 6.8 のように油圧ブレーカなどのアタッチメントを装着した油圧ショベルでは汚染度が著しく悪化する例も多く，油圧ポンプなどの損傷も多くなる．建設機械では作動油の汚染度分析の必要性が高いことがわかる．

なお，NAS 汚染度等級は本来 12 等級までであるが，建設機械の作動油では 12 級を越える場合もあるため表 6.5 のような外挿等級を便宜上使う．ISO 清浄度コード（表 6.6）で表す場合もあるが，NAS 等級と異なり 1 mL 当たりの粒子数であることに注意する必要がある．ISO 清浄度コードは 3 段階の粒径（4 μm 以下の清浄度／6 μm 以下の清浄度／14 μm 以下の清浄度）で表わされるが，産業用車両の作動油の汚染度はより大きい粒径の評価が必要である．さらに，エンジン油中や TOU 中の消泡剤などの添加剤も粒子としてカウントされるため 4 μm 以下のダストを検出するのは困難である．オイル銘柄によっては 25 μm 位まで汚染度測定結果に影響する場合があるので，汚染度の異常判定基準は油種や銘柄毎に設定する必要がある．

表 6.5 NAS汚染度等級と粒子数（計数法），個/100mL ［出典：文献 7）を基に作成］

粒径範囲, μm	NAS等級													
	00	0	1	2	3	4	5	6	7	8	9	10	11	12
5～15	125	250	500	1 000	2 000	4 000	8 000	16 000	32 000	64 000	128 000	256 000	512 000	1 024 000
15～25	22	44	89	178	356	712	1 425	2 850	5 700	11 400	22 800	45 600	91 200	182 400
25～50	4	8	16	32	63	126	253	506	1 012	2 025	4 050	8 100	16 200	32 400
50～100	1	2	3	6	11	22	45	90	180	360	720	1 440	2 880	5 760
100以上	0	0	1	1	2	4	8	16	32	64	128	256	512	1 024

（参考）NAS外挿等級

粒径範囲, μm	13	14	15	16	17	18	19	20	21	22
5～15	2 048 000	4 096 000	8 192 000	16 384 000	32 768 000	65 536 000	131 072 000	262 144 000	524 288 000	1 048 576 000
15～25	364 800	729 600	1 459 200	2 918 400	5 836 800	11 673 600	23 347 200	46 694 400	93 388 800	186 777 600
25～50	64 800	129 600	259 200	518 400	1 036 800	2 073 600	4 147 200	8 294 400	16 588 800	33 177 600
50～100	11 520	23 040	46 090	92 160	184 320	368 640	737 290	174 560	2 949 120	5 898 240
100以上	2 048	4 096	8 192	16 334	32 763	55 536	131 072	262 144	524 283	1 048 576

表 6.6 ISO清浄度コードと粒子数，個/mL ［出典：文献 8）を基に作成］

ISO	1	2	3	4	5	6	7	8	9	10
粒子数	0.02	0.04	0.08	0.16	0.32	0.64	1.30	2.50	5.00	10.00
ISO	11	12	13	14	15	16	17	18	19	20
粒子数	20	40	80	160	320	640	1 300	2 500	5 000	10 000
ISO	21	22	23	24	25	26	27	28	29	30
粒子数	20 000	40 000	80 000	160 000	320 000	640 000	1 300 000	2 500 000	5 000 000	10 000 000

6.4 車載オイル劣化センサ

　将来の潤滑管理方法として車載オイル劣化センサが数多く研究されていた[1,9]．しかしオイル劣化による潤滑油物性の変化は油温変化や水分混入などの影響に比べて微小である．このため様々なノイズに対するセンサ出力の分離が難しく，実用的な車載オイル劣化センサはまだ開発されていない．近年はコンポーネントへの負荷（油温，回転，トルク，油圧）を測定するセンサや，機械の異常を捕ま

えるセンサ（エンジン・ブローバイガス圧力センサなど）が大型建設機械では多数装着され，コンピュータ解析により異常検出する方法が採用されている．これらのセンサ出力や異常検出は通信衛星を経由して建設機械メーカやユーザーに配信されるシステムが普及している．

参考・引用文献

2章

1) 堀内裕史・伊原美樹・庄山幸司・岡崎徹也：大型商用車用超低排出ガス E13C ディーゼルエンジンの開発，HINO TECHNICAL REVIEW, 55 (2004) p.6-12.
2) 古川秀雄・井本泰行・原田康男：小松 S(A)6D140 エンジン，小松技報, 30, 3 (1984) p.219-235.
3) K. Mihara & I. Kidoguchi : Development of Nodular Cast Iron Pistons with Permanent Molding Process for High Speed Diesel Engines, SAE Paper 921700.
4) 日本自動車工業会 JAMA ホームページ (2010)：http://www.jama.or.jp/eco/exhaust/index.html
5) 日本建設機械化協会 JCMA ホームページ原動機委員会資料 (2010)：http://www.jcmanet.or.Jp/kikaibukai/gendouki/
6) 自動車工業会：Diesel Engine Oil Seminar 2009 – JASO Standards, SAE アジア運営委員会資料 (2009) など．
7) 瀬古俊之：自動車を取り巻く排出ガスおよび燃費の規制動向，日本自動車研究所 自動車研究, 29, 5 (2007).
8) M. Doueihi : Emissions Regulations Impact on Heavy Duty Engines, Fuels and Oils, Proceedings of the 13th Annual Fuels & Lubes Asia Conference (2007).
9) Dieselnet (2010)：http://www.dieselnet.com/standards/
10) Reciprocating internal combustion engines -- Exhaust emission measurement -- Part 4: Test cycles for different engine applications", ISO8178-4.
11) 国立環境研究所：自動車排ガス規制と技術の動向，(2010), http://ecotech.nies.go.jp/library/report/
12) 岩本憲仁・橡澤良一：いすゞ05 型 GIGA のエンジンについて，いすゞ技報, 115 (2006) p.11-14.
13) 岩本憲仁・吉川精一：いすゞ07 型 GIGA のエンジンについて，いすゞ技報, 118 (2007) p.10-14.
14) 狩野秀樹・安藤初男・高貫弘文：Komatsu Technical Report, 52, 157 (2006) p.10-16.
15) コマツカタログ及びホームページ (2010)：http://www.komatsu-kenki.co.jp/online/
16) コマツディーゼル社カタログ及びホームページ (2010)：http://www.komatsu-kdl.co.jp/products/tetsudou.html
17) キャタピラー社ホームページ：Product-Machine (2010), http://www.cat.Com/cda/layout?m=37840&x=7&location=drop
18) 日本建設機械化協会原動機技術委員会：2006CONET 排出ガス対策セミナー 建設機械の排出ガス対策技術 (2006).
19) T. Kakegawa : Exhaust Emission Reduction Technology of Heavy-Duty Diesel in Japan, 第 2 回日欧石油技術会議 (2009).
20) 岩片敬策・小野寺康之・筑後和男・三原健治・大川 聰：高負荷ディーゼルエンジンオイルの劣化について，Komatsu Technical Report, 38, 129 (1992) p.30-38.
21) G. B. Bessee et al. : Filtration Requirements and Evaluation Procedure for a Rotary Injection Fuel Pump, SAE Paper 972872 (1997).
22) G. B. Bessee et al. : Higher-Pressure Injection Fuel System Wear Study, SAE Paper 980869 (1998).
23) ACEA, Alliance, EMA and JAMA : Worldwide fuel charter (2006).
24) 辻 雅文・寺中富雄：油圧ショベル PC200-8 製品紹介，Komatsu Technical Report, 51, 156 (2005) p.15-20.
25) 石川 栄：オフロードエンジン次期排出ガス規制対応技術及び使用燃料の課題に関する調査，石油産業活性化センター平成 16 年度発表会資料．
26) 山本哲夫・今村雅一・水谷 惠：米国における汎用ディーゼルエンジン燃料規制の詳細動向と我が国に導入する際の課題に関する調査，石油産業活性化センター平成 18 年度調査事業成果発表会資料．
27) 石油連盟ホームページ：サルファーフリーについて (2010) http://www.paj.gr.jp/eco/sulphur_free/index.html
28) C. Huizenga : Cleaner Fuels in Asia, 10th Annual Fuels & Lubes Asia Conference (2004).
29) A. Röj : Fuel Quality Requirements for Present and Future Vehicles, Proceedings of the 13th Annual Fuels & Lubes Asia Conference (2007).
30) International Fuel Quality Center homepage : Maximum On-road Diesel Sulfur Limits (2010) http://www.ifqc.org/
31) Hart Energy Consulting : Middle East Fuel Quality Overview, (2008) http://www.hartenergyconsulting.com/

32) JIS K2204 : 2007「軽油」
33) ASTM D975-09b : Standard Specification for Diesel Fuel Oils.
34) EN590 : 2009 Automotive fuels. Diesel. Requirements and test methods
35) M. Mittelback : Biofuel in Europe, 12th Fuels and Lubes Asia conference (2006).
36) ドイツ UFOP (Union for Promotion of Oil) : Biodiesel 資料, http://www.ufop.de/
37) 大川 聰：建設機械の環境対応とトライボロジー, MEX 金沢 2000 テクニカルセミナー (2000).
38) TÜV Bayern Holding A/G, : Biodiesel for Vehicles (1996).
39) F. Culshaw & C. Butter : A review of the potential of Biodiesel as a transport fuel, Department of Trade and Industry, London ETSU-R-71 (1992).
40) G. A. Reinhardt & J. Borken : Life cycle assessment (LCA) of liquid biofuels versus conventional fuels: Methodology, problems, solutions and results, Tech. Akad. Esslingen 1st Int. Colloqium (1997).
41) 加藤信夫・平石康久：EU の農業改革に影響を与える バイオ燃料の政策と産状況について (2) ドイツ・フランスでの事例, 独立行政法人農畜産振興機構 海外現地調査報告 (2008-6) http://sugar.alic.go.jp/world/report_d.htm
42) S. Howell : U.S. Biodiesel standards-An update of current activities, SAE Paper 971687 (1997) など.
43) K. K. Gandhi : Challenges before the Indian auto industry under the new environment and energy secure regime, 13th Fuels and Lubes Asia (2007).
44) L. Ollett : Assuring quality and consistency of biodiesel, 13th Fuels and Lubes Asia (2007).
45) M. C. Marasigan : Philippines Biodiesel intiative, 13th Fuels and Lubes Asia (2007).
46) R. In-Ochanon : Biofuel situation in Thailand, 12th Fuels and Lubes Asia (2006).
47) W. Mabee, J. Neeft & B. van Keulen : Commercializing of the 1st and 2nd Generation Liquid Biofuels from Biomass, The International Energy Agency Task 39-P5(2009).
48) 大川 聰 他：コマツ社内資料.
49) K. Scharmer : Environmental impact of biodiesel experience from European Project, Tech. Akad. Esslingen 1st Int. Colloqium (1997).
50) 土橋敬市：バイオディーゼル燃料のエンジン油性能に及ぼす影響, トライボロジスト, 55, 5 (2010) p. 317-322.
51) JATOP ディーゼル車バイオ燃料 WG：高濃度バイオマス混合軽油がエンジン油に及ぼす影響研究, PEC-2009JP-01 (2010).
52) 土橋敬市・白川晴久・奥 慎一・鈴木良二・田島一直：コモンレール付きディーゼルエンジンに対する FAME 混合軽油の影響解析, 自動車技術会学術講演会前刷集, No. 146-07 (2007) p. 27-30.
53) 内藤康司・安斎研治・松ヶ谷享史・土橋敬市・白川晴久・奥 慎一・鈴木良二・田島一直：コモンレール付きディーゼルエンジンに対する FAME 混合軽油の影響解析, 自動車技術会学術講演会前刷集, No. 146-07 (2007) p. 27-30.
54) 鈴木孝幸編：自動車用ディーゼルエンジンの理論と実際, 山海堂 (2007) p. 211.
55) R. Douglas : Managing Fluid Cleanliness-Project Results from Ghana Goldfields, Proceedings IFC9, San Antonio (2008).
56) C. Shields : Non-Woven Liquid Filtration Media Construction and Performance, Proceedings IFC6, San Antonio (2004).
57) SAE Standard J 1858, JUN88, FULL FLOW LUBRICATING OIL FILTERS-MULTIPASS METHOD FOR EVALUATING FILTRATION PERFORMANCE -, 1988
58) JIS D1611-2 : 2003, 自動車部品－内燃機関用オイルフィルター第 2 部：全流式オイルフィルタの粒子カウント法によるろ過効率試験方法及びコンタミナント捕そく (捉) 容量試験方法.
59) JIS B8356-8；2002, 油圧用フィルタ性能評価方法－第 8 部：フィルタエレメントのろ過性能試験（マルチパステスト法）.
60) M. Villalba & G. Bessee : Liquid Filtration Systems & Standard Requirements, Proceedings IFC6, San Antonio (2004).
61) ISO/TS 23556 : 2007 Performance test method for diesel engine soot removal devices in lubricating oils-Initial efficiency.
62) N. Furuki & O. Asaba : Carbon Black Containing Engine Oil for Evaluation of Diesel Oil Filters or Diesel

Engine Parts, Proceedings IFC7, Zurich, Switzerland (2005).
63) 岩片敬策・大川　聰：建設機械用ディーゼルエンジンのオイルシールの最近の動向，月刊トライボロジー (1993-5) p. 22-25.
64) S. Ohkawa, K. Iwakata, K. Tikugo : Radial Lip Crankshaft Seals for Heavy-Duty Diesel Engines, SAE Paper 900337 (1990).
65) T. Kimura, S. Iimura & H. Shingyo : Experimental analysis of the stick-slip noise from the crankshaft oil seal of the diesel engine SAE Paper 2007-01-3502 (2007).
66) M. A. Savoia : Manufacturing and Engineering Advancements in PTFE Seal Technology, SAE Paper 910528 (1991).
67) 鈴木吉洋　監修：自動車用ピストン，山海堂 (1997).
68) 山縣　裕：現代の錬金術　エンジン用材料の科学と技術，山海堂 (1998).
69) 神谷荘司：流体潤滑軸受けおよび表面処理の最近の動向，トライボロジスト，46, 2 (2001) p. 129-134.
70) 小宮山邦彦・藤倉洋介・山本幸雄・赤坂　孝：小松 SA12V170-1 ディーゼルエンジン，小松技報，31, 3 (1985) p. 175-187.
71) 大川　聰：国際化する建設機械メーカでの潤滑油の課題，石油製品討論会 (1988) p. 52-56.
72) 大川　聰・益子友幸・加藤敏夫・中野　平：ディーゼルエンジンの排気バルブ固着に及ぼす軽油性状の影響，内燃機関 30, 383 (1991) p. 70-76.
73) 石附喜昭：エンジンのオイル消費メカニズム解析，小松技報，25, 4 (1979) p. 237-251.
74) 桜井俊男　監修：内燃機関の潤滑，幸書房，p. 97, 図1・81.
75) 森　早苗：すべり軸受と潤滑　第2版，幸書房 (1975) p. 29.
76) K. Mihara, Y. Inada : Anti-seizure Properties of Bearing in Heavy-Duty Diesel Engines, SAE paper 910890 (1991).
77) K. Onogawa, et al. : A Method for Predicting Connecting Rod bearings Reliability Based on Seizure and Wear Analysis, SAE Paper 880568 (1988).
78) K. Mihara & Y. Inada : Tribology of Bearing Metal for Heavy-Duty Diesel Engines, AGELFI 10th European Automotive Symposium 1990, Ostend
79) 三原健治 他：ディーゼルエンジン用軸受の耐久性向上，内燃機関，30, 379 (1991. 5) p. 49.
80) 三原健治 他：ディーゼルエンジン用コンロッド軸受の耐久性向上の研究－第1報 軸受の焼付き性について－，小松技報，36, 126 (1990) p. 149.
81) 三原健治 他：ディーゼルエンジン用コンロッド軸受の耐久性向上の研究－第3報 オーバレイの耐摩耗性向上について－，小松技報，38, 130 (1992) p. 114.
82) U. G. Ederer, et al. : Methods for testing and development of engine bearings, 14th CIMAC 1981, Helsinki, D82
83) T. Kawachi, et al. : Development of Lead Free Overlay for Three Layer Bearings of Highly Loaded Engines, SAE paper 2005-01-1863 (2005).
84) 須賀茂幸 他：ディーゼルエンジン用すべり軸受における錫オーバレイの開発，自動車技術会講演会前刷集，345-20095243 (2009).
85) H. Asakura, et al. : Study of Lead-Free Aluminum Alloy Bearings with Overlay for Recent Automotive Engines, SAE Paper, 2008-01-0091 (2008).
86) K. Kawagoe et al. : New conceptual Lead free Overlays Consisted of Solid lubricant for Internal Combustion Engine Bearings, SAE Paper, 2003-01-0244 (2003).
87) 金　達雨 他：ディーゼルエンジン用スチールピストンの摩擦特性，自動車技術会論文集，41, 2 (2010) p. 377-382.
88) 山本重人 他：ドライライナー構造をもつディーゼル機関のシリンダボア変形に関する研究，自動車技術会論文集，33, 3 (2002) p. 79-84.
89) 伊東明美・土橋敬市・中村正明：ディーゼルエンジンのオイル消費メカニズムに関する研究（第6報），自動車技術会論文集，38, 6 (2007) p. 193-198.
90) API Publication 1509 : Engine Oil Licensing and Certification System (2007).
91) J. A. McGeehan : API CJ-4: Diesel Oil Category for Both Legacy Engines and Low Emission Engines Using Diesel Particulate Filters, Proceedings of the 13th Annual Fuels & Lubes Asia Conference (2007).

92) S. Ohkawa, K. Seto, H. Nakashima & K. Takase : Hot Tube Test-Analysis of lubricant effect on diesel engine scuffing, SAE Paper 840262（1984）.
93) JASO エンジン油規格普及促進協議会：自動車用ディーゼル機関潤滑油（JASO M335：2008）の運用マニュアル（2008）.
94) Technical Committee of Petroleum Additive Manufacturers in Europe（ATC）：ATC Code of Practice（2008）.
95) ATIEL：The ATIEL Code of Practice for Developing Engine Oils Meeting the Requirements of ACEA Oil Sequences（2007）.
96) 日本潤滑学会編：潤滑ハンドブック，養賢堂（1987）.
97) 藤田 稔：燃料油・潤滑油および添加剤の基礎と応用，サイエンス&テクノロジー（2008）.
98) 桜井俊男：トライボロジー叢書1 新版 潤滑の物理化学，幸書房（1983）.
99) M. Mueller, J. Fan & H. A. Spikes : Influence of Polymethacrylate Viscosity Index Improvers on Friction and Wear of Lubricant Formulations, 2007 JSAE/SAE International Fuels and Lubricants Meeting No. 20077110（2007）.
100) 澁澤郁雄：戦後，我が国の潤滑油産業に貢献した外国人技術者，潤滑経済，522（2009）p. 50.
101) 大川 聰・瀬戸健三：エンジンオイルの高温清浄性評価 － ホットチューブテスト －，小松技報，25，4（1979）p. 231-236.
102) 徳岡直静・佐藤広充・山本英継・佐々木美喜：エンジンオイル中のすすによる摩耗促進機構の研究 第一報：すすの量，粒径分布と摩耗の関係，日本機械学会全国大会講演論文集76，3（1998）p. 541.
103) 桜井俊男 監修：トライボロジー叢書10 内燃機関の潤滑，幸書房（1987）.
104) JCAP Official Report：PEC-2003JC-01（2004）.
105) T. Tsujimoto, A. Yaguchi & K. Yagishita : Operational Performance of Eco-Friendly Engine Oils Formulated with the Sulfer-Free Additive ZP, SAE Paper 2007-01-1991（2007）.
106) T. Murtonen & M. Sutton : New Crankcase Lubricants for Heavy-duty Diesel Engines : Effect on Fuel Consumption and Exhaust Emissions, SAE Paper 2005-01-3717（2005）.

3章

1) 森 崇・大見正則・小鯛亜紀：油圧ポンプ・モータしゅう動部品の材料と表面処理技術，川崎重工技報，156（2004-9）p. 18-21.
2) A. Novioght : Hydraulikzylinder : Die Oberfläche machtes, Tribol Svhmier, 45, 1（1998）p.33-37.
3) 飯沼重男：ワイパーリングの重要性，油空圧技術 1（2002）48-54.
4) 石原貞男：ピストンポンプ・モータの理論と実際，オーム社（1979） およびコマツ社内資料.
5) 斎藤秀明・飯田武郎・大川 聰：建設機械用ポンプ・モータと環境対応作動油，フルードパワーシステム，40，4（2009）p 214-219.
6) 石油資料月報，54，3（2009）p. 18-19.
7) 篠田実男：油圧作動油の変遷とトライボロジー，フルードパワーシステム，40，4（2009）p. 209-213.
8) 松山雄一：油圧作動油の展望，出光トライボレビュー，24（1998）p. 23-25.
9) 松山雄一：油圧作動油からのランニングコスト低減，出光トライボレビュー，27（2004）p. 12-18.
10) 渡部誠一：生分解性潤滑油のエコマーク認定基準，潤滑経済，No. 393，12（1998）p. 19-23.
11) R. Luther : Lubricants based on Renewablle Raw Materials, BIOREFINICA（2009）.
12) 広沢敦彦・大川 聰：環境負荷に対する生分解性作動油の採用，油空圧技術，46，11（2010）p. 25-32.
13) ISO11158-2009 Lubricants industrial oils and related products（Class L）Family H（Hydraulic systems）.
14) 大川 聰：潤滑油によるエンジン・パワートレイン・油圧システムの長寿命化と信頼性向上，建設機械，40，1（2004）p. 47-54.
15) S. Ohkawa : Present and Future Lubricants for Construction Machine, 1st Fuels and Lubes Asia Conference-Singapore（1995）.
16) JCMA 油脂規格普及促進協議会：建設機械用油圧作動油規格（JCMAS P041：2004，JCMAS P042：2004）の運用マニュアル(2007) p. 5.
17)（社）日本建設機械化協会規格：JCMAS P041, P042, P045, 2004
18)（社）日本建設機械化協会技術部会油脂技術委員会資料.
19) T. Kanai : Construction equipment Trend to High Oil Pressure, Power Design, 28, 4（1990）p. 66.

20) 大川　聰：油圧作動油への期待，油空圧技術，45，12 (2006) p. 6-10.
21) 大川　聰・小田庸介：建設機械用作動油に望まれること，油空圧技術，46，11 (2007) p. 11-20.
22) S. Ohkawa, A. Konishi, H. Hatano & D. Voss : Piston Pump Failures In Various Type Hydraulic Fluids, ASTM STP1339 (2001) p. 263-277.
23) 山本晃子 他6名：新耐摩耗性作動油の開発，Komatsu Technical Report, 39, 131 (1993) p. 37-45.
24) 佐藤弥之助：日本潤滑油学会第25回東京講習会教材 (1980).
25) 篠田実男・原　重雄・佐藤徳栄：省エネルギー型油圧作動油の開発，出光技報，51，2 (2008) p. 51-60.
26) S. N. Herzog, C. D. Neveu & D. Placek : Boost Performance and Reduce Costs by Selecting the Optimum Viscosity Grade of Hydraulic Fluid, Lubrication and Fluid Power Expo, Indianapolis, IN, USA. May 4-8, 2003.
27) 浜口　仁：油圧作動油の粘度特性最適化による建設機械の燃費改善，建設施工と建設機械シンポジウム論文集 (2005) p. 1-6.
28) G. E. Totten : Handbook of Hydraulic Fluid Technology, Marcel Dekker, New York (2000).
29) 安部川利治・広沢敦彦：建設機械の省燃費化と作動油の開発，石油製品討論会 (2009) p. 111-115.
30) 日本トライボロジー学会編：トライボロジーハンドブック，C編，第1章 潤滑油，養賢堂 (2001) p. 64.
31) 菅原常年：難燃性油圧作動油の最新動向，フルードパワー，24，3 (2010) p. 49-52.
32) 和田幸悦：脂肪酸エステル系難燃性作動油について，出光トライボレビュー，22 (1996) p. 22-28.
33) 大川　聰 他7名：水グリコール仕様油圧ショベル PC300LC-6 の開発，Komatsu Technical Report, 46, 1 (2000) p. 36-41.

4章

1) 須藤伸也・前田　剛・川井邦裕・小山浩利・大橋武浩・佐藤一彦・加藤順一：大型トラック用新トランスミッションの開発，自動車技術会学術講演会前刷集，No. 20045148.
2) 山本　康：トラック用自動変速機におけるクラッチ機構，日本機械学会誌，110，1066 (2007) p. 716-717.
3) 菊池康史，鶴岡卓弘，清水鉄也：大型車用マニュアルトランスミッションとトライボロジー，トライボロジスト 41, 7 (1996) 586-589
4) 松山博樹・川口幸志・上村篤司・益田直樹：円すいころ軸受の超低トルク化技術による地球環境への負荷低減，JTEKT Engineering Journal, 1007 (2009) p. 48-54.
5) 岡本裕二・辻本　崇：ECO-top 円すいころ軸受，NTN Technical Review, 68 (2000) p. 34-38.
6) 田中恒範・聖川陽一・松尾亘泰・木庭　匠：いすゞ新型フォワードの駆動系について，いすゞ技報，117 (2007) p. 34-40.
7) 谷川直哉・田中史朗・仕明真人：トラック・バス用新6速自動変速機の開発，自動車技術会学術講演会前刷集，No. 20040519.
8) 大川　聰・久世　隆・柴田　公・田中義清：解説　湿式摩擦材 (その2)，Komatsu Technical Report, 41, 2 (1995) p. 27-50.
9) 三好達朗：ペーパ摩擦材の特徴的な摩擦特性，トライボロジスト，36，12 (1991) p. 952-955 など.
10) S. Ohkawa, T. Kuse, N. Kawasaki, A. Shibata & M. Yamashita : Elasticity- An Important Factor of Wet Friction Materials, SAE Paper 911775 (1991).
11) P. Zagrodski : Influence of Design and Material Factors on Thermal Stresses in Multiple Disc Wet Clutches and Brakes, SAE Paper 911883 (1991).
12) K. Barker : The Effect of Separator Flatness on the Performance and Durability of Wet Friction Clutches, SAE Paper 930915 (1993).
13) 林　圭二・鈴木　厚・小谷幸成：ペーパ摩擦材の μ-V 特性，トライボロジー会議予稿集，1A7 (1996-5) p. 19-20.
14) F. A. Lloyd & W. O. Silverthorne : The Effect of Modulus and Thermal Diffusivity on Sintered Metal Performance, SAE Paper 2002-01-1438 (2002).
15) 鈴木　誠：高性能摩擦材 NW-561 シリーズ，NSK-Warner Technical Review, 4 (1997) p. 20-21.
16) R. C. Lam, B. Chavdar & T. Newcomb : New Generation Friction Materials and Technologies, SAE Paper 2006-01-0150 (2006).
17) T. Hirano, K. Maruo, X.-M Gu & T. Fujii : Development of Friction Material and Quantitative Analysis for

Hot Spot Phenomenon in Wet Clutch System, SAE Paper 2007-01-0242 (2007).
18) 大川　聰・川崎信明・森　国義・黒田芳明：建設機械・産業機械における湿式クラッチ・ブレーキ，トライボロジスト 39, 12 (1994) p. 1014-1019.
19) 大川　聰・久世　隆・柴田　公・小西晃子：解説　湿式摩擦材（その 3），Komatsu Technical Report, 43, 2 (1997) p. 19-35.
20) 小西晃子：低温におけるペーパ摩擦材の摩擦特性，Komatsu Technical Report, 40, 1 (1994) p. 50-59.
21) ロジャー・オデル・プジャーク：摩擦材料，特開昭 52-18749 (1977).
22) V. M. Stempien : Wet Disc Brakes for Off-Highway Vehicles, SAE Paper 811288 (1981).
23) F. A. Lloyd &, M. A. Dipino : Advances in Wet Friction Materials 75 years of progress, SAE Paper 800977 (1980).
24) S. Nagai, K. Mukai & K. Barker : Application of Non-Woven Fabricate as lining material for wet friction clutches and brakes, Proceedings of the National Conference on Fluid Power, NCFP-I05-5.2 (2005) p. 143-150.
25) 日本機械学会編：歯車損傷図鑑，丸善 (2006).
26) 成瀬長太郎, 他 3 名：平歯車の負荷特性に及ぼす歯先修整の効果（スコーリング限界荷重と摩擦損失を中心にして），日本機械学会論文集（C 編），50, 458 (1984) p. 1857-1866.
27) 横山正明, 他 2 名：平歯車の耐焼付き強さに与える歯形修整の効果，日本潤滑学会誌，16, 9 (1971) p. 656-665.
28) S. Way : Pitting Due to Rolling Contact, ASME Journal of Applied Mechanics, 2, 2 (1935) p. 49-58.
29) 村上敬宜, 他 3 名：ピッチングの発生機構に関する実験的および破壊力学的研究（回転方向の逆転および駆動側円筒と従動側円筒の交換の影響），日本機械学会論文集（C 編），62, 594 (1996) p. 683-690.
30) 吉崎正敏：歯面温度を考慮して計算した EHL 油膜厚さに基づくトランスミッション歯車の歯面強度評価に関する研究（潤滑油の温度，供給量，粘度等級および合成油の影響），日本機械学会論文集（C 編），71, 706 (2005) p. 2079-2086.
31) H. Blok : Measurement of Temperature Flashes on Gear Teeth under Extreme Pressure Conditions, Proc. IMechE, 2 (1937) p. 14-20.
32) M. Yoshizaki, et al. : Study on Frictional Loss of Spur Gears (Concerning the Influence of Tooth Form, Load, Tooth Surface Roughness and Lubricating Oil), STLE Tribology Transactions, 34, 1 (1991) p. 138-146.
33) S. Gunsel, et al. : The Elastohydrodynamic Friction and Film Forming Properties of Lubricant Base Oils, STLE Tribology Transactions, 42, 3 (1999) p. 559-569.
34) 久保愛三・梅澤清彦：誤差をもつ円筒歯車の荷重伝達特性に関する研究（第 1 報，基礎的考察），日本機械学会論文集，43, 371 (1977) p. 2771-2779.
35) 久保愛三, 他 2 名：誤差をもつ円筒歯車の荷重伝達特性に関する研究（第 3 報，大形はすば歯車の強さ計算），日本機械学会論文集，44, 384 (1978) p. 2897-2904.
36) 吉崎正敏：歯形誤差と歯すじ誤差がはすば歯車の歯面強度に及ぼす影響，日本機械学会論文集（C 編），67, 660 (2001) p. 2651-2658.
37) E. J. Wellauer & G. A. Holloway : Application of EHD Oil Film Theory to Industrial Gear Drives, Trans. of ASME Ser. B, 98, 2 (1976) p. 626-634.
38) D. Dowson : Elastohydrodynamics, Proc. IMechE, 182, Pt. 3A (1967-68) p. 151-167.
39) 吉崎正敏：ショットピーニングが浸炭歯車の歯面性状と歯面強度に及ぼす影響，日本機械学会論文集（C 編），66, 649 (2000) p. 3116-3123.
40) 吉崎正敏：浸炭焼入れ歯車の歯面性状と歯面強度に及ぼす微粒子ピーニングの影響（第 1 報，歯面性状に及ぼす影響），日本機械学会論文集（C 編），73, 731 (2007) p. 1923-1930.
41) 吉崎正敏：浸炭焼入れ歯車の歯面性状と歯面強度に及ぼす微粒子ピーニングの影響（第 2 報，歯面強度状に及ぼす効果とその要因），日本機械学会論文集（C 編），73, 731 (2007) p. 1931-1939.
42) M. Yoshizaki : Influence of Running-in on Tooth Surface Strength Increase of Carburized Gears, Proc. World Tribololgy Congress IV (2009) p. 559.
43) 青木俊一郎・野中良胤：各種潤滑剤の適用と管理　ギヤ油・変速機油，潤滑，22, 7 (1977) p. 408-414.
44) S. Kawai, et al. : The Development of Carbon-Based friction Material for Synchronizer Rings, SAE Paper1999-01-1059 (1999).
45) 三本木嗣：湿式摩擦材の技術動向トライボロジスト，53, 9 (2008) p. 593-598.

46) 松尾浩平：工業用ギヤ油の省エネ，長寿命化と潤滑管理，潤滑経済，No. 348（1995-5）p. 20.
47) 牛尾秀明・田中秀樹：トランスミッションの開発動向と駆動油の省燃費化，月刊トライボロジー，No. 5（2007）p. 20-21.
48) 鈴木貞夫：歯車の適正油選定法，潤滑，7，6（1962）p. 383-387.
49) U. F. Shodel : Lubrication Engineering, 47, 6 (1991) p. 463
50) K. Okazaki, K. Noguchi, K. Motoyama & T. Wakizono : A Study on Friction Characteristics and Durability of LSD Oils, SAE Paper 932786 (1993).
51) 太斎正志：湿式クラッチおよび湿式ブレーキにおける音響・振動，トライボロジスト，35，5（1990）p. 326-330.
52) C. Cusano & H. E. Sliney : Dynamics of Solid Dispersions in Oil During the Lubrication of Point Contacts, Part 1-Graphite, ASLE Trans., 25, 2 (1982) p. 183.
53) 妹尾常次良：農業機械，パワーデザイン，28，8（1990）p. 57.
54) 山下正忠：ギヤ油規格について，潤滑，20，4（1975）p. 321-326.
55) L. F. Schiemanm : NLGI 44th Annual Meeting Oct. (1976) p. 24-27.
56) 長野光彦：自動車用ギヤ油の二，三の問題，潤滑，2，6（1957）p. 265
57) 堀　昭吉：CRC L-37, L-42試験方法について，潤滑，5，5（1960）p. 305
58) 長野光彦：歯車用潤滑剤，潤滑，4，2（1959）p. 91.
59) R. E. Streets & C. F. Schwarz : The Performance of MIL-L-2105B Gear Oils in Military Equipment, Symposium on Lubricants for Automotive Equipment: Presented at the Fourth Pacific Area National Meeting, American Society for Testing and Materials, Los Angeles, Cal., October 1-3 (1962) p. 191.
60) V. Stepina & V. Vesely : Lubricants and Special Fluids, Elsevier (1992).
61) 堀　昭吉：極圧試験法の精度について，潤滑，20，4（1975）p. 303.
62) C. H. Rogers & B. L. Post : Friction Performance Test for Transmission and Drive Train Oil, SAE Paper 910847 (1991).
63) J. C. McLain : Oil Friction Retention Measured by Caterpillar Oil Test No. TO-2, SAE Paper 770512 (1977).
64) DIN 51354-2 : Testing of lubricants; FZG gear test rig; method A/8, 3/90 for lubricating oils, (1990)
65) ASTM D4998 : Standard Test Method for Evaluating Wear Characteristics of Tractor Hydraulic Fluids, (2003)
66) B. R. Höhn, K. Michaelis, I. Bayerdörfer : Pitting Load Capacity Test in the FZG gear Test Rig with Load-Spectra and One-Stage Investigation, 5th CEC International Symposium on the Performance Evaluation of Automotive Fuels and Lubricants, CEC97-TL12 (1997).
67) 大川　聰・臼井　隆・川村敏雄・瀬戸健三：エンジン油の摩擦特性評価方法（マイクロクラッチテスト），潤滑学会春季講演会 B11（1979）p. 113-116.
68) (社)日本建設機械化協会規格 JCMAS P047, 建設機械用油圧作動油-摩擦特性試験方法（2004）.
69) (社)日本建設機械化協会規格 JCMAS P041, 建設機械用油圧作動油（2004）.
70) P. J. Morris, E. C. Stockill & A. A. Schetelich : The Development and Performance of Multigrade Super Tractor Universal Oils, SAE Paper 801347 (1980).
71) K. Yoshida : Effects of Sliding Speed and Temperature on Tribological Behavior with Oils Containing a Polymer Additive or Soot, Tribology Trans., 33, 2 (1990) p. 221-228.
72) 池本雄次：湿式クラッチ・湿式ブレーキの摩擦と潤滑，潤滑，28，2（1983）p. 122-126.
73) K. Yoshida & T. Sakurai : Limitations of Thin Films in EHD Contacts with Dispersed Phase Systems as Lubricants, Lub. Eng., 44, 11 (1988) p. 913.
74) K. Yoshida : Effects of Average Molecular Weight and Concentration of Polymer Additive on Friction and Wear, Tribology Trans., 33, 2 (1990) p. 229-237.
75) C. Cusano & H. E. Sliney : Dynamics of Solid Dispersions in Oil during The Lubrication of Point Contacts, Part. I-Graphite, ASLE Trans., 25, 2 (1982) p. 183-189.
76) C. Cusano & H. E. Sliney : Dynamics of Solid Dispersions in Oil during the Lubrication of Point Contacts, Part 2-Molybdenum Disulfide, ASLE Trans., 25, 2 (1982) p. 190.
77) R. C. Richardson & P. R. Scinto : The Effects of Gear Lubricant Components on Oil Seal Compatibility, NLGI Spokesman, 58 (1994) p. 11-225.
78) 長谷川浩人：ギヤー油と添加剤—自動車用ギヤー油の現状と今後の動向—，潤滑経済，No. 345（1995-2）

p. 18.

79) 松尾浩平・佐伯 親：歯車用潤滑油，トライボロジスト，43, 2 (1998) p. 119-124.
80) 吉岡達夫・秋山健優・吉田節夫・谷川正峰：自動車用潤滑油の性能とその評価方法 ギヤ油，ATF および PSF，トヨタ技術，34, 1 (1984) p. 133-147.
81) 橋本 隆・中川俊樹・山口利郎・渥美 透・脇園哲郎：ブルーリボンロングライフマルチグレードギヤオイルの開発，日野技報，47, 7 (1994) p. 23.
82) 中村清隆：自動車の省燃費化・環境対応と潤滑油の動向，月刊トライボロジー，No. 5 (2007) p. 20-21.
83) 山本秀継：トラック・バス用ギヤ油の市場・技術動向，月刊トライボロジー，No. 10 (2003) p. 12-14.
84) V. Bala, A. J. Rollin & G. Brandt : Rheological Properties Affecting the Fuel Economy of Multigrade Automotive Gear Lubricants, SAE 2000-01-2051 (2000).
85) 植野賢治・斉藤浩二・石川清成：低燃費ディファレンシャルギヤオイルの開発，自動車技術会学術講演会前刷集 No. 20065726 (2006).
86) 八並憲治・関 雅夫：自動車用変速機油添加剤技術の動向，月刊トライボロジー，No. 12 (2004) p. 36-38.
87) 大川 聰：建設機械用潤滑剤と規格の動向，潤滑油協会平成17年度潤滑セミナ (2005).
88) B. R. Höhn, K. Michaelis & I. Bayerdörfer : Slow Speed Wear Test in the FZG gear Test Rig, 5th CEC International Symposium on the Performance Evaluation of Automotive Fuels and Lubricants, CEC97-TL09 (1997).
89) 妹尾常次良：農業機械用潤滑油の問題と最近の動向，潤滑通信，No. 278 (1980) p. 22-23.
90) 妹尾常次良：農業機械用潤滑油の動向，PETROTECH, 6, 6 (1983) p. 502.
91) J. C. Skurka : Elastohydrodynamic Lubrication of Roller Bearings, Trans. ASME, F92, 2 (1970) p. 281.
92) T. C. Jao, M. T. Devlin, R. E. Baren, J. Milner, C. Koglin, H. Ryan & M. R. Hoeprich : Prediction of Lubricant's Fatigue Life in the FZG Micropitting Test, SAE paper 2005-01-2179 (2005).
93) 伊藤政朗：低粘度化技術の駆動系への応用，2005年 石油製品討論会 (2005) 99.
94) T. Watanabe & Y. Hosomi : Effect of Molecular Structure of Oil on the Film Thickness during Rolling, Tribology Online, 4, 1 (2009) p. 22.
95) (社)自動車技術会 次世代トライボロジー特設委員会編：自動車のトライボロジー，養賢堂 (1994) p. 143.
96) K. G. Allum & E. S. Forbes : Structure on Anti-Wear Properties of Organic Disulfides, J. Inst. Petrol., 53 (1967) p. 174.
97) E. S. Forbes : The Load Carrying Action of Organosulphur Compounds a Review, Wear, 15, 2 (1970) p. 87.
98) K. G. Allum & J. F. Ford : The Influence of Chemical Structure on the Load-Carrying Properties of Certain Organosulfur Compounds, J. Inst. Petrol., 51 (1965) p. 145.
99) K. G. Allum & J. F. Ford : The Influence of Chemical Structure of Organic Sulfur Compounds-Application of Electron Probe Microanalysis, ASLE Trans., 11 (1968) p. 162.
100) F. T. Barcroft : Presented at the ASLE/ASME Lubrication Conference, Washington, D. C., Oct. 13-16 (1964), Paper No. 64-Lub. -22.
101) E. E. Klaus & H. E. Bieber : Effects of P Impurities on the Behavior of Tricresyl Phosphate as Antiwear Additive, ASLE Trans., 8 (1965) p. 12.
102) T. Sakurai & K. Sato : Chemical Reactivity and Load-Carrying Capacity of Lubricating Oils Containing Organic Phosphorus Compounds, ASLE Trans., 13 (1970) p. 252.
103) T. Sakurai & K. Sato : Chemical Reactivity and Load Carrying Capacity of Oils Containing Extreme Pressure Agents, ASLE Trans., 9 (1966) p. 77.
104) C. G. Salentine : Long-Term, Heavy-Duty Field Test Comparison of Four GL-5 Gear Lubricants, SAE paper 900811 (1990).
105) C. N. Rowe & J. J. Dickert : The Relation of Antiwear Function to Thermal Stability and Structure for Metal 0, 0-dialkylphosphorodithioates, ASLE Trans., 10 (1967) p. 85.
106) G. J. Jayne & J. S. Elliot : The Load-Carrying Properties of Some. Metal Phosphorodithioates, J. Inst. Petrol., 56 (1970) p. 42.
107) M. Maeda & Y. Murakami : Testing Method and. Effect of ATF Performance on Degradation of Wet Friction Materials SAE Paper 2003-01-1982 (2003).
108) X. Fang, W. Liu, Y. Qiao, Q. Xue & H. Dang : Industrial Gear Oil-A Study of the Interaction of

Antiwear and Extreme Pressure Additives, Tribol. Intl., 26, 6 (1993) p. 395.
109) 川村益彦・森谷浩司・江崎泰雄・藤田憲次：硫黄系とりん系極圧剤の相互作用，潤滑，30, 9 (1985) p. 665.
110) 橋本 隆・佐藤一彦・上倉一郎・金丸弘志・脇園哲郎・長富悦史：XHVI 基油を用いた大型商業用ギヤオイルの開発，自動車技術，54, 5 (2000) p. 57.
111) 白浜真一・宮島 誠・岡村敦夫：転がり疲れに及ぼすリン系添加剤の影響，トライボロジスト，46, 7 (2001) p. 564.
112) 白浜真一・中村純一：転がり疲れに及ぼす硫黄系添加剤の影響，トライボロジスト，46, 7 (2001) p. 571.
113) H. V. Lowther & D. B. Smith : Designing Extreme-Pressure and Limited-Slip Gear Oils, SAE Paper 700871 (1970).
114) D. W. Dinsmore & A. H. Smith : Lub. Eng., 20 (1964) p. 352.
115) E. R. Brathwaite : Lubricatiom and Lubricants, Elsevier, N. Y. (1967).
116) C. V. Smalher & R. K. Smith : Lubricant Additives, Leizius-Hiles Co., Cleveland (1967).
117) 武居正彦・太斎正志・唐津昌宏・山本隆司：湿式クラッチの潤滑性について，日本潤滑学会第 31 期春季研究発表会予稿集（1987）p. 353.
118) 中田高義・植田文雄・三井純一：スリップ制御用 ATF，自動車技術，49, 5 (1995) p. 84.
119) 田中秀樹：粘度指数向上剤，トライボロジスト，52, 11 (2007) p. 789.
120) 由岐 剛：低粘度潤滑油における粘度指数向上剤の潤滑性向上技術，トライボロジスト，53, 7 (2008) p. 449.
121) S. Gunsel, M. Smeeth & H. Spikes : Friction and Wear Reduction by Boiundary Film-Forming Viscosity Index Inprovers, SAE Paper 962037 (1996).

5 章

1) JIS ハンドブック，25 石油 K2220 (2009).
2) NLGI Grease Production Survey Report June 2, 2007
3) 星野道男，他：潤滑グリースと合成潤滑油，幸書房 (1983) P82.
4) ISO 281:2007（転がり軸受-動定格荷重と定格寿命）第 2 版.
5) (社)日本トライボロジー学会固体潤滑研究会編：新版固体潤滑ハンドブック，養賢堂 (2010) p. 154.
6) 渕上 武：メインテナンス，No. 64 (1985) p. 7.
7) (社)日本建設機械化協会：建設機械用グリース JCMAS P040:2004.
8) 荒井 孝：リチウムコンプレックスグリースの特徴と実用性能，ENEOS Technical Review, 51, 2 (2009) p. 28.
9) 飯島浩二・大川 聡：非黒色高荷重グリース"ハイパーホワイトグリース"の開発，KOMATSU Technical Report, 44, 1 (1998) p. 16-22.

6 章

1) 五十嵐仁：潤滑油の監視によるメンテナンス技術，トライボロジスト，46, 12 (2001) p. 934-941.
2) (社)日本トライボロジー学会編：メンテナンストライボロジー，養賢堂 (2006).
3) 四阿佳昭：潤滑剤を調べて何が分かるか？，日本機械学会機要素潤滑設計部門 No. 00-77 講習会教材 (2001) p. 67.
4) 倉橋基文・澤 雅明：製鉄所におけるトライボロジー管理と寿命予測，トライボロジスト，39, 7 (1994) p. 596.
5) 大川 聡・岩片敬策・新保 明・三原健治：建設機械のメンテナンストライボロジーオイルクリニック，協同油脂主催トライボロジー研究会 (1996).
6) 山口政房・大川 聡：建設機械におけるコンタミ対策―清浄度向上活動・オイルクリニック・ハイブリッドフィルタ，機械設計，41, 11 (1997) p. 50-53.
7) National Aerospace Standard (NAS) 1638, Cleanliness requirements of parts used in hydraulic systems (2001).
8) ISO 4406, Hydraulic fluid power-Fluids-Method for coding the level of contamination by solid particles, (1999)
9) 広沢敦彦 他：エンジンオイル用劣化センサーの開発，自動車 技術会学術講演会前刷集 No. 921031 (1992).

索 引

あ行

アクスル台上試験 · 154
アクチュエータ · 79
アタッチメント · 88
圧縮リング形状（エンジン）· · · · · · · · · · · · · 34
硫黄分（燃料中）· 13
硫黄－リン系極圧剤 · · · · · · · · · · · · · · · · · · · 173
インプルメント · 88
エアブリーザ · 170
エマルション · 69
エマルション生成（結露による）· · · · · · · · 171
エラストマー系摩擦材 · · · · · · · · · · · · · · · · · 133
エンジンクランク軸粗さと焼付き限界 · · · · 40
エンジン軸受材料と焼付き限界 · · · · · · · · · · 40
エンジン軸受の摩耗検出 · · · · · · · · · · · · · · · 192
エンジン軸受の摩耗とHTHS粘度 · · · · · · · · 73
エンジン軸受の油膜厚さ · · · · · · · · · · · · · · · · 38
エンジン軸受面圧 · 37
エンジン耐久寿命 · 13
エンジン油（油圧機器）· · · · · · · · · · · · · · · 101
エンジン油オイル消費抑制性 · · · · · · · · · · · · 51
エンジン油の基油分類（API）· · · · · · · · · · · 60
エンジン油のニトロ酸化 · · · · · · · · · · · · · · · · 12
エンジン油の粘度とピストンリング摩耗 · · 73
エンジン油の劣化とその要因 · · · · · · · · · · · 189
エンジンリターダ · 8
オイル上がり · 36
オイルクーラの腐食 · · · · · · · · · · · · · · · · · · · 193
オイル消費 · 33, 35
オイルバス · 132
オイルパン油温 · 1
オイルパン油量 · 190
オイルフィルタ交換時期 · · · · · · · · · · · 108, 190
オーバレイ · 37
汚染度（NAS等級）· · · · · · · · · · · · · · · · · · · 194
汚染度と油圧ポンプ摩耗 · · · · · · · · · · · · · · · 194

か行

カーボン系摩擦材 · 133
カーボンブラック · 72
開離力 · 93
化学繊維ろ材 · 22
かさ歯車 · 130
可変バルブ機構 · 7
カム油膜厚さ（エンジン）· · · · · · · · · · · · · · 42
キャビテーションエロージョン（エンジン）· · · · · 19, 37
キャビテーションエロージョン（油圧機器）· · · · · · · · 85
ギヤポンプ（油圧）· 80
ギヤ油の品質分類（API）· · · · · · · · · · · · · · 155
基油の精製 · 60
基油の生分解率 · 116
クールドEGR · 12, 54
クラウニング（ローラタペット）· · · · · · · · · 43
クラウニング（転がり軸受）· · · · · · · · · · · 128
クラッチ・ブレーキの振動（ジャダ）· · · · · · · · 151, 176
クラッチ・ブレーキの振動と鳴き · · · · · · · 138
クラッチ・ブレーキの鳴き（チャタリング）151, 172, 176
クランクシャフトシール · · · · · · · · · · · · · · · · 27
クランクシャフトシールの限界PV値 · · · · · 27
傾転角 · 82
ケーキろ過 · 21
結露水 · 170
ケミカルリミット（エンジン油）· · · · · · · · · 55
高圧ピストンポンプ試験（油圧ポンプ）· · 106
コーンクラッチ · · · · · · · · · · · · · · · · · · · 120, 174
コーンクラッチ連れまわり · · · · · · · · · · · · · 170
黒鉛系摩擦材 · 132
固体潤滑剤 · · · · · · · · · · · · · · · · · · · 162, 174, 182
コハク酸イミド · 65
ゴム系摩擦材 · 133
コモンレール式燃料噴射システム · · · · · · · · 12
転がり軸受 · 120, 181
転がり軸受のフレーキング · · · · · · · · · · · · · 168

コンタミネーション······················96

さ行

差動歯車装置油························159
サリシレート···························66
残留オーステナイト····················127
シェル四球試験·······················107
焼結合金摩擦材·······················133
ショットピーニング··············127, 147
シリコーン油······················68, 122
シリンダボア変形（エンジン）···········46
（エンジン）シリンダライナの腐食摩耗····73
シンクロメッシュ······················120
浸炭焼入れ······················127, 144
スイベルジョイント·····················86
スカッフィング（エンジン）·········33, 70
（歯車の）スカッフィング··············142
スカフング（作業機のピン・ブシュ鳴き）···187
スコーリング·························142
スチール製ピストン（エンジン）·········44
スピンオン型フィルタ···················24
スポーリング·························143
スルホネート······················66, 176
石英（摩擦調整材）···················166
清浄度（ISO コード）·················194
生分解性グリース·····················185
生分解性作動油の ISO 分類············116
生分解性作動油の摩擦材への影響······163
セルロースろ材························22
旋回マシナリ··························85
せん断安定性························113
せん断安定性試験·····················54
増ちょう剤···························180
増ちょう剤の機械的せん断安定性······181
速度係数 C_p 値·······················95

た行

耐摩耗性作動油······················102
鋳鉄製ピストン（エンジン）········8, 44
ちょう度····························179
（歯車の）低温スカッフィング·········165

低油温時の転がり軸受の損傷··········152
添加剤の種類と配合············64, 65, 172
添加タービン油·······················102
（油圧ポンプの）等効率曲線············95
ドライブライン························119
トルク効率···························112

な行

軟窒化処理···················8, 29, 34, 81
年間稼働時間··························4
年間の走行距離························1
（オイル）粘度とクラッチ耐熱限界との関係···165
燃費規制······························1
燃料消費量試験·······················3
燃料フィルタ······················13, 26

は行

ハイパスフィルタ·······················23
ハイポイド歯車·······················121
歯先修整····························143
はすば歯車······················43, 120
歯面強度····························143
歯面強度とオイル粘度の関係··········145
歯面強度と基油······················146
歯面強度となじみ性··················148
歯面強度と油温の関係················144
歯面強度と油量の関係················144
バルク温度（歯車）··················146
バルブ（エンジン）····················29
パワーシフトトランスミッション·······124
パワートレイン潤滑油の種類一覧表····150
パワートレインの種類···················2
パワートレイン油（油圧機器）········101
パワートレイン用フィルタ··············26
非亜鉛系油圧作動油··················102
ビスカスカップリング·················122
ピストンシュー（油圧ポンプ）··········96
ピストンリングの油膜厚さ（エンジン）···35
ピッチング···························143
平タペット····························41
平歯車······························127

フェネート	66
負荷率	1
不織布系摩擦材	139
フルフローフィルタ	23
平行軸歯車式トランスミッション	126
ペーパ摩擦材	132
ベーンポンプ（油圧）	80
ベーンポンプ試験	105
ヘルツ圧力	147
弁板（油圧ポンプ）	98
ホウ酸化合物	174
ホットチューブテスト	56, 70

ま行

マイクログラスろ材	22
マイクロクラッチ試験	106, 158
まがりばかさ歯車	127, 150
膜圧比 λ	147
摩擦材の組成	132
摩擦材の摩耗とメーティングプレートの関係	138
摩擦調整材	132
マニュアルトランスミッション油	159
マルチパスろ過性能試験	25
水ーグリコール	118
メインバルブ（油圧機器）	83
モリブデン溶射材	140

や行

油圧機器の主要部分の材料と潤滑条件	85
油圧ショベルの油圧機器とその配置	4
油圧シリンダ	86
油圧フィルタ	26
油圧ポンプ部品の PV 値	94
油圧モータ	85
遊星歯車	121
容積効率	112

ら行

ラストチャンスフィルタ	128
リチウムセッケングリース	180
硫酸灰分	55
リリーフ弁（エンジン）	23
リングこう着	34
レイダウンシール	27
ローラタペット	42
ローラタペット構造	52
ローラフォロワ	42
ろ過効率（E%）	26
ロッカカム（油圧ポンプ）	82
ロックアップクラッチ	121
ロッドシール	86

英数

C-4 規格	156
CVT	130
DEXRON	151
DPF	13
DPF 閉塞と硫酸灰分の関係	74
EGR	8
EHL 油膜	68
EHL 油膜（への粘度指数向上剤の影響）	177
EHL 油膜厚さ	147
EHL 油膜厚さと基油の関係	171
ELV 指令（欧州）	41
FZG 低速歯車摩耗試験	165
FZG の歯車疲労寿命試験	166
FZG 歯車試験	105, 157
HFRR	15
HMT	128
HSS	124
HST の基本的な作動原理	89
HTHS 粘度	49
HTHS 粘度と燃料消費の関係	76
ICP 分析	191
LSD（差動制限装置）	122
MIL 規格（ギヤ油）	152
MoTDC（モリブデンジチオカルバミン酸塩）	67
MoS_2	182
OCP（オレフィンコポリマー）	68
OHC	7, 42
PAO（ポリアルファオレフィン）	62
PM（粒子状物質）	10

PMA（ポリメタクリレート）・・・・・・・・・・・・・・・・・・・・ 68
PTO（動力取出し）・・・・・・・・・・・・・・・・・・・・・・・・・・・ 5
RME（菜種油メチルエステル）・・・・・・・・・・・・・・・・ 15
SME（大豆油メチルエステル）・・・・・・・・・・・・・・・・ 15
Stribeck 曲線・・・・・・・・・・・・・・・・・・・・・・・・・・ 76, 136
TO-4 規格・・・・・・・・・・・・・・・・・・・・・・・・・・・・・・・・ 157

ZnDTP（ジチオリン酸亜鉛）・・・・・・・・・・・・・ 66, 175
ZnDTP の種類と摩擦材への影響・・・・・・・・・・・・・・ 163
ZnDTP の分子構造・・・・・・・・・・・・・・・・・・・・・・・・・ 72
ZnDTP のメーティングプレートのき裂への影響・・・・ 164
ZP（ジアルキルリン酸亜鉛）・・・・・・・・・・・・・・・・・ 75
β 値（ろ過比）・・・・・・・・・・・・・・・・・・・・・・・・・・・・・ 26
μ–V 特性・・・・・・・・・・・・・・・・・・・・・・・・・・・・・・・・ 168

掲載広告目次

アフトンケミカル・ジャパン株式会社 …………………………………… 後付 1
株式会社 エス・ブイ・シー東京 …………………………………… 後付 2
NTN 株式会社 …………………………………… 後付 3
エボニック・デグサ・ジャパン株式会社 …………………………………… 後付 4
株式会社カイバラ …………………………………… 後付 5
シェブロン ジャパン株式会社 …………………………………… 後付 6
住鉱潤滑剤株式会社 …………………………………… 後付 7
株式会社ダイナックス …………………………………… 後付 8
東海カーボン株式会社 …………………………………… 後付 9
株式会社ニッコークリエート …………………………………… 後付 10

(掲載,アイウエオ順)

産業車両用潤滑油のパッケージ添加剤

■ガソリン/ディーゼル エンジン油用
HiTEC 8744B
HiTEC 9325G
HiTEC 8722

■UTTO/STOU/TO-4油用
HiTEC 8703
HiTEC 8801
HiTEC 8888f

■油圧作動油用
HiTEC 521
HiTEC 543

■車両用ギヤー油用
HiTEC 3339
HiTEC 343

アフトンケミカルは石油添加剤の歴史において最も信頼されている製品を、80年以上に渡り数々生み出して参りました。"Passion For Solutions" 今後もお客様に対する最大限のご提案を、溢れる情熱をもって行って参ります。

Afton CHEMICAL

アフトンケミカル・ジャパン株式会社

2011年9月に本社移転しました。
本社 〒102-0093 東京都千代田区平河町2-16-1（平河町森タワー7F）
TEL：03-5210-4862 FAX：03-5210-4902

筑波研究所 〒300-2635 茨城県つくば市東光台5-9-4
TEL：029-847-1061

株式会社 エス・ブイ・シー東京

石油製品関連の分析は実績のある弊社へ！

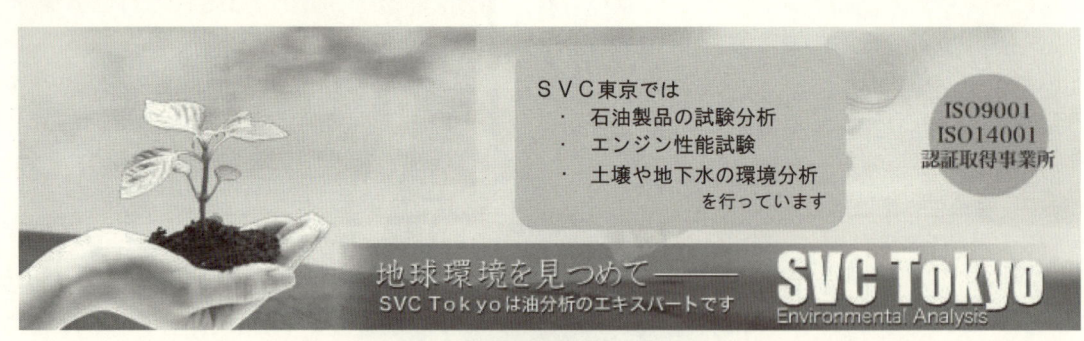

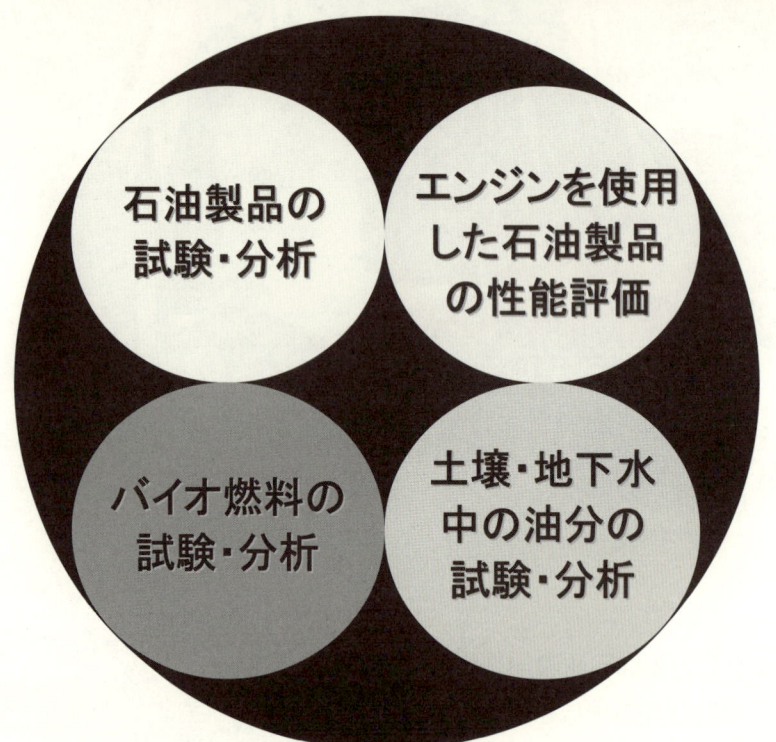

SVC東京では
・ 石油製品の試験分析
・ エンジン性能試験
・ 土壌や地下水の環境分析
を行っています

ISO9001
ISO14001
認証取得事業所

地球環境を見つめて――
SVC Tokyoは油分析のエキスパートです

SVC Tokyo
Environmental Analysis

- 石油製品の試験・分析
- エンジンを使用した石油製品の性能評価
- バイオ燃料の試験・分析
- 土壌・地下水中の油分の試験・分析

お問い合わせ先　　E-mail ： support@svctokyo.co.jp
営業部　　　　　　TEL：046-285-0583　FAX：046-285-4092

〒243-0303 神奈川県愛甲郡愛川町中津 4052-2
home　http://www.svctokyo.co.jp/

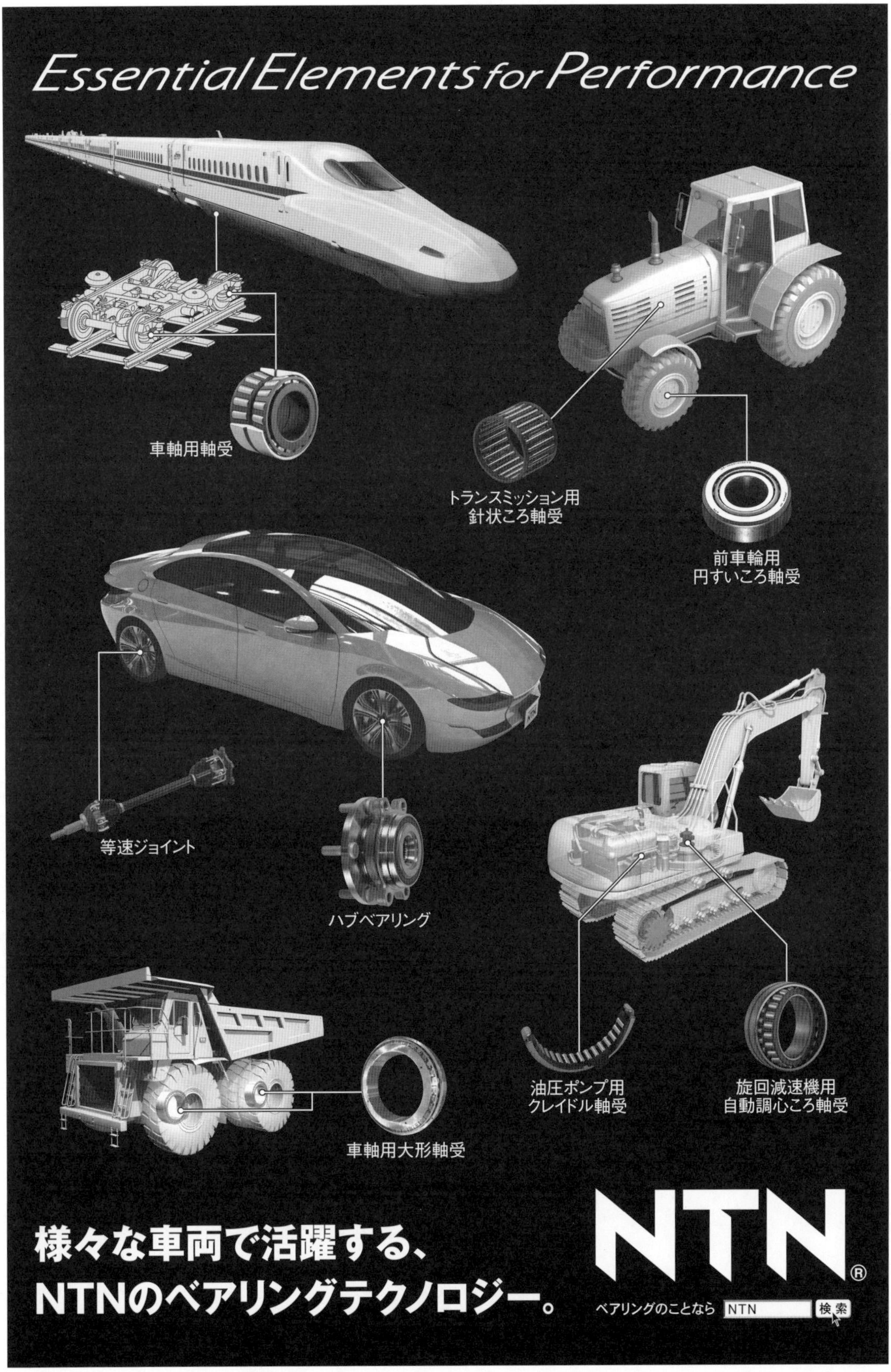
Essential Elements for Performance
車軸用軸受
トランスミッション用
針状ころ軸受
前車輪用
円すいころ軸受
等速ジョイント
ハブベアリング
油圧ポンプ用
クレイドル軸受
旋回減速機用
自動調心ころ軸受
車軸用大形軸受
様々な車両で活躍する、
NTNのベアリングテクノロジー。
NTN®
ベアリングのことなら NTN 検索

Do more – make more
DYNAVIS® performance redefines the race

EVONIKの潤滑油添加剤	
・Viscoplex 0シリーズ	ギヤ油用粘度指数向上剤
・Viscoplex 1シリーズ	潤滑油用流動点降下剤
・Viscoplex 2, 4, 6シリーズ	エンジン油用粘度指数向上剤
・Viscoplex 7, 8シリーズ	油圧作動油用粘度指数向上剤
・Viscoplex 9シリーズ	バイオ燃料・プロセス用添加剤
・Viscoplex 10シリーズ	生分解性潤滑油用添加剤
・Viscobase 11シリーズ	合成潤滑油基油
・Viscoplex 12シリーズ	ATF/CVTF用粘度指数向上剤

国内連絡先：エボニック デグサ ジャパン株式会社 石油添加剤部
PHONE 03 5323-8793 ・ FAX 03 5323-8789
株式会社樋口商会（日本代理店）
PHONE 03 5420-5531 ・ FAX 03 5791-7125

Evonik. Power to create.

EVONIK INDUSTRIES

社会を支える摺動部品
～カイバラオリジナル材～

あらゆるシーンで必要となる摺動部材。
その中でも,心臓部といわれる機能部品に必要な摺動特性や強度等は過酷な条件ばかり。
カイバラオリジナル材はその条件をクリアし,
油圧機器・鍛圧機械・減速機・射出成形機等,
多分野において様々な実績があります。

主なカイバラオリジナル材

記号	合金の種類	主成分	合金の特色・用途例
KMS6	高力黄銅系	Cu-Zn-Al-Mn-Si	Mn_5Si_3化合物析出型 耐摩耗性がよい 調質材での使用が多い →靭性大・疲労強度大 シュー・油圧機器部品など
KMS7	高力黄銅系	Cu-Zn-Al-Mn-Si	Mn_5Si_3化合物析出型 耐摩耗性がよい As Castでの使用が多い ウォームホイル・ライナー 球面ブッシュ・クレードル軸受 シリンダーブロック・ブッシュなど
KMS9	高力黄銅系	Cu-Zn-Al-Mn-Si-Ni-(Pb)	Mn_5Si_3化合物析出型 耐焼付性・耐摩耗性がよい 硬さ大・耐エロージョン性がよい バルブプレート・クレードル軸受
KMS11	高力黄銅系	Cu-Zn-Mn-Si-Ni-Pb	Mn_5Si_3化合物析出型 耐摩耗性がよい 調質材での使用が多い バルブプレート・ブッシュ シリンダーブロックなど

記号	合金の種類	主成分	合金の特色・用途例
KMS101	アルミニウム青銅系	Cu-Al-Mn-Si	Mn_5Si_3化合物析出型 耐摩耗性がよい As Castで使用 ブッシュ・ライナーなど (高圧低速用)
KMS102	アルミニウム青銅系	Cu-Al-Mn-Si	Mn_5Si_3化合物析出型 耐摩耗性がよい 疲労強度大 KMS101の調質材 ブッシュ・ライナー (超高圧低速用) 油圧ショベル用ブッシュなど (KCメタル用)
SKB7	アルミニウム青銅系	Cu-Al-Fe-Si	Fe_3Si化合物析出型 耐摩耗性がよい ウォームホイルなど

上記以外にもお客様のニーズに最適の材質を提案できる様,オリジナル材の研究開発を続けております。焼付や摩耗の問題,鉛フリー材や現行の材料に満足していないといったご相談がございましたら,下記の方までご連絡ください。

KAIBARA Corporation

株式会社カイバラ

〒639-1037
奈良県大和郡山市額田部北町1216-3
TEL 0743-56-6371 FAX 0743-56-8121

HP:www.kaibara.co.jp
mail:otoiawase@kaibara.co.jp

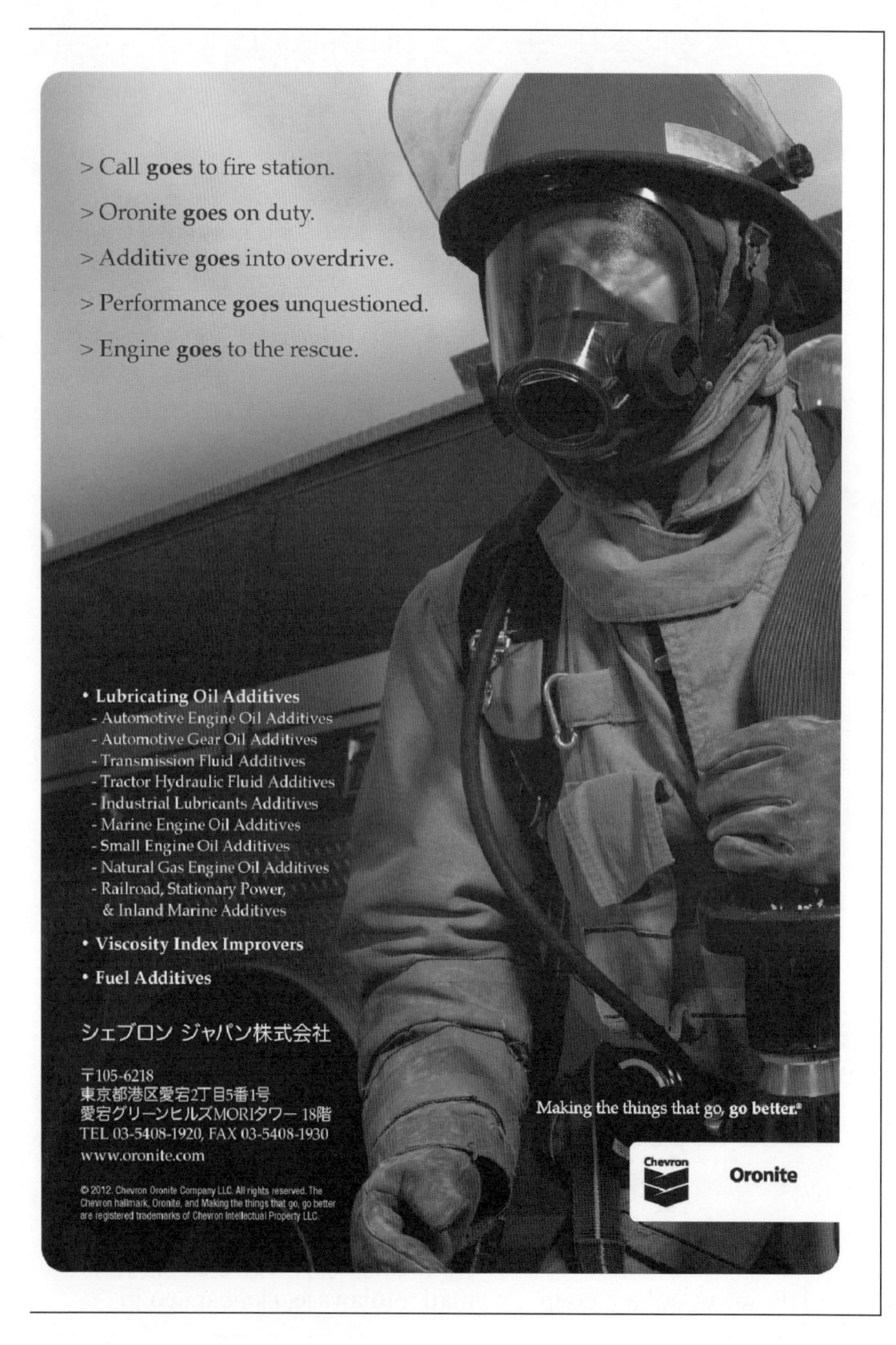

> Call **goes** to fire station.
> Oronite **goes** on duty.
> Additive **goes** into overdrive.
> Performance **goes** unquestioned.
> Engine **goes** to the rescue.

- **Lubricating Oil Additives**
  - Automotive Engine Oil Additives
  - Automotive Gear Oil Additives
  - Transmission Fluid Additives
  - Tractor Hydraulic Fluid Additives
  - Industrial Lubricants Additives
  - Marine Engine Oil Additives
  - Small Engine Oil Additives
  - Natural Gas Engine Oil Additives
  - Railroad, Stationary Power, & Inland Marine Additives
- **Viscosity Index Improvers**
- **Fuel Additives**

シェブロン ジャパン株式会社

〒105-6218
東京都港区愛宕2丁目5番1号
愛宕グリーンヒルズMORIタワー 18階
TEL 03-5408-1920, FAX 03-5408-1930
www.oronite.com

© 2012. Chevron Oronite Company LLC. All rights reserved. The Chevron hallmark, Oronite, and Making the things that go, go better are registered trademarks of Chevron Intellectual Property LLC.

Making the things that go, **go better.**

Chevron Oronite

SUMICO LUBRICANT CO., LTD.

SUMICO

$$\frac{\eta \times V}{Fn}$$

蓄積された技術とニーズへのきめ細かい対応で
お客様の満足する製品・サービスを提供致します。

潤滑に作用する要因は、荷重、速度、摺動形態、材料、機構、使用頻度など無数にあり、同じ機械でも最適な潤滑剤の仕様は異なります。つまり、それぞれの条件にベストマッチする潤滑剤を使用することが、性能やコストを最良にする近道です。

SUMICOは、グリース、オイル、乾性被膜などのあらゆるタイプの潤滑剤を有する幅広い解決能力と、約半世紀に亘り蓄積された技術力、そして全国に亘る営業ネットワークで、お客様のニーズにきめ細かく対応し、満足頂ける製品・サービスの提供を目指しています。

http://www.sumico.co.jp/　　　　　　　　　　　　住鉱潤滑剤株式会社

▶本社・163-0575　東京都新宿区西新宿1-26-2　新宿野村ビル　　TEL(03)3344-6835
▶支店・営業所　東京(03)3344-6804　大阪(06)6344-0171　名古屋(052)963-2368　札幌(011)281-7255
　　　　　　　仙台(022)217-6515　中四国(082)221-2783　九州(092)411-7200
▶住鉱潤滑剤貿易(上海)有限公司・200051　上海市長寧区仙霞路317号 遠東国際広場B棟　TEL 86-21-6235-0623

未来を今に。
独創性で世界に駆けるダイナックス。
ALREADY IN THE FUTURE, DYNAX-LEADING THROUGH CREATIVITY

北の大地より全世界に向けて最新技術を発信し続けるダイナックス。

湿式摩擦材開発から、クラッチディスクやクラッチパック・アッセンブリーなどの多彩な製品群の開発・製造、販売を行う、乗用車・建産機・農機等の駆動系専門メーカーです。

『未来を今に』という企業スピリットをベースにチャレンジ精神を発揮して、お客様に満足して頂ける商品を提供し、「オンリーワン」の価値を創造して、皆様に感動して頂ける事を喜びとし、常に新たな取り組みに挑んでまいります。

DYNAX
Focus on Basics

株式会社ダイナックス

EXEDY GROUP

〒066-8585　北海道千歳市上長都1053-1
TEL：0123-24-3247　FAX：0123-49-2050
URL　http://www.dynax-j.com

【主要生産品目】
湿式クラッチディスク、湿式多板ブレーキ
クラッチプレート、クラッチパック・アッセンブリー
シンクロナイザーリング　等

東海カーボンが、お客様の幅広い
ご用途にお応えします。

焼結金属摩擦材 トヨカロイ®

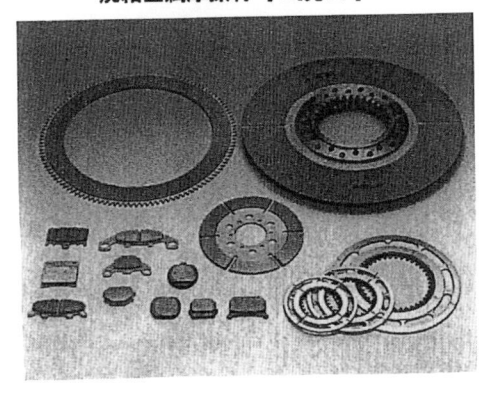

ペーパー質摩擦材 トヨカFC®

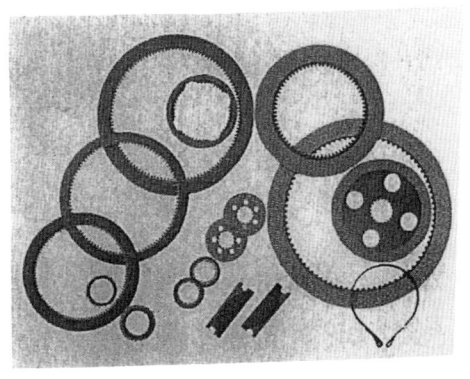

トヨカロイ®（摺動材製品）

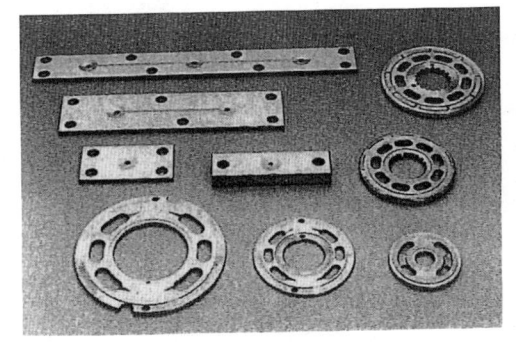

レジンモールド摩擦材 東海マテリアル製品*

焼結合金・ペーパー質・炭素質・レジン系 etc から最適摩擦材をご提供致します。

東海カーボン株式会社　http://www.tokaicarbon.co.jp

本　社	摩擦材事業部　東京都港区北青山1-2-3 青山ビル	TEL 03-3746-5100　FAX 03-3405-7205
	茅ヶ崎営業部門　神奈川県茅ヶ崎市円蔵370（茅ヶ崎第二工場駐在）	TEL 0467-87-6992　FAX 0467-85-1260
大阪支店	摩擦材課　大阪府大阪市北区小松原町2-4 大阪富国生命ビル	TEL 06-6363-1455　FAX 06-6363-4046
東海マテリアル株式会社　千葉県八千代市吉橋1095-6		TEL 047-450-8511　FAX 047-450-5002

＊ 東海マテリアル㈱はレジンモールド摩擦材を製造販売するグループ会社です

NIKKO-CREATE

ホットチューブテスタ HOT TUBE TESTER HT201, HT202

実機エンジンとの相関性が十分に確認された、高効率の高温清浄性ラボテスタ

特徴
① エンジンライナースカッフィングとの高い相関性
② 実験のコスト低減および効率向上
③ 省スペース
④ ２重の安全対策

試験温度範囲：200～350℃（HT201）
　　　　　　　350～600℃（HT202）
寸法　　　：W650×L600×H790
重量　　　：約70kg
電源　　　：AC100V 15A 50/60Hz

ローラーピッチング試験機

高負荷歯車等の高面圧下でスベリながら転がる試験に最適の実績を誇る試験機

RPT-402
すべり率と荷重を範囲内で自由に設定でき、ステップ運転も可能な高機能モデル。
最大面圧：1.7～3.93Gpa
回転数　：200～2000rpm
すべり率：0～-150％

RPT-201
信頼と実績の基本モデル。
最大面圧：1.7～3.93Gpa
回転数　：500～2000rpm
すべり率：0～-150％
（オプション歯車交換）

株式会社 ニッコークリエート

産業装置部：〒328-0065
栃木県栃木市小野口町188
TEL0282(20)1170 FAX0282(20)1157
担当：早乙女

本社：〒328-0113
栃木県栃木市都賀町合戦場490
TEL0282(27)5011 FAX0282(27)8238

コマツエンジニアリング株式会社で販売しておりました、ホットチューブテスタ・マイクロクラッチテスタ・LVFA・ローラーピッチング試験機・歯車試験機の５製品につては、2011年4月より弊社にて引き続き販売及び、メンテナンスを行っております。

R〈学術著作権協会委託〉	
2012	2012年3月14日　第1版発行
産業用車両の潤滑 著者との申し合せにより検印省略	編　著　者　一般社団法人 日本トライボロジー学会
ⓒ著作権所有	発　行　者　株式会社　養賢堂 代表者　及川　清
定価（本体4400円＋税）	印　刷　者　株式会社　精興社 責任者　青木宏至
発　行　所 株式会社 養賢堂	〒113-0033 東京都文京区本郷5丁目30番15号 TEL 東京(03)3814-0911　振替00120 FAX 東京(03)3812-2615　7-25700 URL http://www.yokendo.co.jp/ ISBN978-4-8425-0493-3　C3053

PRINTED IN JAPAN　　　　　　　　製本所　株式会社三水舎
本書の無断複写は、著作権法上での例外を除き、禁じられています。
本書からの複写許諾は、学術著作権協会（〒107-0052 東京都港区赤坂9-6-41 乃木坂ビル、電話 03-3475-5618・ＦＡＸ03-3475-5619）
から得てください。